光纤通信
技术基础

◎孙学康 张金菊 编著

人 民 邮 电 出 版 社
北 京

图书在版编目（CIP）数据

光纤通信技术基础 / 孙学康，张金菊编著．-- 北京：人民邮电出版社，2017.6
普通高等学校电类规划教材．电子信息与通信工程
ISBN 978-7-115-45416-4

Ⅰ．①光… Ⅱ．①孙… ②张… Ⅲ．①光纤通信－高等学校－教材 Ⅳ．①TN929.11

中国版本图书馆CIP数据核字(2017)第099599号

内 容 提 要

本书系统地介绍了光纤通信的基本理论、关键技术和实用系统，主要内容包括：光纤的导光原理和传输特性；半导体激光器的发光原理及工作特性、光源的调制、光发射机的组成及各部分功能；光电检测器的工作原理、光接收机的组成及各部分功能；SDH 光纤通信系统的组成、系统性能和系统工程设计问题；WDM 光通信系统结构与关键设备、超长距离高速光通信系统；光纤通信新技术，涉及相干光通信系统、光孤子通信系统、量子通信系统；光网络及其发展，涉及 SDH 传送网、基于 WDM 的光传送网（OTN）、分组传送网（PTN）、分组光传送网（POTN）、软件定义网络（SDN）引入光传送网的应用、智能光网络（ASON）和全光网络等。

本书系统性强，便于阅读，可作为高等院校通信工程、计算机和电子信息等相关专业本、专科教材，也可供从事通信工程方面的技术人员参考。

◆ 编　　著　孙学康　张金菊
责任编辑　李　召
责任印制　杨林杰
◆ 人民邮电出版社出版发行　　北京市丰台区成寿寺路 11 号
邮编　100164　　电子邮件　315@ptpress.com.cn
网址　http://www.ptpress.com.cn
固安县铭成印刷有限公司印刷
◆ 开本：787×1092　1/16
印张：16.25　　2017 年 6 月第 1 版
字数：394 千字　　2025 年 1 月河北第 10 次印刷

定价：44.00 元

读者服务热线：(010)81055256　印装质量热线：(010)81055316
反盗版热线：(010)81055315
广告经营许可证：京东市监广登字20170147号

前言

光纤通信系统具有低损耗、大容量、长距离传输的特性，因而自问世以来，光纤通信一直以惊人的速度发展，得到迅速的广泛应用，并成为主导的传送技术。它在为通信网络提供大容量信息传输的同时，也不断地促进通信领域的各种新技术应用的实现，可见，光纤通信技术在通信信息化发展方面起到了重要的作用。本书在介绍光纤通信的基本概念和工作原理的基础上，重点介绍了光纤通信的最新进展。

本书在内容取材和编写上具有以下特点。

（1）内容全面。本书内容包括光纤导光原理分析、主要光器件（半导体激光器、光电检测器和光放大器）的工作原理及性能分析、光收/发端机的结构及工作原理、光中继器的工作原理、SDH 光纤通信系统结构及性能介绍、WDM 光纤通信系统的结构及工作过程、超长距离高速光纤通信系统；从应用的角度，详细介绍了几种常用的光纤通信网络，光同步网、基于 WDM 的光传送网（OTN）、分组传送网（PTN）等。

（2）内容先进。本书包括光纤通信新技术以及实用先进技术，如光传送网的体系结构及客户信号的映射和复用过程、POTN 技术在城域传送网中的应用、软件定义网络（SDN）在光传送网络中的应用、光孤子通信系统、相干光通信系统、量子通信系统、智能光网络（ASON）、全光网络等。

（3）循序渐进。本书部分内容理论性较强，如光纤的导光原理、光器件的工作原理、光孤子通信、量子通信等，为此本书中加入了射线光学基础、电磁场基础、半导体发光原理、光纤非线性分析等内容，使其内容由浅入深、层次分明。

为了便于学习，本书在每一章中提供了内容摘要、小结和习题。

本书的第 1、2、3 章由张金菊编写，第 4、5、6、7、8、9 章由孙学康编写由孙学康进行统稿。

在本书的编写过程中，编者得到北京邮电大学李文海、段炳毅、张政教授和马牧燕、王晓勤、段玫、宋立、王琪老师的热心指导，在此表示衷心的感谢；同时，还要感谢周日康、吴宏星、苏坤等对本书编写所提供的帮助。

由于时间紧迫，编者学识有限，书中难免存在不足之处，请读者不吝指正。

编者

2017.5

目　　录

第 1 章 概述

光纤通信作为现代通信的主要传输手段，在现代通信网中起着重要的作用。自 20 世纪 70 年代初光纤通信问世以来，整个通信领域发生了革命性的变革，使高速率、大容量的通信成为现实。

为了使读者在深入学习之前对光纤通信有个基本的了解，本章将对光纤通信的基本概念、光纤通信发展现状及其发展趋势作一概括介绍。

1.1 光纤通信的基本概念

1.1.1 引言

利用光导纤维传输光波信号的通信方式称为光纤通信。

光波属于电磁波的范畴，按照波长的不同（或频率的不同），电磁波的种类不同，可分为若干种，具体名称如图 1-1 所示。其中属于光波范畴之内的电磁波主要包括紫外线、可见光和红外线。

目前光纤通信的实用工作波长在近红外区，即 0.8～1.8μm 的波长区，对应的频率为 167～375THz。

光导纤维（简称为光纤）本身是一种介质，目前实用通信光纤的基础材料是 SiO_2，因此它是属于介质光波导的范畴。对于 SiO_2 光纤，在上述波长区内的 3 个低损耗窗口，是目前光纤通信的使用工作波长，即 0.85μm，1.31μm 及 1.55μm。

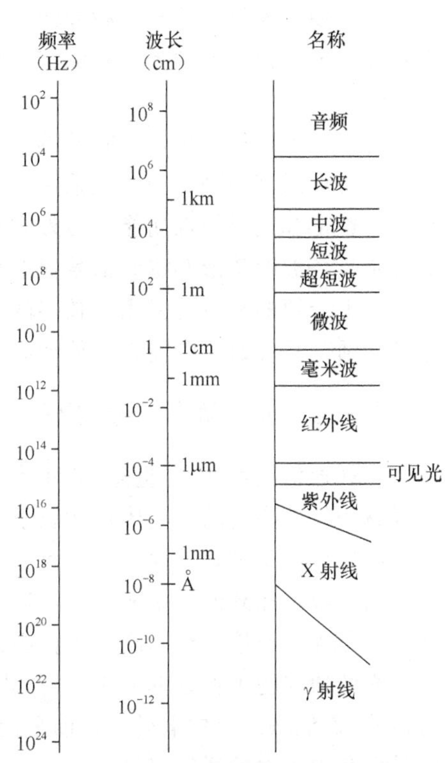

图 1-1 电磁波的种类和名称

1.1.2 光纤通信系统的基本组成

根据不同的用户要求、不同的业务种类以及不同阶段的技术水平，光纤通信系统的形式可多种多样。

目前采用比较多的系统形式是强度调制/直接检波（IM/DD）的光纤数字通信系统。该系统主要由光发射机、光纤、光接收机以及长途干线上必须设置的光中继器组成。如图 1-2 所示。

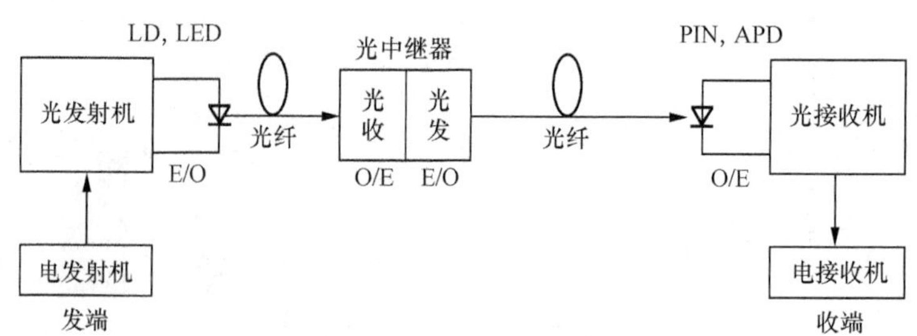

图 1-2　光纤数字通信系统示意图

在点到点的光纤通信系统中，信号的传输过程如下。

由电发射机输出的脉冲调制信号送入光发射机，光发射机的主要作用是将电信号转换成光信号耦合进光纤，因此光发射机中的重要器件是能够完成电—光转换功能的半导体光源。目前主要采用单色性、方向性和相干性极强的半导体激光器（LD）。

通信系统的线路目前主要采用由单模光纤制成的不同结构形式的光缆，这是因为其具有较好的传输特性。

光接收机的主要作用是将通过光纤传送过来的光信号转换成电信号，然后经过对电信号的处理，使其恢复为原来的脉冲调制信号送入电接收机。可见光接收机中的重要器件是能够完成光—电转换功能的光电检测器。目前主要采用光—电二极管（PIN）和雪崩光电二极管（APD）。

为了保证通信质量，在收发端机之间适当距离上必须设有光中继器。光纤通信中光中继器的主要形式有两种，一种是采用光—电—光转换形式的中继器，其可提供电层面上的信号放大、整形和定时提取功能；另外一种是可在光层面上直接进行光信号放大的光放大器，但其并不具备波形整形和定时信号提取功能。

以上介绍的是目前采用比较多的一种系统构建形式，随着光通信技术的不断发展，一些新的光通信系统的不断涌现，例如波分复用光通信系统、光孤子光通信系统等。

1.1.3　光纤通信的优越性

光纤通信技术从 20 世纪 70 年代初到现在，之所以能够得到迅速的发展，主要是由其无比优越的特性决定的，具体包括以下几点。

（1）传输频带宽，通信容量大

通信容量和载波频率成正比，通过提高载波频率可以达到扩大通信容量的目的。光波的频率要比无线通信的频率高很多，因此其通信容量也要增大很多。

光纤通信的工作频率为 10^{12}～10^{16} Hz，如设一个话路的频带为 4kHz，则在一对光纤上可传输 10 亿路以上的电话。目前采用的单模光纤的带宽极宽，因此用单模光纤传输光载频信号可获得极大的通信容量。

（2）传输损耗小，中继距离长

传输距离和线路上的传输损耗成反比，即传输损耗越小，则中继距离就越长。目前，

SiO_2 光纤线路如工作在 1.55μm 波长时，传输损耗可低于 0.2dB/km，系统最大中继距离可达 200km，在采用光放大器实现中继放大的系统中，无电再生最大中继距离可达 600km 以上。这样在保证传输质量的条件下，长途干线上无电中继的距离就越长，则中继站的数目就可以越少，这对于提高通信的可靠性和稳定性具有特别重要的意义。

(3) 抗电磁干扰的能力强

由于光纤通信采用介质波导来传输信号，而且光信号又是集中在纤芯中传输的，因此光纤通信具有很强的抗干扰能力，而且保密性也好。

另外，光纤线径细、重量轻，而且制作光纤的资源丰富。

光纤通信由于具有以上优越性，因此发展速度非常快，在 21 世纪的信息社会中，占有非常重要的地位。

1.2 光纤通信的现状及发展趋势

1.2.1 光纤通信技术的现状

光纤通信的发展依赖于光纤通信技术的进步，为了适应网络发展和传输容量不断提高的需求，人们在传输系统的技术开发上做出了不懈的努力。目前 100Gbit/s 技术及其产业链已完全成熟，全球各大运营商已开始 100Gbit/s 系统的规模部署。随着 100Gbit/s 干线系统如火如荼地敷设，目前速率更高的 400Gbit/s 技术逐渐成为业界的热点。据试验研究资料显示，当前单信道的最高传输速率可达 640Gbit/s，即使采用 OTDM 和 WDM 技术来提高光纤通信系统容量，其程度仍然有限，目前随着“光进铜退”的实施，在我国光纤逐步取代传统的有线传输方式，从而进一步加快光纤化比例，促进光网络的发展。

1.2.2 光纤通信技术的发展趋势

光纤通信技术作为信息技术的重要支撑平台，在未来信息社会中将起到重要的作用。超低损耗、超高速、超大容量以及超长距离传输的光纤一直是人们追求的目标，而全光网络更是人们希望能够早日实现的梦想。

在超低损耗光纤研发方面，尽管国内外各大光纤厂商已取得突破性进展，但因其制棒工艺与传统光纤不同，因此未能迅速大规模投放市场。而目前国内三大运营商的主干通信网络仍主要使用 G.652 光纤，低损耗光纤仅仅在部分主干网得以部分应用，在适应超高速长距离传送网络的发展需要方面已显露出力不从心的态势。特别是随着 IP 业务的迅猛增长，要求电信网向新的目标发展以满足不同用户的不同需求。据系统试验数据显示，更低损耗光纤可有效延伸传输距离达 1 倍以上。加上 100Gbit/s 速率系统应用，使系统容量更高，低损耗、超低损耗光纤的使用将能大大节约再生中继站的数量，而即将到来的 400Gbit/s 时代，相比普通光纤，低损耗光纤可减少 20%的再生站，而超低损耗光纤则可减少 40%的再生站，可见超低损耗光纤所带来的巨额成本优势必将引起人们的重点关注。

随着 100Gbit/s 标准的不断完善，相关产业链也将更加完整。特别是在生产的 WDM/OTN 产品中，100Gbit/s 将占很大的比例。随着 100Gbit/s 系统的商用部署，国内外研究机构又已将目光聚焦在 400Gbit/s、1Tbit/s 甚至更高速率的超 100Gbit/s 传输技术上。当前业内综合考虑 400Gbit/s 各种调制码型的频谱效率，认为采用 4SC-PM-QPSK 能够支持干线长距离传输（≤2000km），而采用 2SC-PM-16QPSK 能够支持城域传输（≤700km）。

未来的高速通信网将是全光网。全光网络是以光节点代替电节点，节点之间也是全光化，即信息始终以光的形式进行传输与交换。全光网络具有良好的透明性、开放性、兼容性以及可靠性，并且能够提供巨大的带宽，网络结构简单，组网非常灵活。目前全光网络的发展仍处于初级阶段，从发展趋势上看，要形成一个以 WDM 技术与光交换技术为主的光网络层，建立起真正的全光网络，必须要解决电光瓶颈的问题，这也是未来信息网络的核心。

第2章 光纤

光纤通信是利用光导纤维来传输光波信号的，因此，关于光纤的结构及导光原理的分析是光纤通信原理的重要部分。

本章首先简单介绍光纤的结构与分类，对光纤的导光原理将采用射线法和标量近似解法进行重点分析，然后在此基础上对单模光纤的结构特点、主模及单模传输条件进行讨论，最后介绍光纤的传输特性及光纤的非线性效应。

2.1 光纤的结构和分类

2.1.1 光纤的结构

光纤有不同的结构形式。目前，通信用的光纤绝大多数是用石英材料做成的横截面很小的双层同心圆柱体，外层的折射率比内层低。折射率高的中心部分叫做纤芯，其折射率为 n_1，直径为 $2a$；折射率低的外围部分称为包层，其折射率为 n_2，直径为 $2b$。光纤的基本结构如图 2-1 所示。

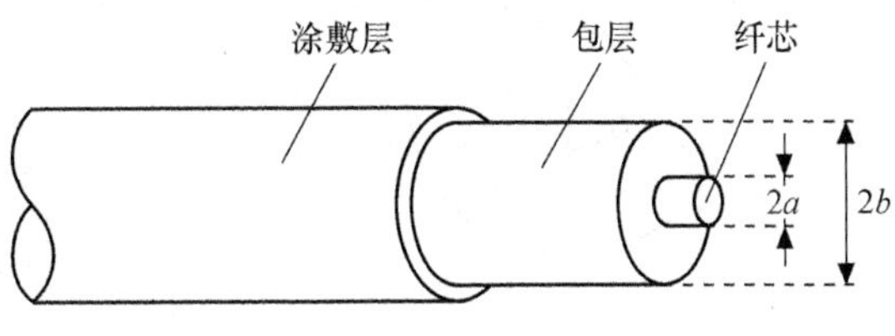

图 2-1 光纤的结构

2.1.2 光纤的分类

光纤的分类方法很多，可以按照横截面上折射率的分布不同来分类，也可以根据使用材料的不同来分类。

如果按照制造光纤使用材料的不同来分，则可分为玻璃光纤、全塑光纤及石英系列光纤等。在光纤通信中，目前主要采用石英材料制成的光纤，因此，在这一节中，将对石英光纤按照横截面上折射率的分布不同及光纤传输模式的多少进行分类，并作简单介绍。

1. 按照光纤横截面折射率分布不同来划分

光纤按照横截面折射率分布不同来划分，一般可以分为阶跃型光纤和渐变型光纤两种。

(1) 阶跃型光纤

纤芯折射率 n_1 沿半径方向保持一定，包层折射率 n_2 沿半径方向也保持一定，而且纤芯和包层的折射率在边界处呈阶梯型变化的光纤称为阶跃型光纤，又称为均匀光纤。它的剖面折射率分布如图 2-2（a）所示。

（2）渐变型光纤

如果纤芯折射率 n_1 随着半径加大而逐渐减小，而包层中折射率 n_2 是均匀的，这种光纤称为渐变型光纤，又称为非均匀光纤。它的剖面折射率分布如图 2-2（b）所示。

2. 按照纤芯中传输模式的多少来划分

模式实质上是电磁场的一种场结构分布形式。模式不同，其场型结构不同。根据光纤中传输模式数量，光纤可分为单模光纤和多模光纤。

（1）单模光纤

光纤中只传输一种模式时，叫做单模光纤。单模光纤的纤芯直径较小，为 4～10μm。通常，纤芯的折射率被认为是均匀分布的。由于单模光纤只传输基模，从而完全避免了模式色散，使传输带宽大大加宽，因此它适用于大容量、长距离的光纤通信。单模光纤中的光射线轨迹如图 2-3（a）所示。

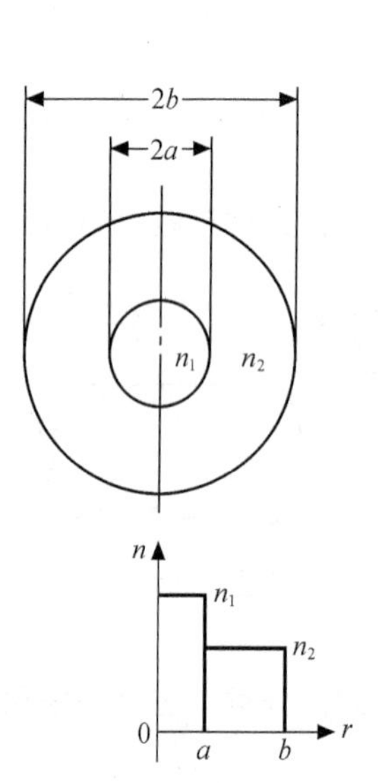

（a）阶跃型光纤的剖面折射率分布

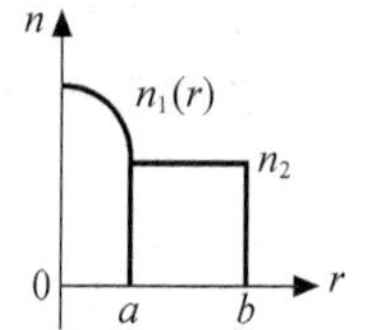

（b）渐变型光纤的剖面折射率分布

图 2-2 光纤的剖面折射率分布

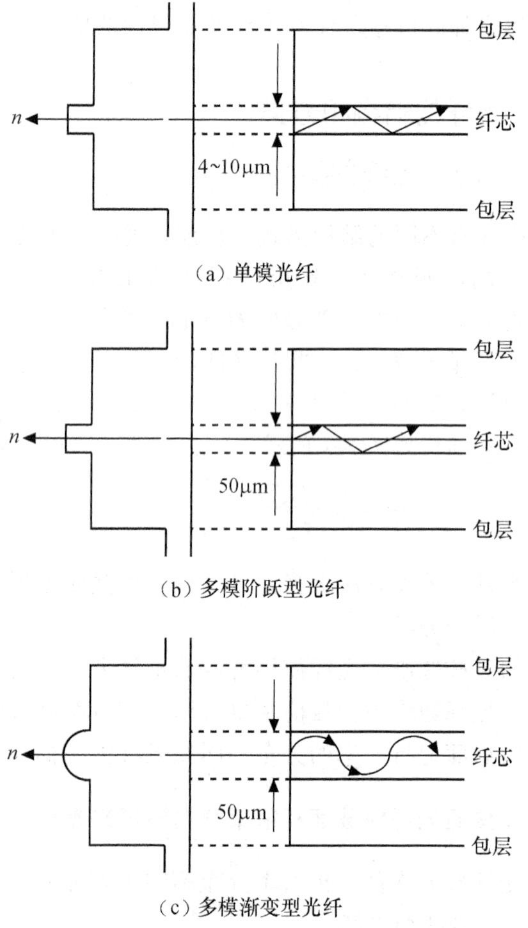

（c）多模渐变型光纤

图 2-3 光纤中的光射线轨迹

(2) 多模光纤

在一定的工作波长下，多模光纤是能传输多种模式的介质波导。多模光纤可以采用阶跃型折射率分布，也可以采用渐变型折射率分布，它们的光波传输轨迹分别如图 2-3 (b)、图 2-3 (c) 所示。多模光纤的纤芯直径约为 50μm，模色散的存在使得多模光纤的带宽变窄，但其制造、耦合及连接都比单模光纤容易。

2.2　用射线理论分析光纤的导光原理

分析光纤导光原理有两种基本的研究方法。

1. 射线理论法

射线理论法简称为射线法，又称几何光学法。当光波波长 λ 远小于光纤（光波导）的横向尺寸时，光可以用一条表示光波的传播方向的几何线来表示，这条几何线即称为光射线。用光射线来研究光波在光纤中的导光原理的分析方法，即称为射线法。显然，这是一种比较简单、直观的分析方法。

2. 波动理论法

波动理论法又称波动光学法。这种方法是一种较为严格、全面的分析方法，根据电磁场理论对光波导的基本问题进行求解。

本节将主要利用射线法分析光纤的导光原理，2.3 节将采用波动理论法进行分析。

2.2.1　平面波在两介质交界面的反射与折射

本章在分析光波在光纤中的导光原理及传输特性时，经常要遇到平面波向两种介质的交界面斜射的问题，所以在这一节里首先研究一下关于平面波的基本概念。

1. 均匀平面波的一般概念

平面波是指在与传播方向垂直的无限大平面的每个点上，电场强度 $\boldsymbol{E}$ 的幅度相等、相位相同，磁场强度 $\boldsymbol{H}$ 的幅度也相等、相位也相同。或者说，这种波的等幅、等相位面是无限大的平面。

用直角坐标系把这些含义用图画出来，如图 2-4 所示。

从图 2-4 中可以看出，$\boldsymbol{E}$ 和 $\boldsymbol{H}$ 与坐标 x 和 y 无关，即在沿 x 和 y 方向上，矢量 $\boldsymbol{E}$ 和 $\boldsymbol{H}$ 是不随 x 和 y 的位置改变而改变的，即

$$\frac{\partial \boldsymbol{E}}{\partial x}=0 \qquad \frac{\partial \boldsymbol{E}}{\partial y}=0$$

$$\frac{\partial \boldsymbol{H}}{\partial x}=0 \qquad \frac{\partial \boldsymbol{H}}{\partial y}=0$$

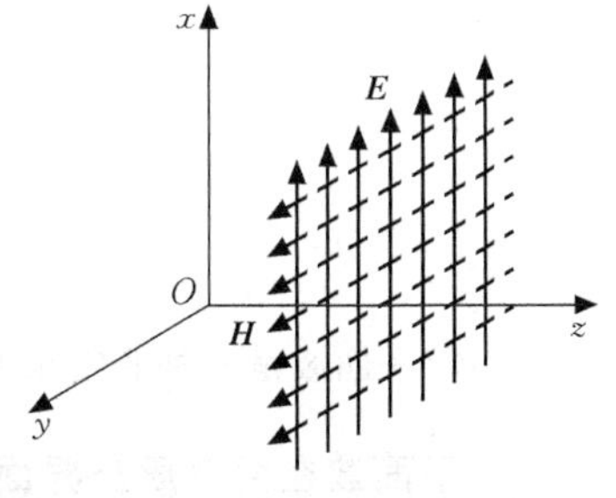

图 2-4　沿正 z 轴方向传播的均匀平面波

均匀平面波在均匀理想介质中的传播特性可通过以下 3 个参量来描述。

(1) 传播速度 v

平面波的传播速度是指在平面波的传播方向上等相位面的传播速度，故又称为相速。

$$v=\frac{\omega}{k} \tag{2-2-1}$$

式中，k 的物理意义是电磁波在自由空间传播时的相位常数，即电磁波每传播单位距离所产生的相位变化，其表示式为

$$k=\omega\sqrt{\mu\varepsilon}$$

式中，ε 称为介质的介电常数，是不随时间和空间变化的标量；μ 称为介质的磁导率，是不随时间和空间变化的标量。因此，平面波的传播速度可用介质的参量 μ，ε 表示为

$$v=\frac{1}{\sqrt{\mu\varepsilon}}$$

(2) 波阻抗 Z

如图 2-4 所示，电场强度仅有 x 分量，而磁场强度仅有 y 分量，电场 E_x 和磁场 H_y 之比所得到的 Z 具有阻抗的量纲，称为波阻抗，即

$$Z=\frac{E_x}{H_y}=\sqrt{\frac{\mu}{\varepsilon}}$$

若平面波在自由空间中传播，则称为自由空间的波阻抗，用符号 Z_0 来表示。

$$Z_0=\sqrt{\frac{\mu_0}{\varepsilon_0}}=377\Omega$$

它是个纯阻。

(3) 相位常数 k

由式（2-2-1）可得出

$$k=\frac{\omega}{v}$$

而 $\omega=2\pi f$，$v=f\cdot\lambda$，于是上式可写为

$$k=\frac{2\pi}{\lambda}$$

它代表了在单位长度上相位变化了多少，称之为相位常数，也称为波数。

v 是表示平面波在该介质中的传播速度，即

$$v=\frac{c}{n}$$

则

$$k=\frac{2\pi}{\lambda_0}\cdot n=k_0 n$$

均匀平面波是一种非常重要的波型，这是因为一些复杂的波型均可由平面波的叠加而得到。

2. 平面波在两介质交界面的反射和折射

如图 2-5 所示，有两个半无限大的介质，其介质参数分别为 ε_1、μ_1 和 ε_2、μ_2。$x=0$ 的平面为其交界面，介质交界面的法线为 x 方向。这两种物质都是各向同性的。

平面波沿 k_1 方向由介质 1 射到两介质的分界面上，这时将产生反射和折射。一部分能量沿 k_1' 方向反射回原来的介质，这称为反射波；一部分能量沿 k_2 方向进入第二种介质，称为折射波。入射线、反射线和折射线各在 k_1，k_1' 和 k_2 方向，θ_1，θ_1' 和 θ_2 为入射线、反射线、折射线与法线之间的夹角，分别称为入射角、反射角和折射角。

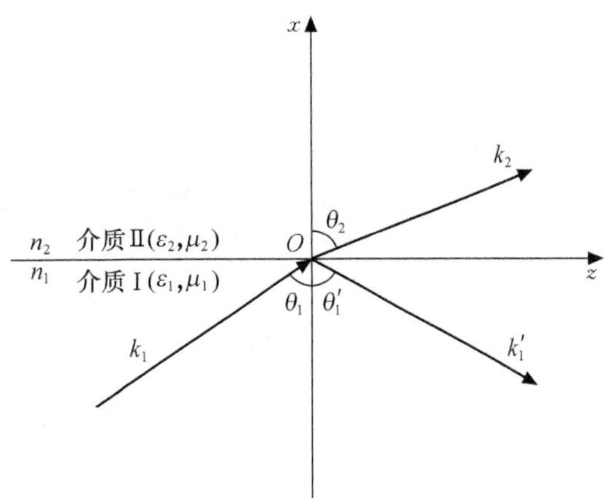

图 2-5　平面波的反射和折射

反射和折射的基本规律是由斯奈耳定律和菲涅尔公式表示的。

(1) 斯奈耳定律

斯奈耳定律说明反射波、折射波与入射波方向之间的关系。由图 2-5 看出，入射线、反射线和折射线在同一平面内①，θ_1，θ_1' 和 θ_2 之间的关系为

$$\theta_1 = \theta_1' \tag{2-2-2}$$

$$n_1 \sin\theta_1 = n_2 \sin\theta_2 \tag{2-2-3}$$

式 (2-2-2) 叫做反射定律，式 (2-2-3) 叫做折射定律。

式 (2-2-3) 中的 n 代表介质的折射指数。

反射定律确定了反射角和入射角的关系，折射定律确定折射角和入射角的关系。这是两个十分重要的定律，分析光射线在介质波导中传播时，就要应用反射定律和折射定律。

(2) 菲涅尔公式

菲涅尔公式表明反射波、折射波与入射波的复数振幅之间的关系。

如设 E_{01}、E_{01}'、E_{02} 为入射波、反射波、折射波在介质分界面的复数振幅。现引进反射系数 R 与折射系数 T 来表示 E_{01}'、E_{02} 与 E_{01} 之间的关系。

$$\boldsymbol{R} = \frac{E_{01}'}{E_{01}} = |R|\,\mathrm{e}^{\mathrm{j}2\phi_1} \tag{2-2-4a}$$

$$\boldsymbol{T} = \frac{E_{02}}{E_{01}} = |T|\,\mathrm{e}^{\mathrm{j}2\phi_2} \tag{2-2-4b}$$

式中 $\boldsymbol{R}$ 和 $\boldsymbol{T}$ 都是复数，包括大小及相位。$|R|$ 和 $|T|$ 是反射系数和折射系数的模值，分别表示反射波、折射波与入射波的大小之比；$2\phi_1$ 和 $2\phi_2$ 是反射系数和折射系数的相角，分别表示在界面上反射波、折射波比入射波超前的相位。

为了分析问题方便，常将平面波分成水平极化波和垂直极化波来讨论。电场矢量与分界面平行的平面波叫做水平极化波，磁场矢量与分界面平行的平面波叫做垂直极化波。它们的入射波、反射波以及折射波矢量的极化方向，如图 2-6 所示。

水平极化波和垂直极化波的反射系数和折射系数是不同的，下面分别给出两种极化情况下的反射系数和折射系数的表示式。

水平极化波

---

① 叶培大、吴彝尊. 光波导技术基本理论. 北京：人民邮电出版社，1981. 27 页

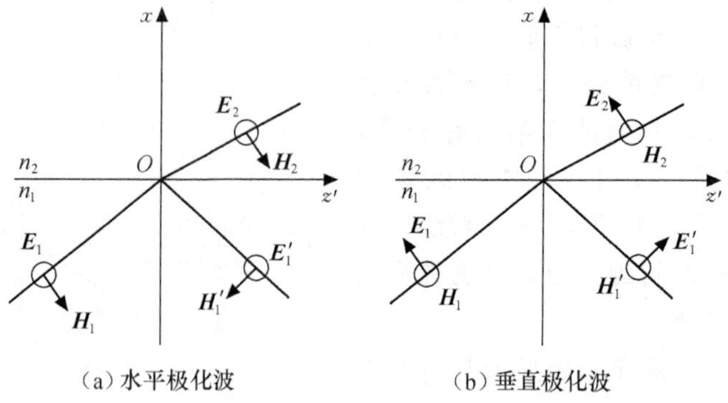

图 2-6　水平极化波与垂直极化波的反射与折射

$$R=\frac{n_1\cos\theta_1-n_2\cos\theta_2}{n_1\cos\theta_1+n_2\cos\theta_2} \tag{2-2-5}$$

$$T=\frac{2n_1\cos\theta_1}{n_1\cos\theta_1+n_2\cos\theta_2} \tag{2-2-6}$$

垂直极化波

$$R=\frac{n_2\cos\theta_1-n_1\cos\theta_2}{n_2\cos\theta_1+n_1\cos\theta_2} \tag{2-2-7}$$

$$T=\frac{2n_1\cos\theta_1}{n_2\cos\theta_1+n_1\cos\theta_2} \tag{2-2-8}$$

根据折射定律，可用入射角 θ_1 表示折射角 θ_2

$$\begin{aligned}\cos\theta_2&=\pm\sqrt{1-\sin^2\theta_2}\\&=\pm\sqrt{1-\left(\frac{n_1}{n_2}\right)^2\sin^2\theta_1}\end{aligned} \tag{2-2-9}$$

结论：平面波入射到两介质分界面时，将产生反射和折射现象，它们的基本规律是由斯奈耳定律及菲涅尔公式决定的。水平极化波与垂直极化波的反射系数和折射系数不同，但是它们都是由介质参数 n_1，n_2 及入射角 θ_1 决定的。

3. 平面波的全反射

全反射是一个重要的物理现象。

当光射线由折射率大的物质（n_1）射向折射率小的物质（n_2）时，射线将离开法线而折射，即折射光线靠近两种物质的界面传播。

如图 2-5 所示，当 $n_1>n_2$ 时，$\theta_2>\theta_1$，如果进一步增大入射角 θ_1，则折射角 θ_2 也随着增大。当入射角增加到某一值时，折射角 θ_2 将可达到 90°。也就是说，这时折射光将沿界面传播。若入射角 θ_1 再增大，光就不再进入第二种介质了，入射光全部被反射回来，这种现象称为全反射。

我们把折射角刚好达到 90°时的入射角称为临界角，用 θ_c 表示。利用折射定律可得出

$$\sin\theta_c=\frac{n_2}{n_1} \tag{2-2-10}$$

阶跃光纤所取的结构就是使入射光在光纤中反复地通过上述全反射形式，闭锁在其中向前传播。

综上所述，即可得出全反射的条件是

$$n_1 > n_2$$
$$\theta_c < \theta_1 < 90^\circ$$

2.2.2　阶跃型光纤的导光原理

阶跃型光纤的折射指数分布已在图 2-2（a）中给出。下面将从几何光学的角度来分析光在光纤中传输时的某些特性，主要讨论阶跃光纤中的射线种类、子午射线的数值孔径以及影响光纤性能的主要参量——相对折射指数差。

1. 相对折射指数差

光纤的纤芯和包层采用相同的基础材料 SiO_2，然后各掺入不同的杂质，使得纤芯中的折射指数 n_1 略高于包层中的折射指数 n_2，它们的差极小。

n_1 和 n_2 差的大小直接影响着光纤的性能。在光纤的分析中，常常使用相对折射指数差来表示它们的相差程度，用符号 Δ 表示。

$$\Delta = \frac{n_1^2 - n_2^2}{2n_1^2} \tag{2-2-11}$$

当 n_1 与 n_2 差别极小时，这种光纤称为弱导波光纤，其相对折射指数差可用近似式表示为

$$\Delta \approx \frac{n_1 - n_2}{n_1} \tag{2-2-12}$$

2. 阶跃型光纤中的光射线种类

按几何光学射线理论，阶跃型光纤中的光射线主要有子午射线和斜射线。

（1）子午射线

如图 2-7 所示，过纤芯的轴线 OO' 可做许多平面，这些平面称为子午面。子午面上的光射线在一个周期内和该中心轴相交两次，成为锯齿形波前进。这种射线称为子午射线，简称为子午线。可以看出，这种子午线是平面折线，它在端面上的投影是一条直线。

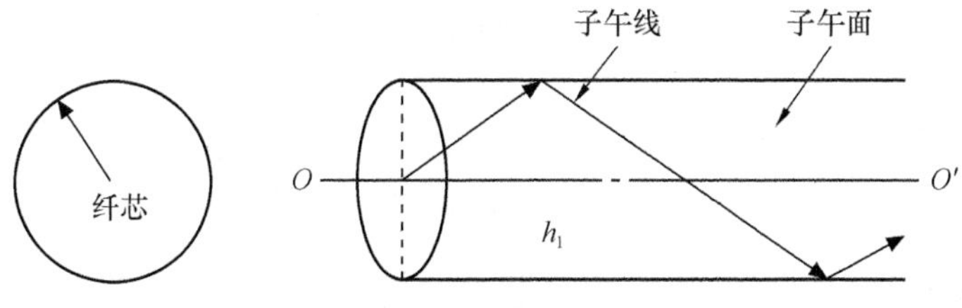

图 2-7　阶跃光纤中的子午线

（2）斜射线

图 2-8 画出了光纤中的斜射线。这种斜射线不在一个平面里，是不经过光纤轴线的射线。从投影图中可以看出，这种射线是限制在一定范围内传输的，这个范围称为焦散面。

因此，斜射线是不经过光纤轴线的空间折线。

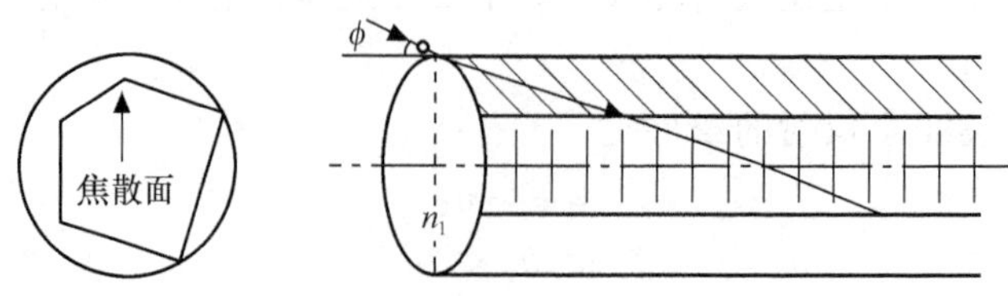

图 2-8　阶跃光纤中的斜射线

在阶跃型光纤中，不论是子午线还是斜射线，都是根据全反射原理，使光波在纤芯和包层的界面上全反射，而把光波限制在纤芯中向前传播的。

斜射线的情况比较复杂，下面只对阶跃光纤中的子午线作分析。

3. 子午线的分析

携带信息的光波在光纤的纤芯中，由纤芯和包层的界面引导前进，这种波称为导波。因此，分析纤芯中的子午线，实际上就是要讨论什么样的子午线才能在纤芯中形成导波。很明显，必须是能在纤芯界面上产生全反射的子午线才能在纤芯中形成导波。

图 2-9 画出了光纤的一个剖面，一条光线射到光纤端面的中心，它和法线之间的夹角即是入射角 ϕ；光线从空气射向光纤端面时，遇到了两种不同介质的交界面，即发生折射。由于 $n_0<n_1$，光线是由光疏媒质射向光密媒质，折射线应靠近法线而折射，这时光线在纤芯内沿角度 θ_2 的方向前进。当光线射到纤芯与包层交界面时，入射角为 θ_1。只有当 $\theta_1>\theta_c$ 时，才可能发生全反射，这时临界角为

$$\theta_c=\arc\sin\frac{n_2}{n_1}$$

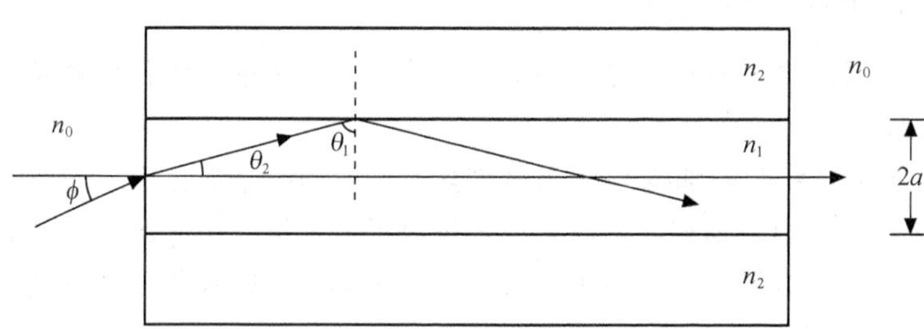

图 2-9　光纤剖面上的子午射线

因此，即要求

$$\theta_1>\arcsin\frac{n_2}{n_1} \tag{2-2-13}$$

根据折射定律：

$$n_0\sin\phi=n_1\sin\theta_2=n_1\sin(90^\circ-\theta_1)=n_1\cos\theta_1$$

则

$$\sin\phi=\frac{n_1}{n_0}\cos\theta_1=\frac{n_1}{n_0}\sqrt{1-\sin^2\theta_1}$$

为了在纤芯中产生全反射，θ_1 必须大于 θ_c。从图 2-9 中可看出，如果 θ_1 增大，θ_2 必减

小，则外面激发的射入角 ϕ 必减小，上式即为

$$\sin\phi \leqslant \frac{n_1}{n_0}\sqrt{1-\left(\frac{n_2}{n_1}\right)^2}$$

由于 $n_0=1$，则

$$\sin\phi \leqslant \sqrt{n_1^2-n_2^2} \tag{2-2-14}$$

因此，只有能满足式（2-2-14）的射线，才可以在纤芯中形成导波（即满足了全反射条件）。

4. 数值孔径的概念

由上面分析可知，并不是由光源射出的全部光射线都能在纤芯中形成导波，只有满足式（2-2-14）条件的子午线才可在纤芯中形成导波。这时就认为，这些子午线被光纤捕捉到了。

表示光纤捕捉光射线能力的物理量被定义为光纤的数值孔径，用 NA 表示。

$$NA=\sin\phi_{\max}=\sqrt{n_1^2-n_2^2}=n_1\sqrt{2\Delta} \tag{2-2-15}$$

其中，$\phi_{\max}$ 是光纤纤芯所能捕捉的射线的最大射入角。只要射入角小于 $\phi_{\max}$ 的所有射线均可被光纤捕捉。

数值孔径越大，就表示光纤捕捉射线的能力就越强。由于弱导波光纤的相对折射指数差 Δ 很小，因此其数值孔径也不大。

2.2.3　渐变型光纤的导光原理

渐变型光纤剖面折射指数分布已在图 2-2（b）中给出。从图中可看出，渐变光纤纤芯中的折射指数 n_1 沿半径 r 方向是变化的，它随 r 的增加按一定规律减小，n_1 是 r 的函数，即 $n_1(r)$；包层中的折射指数 n_2 一般是均匀的。

下面将主要研究渐变型光纤中的子午线，以及用射线法分析如何在渐变型光纤中，得到最佳折射指数分布。

1. 渐变型光纤中的子午线

渐变型光纤中的射线，也分为子午线和斜射线两种。斜射线的情况比较复杂，因此对于渐变型光纤中的射线问题，只分析子午线，由此得出一些必要的公式和概念。

如前所述，子午线是限制于光纤的子午面上的。阶跃型光纤中的子午线，是经过轴线的直线。而渐变型光纤，由于纤芯中的折射指数 n_1 是随半径 r 变化的，因此子午线不是直线，而是曲线。它靠折射原理将子午线限制在纤芯中，沿轴线传输，如图 2-10 所示。由于纤芯中的 n_1 随 r 的增加而减小，因此在轴线处，折射指数最大，即 $n(0)=n_{\max}$；而在纤芯和包层的交界面处折射指数最小为 n_2，即 $n_2=n(a)$。

设入射点处 $r_0=0$，入射角为 ϕ，此时的法线为轴线。进入纤芯后的射线，由于折射指数是从 $n_{\max}\to n_2$，因此光射线相当于是从光密媒质射向光疏媒质，此时法线垂直于轴线，则射线应离开法线而折射。当到达 r_m 点后，射线几乎与轴线平行，而后又由光疏媒质射向光密媒质，射线又靠近法线而折射，这样形成了一条按周期变化的曲线。也就是说，不同入射条件的子午线，在纤芯中，将有不同轨迹的折射曲线。

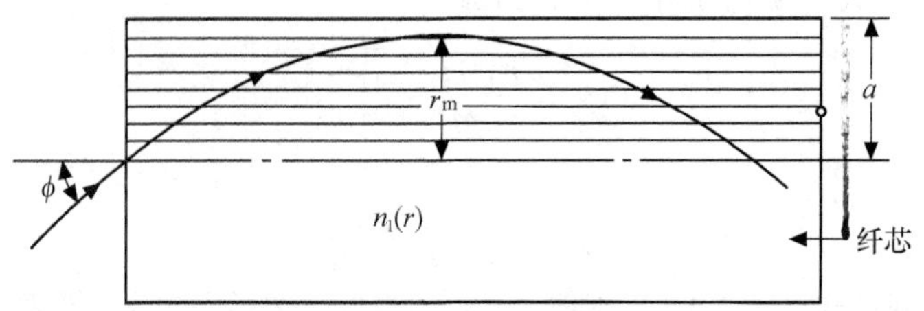

图 2-10　渐变型光纤中的子午线

2. 子午线的轨迹方程

由于渐变型光纤纤芯中的折射指数 n_1 随半径 r 变化，因此可将纤芯分成若干层折射指数不同的介质。在图 2-11 中，给出了渐变型光纤中的一个子午面，各层的折射指数为 n_1，n_2，n_3，n_4…，而且 $n_1>n_2>n_3>\cdots$。

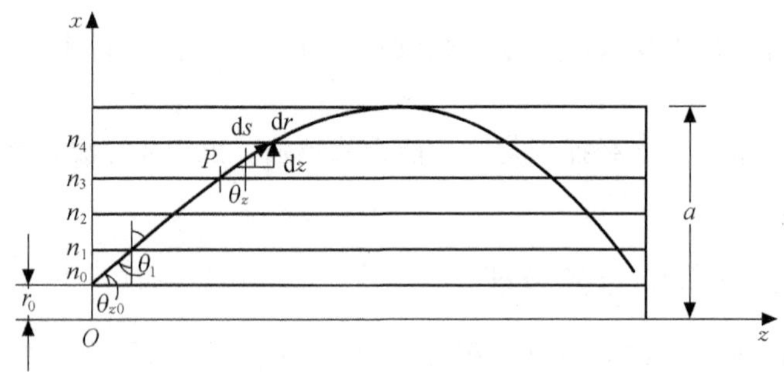

图 2-11　子午线的行进轨迹

一射线在光纤端面的 r_0 点射入，射线的轴向角为 θ_{z0}，入射点的折射指数为 n_0。当射线射到 n_1 层介质时，入射角为 θ_1，则 $\theta_1=90°-\theta_{z0}$。随着 $n(r)$ 的减小，轴向角将逐渐减小，而相应的向各层介质入射的光的入射角将逐渐增大。当射线到达 r_m 点时，$\theta_{z0}\to 0°$，这时 $\theta_1\to 90°$。在这一点，射线和轴线几乎平行。可以看出，射线轨迹与纤芯中折射率分布 $n(r)$ 有关，也和射线的入射条件（n_0，r_0，θ_{z0}）有关。

不管在哪层介质中，射线都满足折射定律。利用折射定律，可推导出如下关系

$$n_0\cos\theta_{z0}=n(r)\cos\theta_z$$

其中，$n(r)$ 表示任一层介质的折射指数；θ_z 表示该层介质的轴向角。

若令 $\cos\theta_{z0}=N_0$，可得

$$n(r)\cos\theta_z=n_0N_0 \tag{2-2-16}$$

式（2-2-16）的右端表示了射线的起始条件，它等于纤芯中任一层介质的折射指数与轴向角余弦的乘积。

在图 2-11 中所表示的射线上，任取一点 P，其轴向角为 θ_z，ds 为该点射线的切线。当 d$s\to 0$ 时，有

$$\mathrm{d}s=\sqrt{\mathrm{d}z^2+\mathrm{d}r^2}$$

$$\cos\theta_z=\frac{\mathrm{d}z}{\mathrm{d}s}=\frac{\mathrm{d}z}{\sqrt{\mathrm{d}z^2+\mathrm{d}r^2}}$$

利用式（2-2-16），则可得

$$\frac{\mathrm{d}z}{\sqrt{\mathrm{d}z^2+\mathrm{d}r^2}}=\frac{n_0N_0}{n(r)}$$

经整理后，可得出

$$\frac{\mathrm{d}z}{\mathrm{d}r}=\frac{n_0N_0}{\sqrt{n^2(r)-n_0^2N_0^2}} \tag{2-2-17}$$

也可写为

$$Z=\int\frac{n_0N_0}{\sqrt{n^2(r)-n_0^2N_0^2}}\mathrm{d}r+c \tag{2-2-18}$$

此式即为渐变型光纤子午线的轨迹方程。当光纤的折射率分布 $n(r)$ 和射线的起始条件 n_0、N_0 为已知时，即可利用式（2-2-18）求出 r 和 Z 的关系，亦即可以定出射线的轨迹。

3. 渐变型光纤的最佳折射指数分布

在渐变型光纤中，由于纤芯中的折射指数分布不均匀，因此光射线的轨迹将不再是直线而是曲线。当射线的起始条件不同时，将有不同的轨迹存在。

如果选用合适的 $n(r)$ 分布，就有可能使纤芯中的不同射线以同样的轴向速度前进，从而可减小光纤中的模式色散。

关于光纤中的色散问题，将在后面详细讨论，这里只对其中的模式色散作简单描述。

光功率以脉冲形式注入光纤后，将分布在光纤内所有模式之中，而不同模式沿着不同轨迹传输。每个模式的轴向传输速度不同，于是它们在相同的光纤长度上，到达某一点所需要的时间不同，从而使得沿光纤行进的脉冲在时间上展宽，这种色散称为模式色散。而渐变型光纤正是利用了 n 随 r 变化的特点，消除了模式色散。这种可以消除模式色散的 $n(r)$ 分布称为最佳折射指数分布。为了描述这个问题，将引入一个新的概念——自聚焦现象。

（1）光纤的自聚焦

渐变型光纤中，不同射线具有相同轴向速度的现象称为自聚焦现象，这种光纤称为自聚焦光纤。

前面已述，渐变型光纤纤芯中的光射线是周期变化的曲线，如图 2-12 所示。图中射线①和射线②从 A 点到 B 点完成了一个周期的变化，轴线距离 L 称为空间周期长度。

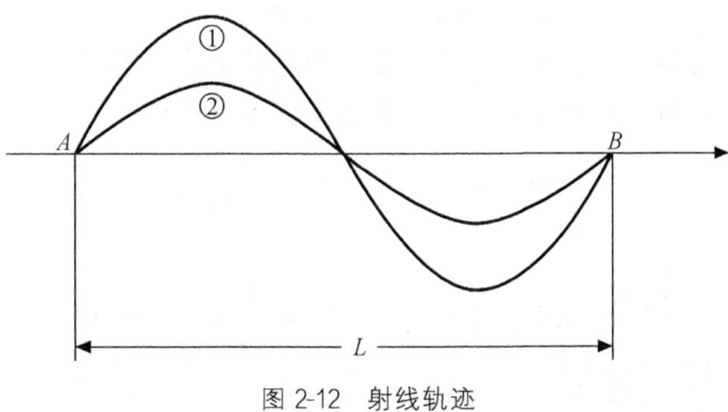

图 2-12　射线轨迹

在渐变型光纤中，纤芯轴线处（$r=0$）的折射指数最大，n 随着 r 的增加而逐渐减小。

由于 $v=c/n$，可以看出，靠近轴线处，射线的速度慢；而远离轴线处，射线的速度快。当光纤中的射线具有相同的轴线传输长度时，则靠近轴线处的射线需要的时间长，但路程短；而远离轴线处的射线需要的时间短，但路程长。如果折射指数 n 的分布取得合适，则可使不同射线沿着不同轨迹在相同的时间内走完规定的轴线长度。也就是说光纤中不同的子午线远离轴线的射线路径长，而靠近轴线的射线路径短，由于各点的光速不同，使它们在相同时间具有相同的空间周期长度，即说明它们在光纤中可以自聚焦。

因此，不同的模式，在折射指数分布不均匀的光纤内，只要 $n(r)$ 取得合适，则可以使它们沿着不同路径传输时，所需的时间差别不是太大，即认为它们具有相同的轴向速度①，从而消除了模式色散。

这样，就得到一个结论：具有不同起始条件的子午线，如果它们的空间周期长度相同，则这些子午线将同时到达终端，就可以在光纤中产生自聚焦。这种可使光纤产生自聚焦时的折射率分布，称为最佳折射指数分布。

（2）最佳折射指数分布的形式

什么样的折射指数分布形式可以使得光纤内的子午线产生自聚焦呢？这个问题必须在一定的条件下来探讨，条件如下：

① 输入纤芯的光功率对各个模式是均匀激励的；

② 光的中心波长 λ_0 不变；

③ 各个模式在光纤中的传输损耗是相同的。

在这些假定条件下，当光纤纤芯的折射指数按双曲正割型分布时，不同起始条件的子午线在纤芯中可得到相同的空间长度，即可以得到子午线的自聚焦。关于这个问题，应用渐变型光纤子午线的轨迹方程即可得到证明，证明过程请见附录 A。

为了分析方便，常将光纤的折射指数分布函数写成指数形式

$$n(r)=n(0)[1-(Ar)^{\alpha}]^{\frac{1}{2}} \tag{2-2-19}$$

其中，$n(0)$ 是轴线处的折射指数；α 是任意常数，也可称为渐变指数；A 是与射线起始条件无关的常数。

当 $\alpha=\infty$ 时，$n(r)=n(0)$，即为阶跃光纤折射指数的表达式。

当 α 为任意数时，代入 $n(r)$ 式中，则都表示为渐变型光纤的折射指数表示式。这样，在 $\alpha=2$ 时

$$n(r)=n(0)[1-(Ar)^{2}]^{\frac{1}{2}} \tag{2-2-20}$$

称为平方律型光纤的折射指数表示式。它是渐变型光纤中的一种形式。

对于双曲正割型折射指数分布光纤，其折射指数分布可写为

$$n(r)=n(0)\operatorname{sech}Ar=\frac{n(0)}{\operatorname{ch}Ar} \tag{2-2-21}$$

它的幂级数展开式为

$$n(r)=n(0)\left[1-\frac{1}{2}(Ar)^2+\frac{5}{24}(Ar)^4+\cdots\right] \tag{2-2-22}$$

① 可参看 E·赫克特、A·赞斯着《光学》一书。

对于 $\alpha=2$ 的平方律型折射指数分布光纤，根据式（2-2-20），可写出它的展开式为

$$\begin{aligned} n(r) &= n(0)[1-(Ar)^2]^{\frac{1}{2}} \\ &= n(0)\left[1-\frac{1}{2}(Ar)^2-\frac{1}{8}(Ar)^4+\cdots\right] \end{aligned} \tag{2-2-23}$$

如果忽略它们的高次项，则可以看出式（2-2-22）和式（2-2-23）有相同的形式，为

$$n(r)=n(0)\left[1-\frac{1}{2}(Ar)^2\right] \tag{2-2-24}$$

因此，可得出如下结论。

严格来讲，只有折射指数按双曲正割型分布时的光纤，才可使光纤中子午线产生自聚焦。而由于平方律型折射指数分布光纤的折射率分布接近于双曲正割型光纤的折射率分布，因此可认为平方律型折射指数分布光纤具有较小的模式色散的特点。它的折射率分布形式接近于最佳折射指数分布，这样可使分析问题简单化。所以，在下面讨论中，均以平方律型折射指数分布光纤为例。

下面确定式（2-2-19）中的常数 A。

由式（2-2-19）可得出

$$Ar=\left[\frac{n^2(0)-n^2(r)}{n^2(0)}\right]^{\frac{1}{\alpha}} \tag{2-2-25}$$

当 $r=a$ 时，

$$A=\frac{1}{a}\left[\frac{n^2(0)-n^2(a)}{n^2(0)}\right]^{\frac{1}{\alpha}} \tag{2-2-26}$$

其中

$$\Delta=\frac{n^2(0)-n^2(a)}{2n^2(0)}$$

则得出

$$A=\frac{1}{a}(2\Delta)^{\frac{1}{\alpha}} \tag{2-2-27}$$

将式（2-2-27）代入式（2-2-19），得出

$$\begin{aligned} n(r) &= n(0)[1-(Ar)^\alpha]^{\frac{1}{2}} \\ &= n(0)\left\{1-\left[\frac{1}{a}(2\Delta)^{\frac{1}{\alpha}}r\right]^\alpha\right\}^{\frac{1}{2}} \end{aligned} \tag{2-2-28}$$

此式为渐变型光纤 α 次方的折射率表示式。

当 $\alpha=2$ 时，得出

$$n(r)=n(0)\left[1-2\Delta\left(\frac{r}{a}\right)^2\right]^{\frac{1}{2}} \tag{2-2-29}$$

式（2-2-29）即为平方律型折射指数分布光纤的折射指数表达式，亦称为渐变型光纤的最佳折射率分布表达式。

4. 渐变型光纤的本地数值孔径

在阶跃型光纤中，由于纤芯中的折射指数 n_1 是不变的，因此纤芯中各点的数值孔径都

相同。

而渐变型光纤纤芯中的折射指数 n_1 随半径 r 变化，因此其数值孔径是纤芯端面上位置的函数。所以把射入纤芯某点 r 处的光线的数值孔径称为该点的本地数值孔径，记作 $NA(r)$。只有入射光线的端面入射角 $\phi<\phi_{max}$ 的射线，才可成为导波。

确定渐变型光纤的数值孔径比确定阶跃型光纤的数值孔径更加复杂。

阶跃型光纤的数值孔径为

$$NA=\sin\phi_{max}=n_1\sqrt{2\Delta}$$

它等于射入光纤端面的最大射入角的正弦。

渐变型光纤纤芯中某一点的数值孔径，根据式（2-2-20），可写为

$$NA(r)=n(r)\sqrt{2\Delta}=n(r)\sqrt{\frac{n^2(r)-n^2(a)}{n^2(r)}}=\sqrt{n^2(r)-n^2(a)} \tag{2-2-30}$$

式中，r 为光纤纤芯中任一点到轴线之间的距离；$n(r)$ 为该点的折射指数。

从式（2-2-30）可看出，渐变型光纤的本地数值孔径与该点的折射指数 $n(r)$ 有关。当折射指数越大时，本地数值孔径也越大，表示光纤捕捉射线的能力就越强。而纤芯中的折射指数是随 r 的增加而减小的，轴线处的折射指数最大，即表明轴线处捕捉射线的能力最强。

2.3 用波动理论分析光纤的导光原理

要用波动光学的方法分析光纤的导光原理，则必须从电磁场的基本方程式出发。

2.3.1 麦克斯韦方程及波动方程

光波既然是一种电磁波，那么，它必须服从电磁场的基本规律。而一切宏观电磁现象应遵循的基本规律又是麦克斯韦方程式，因此，光波在光导纤维中传播一定服从麦克斯韦方程，即电磁场的基本方程式。

这样，当用波动理论方法来研究光在光纤中传播时，显然应从麦克斯韦方程式出发。这也正是为什么在一些“光纤通信”的书中，对光纤分析时出现电场强度 $\boldsymbol{E}$ 和磁感应强度 $\boldsymbol{B}$ 这些电磁场参量的原因。

1. 电磁场的基本方程式

由物理的电磁学知识知道，当电磁场随时间做简谐（正弦或余弦）规律变化，并在各向同性①、无源的均匀介质中传播时，麦克斯韦方程式表示为复数形式，而且电流密度矢量 $\boldsymbol{J}=0$，电荷密度 $\dot{\rho}=0$，

这时复数微分形式的麦克斯韦方程式表示为

$$\nabla\times\dot{\boldsymbol{H}}=\mathrm{j}\omega\varepsilon\dot{\boldsymbol{E}} \tag{2-3-1a}$$

① 各向同性是指在介质中，不论在什么方向加电场和磁场，介质的参量 ε 和 μ 的数值都保持不变。

$$\nabla \times \dot{\boldsymbol{E}} = -\mathrm{j}\omega\mu\dot{\boldsymbol{H}} \tag{2-3-1b}$$

$$\nabla \cdot \dot{\boldsymbol{E}} = 0 \tag{2-3-1c}$$

$$\nabla \cdot \dot{\boldsymbol{H}} = 0 \tag{2-3-1d}$$

需要说明的是：上述表达式是利用了 $\dot{\boldsymbol{D}} = \varepsilon\dot{\boldsymbol{E}}$ 及 $\dot{\boldsymbol{B}} = \mu\dot{\boldsymbol{H}}$ 的关系而获得的；带“·”的符号均为复矢量。

式中，$\boldsymbol{E}$ 为电场强度矢量，单位是 V/m；$\boldsymbol{H}$ 为磁场强度矢量，单位是 A/m；$\boldsymbol{B}$ 为磁感应强度矢量，单位是 $\mathrm{Wb/m^2}$；$\boldsymbol{D}$ 为电位移矢量，单位是 $\mathrm{C/m^2}$；$\nabla\times$为旋度；$\nabla\cdot$为散度。

显然，光在光导纤维中传播时，光波中的 $\boldsymbol{E}$ 和 $\boldsymbol{H}$ 应满足上述这种关系式。当然，这种关系是不便于求解的，因为在表达式中既有 $\boldsymbol{E}$ 又有 $\boldsymbol{H}$，还需进一步推导，这就是下面将要讨论的问题。

2. 电磁波的波动现象

由麦克斯韦第一方程式看出，时变电场可以产生时变磁场；由第二个方程式则可看出，时变磁场可以产生时变电场。当然，这个新产生的时变电场又将产生时变磁场，这个时变磁场又将产生时变电场……如此这样不断地循环下去，电场和磁场之间就这样互相激发，互相支持。显然，在这种过程中，电磁场就可以脱离最初的激发源，而由时变电场和时变磁场互相激发，像波浪一样，一环一环、由近及远地传播出去，形成电磁波的传播现象。

光在光导纤维中的传播，正是电磁波的一种传播现象。

3. 简谐时变场的波动方程——亥姆霍兹方程

上一节是从物理概念来解释电磁波的传播现象的。但是，如果要定量讨论电磁波的传播，正如前面所讲，就需要根据麦克斯韦方程式推导出只用 $\boldsymbol{E}$ 或 $\boldsymbol{H}$ 表示的波动方程式。

当所研究的电磁场随时间作简谐变化时，这时的波动方程就称为亥姆霍兹（Helmholtz）方程式。

推导这个方程的条件是：无源空间，介质是理想、均匀、各向同性而且电磁场是简谐的。推导这个方程的根据是无源复数形式麦克斯韦方程的微分形式，即式（2-3-1a）～式（2-3-1d）。

将式（2-3-1b）两边取旋度，有

$$\nabla\times\nabla\times\boldsymbol{E} = \nabla\times(-\mathrm{j}\omega\mu\boldsymbol{H})$$

等式左端：根据矢量恒等式可得

$$\nabla\times\nabla\times\boldsymbol{E} = \nabla\nabla\cdot\boldsymbol{E} - \nabla^2\boldsymbol{E}$$

又因是无源，故$\nabla\cdot\boldsymbol{E}=0$，因此有

$$\nabla\times\nabla\times\boldsymbol{E} = -\nabla^2\boldsymbol{E}$$

等式右端

$$\nabla\times(-\mathrm{j}\omega\mu\boldsymbol{H}) = -\mathrm{j}\omega\mu\nabla\times\boldsymbol{H}$$

将式（2-3-1a）代入上式，可得

$$\nabla\times(-\mathrm{j}\omega\mu\boldsymbol{H}) = -\mathrm{j}\omega\mu(\mathrm{j}\omega\varepsilon\boldsymbol{E})$$

$$=\omega^2\mu\varepsilon\boldsymbol{E}$$

综合上面等式左端、右端推导的结果，最后得到

$$\nabla^2\boldsymbol{E}+\omega^2\mu\varepsilon\boldsymbol{E}=0 \tag{2-3-2}$$

若令

$$k^2=\omega^2\mu\varepsilon$$

则有

$$\nabla^2\boldsymbol{E}+k^2\boldsymbol{E}=0 \tag{2-3-3}$$

同理，以式（2-3-1a）为基础，经过类似推导，可得

$$\nabla^2\boldsymbol{H}+k^2\boldsymbol{H}=0 \tag{2-3-4}$$

式（2-3-3）和式（2-3-4）就是著名的亥姆霍兹方程式。光在光波导（如光导纤维）中传播就应满足这个方程。

式中 k 的物理意义在前面已提到，是电磁波在自由空间传播时的相位常数，即电磁波每传播单位距离产生的相位变化。

算符 ∇^2 称为拉普拉斯算子，是一个运算符号，在不同坐标系中，∇^2 的展开式不同。

在直角坐标系中，∇^2 算子为

$$\nabla^2=\frac{\partial^2}{\partial x^2}+\frac{\partial^2}{\partial y^2}+\frac{\partial^2}{\partial z^2}$$

它是一个三维、二阶、偏微分运算符号。

2.3.2 阶跃型光纤的标量近似解法

下面将用波动理论来分析光纤中的导波。

用波动理论进行分析，通常有两种解法：矢量解法和标量解法。矢量解法是一种严格的传统解法，求满足边界条件的波动方程的解。这种方法比较繁琐，所得结果也较复杂。而目前实际应用的光纤几乎都可以看成是弱导波光纤，对于这种弱导波光纤，可以寻求一些近似解法，使问题得到简化。

因此，将用标量近似解法推导出阶跃型光纤的场方程、特征方程以及在这些基础上分析标量模的特性。

1. 标量近似解法

由前面分析得知，在弱导波光纤中，由于

$$\frac{n_2}{n_1}\to 1$$

故有

$$\theta_c=\arcsin\frac{n_2}{n_1}\to\arcsin 1\to 90^\circ$$

而光纤中形成导波时，θ_1 必须满足全反射条件，即

$$90^\circ>\theta_1>\theta_c$$

将以上两关系结合起来，即表示

$$\theta_1 \to 90^\circ$$

亦即在弱导波光纤中，光射线几乎与光纤轴平行。

由前面介绍所知，平面波的传播方向（即射线方向）与平面波的 $\boldsymbol{E}$ 和 $\boldsymbol{H}$ 平面是垂直的。而在弱导波光纤中的光波，由于它的射线方向与光纤轴线几乎平行，因此弱导波光纤中的 $\boldsymbol{E}$ 和 $\boldsymbol{H}$ 几乎与光纤轴线垂直。又由于把 $\boldsymbol{E}$ 和 $\boldsymbol{H}$ 处在与传播方向垂直的横截面上的这种场分布称为是横电磁波，即 TEM 波，因此弱导波光纤中的 $\boldsymbol{E}$ 和 $\boldsymbol{H}$ 分布是一种近似的 TEM 波，即是近似的横电磁波。

这种具有横向场的极化方向（即电场的空间指向）在传输过程中保持不变的横电磁波，可以看成线极化波（或称线偏振波）。由于 $\boldsymbol{E}$（或 $\boldsymbol{H}$）近似在横截面上，而且空间指向基本不变，这样就可把一个大小和方向都沿传输方向变化的空间矢量 $\boldsymbol{E}$ 变为沿传输方向其方向不变（仅大小变化）的标量 E。因此，它将满足标量的亥姆霍兹方程，通过解该方程，求出弱导波光纤的近似解。这种方法称为标量近似解法。

2. 标量解的场方程的推导思路

用标量近似解法推导出场方程，是讨论阶跃型光纤模式特性的基础。

下面只给出推导思路和最后结果，推导过程请见附录 B。

由于光纤属于圆柱形介质光波导，而讨论此类问题一般采用圆柱坐标系，便于在求解时代入边界条件。为了分析方便，我们同时采用直角坐标系和圆柱坐标系，如图 2-13 所示。用直角坐标系（x，y，z）表示场分量，而用圆柱坐标系（r，θ，z）表示各场分量的空间变化情况。

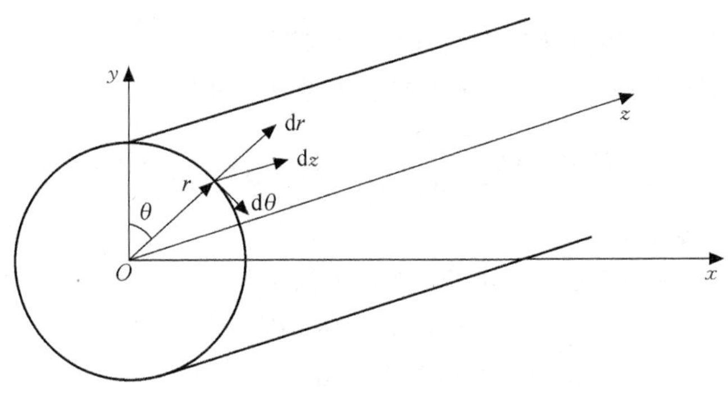

图 2-13　光纤坐标

具体推导思路及最后结果如下。

（1）首先求出横向场 E_y 的亥姆霍兹方程

如选横向电场的极化方向与 y 轴一致，则横向场只有 E_y 分量，而 $E_x=0$，则

$$\boldsymbol{E}_t=\boldsymbol{e}_y{}^{①}E_y$$

它在圆柱坐标系中，满足矢量的亥姆霍兹方程，而矢量的亥姆霍兹方程已在前面给出，为

$$\nabla^2\boldsymbol{E}+k^2\boldsymbol{E}=0$$

① e_y 表示在直角坐标系中，y 坐标方向的单位矢量。

即
$$\nabla^2 \boldsymbol{E}_t + k^2 \boldsymbol{E}_t = 0$$

将 $\boldsymbol{E}_t = \boldsymbol{e}_y E_y$，$k = k_0 n$ 关系代入，得出
$$\nabla^2 (\boldsymbol{e}_y E_y) + k_0^2 n^2 (\boldsymbol{e}_y E_y) = 0$$

则
$$\nabla^2 E_y + k_0^2 n^2 E_y = 0 \tag{2-3-5}$$

此式即为横向场 E_y 的标量亥姆霍兹方程式。

(2) 将式 (2-3-5) 在圆柱坐标中展开得出
$$\frac{\partial^2 E_y}{\partial r^2} + \frac{1}{r}\frac{\partial E_y}{\partial r} + \frac{1}{r^2}\frac{\partial^2 E_y}{\partial \theta^2} + \frac{\partial^2 E_y}{\partial Z^2} + k_0^2 n^2 E_y = 0 \tag{2-3-6}$$

此式为二阶三维偏微分方程。

(3) 用分离变量法求解横向场 E_y

① 将 E_y 写成 3 个函数积的形式。
$$E_y = AR(r)\Theta(\theta)Z(z)$$

其中，A 是常数，$R(r)$，$\Theta(\theta)$ 和 $Z(z)$ 分别是坐标 r，θ 和 z 的函数，表示横向场 E_y 沿这 3 个方向的变化情况。正规的解法应是将假定的 E_y 函数积形式的表示式代入到式 (2-3-6) 中，设法求出含有 R，Θ，Z 的解，从而得到 E_y 的解。但是这种求法比较复杂，下面只根据物理概念，确定 $Z(z)$ 和 $\Theta(\theta)$ 的形式，再通过方程求解 $R(r)$。

② 根据物理概念写出 $Z(z)$ 和 $\Theta(\theta)$ 的表示形式。

$Z(z)$：表示导波沿光纤轴 z 向的变化规律。它沿 z 向呈行波状态传输，如设相位常数为 β，则可写出
$$Z(z) = \mathrm{e}^{-\mathrm{j}\beta z}$$

$\Theta(\theta)$：表示 E_y 沿圆周方向的变化规律。沿圆周当 θ 变化 2π 时，回到原处，场不变化，则可以确定 E_y 是以 2π 为周期的正弦或余弦函数。可写出
$$\Theta(\theta) = \begin{cases} \sin m\theta \\ \cos m\theta \end{cases} \qquad m = 0,\ 1,\ 2\cdots$$

③ 求出 $R(r)$ 的表示形式。

$R(r)$ 表示场沿半径方向的变化规律。通过上述 $Z(z)$ 和 $\Theta(\theta)$ 的表示形式，E_y 可写为
$$E_y = AR(r)\cos m\theta\, \mathrm{e}^{-\mathrm{j}\beta z} \tag{2-3-7}$$

将式 (2-3-7) 代入式 (2-3-6)，经过整理得出
$$r^2 \frac{\mathrm{d}^2 R(r)}{\mathrm{d}r^2} + r\frac{\mathrm{d}R(r)}{\mathrm{d}r} + [r^2(k_0^2 n^2 - \beta^2) - m^2]R(r) = 0 \tag{2-3-8}$$

方程变成了只含有 $R(r)$ 的二阶常微分方程。方程中 $(k_0^2 n^2 - \beta^2)$ 是常数，解此方程即可得到 $R(r)$ 。

由于纤芯和包层的折射指数不同，分别为 n_1 和 n_2，而且 $n_1 > n_2$，这样使得纤芯和包层中的场有一定差别。

对于导波 $\qquad k_0 n_2 < \beta < k_0 n_1$

则在纤芯中 $\qquad k_0^2 n_1^2 - \beta^2 > 0$

在包层中 $\qquad k_0^2 n_2^2 - \beta^2 < 0$

因此，纤芯中的方程可化为标准的贝塞尔方程，而包层中的方程可化为标准的虚宗量的

贝塞尔方程，得出 $R(r)$ 的解答式为

$$R(r)=\begin{cases}\mathrm{J}_m(\sqrt{k_0^2n_1^2-\beta^2}\,r) & r\leqslant a\\ \mathrm{K}_m(\sqrt{\beta^2-k_0^2n_2^2}\,r) & r\geqslant a\end{cases}\tag{2-3-9}$$

④ 得出 E_y 的表示式。

将式（2-3-9）代入式（2-3-7），得出

$$E_y=\mathrm{e}^{-\mathrm{j}\beta z}\cos m\theta\begin{cases}A_1\mathrm{J}_m(\sqrt{k_0^2n_1^2-\beta^2}\,r) & r\leqslant a\\ A_2\mathrm{K}_m(\sqrt{\beta^2-k_0^2n_2^2}\,r) & r\geqslant a\end{cases}\tag{2-3-10}$$

如令

$$U=\sqrt{k_0^2n_1^2-\beta^2}\,a\text{①}$$

$$W=\sqrt{\beta^2-k_0^2n_2^2}\,a$$

常数 A_1，A_2 可根据边界条件求出②，为

$$A_1=\frac{A}{\mathrm{J}_m(U)},\qquad A_2=\frac{A}{\mathrm{K}_m(W)}$$

将以上关系代入式（2-3-10），得出

$$E_y=A\cos m\theta\,\mathrm{e}^{-\mathrm{j}\beta z}\begin{cases}\dfrac{\mathrm{J}_m\left(\dfrac{U}{a}r\right)}{\mathrm{J}_m(U)} & r\leqslant a\\[2ex] \dfrac{\mathrm{K}_m\left(\dfrac{W}{a}r\right)}{\mathrm{K}_m(W)} & r\geqslant a\end{cases}\tag{2-3-11}$$

此式即为横向电场 E_y 的解答式。

此式表明：E_y 沿 z 方向传播，其相位常数为 β，沿圆周方向按 $\cos m\theta$ 规律变化（或按 $\sin m\theta$）；沿半径方向，在纤芯中按贝塞尔函数规律振荡，在包层中按第二类修正的贝塞尔函数规律衰减。

（4）根据麦氏方程中 E 和 H 的关系可得出横向磁场 H_x 的解答式

由麦氏方程中可知 $Z_0=-\dfrac{E_y}{H_x}$ 为自由空间波阻抗。纤芯和包层中的波阻抗分别为 $Z_1=\dfrac{Z_0}{n_1}$ 和 $Z_2=\dfrac{Z_0}{n_2}$，则 H_x 的表示式为

$$H_x=\begin{cases}-\dfrac{E_y}{Z_1} & r\leqslant a\\[2ex] -\dfrac{E_y}{Z_2} & r\geqslant a\end{cases}$$

将式（2-3-11）代入，经过推导后可得出

① U、W 含义将在下面给出。

② A_1，A_2 关系式的求出过程，在附录 B 中给出。

$$H_x=\begin{cases}-A\dfrac{n_1}{Z_0}\dfrac{\mathrm{J}_m\left(\dfrac{U}{a}r\right)}{\mathrm{J}_m(U)}\cos m\theta & r\leqslant a\\ -A\dfrac{n_2}{Z_0}\dfrac{\mathrm{K}_m\left(\dfrac{W}{a}r\right)}{\mathrm{K}_m(W)}\cos m\theta & r\geqslant a\end{cases}\tag{2-3-12}$$

式中均省略了 $e^{-j\beta z}$ 因子。

（5）根据电场和磁场的横向分量可用麦氏方程求出轴向场分量 E_Z，H_Z 的解答式

由麦氏方程可得出

$$E_z=\frac{1}{j\omega\varepsilon}\left(\frac{\partial H_y}{\partial x}-\frac{\partial H_x}{\partial y}\right)=\frac{jZ_0}{k_0n}\frac{dH_x}{dy}$$

$$H_z=\frac{j}{k_0Z_0}\frac{dE_y}{dx}$$

将式（2-3-11）和式（2-3-12）代入上面 E_z、H_z 式中，经过整理，得出以下 4 个解答式。

纤芯中轴向电场分量 E_{z1} 的表示式为

$$E_{z1}=\frac{jAU}{2k_0n_1a\mathrm{J}_m(U)}\left[\mathrm{J}_{m+1}\left(\frac{U}{a}r\right)\sin(m+1)\theta+\mathrm{J}_{m-1}\left(\frac{U}{a}r\right)\sin(m-1)\theta\right]\quad r\leqslant a\tag{2-3-13a}$$

纤芯中轴向磁场分量 H_{z1} 的表示式为

$$H_{z1}=\frac{-jAU}{2k_0aZ_0\mathrm{J}_m(U)}\left[\mathrm{J}_{m+1}\left(\frac{U}{a}r\right)\cos(m+1)\theta-\mathrm{J}_{m-1}\left(\frac{U}{a}r\right)\cos(m-1)\theta\right]\quad r\leqslant a\tag{2-3-13b}$$

包层中轴向电场分量 E_{z2} 的表示式为

$$E_{z2}=\frac{jAW}{2k_0n_2a\mathrm{K}_m(W)}\left[\mathrm{K}_{m+1}\left(\frac{W}{a}r\right)\sin(m+1)\theta-\mathrm{K}_{m-1}\left(\frac{W}{a}r\right)\sin(m-1)\theta\right]\quad r\geqslant a\tag{2-3-13c}$$

包层中轴向磁场分量 H_{z2} 的表示式为

$$H_{z2}=\frac{-jAW}{2k_0aZ_0\mathrm{K}_m(W)}\left[\mathrm{K}_{m+1}\left(\frac{W}{a}r\right)\cos(m+1)\theta+\mathrm{K}_{m-1}\left(\frac{W}{a}r\right)\cos(m-1)\theta\right]\quad r\geqslant a\tag{2-3-13d}$$

从以上 6 个场分量表达式中可看出包含有两个符号，即 U 和 W，这是两个重要参量，它们的表达式及物理含义如下。

U 为导波的径向归一化相位常数

$$U=\sqrt{k_0^2n_1^2-\beta^2}\cdot a\tag{2-3-14}$$

表明在纤芯中，导波沿径向场的分布规律。

W 为导波的径向归一化衰减常数

$$W=\sqrt{\beta^2-k_0^2n_2^2}\cdot a\tag{2-3-15}$$

表明在光纤包层中，场的衰减规律。

如令 $$U^2+W^2=V^2$$

则 $$V^2=(k_0^2n_1^2-\beta^2)\cdot a^2+(\beta^2-k_0^2n_2^2)\cdot a^2$$

利用式（2-2-15），则可得出

$$V=n_1k_0a\sqrt{2\Delta} \tag{2-3-16}$$

它是一个直接与光的频率成正比的无量纲的重要参量，它仅仅决定于光纤的结构参数和工作波长，通常称为光纤的归一化频率。

3. 标量解的特征方程

要确定光纤中导波的特性，就需要确定参数 U，W 和 β。式（2-3-14）和式（2-3-15）已给出了有关 U、W 和 β 的两个关系式，还需要找出另一个关系式，就是特征方程。

用波动理论去求特征方程，就是利用边界条件，令场的表示式满足边界条件，即可得到特征方程。

下面利用边界条件之一，即在纤芯和包层的交界 $r=a$ 处，电场的轴向分量连续，来求出特征方程。

由于 $E_{z1}=E_{z2}$，将式（2-3-13a）和式（2-3-13c）代入此边界条件，得出

$$\frac{U}{n_1}\frac{\mathrm{J}_{m+1}(U)}{\mathrm{J}_m(U)}\sin(m+1)\theta-\frac{U}{n_1}\frac{\mathrm{J}_{m-1}(U)}{\mathrm{J}_m(U)}\sin(m-1)\theta$$
$$=\frac{W}{n_2}\frac{\mathrm{K}_{m+1}(W)}{\mathrm{K}_m(W)}\sin(m+1)\theta+\frac{W}{n_2}\frac{\mathrm{K}_{m-1}(W)}{\mathrm{K}_m(W)}\sin(m-1)\theta$$

此式要在任意的 θ 值上成立，就必须使等式两端包含 $\sin(m-1)\theta$ 的项和包含 $\sin(m-1)\theta$ 的项的系数分别相等，于是可得到下面两个等式

$$\frac{U}{n_1}\frac{\mathrm{J}_{m+1}(U)}{\mathrm{J}_m(U)}=\frac{W}{n_2}\frac{\mathrm{K}_{m+1}(W)}{\mathrm{K}_m(W)}$$
$$\frac{U}{n_1}\frac{\mathrm{J}_{m-1}(U)}{\mathrm{J}_m(U)}=-\frac{W}{n_2}\frac{\mathrm{K}_{m-1}(W)}{\mathrm{K}_m(W)}$$

对于弱导波光纤，$n_1\approx n_2$，可以忽略它们之间微小的差别，则上式可写为

$$U\frac{\mathrm{J}_{m+1}(U)}{\mathrm{J}_m(U)}=W\frac{\mathrm{K}_{m+1}(W)}{\mathrm{K}_m(W)} \tag{2-3-17a}$$

$$U\frac{\mathrm{J}_{m-1}(U)}{\mathrm{J}_m(U)}=-W\frac{\mathrm{K}_{m-1}(W)}{\mathrm{K}_m(W)} \tag{2-3-17b}$$

此式即为弱导波光纤标量解的特征方程。利用第一类贝塞尔函数与第二类修正的贝塞尔函数的递推公式，可证明这两个式子相等。这样，可任选其中之一，取式（2-3-17b）为标量解的特征方程。

4. 阶跃型光纤标量模特性的分析

（1）标量模的定义

上面用标量近似解法推导出了阶跃型光纤的场方程和特征方程，这种解法只适用于弱导波光纤，因为只有在这种情况下，光纤中传播的波才可近似看为 TEM 波，它具有横向场的极化方向保持不变的特点。

"极化"就是指随着时间的变化，电场或磁场的空间方位是如何变化的。一般人们把电

场的空间方位作为波的极化方向。

如果波的电场矢量空间取向不变，即其端点的轨迹为一直线时，就把这种极化称为直线极化，简称为线极化。

对于弱导波光纤，已假定了其横向场的极化方向保持不变，因此可认为它的横向场是线极化波，以 LP 表示。LP 模的名称来自英文 Linearly Polarized mode，即线性偏振模的意思。在这种特定条件下传播的模式，称为标量模，或 LP_{mn} 模。

下标 m 和 n 的值，表明了各模式的场型特性。一般说来，模式的下标 m 表示该模式的场分量沿光纤圆周方向的最大值有几对，而下标 n 表示该模式的场分量沿光纤直径的最大值有几对。不同的 m，n 值，对应着不同的模式。

对于阶跃光纤标量模的特性，应该运用标量解的特征方程，解出方程中的 U（或 W），从而确定传输常数 β，分析其传输特性。但式（2-3-17b）是一个超越方程，需用数字法做计算，十分繁琐，因此下面只讨论它在截止和远离截止两种特殊条件下的特性。

（2）截止时标量模的特性

① 截止的概念。

当光纤中出现了辐射模时，即认为导波截止。

导波应限制在纤芯中，以纤芯和包层的界面来导行，沿轴线方向传输。这时在包层内的电磁场是按指数函数迅速衰减的。如果导波的传输常数为 β，由全反射条件知

$$90^\circ > \theta_1 > \theta_c$$

两边取正弦得

$$\sin 90^\circ > \sin\theta_1 > \sin\theta_c$$
$$1 > \sin\theta_1 > \sin\theta_c$$

即

$$1 > \sin\theta_1 > \frac{n_2}{n_1}$$

等式两端均乘以 $k_0 n_1$ 得

$$k_0 n_1 > k_0 n_1 \sin\theta_1 > k_0 n_2$$

其中

$$k_0 n_1 \sin\theta_1 = k_1 \sin\theta_1 = k_{1z} = \beta$$

因此，导波传输常数的变化范围为

$$k_0 n_1 > \beta > k_0 n_2$$

当 $\beta = k_0 n_2$ 时，对应于 $\theta_1 = \theta_c$，显然这时电磁场能量已不能有效地封闭在纤芯内，而向包层辐射。这种状态称为导波截止的临界状态。

当 $\beta < k_0 n_2$ 时，辐射损耗将进一步增大，使光波能量不再有效地沿光纤轴向传输，这时即认为出现了辐射模，导波处于截止状态。

② 截止时的特征方程。

由于传输常数 $\beta = k_0 n_2$ 是导波截止的临界状态，因此可通过式（2-3-15）求出截止时归一化径向衰减常数为

$$W_c^2 = (\beta^2 - k_0^2 n_2^2) a^2 = 0 \tag{2-3-18}$$

为了使前面得到的特征方程在 $W \to 0$ 的情况下得到简化，根据数学知识知道，特征方

程中的 $K_m(W)$ 可用如下的近似关系来代替

当 $m=0$ 时，
$$K_0(W)=\ln\frac{2}{W}\to\infty$$

当 $m>0$ 时，
$$K_m(W)=\frac{1}{2}(m-1)!\left(\frac{2}{W}\right)^m\to\infty$$

由上面近似式可以看出，无论 m 为何值时，特征方程式（2-3-17b）的右端均为零，即

$$-W\frac{K_{m-1}(W)}{K_m(W)}\Rightarrow 0$$

于是可得出，在截止情况下，无论 m 为何值，都有

$$U\frac{J_{m-1}(U)}{J_m(U)}=0$$

当 $U\neq 0$ 时，要使此式成立，则必须

$$J_{m-1}(U)=0 \tag{2-3-19}$$

此式即为截止时的特征方程。

③ 截止情况下 LP_{mn} 模的归一化截止频率 V_c

导波截止时，所对应的归一化径向相位常数和归一化频率用 U_c 和 V_c 表示。由前面得知

$$V^2=U^2+W^2$$

则截止时有

$$V_c^2=U_c^2+W_c^2$$

将式（2-3-18）代入，得出

$$V_c^2=U_c^2$$

即

$$V_c=U_c \tag{2-3-20}$$

即导波在截止状态下的归一化径向相位常数 U_c 与光纤归一化截止频率 V_c 相等。如果求出了 U_c 值，即可知 V_c，也就决定了各模式的截止条件。

前面已求出，当 $U\neq 0$ 时，截止时的特征方程为

$$J_{m-1}(U)=0$$

满足此关系的 U 值，就是 $m-1$ 阶贝塞尔函数的根值，这个根值一般用 μ_{mn} 表示。μ_{mn} 是 m 阶贝塞尔函数的第 n 个根值。m 是贝塞尔函数的阶数；n 是 $J_{m-1}(U)=0$ 根的序号，即是指第几个根。

联系到前面分析弱导波光纤各分量的解答式，即式（2-3-11）～式（2-3-13），则不同的 m，n 值，将对应于场的不同分布状况，因此可以说，对应于不同的 LP_{mn} 模式。

例如，当 $m=0$ 时，为 LP_{0n} 模，其特征方程为

$$J_{-1}(U_c)=0$$

则由贝塞尔函数知识，知道

$$U_c=\mu_{0n}=0,\quad 3.8317,\quad 7.01559\cdots$$

当 $m=1$ 时，为 LP_{1n} 模，$J_0(U_c)=0$

则

$$U_c = \mu_{1n} = 2.404\ 83,\quad 5.520\ 08,\quad 8.653\ 73\cdots$$

当 $m=2$ 时，为 LP_{2n} 模，$J_1(U_c)=0$

则

$$U_c = \mu_{2n} = 3.831\ 71,\quad 7.015\ 59,\quad 10.173\ 47\cdots$$

将以上各值列于表 2-1 中，即为截止情况下 LP_{mn} 模的 U_c 值。

表 2-1　　截止情况下 LP_{mn} 模的 U_c 值

n \ m	0	1	2
1	0	2.404 83	3.831 71
2	3.831 71	5.520 03	7.015 59
3	7.015 59	8.653 73	10.173 47

由于此时 $U_c = V_c$，则表 2-1 也代表了各 LP_{mn} 模的归一化截止频率 V_c 值。而模式的传输条件是 $V > V_c$ 可传，$V \leqslant V_c$ 截止，因此，当模式的归一化频率值 $V = V_c$ 时，则该模式截止。

由表 2-1 看出，当 $m=0$，$n=1$ 的 LP_{01} 模的 $U_c = V_c = 0$ 时，说明此模式在任何频率都可以传输，则 LP_{01} 模的截止波长最长。在导波系统中，截止波长最长的模是最低模，称为基模，其余所有模式均为高次模。

在阶跃型光纤中，LP_{01} 模是最低工作模式，LP_{11} 模是第一个高次模。

因此，要保证均匀光纤中只传输单模时，必须抑制住第一个高次模，即

$$0 < V < 2.404\ 83$$

此条件即为阶跃型光纤的单模传输条件。

5. 阶跃光纤中导模数量的估算

在光纤中，当不能满足单模传输条件（$0 < V < 2.404\ 83$）时，将有多个导波同时传输，故称多模光纤。传输模数量的多少，用 M 表示。

估算光纤中的模数量，可用近似方法求得。首先根据截止时的特征方程，求出恰处于截止状态的模式，则比该模式低的所有模式都处于导行状态，因此便可计算出导波的数量。具体过程从略，这里只给出最后结果

$$M = \frac{V^2}{2} \tag{2-3-21}$$

这是阶跃多模光纤近似的模数量表示式。可以看出，导模数量是由光纤的归一化频率决定的。当纤芯半径 a 越大，工作频率越高时，传输的导波模数量就越多。

2.3.3　渐变型光纤的标量近似解法

渐变型光纤的标量解也同样适用于弱导波光纤，并且其分析思路与阶跃型光纤中的标量近似解法相同，但由于渐变型光纤中纤芯的折射率是随观察点到光轴之间的距离的增加而下降，因此其推导过程将更为复杂。平方律型光纤是一种典型的渐变型光纤，由于其色散特性

优于其他折射率分布光纤，因此人们通常以平方律型光纤为例进行分析推导，具体推导思路如下：

- 根据渐变型光纤中的某点平面波电场、磁场与空间位置 r 之间的关系；
- 推导平方律折射率指数分布光纤的亥姆霍方程；
- 采用分离变量法求解；
- 推导出平方律型光纤的基模场表达式、导波相位常数 β 的表达式；
- 获得平方律型折射率指数分布光纤中总的模数量为

$$M_{\max}=\frac{V^2}{4} \tag{2-3-22}$$

需要说明的是上式中归一化频率的使用范围是 $V>2.40483$，并且与(2-3-21) 含义一样，计算出的 $M_{\max}$ 取整数值。

2.4　单模光纤

单模光纤是在给定的工作波长上，只传输单一基模的光纤。

2.4.1　单模光纤的特性参数

单模光纤的主要特性参数有衰减、色散、截止波长、模场直径以及折射率分布等，其中色散将在 2.5 节介绍，这里主要介绍衰减系数 α 和截止波长 λ_c。

(1) 衰减系数 α

在设计光纤通信系统时，一个重要的考虑是沿光纤传输的光信号的衰减，它是线路上决定中继距离长短的主要因素。

衰减量的大小通常用衰减系数 α 来表示，单位是 dB/km。衰减系数 α 的定义为

$$\alpha=\frac{10}{L}\log\frac{P_i}{P_o} \tag{2-4-1}$$

其中，L 为光纤长度；P_i 为光纤输入的光功率；P_o 为光纤输出的光功率。

(2) 截止波长 λ_c

从前面分析可知，光纤的单模传输条件是以第一高次模（LP_{11} 模）的截止频率给出的。归一化截止频率为

$$V_c=\sqrt{2\Delta}\,n_1 a\,\frac{2\pi}{\lambda} \tag{2-4-2}$$

对应着归一化截止频率的波长为截止波长，用 λ_c 表示，它是保证单模传输的必要条件。当 $\lambda>\lambda_c$ 时，光纤中只传输 LP_{01} 模。

由式 (2-4-2) 得出截止波长为

$$\lambda_c=\frac{2\pi\sqrt{2\Delta}\,a n_1}{V_c}$$

由于 LP_{11} 模的归一化截止频率 $V_c=2.40483$，因此

$$\lambda_c=\frac{2\pi\sqrt{2\Delta}\,a n_1}{2.40483} \tag{2-4-3}$$

（3）模场直径 d

模场直径是描述光纤横截面上，基模场强分布的物理量。

从理论上讲，单模光纤中只有基模（LP_{01}）传输，场强分布应局限在纤芯直径中，但实际上包层中仍存在一定的场强分布。由前面分析可知，纤芯中的场强分布为标准的贝塞尔方程式，包层中的场强分布用标准的虚宗量的贝塞尔方程来描述。因此，单模光纤的纤芯直径对于描述场强分布已没有多大意义，一般采用模场直径这个参量来进行描述。

对于阶跃型单模光纤，基模场强在光纤横截面上的场强分布近似为高斯型分布，通常在实验中可以观察到，光纤截面上轴芯处的场强最强，因此把沿纤芯直径方向上，相对该场强最大点功率下降了$\frac{1}{e}$的两点之间的距离，称为单模光纤的模场直径。

2.4.2 单模光纤的双折射

理论上单模光纤中只传输一个基模，但实际上，在单模光纤中有两个模式，即横向电场沿 y 方向极化和沿 x 方向极化的两个模式。它们的极化方向互相垂直，这两种模式分别表示为 LP_{01}^{y} 和 LP_{01}^{x}。

在理想的轴对称的光纤中，这两个模式有相同的传输相位常数 β，它们是相互简并的。但在实际光纤中，由于光纤的形状、折射率及应力等分布得不均匀，将使两种模式的 β 值不同，形成相位差 $\Delta\beta$，简并受到破坏。这种现象叫做双折射现象。双折射的存在将引起偏振状态沿光纤长度变化。

1. 线偏振、椭圆偏振和圆偏振

偏振即极化的意思，是指场矢量的空间方位。一般选用电场强度 $\boldsymbol{E}$ 来定义偏振状态。

矢量端点描绘出一条与 x 轴成 ψ 角的直线，称为线偏振，如图 2-14（a）①所示。

如果电场的水平分量与垂直分量振幅相等、相位相差$\frac{\pi}{2}$，则合成的电场矢量将随着时间 t 的变化而围绕着传播方向旋转，其端点的轨迹是一个圆，称为圆偏振，如图 2-14（a）②所示。

如果电场强度的两个分量空间方向相互垂直，且振幅和相位都不相等，则随着时间 t 的变化，合成矢量端点的轨迹是一个椭圆，称为椭圆偏振，如图 2-14（a）③所示。

2. 单模光纤的双折射

（1）什么是单模光纤的双折射

在单模光纤中，电场沿 x 方向或 y 方向偏振的偏振模 LP^{x} 及 LP^{y}，当它们的相位常数不相等时（即 $\beta_x \neq \beta_y$），这种现象称为模式的双折射。它是单模光纤中的特有问题。

（2）双折射的分类

根据其特点，双折射可分为线双折射、圆双折射和椭圆双折射。下面只介绍其物理含义。

① 线双折射。在单模光纤中，如果两正交方向上的线偏振光的相位常数 β 不相等，引起的双折射称为线双折射。

引起单模光纤线双折射的原因很多，光纤芯子的椭圆变形、光纤的弯曲或者是光纤横向应力不均匀等均可使得折射率分布不对称，从而引起双折射。

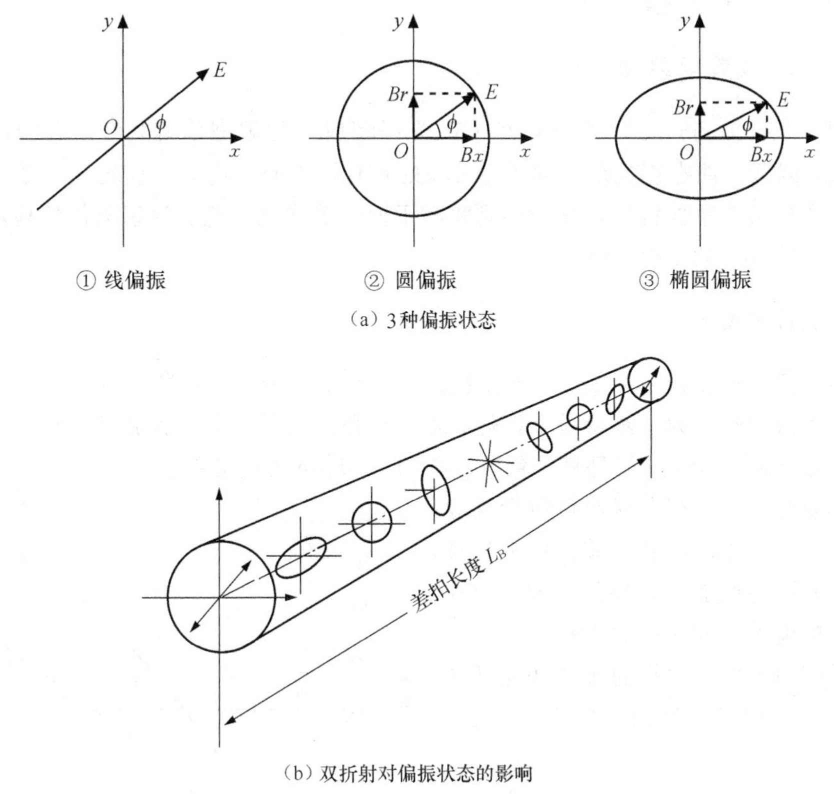

① 线偏振　② 圆偏振　③ 椭圆偏振

（a）3 种偏振状态

（b）双折射对偏振状态的影响

图 2-14　双折射

② 圆双折射。在传输媒质中，当左旋圆偏振波和右旋圆偏振波①有不同的相位常数时，将引起该两圆偏振光不同的相位变化，称为圆双折射。引起单模光纤圆双折射的主要原因是法拉弟磁光效应或光纤的扭转等。

③ 椭圆双折射。当线双折射和圆双折射同时存在于单模光纤中时，形成的双折射称为椭圆双折射。

（3）双折射对偏振状态的影响

单模光纤中，光波的偏振状态是沿传播方向（z 轴）作周期性变化的。这主要是由于双折射的存在，因此 $LP_{01}{}^{x}$ 与 $LP_{01}{}^{y}$ 的传播速度不相等（因 $\beta_x \neq \beta_y$），形成了相位差 $\Delta\beta = \beta_x - \beta_y$，于是偏振状态将沿光纤长度而变化。以线双折射来说，沿光纤 z 方向将由线偏振变为椭圆偏振，再变为圆偏振，呈周期性变化。将偏振状态变化了一个周期的长度 L_B 称为单模光纤的拍长。也可以这样理解：两个相互正交的偏振模（即 $LP_{01}{}^{x}$ 和 $LP_{01}{}^{y}$），当相位差为 2π 时，所对应的长度为一个拍长。

双折射对偏振状态的影响如图 2-14（b）所示。根据拍长定义，可得

$$L_B(\beta_x - \beta_y) = 2\pi$$

所以

$$L_B = \frac{2\pi}{\beta_x - \beta_y} = \frac{2\pi}{\Delta\beta}$$

---

① 见高炜烈等编《电磁场理论》第 403 页。

式中 $\Delta\beta=\beta_x-\beta_y$，称为偏振双折射率。

2.4.3 其他常用单模光纤

在上面一节已提到 G.652 光纤和 G.654 光纤都属于常规型单模光纤，它们的零色散波长在 1.31μm 附近，而在损耗最小的 1.55μm 处则有较高的正色散。损耗和色散是影响光纤最大传输距离的两个重要特性，这个问题将在下面一节详细讨论。这里只简单地从物理概念上介绍几种其他常用的单模光纤。

1. 色散位移单模光纤

常规的石英单模光纤在 1.55μm 处损耗最小；在 1.31μm 时色散系数趋于零，称为单模光纤材料零色散波长。为了获得最小损耗和最小色散，必须研制一种新型光纤。

色散位移光纤（DSF）就是将零色散点移到 1.55μm 处的光纤。

对于单模光纤，只存在材料色散和波导色散。在 1.55μm 处，如果能够使单模光纤的材料色散和波导色散互相补偿，即可使在这个波长上单模光纤的总色散为零。

目前采用的主要方法是通过改变光纤的结构参数，加大波导色散值，实现 1.55μm 处的低损耗与零色散，如图 2-15 所示。

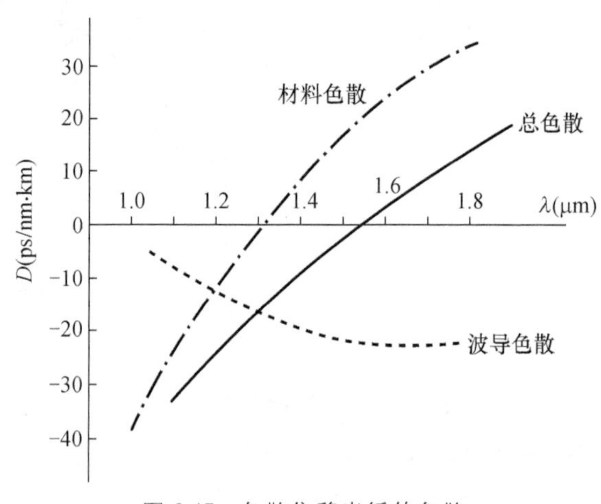

图 2-15　色散位移光纤的色散

在光纤通信系统中，为了实现大容量超长距离的传输，线路中选用色散位移光纤和光放大器，将使这一问题得以解决。

但在研究这个问题的过程中发现，色散位移光纤在 1.55μm 单一波长处，进行长距离传输具有很大的优越性；但在一根光纤上同时传输多波长光信号时，如采用光放大器，DSF 就会在零色散波长区出现严重的非线性效应，这样就限制了波分复用（WDM）技术的应用。为了解决这一问题，引出了另一种新型的光纤，即非零色散光纤（NZDF）。

2. 非零色散光纤

在色散位移光纤线路中采用光纤放大器会使得光纤中的光功率密度加大，引起非线性效应。尤其是以上情况应用到 WDM 系统中时，会使得多个光波之间产生能量交换，引起信道之间的干扰，对系统的传输质量影响很大。为了提高多波长 WDM 系统的传输质量，考虑将零色散点移动，移到一个低色散区，保证 WDM 系统的应用。

非零色散光纤是指光纤的工作波长不是在 1.55μm 的零色散点，而是移到 1.54～1.565μm 范围内，在此区域内的色散值较小，约为 1.0～4.0ps/km·nm。虽然色散系数不为零，但和一般单模光纤相比，在此范围内色散和损耗都比较小。而且可采用波分技术，通过光纤放大器（EDFA）实现大容量超长距离的传输。

3. 色散平坦光纤

上面介绍的光纤是在某一个波长上具有零色散或低色散。为了挖掘光纤的潜力，充分利用光纤的有效带宽，最好使光纤在整个光纤通信的长波段（1.3～1.6μm）都保持低损耗和低色散，即研制了一种新型光纤——色散平坦光纤（DFF）。

为了实现在一个比较宽的波段内得到平坦的低色散特性，采用的方法是利用光纤的不同折射率分布来达到目的。

色散平坦光纤的折射率分布如图 2-16 所示，这些结构的共同特点是包层的层数多。如果利用 W 型折射率分布制作 DFF，则可以在 1.305μm 和 1.620μm 两个不同波长上达到零色散，而且在这两个零色散点之间，可保持色散值比较小的色散平坦性，如图 2-17 所示。

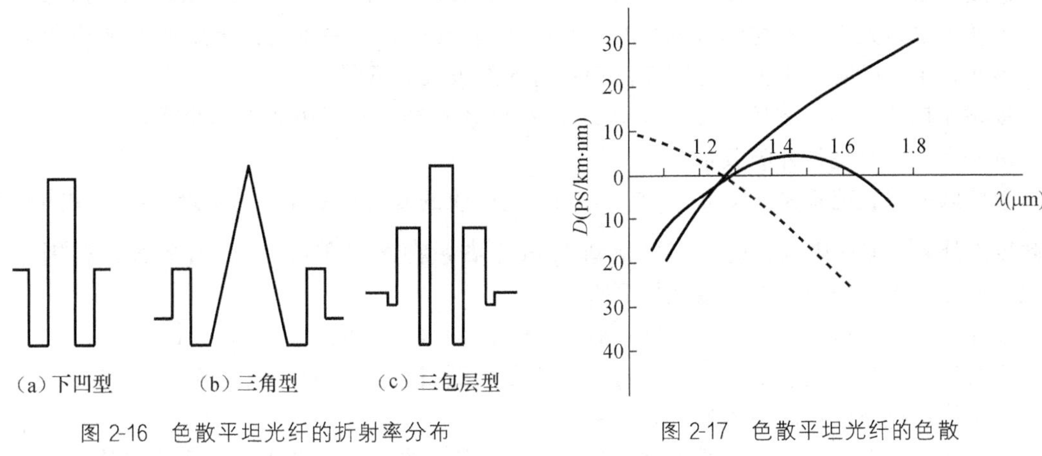

图 2-16　色散平坦光纤的折射率分布

图 2-17　色散平坦光纤的色散

4. 色散补偿光纤

色散补偿又称为光均衡，它主要是利用一段光纤来消除光纤中由于色散的存在使得光脉冲信号发生的展宽和畸变。能够起这种均衡作用的光纤称为色散补偿光纤（DCF）。

如果常规光纤的色散在 1.55μm 波长区为正色散值，那么 DCF 应具有负的色散系数。使得光脉冲信号在此工作窗口波形不产生畸变。DCF 的这一特性可以比较好地达到高速率长距离传输的目的。

上面简单介绍的几种新型的特殊光纤的研究工作，目前已引起世界上一些通信公司的关注，如美国 AT&T 利用非零色散光纤已经开通了 2.5（Gbit/s）×8 的 WDM 系统，在 80km 长的中继段上采用了 10 个光纤放大器。

2.5　光纤的传输特性

光纤的传输特性在光纤通信系统中是一个非常重要的问题，它直接影响到传输系统的最大传输距离。它包括光纤的损耗特性、色散特性，当传输高强度功率时，还需要考虑光纤的非线性效应。

这一节主要讨论光纤的损耗特性和色散特性，光纤的各种非线性效应将在下一节中介绍。

2.5.1 光纤的损耗特性

光波在光纤中传输时，随着传输距离的增加而光功率逐渐下降，这就是光纤的传输损耗。光纤每单位长度的损耗，直接关系到光纤通信系统传输距离的长短。

形成光纤损耗的原因很多，有来自光纤本身的损耗，也有光纤与光源的耦合损耗以及光纤之间的连接损耗。这里只对光纤本身的损耗进行简单分析。

光纤本身损耗的原因大致包括两类——吸收损耗和散射损耗。

(1) 吸收损耗

吸收作用是光波通过光纤材料时，有一部分光能变成热能，从而造成光功率的损失。

造成吸收损耗的原因很多，但都与光纤材料有关，下面主要介绍本征吸收和杂质吸收。

本征吸收是光纤基本材料（例如纯 SiO_2）固有的吸收，并不是由杂质或者缺陷所引起的。因此，本征吸收基本上确定了任何特定材料的吸收的下限。

吸收损耗的大小与波长有关，对于 SiO_2 石英系光纤，本征吸收有两个吸收带，一个是紫外吸收带，一个是红外吸收带。

紫外区的波长范围是 6×10^{-3}～0.39μm，它吸收的峰值在 0.16μm 附近，在现用的光通信频段之外①。但此吸收带的尾部可拖到 1μm 左右，将影响到 0.7～1μm 的波段范围，随着波长增加，吸收的能量按指数规律下降。

红外区的波长范围是 0.76～300μm，纯 SiO_2 的吸收峰值在 9.1μm、12.5μm 和 21μm 处。吸收带的尾部可延伸到 1.5～1.7μm，已影响到目前使用的石英系光纤工作波长的上限，这也是使得波段扩展困难的原因之一。

除本征吸收以外，还有杂质吸收，它是由材料的不纯净和工艺不完善而造成的附加吸收损耗。影响最严重的是过渡金属离子吸收和水的氢氧根离子吸收。

过渡金属离子主要包括铁、铬、钴、铜等，它们在光纤工作波段都有自己的吸收峰，如铁离子的吸收峰在 1.1μm 处，铜离子的吸收峰在 0.8μm 处……杂质含量越高，损耗就越严重。为了降低损耗，需要严格控制这些金属离子的含量。

熔融的石英玻璃中含水时，由水分子中的氢氧根离子（OH^-）振动而造成的吸收为氢氧根离子吸收。它的吸收峰在 2.7μm 附近，振动损耗的二次谐波在 0.9μm 处，三次谐波在 0.72μm 处。近年来在生产工艺上使用了许多方法降低 OH^- 的含量，目前在 1.39μm 处氢氧根离子的损耗已低于 0.5dB/km。

(2) 散射损耗

由于光纤的材料、形状及折射指数分布等的缺陷或不均匀，光纤中传导的光散射而产生的损耗称为散射损耗。

散射损耗包括线性散射损耗和非线性散射损耗。线性或非线性主要是指散射损耗所引起的损耗功率与传播模式的功率是否成线性关系。

线性散射损耗主要包括瑞利散射和材料不均匀引起的散射，非线性散射主要包括受激拉曼散射和受激布里渊散射等。这里只介绍两种线性散射损耗。

---

① 目前光纤通信使用的波长范围是 0.8～1.8μm。

① 瑞利散射损耗。瑞利散射损耗也是光纤的本征散射损耗。这种散射是由光纤材料的折射率随机性变化而引起的。材料的折射率变化是由于密度不均匀或者内部应力不均匀而产生散射引起的。当折射率变化很小时，引起的瑞利散射是光纤散射损耗的最低限度，这种瑞利散射是固有的，不能消除。

瑞利散射损耗与 $1/\lambda^4$ 成正比，它随波长的增加而急剧减小，所以在长波长工作时，瑞利散射会大大减小。

② 材料不均匀所引起的散射损耗。结构的不均匀性以及在制作光纤的过程中产生的缺陷也可能使光纤产生散射。这些缺陷可能是光纤中的气泡、未发生反应的原材料以及纤芯和包层交界处粗糙等。这种散射也会引起损耗。

它与瑞利散射不同，这种不均匀性较大，尺寸大于波长，散射损耗与波长无关。这种散射主要是通过改造制作工艺予以减小。

上面介绍了两种主要损耗，即吸收损耗和散射损耗。除此之外，引起光纤损耗的还有光纤弯曲产生的损耗以及纤芯和包层中的损耗等。综合考虑发现，有许多材料，如纯硅石等，在 1.3μm 附近损耗最小，材料色散也接近零；还发现在 1.55μm 左右，损耗可降到 0.2dB/km 以下，如果合理设计光纤，还可以使色散在 1.55μm 处达到最小。这给长距离、大容量通信提供了比较好的条件。

2.5.2 光纤的色散特性

光纤色散是光纤通信的另一个重要特性。光纤的色散会使输入脉冲在传输过程中展宽，产生码间干扰，增加误码率，这样就限制了通信容量。因此，制造优质的、色散小的光纤，对增加通信系统的通信容量和加大传输距离是非常重要的。

(1) 什么是光纤的色散

由于实际光源发出的不是单色光（或单频的），而是具有一定波长范围的，这个范围就称为光源的谱线宽度，如图 2-18 所示。

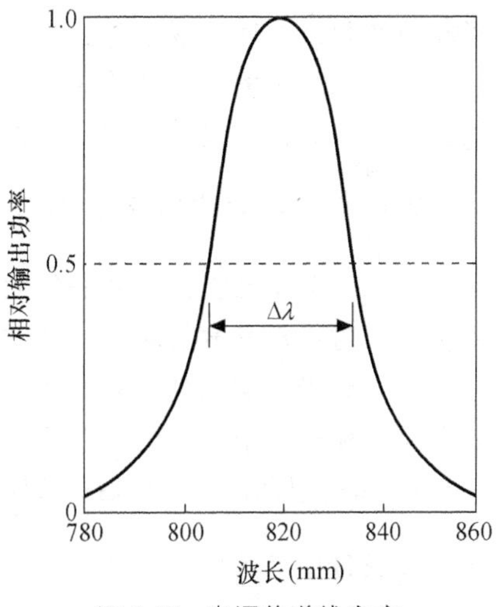

图 2-18 光源的谱线宽度

一般将光功率降到峰值一半时所对应的波长范围称为光源的谱线宽度，用 Δλ 表示。Δλ 越大，则表示光信号中包含的频率成分越多；Δλ 越小，则光源的相干性就越强。一个理想的光源发出的应是单色光，即谱线宽度应为零。

另外，光纤中传输的光信号是经过调制以后的信号，而调制信号又具有一定的带宽，因此，送到光纤中的信号应该是一个被调制了的波谱。

由此可以看出，光纤中传送的信号是由不同的频率成分和不同的模式成分构成的，它们有不同的传播速度，将会使脉冲波形的形状发生变化。也可以从波形在时间上展宽的角度去理解，也就是光脉冲在光纤中传输，随着传输距离的加大，脉冲波形在时间上发生了展宽，这种现象称为光纤的色散。

色散的大小，用色散系数表示，单位为 ps/km · nm，即单位波长间隔内各波长成分通过单位长度光纤时产生的延时。

（2）光纤中的色散

光纤中的色散可归结为以下几种。

模式色散：光纤中的不同模式，在同一波长下传输，各自的相位常数 β_{mn} 不同，它所引起的色散称为模式色散。

材料色散：由于光纤材料本身的折射指数 n 和波长 λ 呈非线性关系，从而使光的传播速度随波长而变化，这样引起的色散称为材料色散。

波导色散：光纤中同一模式在不同的频率下传输时，其相位常数不同，这样引起的色散称为波导色散。

从物理概念上可以看出，材料色散和波导色散都属于频率色散。在多模光纤中，频率色散和模式色散都存在；而在单模光纤中，只存在频率色散（包括材料色散和波导色散）。

2.6 光纤的非线性效应

通常在光场较弱的情况下，可以认为光纤的各种特征参量随光场强弱作线性变化，这时光纤对光场来讲是一种线性媒质。但是在很强的光场作用下，光纤对光场就会呈现出另外一种情况，即光纤的各种特征参量会随光场呈非线性变化。

光纤的非线性效应是指在强光场的作用下，光波信号和光纤介质相互作用的一种物理效应。它主要包括两类，一类是由于散射作用而产生的非线性效应，如受激拉曼散射及布里渊散射；另一类是由于光纤的折射指数随光强度变化而引起的非线性效应，如自相位调制、交叉相位调制以及四波混频等。

利用光纤中的非线性效应，可以开拓光纤通信的新领域，一方面可以利用它开发出新型器件，另一方面可以利用它实现光孤子通信。

2.6.1 受激光散射效应

在 2.5 节中已提到光纤的传输特性，由于光纤材料等的缺陷，有可能使得光纤通过介质时发生散射。瑞利散射属于线性散射，即散射光的频率保持不变。但当输入光功率很强时，任何介质对光的响应都是非线性的，在此过程中，光场把部分能量转移给非线性介质，即在这种非线性散射中，光波和介质相互作用时要交换能量，使得光子能量减少。受激拉曼散射（SRS）和布里渊散射（SBS）就属于此类。

1. 受激拉曼散射

受激拉曼散射是光纤中很重要的非线性过程。当强光信号输入光纤后，就会引发介质中分子振动，这些分子振动对入射光调制后就会产生新的光频，从而对入射光产生散射作用。

如设入射光的频率为 f_0，介质分子振动频率为 f_v，则散射光的频率为 $f_s = f_0 \pm f_v$，这种现象称为受激拉曼散射。频率为 f_s 的散射光称为斯托克斯波（Stokes）。当传输距离为 Z 时，拉曼散射过程可表示为

$$\frac{dI_s}{dZ} = g_R I_P I_s \tag{2-6-1}$$

式中，I_s 为斯托克斯波光强；g_R 为拉曼增益系数；I_P 为入射波光强。

斯托克斯波的光强与泵浦功率及光纤长度有关，利用这一特征，可制成激光器波长可调的可调式光纤拉曼激光器。

2. 受激布里渊散射

受激布里渊散射和受激拉曼散射相比较，物理过程很相似，它们都是在散射过程中通过相互作用，光波与介质发生能量交换，但本质上也存在差异。受激拉曼散射所产生的斯托克斯波属于光频范畴，其波的方向和泵浦光波方向一致。而受激布里渊散射所产生的斯托克斯波在声频范围，其波的方向和泵浦波方向相反，即在光纤中只要达到受激布里渊散射的阈值，就会产生大量的后向传输的斯托克斯波。显而易见，这将使信号功率减少，反馈回的斯托克斯波亦会使激光器的工作不稳定，这些将对系统产生不良影响。

但是，由于受激布里渊散射的阈值要比受激拉曼散射的阈值低很多，因此可以利用它的低阈值功率提供布里渊放大。

2.6.2　光纤折射率随光强度变化而引起的非线性效应

上面已经提到，当强光信号输入光纤后，就会引发介质中分子振动，从而在电场中出现了电偶极子。由电偶极子感生出来的电场与原来的入射光波电场叠加，叠加后的总电场强度 $\boldsymbol{E}$ 与极化强度 $\boldsymbol{P}$①之间的关系为

$$\boldsymbol{P}=\varepsilon_0 x^{(1)}\boldsymbol{E}+\varepsilon_0 x^{(2)}\boldsymbol{EE}+\varepsilon_0 x^{(3)}\boldsymbol{EEE}+\cdots \tag{2-6-2}$$

式中，ε_0 为真空中的介电常数；$x^{(1)}$ 为线性电极化率；$x^{(2)}$，$x^{(3)}$ …为二阶、三阶……非线性极化率。通常，$x^{(1)} \gg x^{(2)} \gg x^{(3)} \gg \cdots$。

从式中可以看出，当光波电场较弱时，从第二项开始可以忽略，则 $\boldsymbol{P}$ 与 $\boldsymbol{E}$ 之间呈线性关系；当光场很强时，式中第二、第三项的作用不可忽略，因此，$\boldsymbol{P}$ 与 $\boldsymbol{E}$ 之间呈非线性关系。由于石英材料是各向同性介质，其 $x^{(2)}=0$，所以，石英光纤中的最低阶的非线性效应为三阶非线性，称之为克尔效应。

如果忽略光纤中更高阶的非线性效应，则光纤中的非线性极化率可写为

$$\boldsymbol{P}=\varepsilon_0 x^{(1)}\boldsymbol{E}+\varepsilon_0 x^{(3)}\boldsymbol{EEE} \tag{2-6-3}$$

由电磁场理论知道，介质中电位移矢量 $\boldsymbol{D}$ 与 $\boldsymbol{E}$ 及 $\boldsymbol{P}$ 之间的关系式为

$$\boldsymbol{D}=\varepsilon\boldsymbol{E}=\varepsilon_0\boldsymbol{E}+\boldsymbol{P} \tag{2-6-4}$$

将式（2-6-2）代入式（2-6-4），可得出

$$\boldsymbol{D}=\varepsilon_0\boldsymbol{E}+\varepsilon x^{(1)}E+\varepsilon_0 x^{(3)}\boldsymbol{EEE}=\varepsilon_0\left[1+x^{(1)}+x^{(3)}E^2\right]\boldsymbol{E}$$

令 $\varepsilon_{r0}=1+x^{(1)}$，称其为线性状态下的相对介电常数。

$\varepsilon_2 E^2=x^{(3)}E^2$ 表示在强光作用下与三阶非线性极化系数 $x^{(3)}$ 有关的介电常数。代入上式可得

$$\boldsymbol{D}=\varepsilon_0(\varepsilon_{r0}+\varepsilon_2 E^2)\boldsymbol{E} \tag{2-6-5}$$

将式（2-6-5）与式（2-6-4）相比较，可得

$$\varepsilon=\varepsilon_0(\varepsilon_{r0}+\varepsilon_2 E^2)$$

① 关于极化强度 $\boldsymbol{P}$ 的概念，请参看高炜烈等编写的《电磁场理论》第 105 页，1990 年人民邮电出版社出版。

而介质折射率 n 与其介电常数之间的关系为

$$n=\sqrt{\frac{\varepsilon}{\varepsilon_0}}$$

则可得出

$$n=\sqrt{\varepsilon_{ro}+\varepsilon_2 E^2}$$

将上式用级数展开、化简，并令 $\sqrt{\varepsilon_{r0}}=n_0$，可得

$$n=n_0+n_2 E^2 \tag{2-6-6}$$

此式即为光纤在强光作用下，折射率的表达式。从式中可以看出，此时光纤的折射率不再是常数，而是与光波电场 $\boldsymbol{E}$ 有关的非线性参量。式中，n_2 称为非线性克尔系数。

折射率随强度的变化引起的非线性效应，最重要的是自相位调制（SPM）、交叉相位调制（XPM）及四波混频（FWM）。下面简单介绍其物理概念。

1. 自相位调制

在强光场的作用下，光纤的折射率出现非线性，这个非线性的折射率使得光纤中所传光脉冲的前、后沿的相位相对漂移。这种相位的变化，必对应于所传光脉冲的频谱发生变化。由信号分析理论可知，频谱的变化必然使波形出现变化，从而使传输脉冲在波形上被压缩或被展宽。把光脉冲在传输过程中由于自身引起的相位变化而导致光脉冲频谱展宽的这种现象称为自相位调制。

光脉冲在光纤中的传播过程中，由于折射率变化而引起的相位变化为

$$\Delta\phi(t)=\Delta n(t)\cdot k_0\cdot L=\frac{2\pi}{\lambda}\cdot\Delta n(t)\cdot L \tag{2-6-7}$$

其中，L 为光纤长度；$\Delta n(t)$ 为 L 长度光纤的折射率随时间的变化量。

从式中可看出，光脉冲在 L 长度光纤中传输时，不同时刻 t，脉冲波形各处的相位就按式（2-6-7）的规律来变化，即表示脉冲波形的相位受到了调制。

2. 交叉相位调制

当光纤中有两个或两个以上不同波长的光波同时传输时，由于光纤非线性效应的存在，它们之间将相互作用。光纤中由于自相位调制的存在，因此一个光波的幅度调制将会引起其他光波的相位调制。这种由光纤中某一波长的光强对同时传输的另一不同波长的光强所引起的非线性相移，称为交叉相位调制。由此可见，交叉相位调制与自相位调制总是相伴而生，而且光波的相位调制不仅与自身光强有关，而且还决定于同时传输的其他光波的光强。

光纤中的交叉相位调制，可由不同频率光波引起，也可由不同偏振方向的光波引起。

3. 四波混频

四波混频是一种参量过程，是由三阶电极化率 $x^{(3)}$ 参与的三阶参量过程。当多个频率的光波以较大的功率在光纤中同时传输时，由于光纤中非线性效应的存在，光波之间会产生能量交换。

如设频率分别为 ω_1，ω_2，ω_3 的光波同时在光纤中传输，三阶电极化率将会引起频率为 ω_4 的光波出现，则 $\omega_4=\omega_1\pm\omega_2\pm\omega_3$。因此，第四个光波的频率可以是 3 个入射光波频率的

各种组合，把这种现象称为非线性介质引发多个光波之间出现能量交换的一种响应现象。

四波混频现象对系统的传输性能影响很大。特别是在 WDM 系统中，当信道间隔非常小时，可能有相当大的信道功率通过四波混频的参量过程转换到新的光场中去。这种能量的转换不仅导致信道功率的衰减，而且会引起信道之间的干扰，降低了系统的传输性能。

小　　结

本章重点分析了以下几个问题。

(1) 用射线法分析了阶跃型光纤和渐变型光纤的导光原理。

阶跃型光纤由于纤芯中折射率分布是均匀的，因此它靠全反射原理将光射线集中在纤芯中沿一定方向传输。光射线在纤芯中的行进轨迹是一条和轴线相交的平面折线。

渐变型光纤由于纤芯中折射率分布是随着半径的增加而按一定规律减小的，因此它靠折射原理将光射线集中在纤芯中沿一定方向传输。光射线在纤芯中行进的轨迹是一条曲线。

(2) 用波动理论的方法分析阶跃型光纤和渐变型光纤的导光原理。

用波动理论的方法分析光纤的导光原理的基础是麦克斯韦方程。因此在这个问题里，首先介绍了电磁场的基本方程式以及亥姆霍兹方程式。对于弱导波光纤可采用标量近似解法分析其导光原理，分析思路是利用边界条件通过场方程式推导出特征方程，在此基础上分析光纤的传输特性。

(3) 分析了单模光纤的特性参数，单模传输条件及单模光纤的双折射，介绍了几种其他常用的单模光纤。

(4) 光纤的损耗特性和色散特性是影响长途光缆通信系统中继距离的两个重要传输特性。重点讨论了光纤色散的基本概念，分析了光纤中的色散。

(5) 利用光纤中的非线性效应可以开拓光纤通信的新领域，对于光纤的非线性效应，主要介绍了受激光散射效应，折射率随光强的变化而引起的自相位调制、交叉相位调制以及四波混频非线性效应。

习　　题

1. 阶跃型光纤和渐变型光纤的主要区别是什么？
2. 什么是弱导波光纤？为什么标量近似解只适用于弱导波光纤？
3. 什么是光纤的数值孔径？在阶跃型光纤中，数值孔径为什么等于最大射入角的正弦？
4. 什么是光纤的归一化频率？如何判断某种模式能否在光纤中传输？
5. 为什么说采用渐变型光纤可以减小光纤中的模式色散？
6. 试推导渐变型光纤子午线的轨迹方程。
7. 什么是单模光纤？其单模传输条件是什么？
8. 什么是单模光纤的双折射？
9. 什么是光纤的色散？色散的大小用什么来描述？色散的单位是什么？
10. 什么是模式色散？材料色散？波导色散？

11. 什么是光纤的非线性效应？

12. 什么是受激拉曼散射和受激布里渊散射？

13. 自相位调制、交叉相位调制以及四波混频的基本概念是什么？

14. 弱导波阶跃光纤纤芯和包层的折射指数分别为 $n_1=1.5$，$n_2=1.45$，试计算：

(1) 纤芯和包层的相对折射指数差 Δ；

(2) 光纤的数值孔径 NA。

15. 已知阶跃光纤纤芯的折射指数为 $n_1=1.5$，相对折射指数差 $\Delta=0.01$，纤芯半径 $a=25\mu\text{m}$，若 $\lambda_0=1\mu\text{m}$，计算光纤的归一化频率值及其中传播的模数量。

16. 阶跃型光纤，已知 $n_1=1.5$，$\lambda_0=1.31\mu\text{m}$，

(1) 若 $\Delta=0.25$，当保证单模传输时，纤芯半径 a 应取多大？

(2) 若取纤芯半径 $a=5\mu\text{m}$，保证单模传输时，Δ 应怎样选择？

17. 渐变型光纤的折射指数分布为

$$n(r)=n(0)\left[1-2\Delta\left(\frac{r}{a}\right)^{\alpha}\right]^{\frac{1}{2}}$$

求出光纤的本地数值孔径。

第3章 端机与光中继设备

光纤通信系统中的端机包括光发射机和光接收机。它们分别负责完成信号的发送和接收功能。由于信号在光纤中传输时，光波能量会随传输距离的增大而降低，为保证系统的性能，因此需要采用光中继器来实现信号放大。本章将分别对光发射机、光接收机和光中继器进行详细地介绍。

3.1 光源和光发射机

光源是光纤通信系统中光发射机的重要组成部件，其主要作用是将电信号转换为光信号送入光纤。目前用于光纤通信的光源包括半导体激光器（Laser Diode，LD）和半导体发光二极管（Light Emitting Diode，LED）。

在此节，首先介绍产生激光的基本原理，在此基础上介绍半导体激光器的结构及工作特性，最后简单介绍分布反馈半导体激光器以及量子阱激光器。

3.1.1 半导体激光器

1. 激光器的物理基础

（1）光子的概念

1905 年，爱因斯坦提出光量子学说。他认为，光是由能量为 $h\nu$ 的光量子组成的，其中，$h=6.626\times10^{-34}\,\mathrm{J\cdot s}$，称为普朗克常数；$\nu$ 是光波频率。人们将这些光量子称为光子。

不同频率的光子具有不同的能量。而携带信息的光波，它所具有的能量只能是 $h\nu$ 的整数倍。当光与物质相互作用时，光子的能量作为一个整体被吸收或发射。

光子概念的提出，使人们认识到，光不仅具有波动性，而且具有粒子性，而波动性和粒子性是不可分割的统一体，因此说，光具有波、粒两重性。

（2）费米能级

① 原子能级的概念

物质是由原子组成的，而原子是由原子核和核外电子构成的。

当物质中原子的内部能量变化时，可能产生光波。因此，要研究激光的产生过程，就必须对物质原子能级的分布有一定的了解。

电子在原子中围绕原子核按一定轨道运动，而且只能有某些允许的轨道。由于在每一个轨道内运动，就相应具有一定的电子能量，因此，电子运动的能量只能有某些允许的数值。这些所允许的能量值因轨道不同，都是一个一个地分开的，即是不连续的。我们把这些分立的能量值称为原子的不同能级。

② 费米能级

物质中的电子不停地做无规则的运动，它们可以在不同的能级之间跃迁，也就是对于某一个电子来说，它所具有的能量时大时小，不断地变化。而电子按能量大小的分布确有一定的规律。

由物理学知道，在一般情况下，电子占据各个能级的概率是不等的，占据低能级的电子多，而占据高能级的电子少。电子占据能级的概率遵循费米能级统计规律：在热平衡条件下①，能量为 E 的能级被一个电子占据的概率为

$$f(E)=\frac{1}{1+e^{(E-E_F)/k_0T}} \tag{3-1-1}$$

式中，$f(E)$（概率）为电子的费米分布函数；

k_0 为玻耳兹曼常数，$k_0=1.38\times10^{-23}\text{J/K}$；

T 为热力学温度；

E_F 为费米能级，它只是反映电子在各能级中分布情况的一个参量。

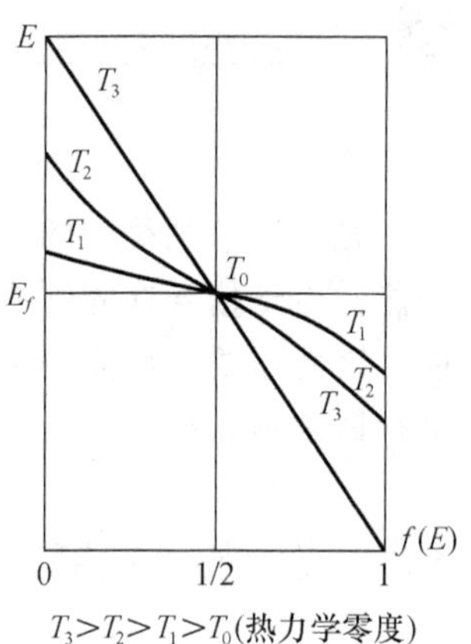

图 3-1 费米分布函数变化曲线

根据式（3-1-1），可画出 $f(E)$ 的变化曲线，如图 3-1 所示。

从图 3-1 中可以看出，在 $T>0\text{K}$ 的情况下，若 $E=E_F$，则 $f(E)=\frac{1}{2}$，说明该能级被电子占据的概率等于 50%；

若 $E<E_F$，则 $f(E)>\frac{1}{2}$，说明该能级被电子占据的概率大于 50%；

若 $E>E_F$，则 $f(E)<\frac{1}{2}$，说明该能级被电子占据的概率小于 50%。

因此说，费米统计规律是物质粒子能级分布的基本规律，它反映了物质中的电子按一定规律占据能级。

(3) 光和物质的相互作用

光可以被物质吸收，也可以从物质中发射。在研究光与物质的相互作用时，爱因斯坦指出，这里存在着 3 种不同的基本过程，即自发辐射、受激吸收及受激辐射。

下面仅以两能级系统为例，简述其物理意义。

① 自发辐射

这是一种发光过程，如图 3-2 所示。

设原子的两个能级为 E_1 和 E_2。E_1 为低能级，E_2 为高能级。处于高能级的电子是不稳定的，在未受到外界激发的情况下自发地跃迁到低能级，在跃迁的过程中，根据能量守恒原

① 当两个系统做热接触时，各自的状态都可能发生变化，但经过一定时间以后，都达到了平衡状态，它们之间不再有热量的传递，这时就说这两个系统达到了热平衡。

理，发射出一个能量为 $h\nu$ 的光子，发射出的光子能量为两个能级之差，即 $h\nu = E_2 - E_1$，则发射光子的频率为

$$\nu = \frac{E_2 - E_1}{h}$$

自发辐射的特点如下。

a. 这个过程是在没有外界作用的条件下自发产生的，是自发跃迁。

b. 由于发射出光子的频率决定于所跃迁的能级，而发生自发辐射的高能级不是一个，可以是一个系列的高能级，因此，辐射光子的频率亦不同，频率范围很宽。

c. 即使有些电子是在相同的能级差间进行跃迁的，也就是辐射出的光子的频率相同，但由于它们是独立地、自发地进行辐射，因此它们的发射方向和相位也是各不相同的，是非相干光。

② 受激吸收

物质在外来光子的激发下，低能级上的电子吸收了外来光子的能量，而跃迁到高能级上，这个过程叫做受激吸收，如图 3-3 所示。

受激吸收的特点如下。

a. 这个过程必须在外来光子的激发下才会产生，因此是受激跃迁。

b. 外来光子的能量等于电子跃迁的能级之差。如图 3-3 所示，低能级 E_1 上的电子吸收了外来光子的能量，跃迁到高能级 E_2 上，则外来光子的能量应为：$E = E_2 - E_1 = h\nu$。

c. 受激跃迁的过程不是放出能量，而是消耗外来光能。

③ 受激辐射

这是另一种发光过程。如图 3-4 所示，处于高能级 E_2 的电子，当受到外来光子的激发而跃迁到低能级 E_1 时，放出一个能量为 $h\nu$ 的光子。由于这个过程是在外来光子的激发下产生的，因此叫做受激辐射。

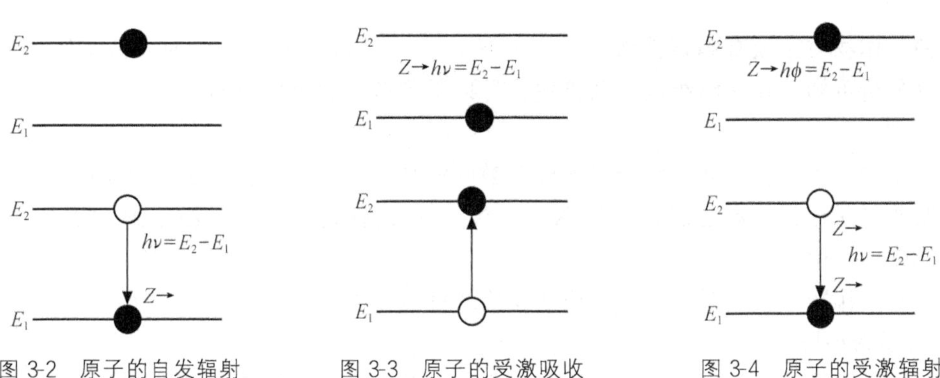

图 3-2　原子的自发辐射　　图 3-3　原子的受激吸收　　图 3-4　原子的受激辐射

受激辐射的特点如下。

a. 外来光子的能量等于跃迁的能级之差（如图 3-4 所示，$h\nu = E_2 - E_1$）。

b. 受激过程中发射出来的光子与外来光子不仅频率相同，而且相位、偏振方向和传播方向都相同，因此称它们是全同光子。

c. 这个过程可以使光得到放大。因为受激过程中发射出来的光子与外来光子是全同光子，相叠加的结果使光增加，使入射光得到放大，所以受激辐射引起光放大，是产生激光的一个重要的基本概念。

2. 激光器的工作原理

激光器是指能够产生激光的自激振荡器。

要使得光产生振荡，必须先使光得到放大，而产生光放大的前提，由前面的讨论可知，是物质中的受激辐射必须大于受激吸收。因此，受激辐射是产生激光的关键。

（1）粒子数反转分布与光放大之间的关系

由物理学知道，在正常状态下，在热平衡系统中，低能级上的电子多，高能级上的电子少。如设低能级上的粒子密度为 N_1，高能级上的粒子密度为 N_2，在正常状态时 $N_1>N_2$，那么在单位时间内，从高能级跃迁到低能级上的粒子数总是少于从低能级跃迁到高能级上的粒子数，因此，这时受激吸收大于受激辐射。也就是在热平衡条件下，物质不可能有光放大作用。

要想物质能够产生光的放大，就必须使受激辐射作用大于受激吸收作用，也就是必须使 $N_2>N_1$。这种粒子数一反常态的分布，称为粒子数反转分布。因此，粒子数反转分布状态是使物质产生光放大的必要条件。

我们将处于粒子数反转分布状态的物质称为增益物质或激活物质。

（2）激光器的基本组成

一个电的振荡器，必须包括放大部分、振荡回路与反馈系统。而激光振荡器也必须具备完成以上功能的部件，因此，它必须包括以下 3 个部分：能够产生激光的工作物质，能够使工作物质处于粒子数反转分布状态的激励源，能够完成频率选择及反馈作用的光学谐振腔。下面分别进行介绍。

① 能够产生激光的工作物质

能够产生激光的工作物质也就是可以处于粒子数反转分布状态的工作物质，是产生激光的前提。

这种工作物质必须有确定能级的原子系统，也就是可以在所需要的光波范围内辐射光子。经过分析可知，在三能级以上系统中，可以得到粒子数反转分布。

② 泵浦源

使工作物质产生粒子数反转分布的外界激励源称为泵浦源。物质在泵浦源的作用下，使粒子从低能级跃迁到较高能级，使得 $N_2>N_1$。在这种情况下，受激辐射大于受激吸收，从而有光放大作用。

这时的工作物质已被激活，成为激活物质或称增益物质。

③ 光学谐振腔

增益物质只能使光放大，要形成激光振荡还需要有光学谐振腔，以提供必要的反馈以及进行频率选择。

a. 光学谐振腔的结构。在增益物质两端的适当位置，放置两个反射镜 M_1 和 M_2 并使其互相平行，就构成了最简单的光学谐振腔。如果反射镜是平面镜，称为平面腔；如果反射镜是球面镜，则称为球面腔，如图 3-5 所示。

对于两个反射镜，要求其中一个能全反射，如 M_1 的反射系数 $r_1=1$；另一个为部分反射，如 M_2 的反射系数 $r_2<1$，产生的激光由此射出。

b. 谐振腔如何产生激光振荡。当工作物质在泵浦源的作用下变为激活物质以后，即有

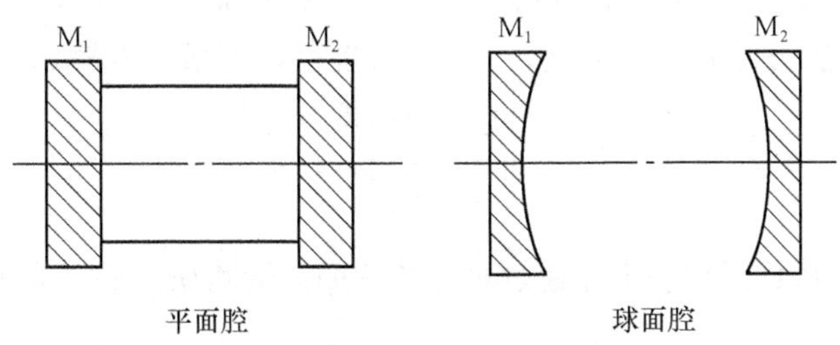

图 3-5　光学谐振腔的结构

了放大作用。如果被放大的光有一部分能够反馈回来再参加激励，这就相当于电路中用正反馈实现振荡，这时被激励的光就产生振荡，满足一定条件后，即可发出激光。

如图 3-6 所示，将在泵浦源激发下处于粒子数反转分布状态的工作物质置于光学谐振腔内，腔的轴线应该与激活物质的轴线重合。被放大的光在谐振腔内，在两个反射镜之间来回反射，并不断地激发出新的光子，进一步进行放大。但在这个运动过程中也要消耗一部分能量（不沿谐振腔轴向传输的光波会很快射出腔外，以及 M_2 反射镜的透射等也会损耗部分能量），当放大足以抵消腔内的损耗时，就可以使这种运动不停地进行下去，即形成光振荡。当满足一定条件后，就会从反射镜 M_2 透射出来一束笔直的强光，即激光。

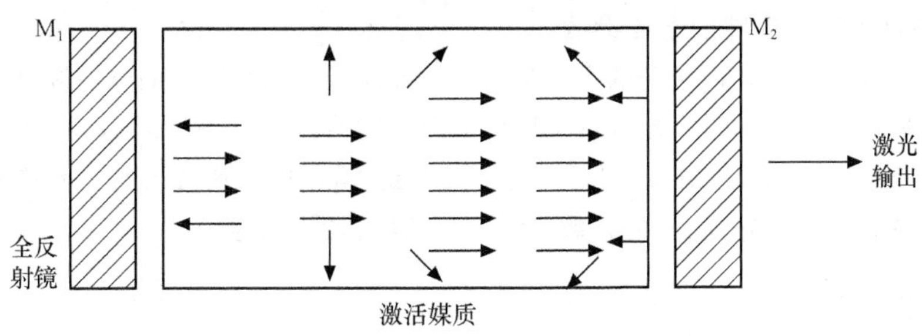

图 3-6　激光器示意图

综合上述分析可知，要构成一个激光器，必须具备以下 3 个组成部分——工作物质、泵浦源和光学谐振腔。工作物质在泵浦源的作用下发生粒子数反转分布，成为激活物质，从而有光的放大作用。激活物质和光学谐振腔是产生激光振荡的必要条件。

（3）激光器的参量

① 平均衰减系数 α

在光学谐振腔内产生振荡的先决条件是放大的光能要足以抵消腔内的损耗。谐振腔内损耗的大小用平均衰减系数 α 表示为

$$\alpha = \alpha_i + \alpha_r = \alpha_i + \frac{1}{2l}\ln\frac{1}{r_1 r_2} \tag{3-1-2}$$

式中，α_i 是除反射镜透射损耗以外的其他所有损耗所引起的衰减系数；α_r 是谐振腔反射镜的透射损耗引起的衰减系数；l 是谐振腔两个反射镜之间的距离；r_1 和 r_2 是腔的两个反射镜的功率反射系数。

② 增益系数 G

激活物质的放大作用用增益系数 G 来表示。

如图 3-7 所示，I_0 为激活物质的输入光强，经过距离 Z 以后，光强放大到 I；到了（$Z+\mathrm{d}Z$）处，光强为（$I+\mathrm{d}I$）。那么，在 dZ 长度上，光强的增量 dI 为

$$\mathrm{d}I = GI\mathrm{d}Z \tag{3-1-3}$$

$$G = \frac{\mathrm{d}I/\mathrm{d}Z}{I}$$

式中，G 为增益系数，它表示光通过单位长度的激活物质之后，光强增长的百分比。

③ 阈值条件

一个激光器并不是在任何情况下都可以发出激光的，它需要满足一定的条件。由前面衰减系数的概念可以看出，要使激光器产生自激振荡，最低限度应要求激光器的增益刚好能抵消它的衰减。将激光器能产生激光振荡的最低限度称为激光器的阈值条件。

从上面分析可知，阈值条件为

$$G_t = \alpha = \alpha_i + \frac{1}{2l}\ln\frac{1}{r_1 r_2} \tag{3-1-4}$$

式中 G_t 称为阈值增益系数。

从式（3-1-4）可以看出，激光器的阈值条件只决定于光学谐振腔的固有损耗。损耗越小，阈值条件越低，激光器就越容易起振。

④ 谐振频率

谐振频率是光学谐振腔的重要参数。

对于平行平面腔而言，由于腔的尺寸远大于工作波长，因此腔内的电磁波可认为是均匀平面波，而且在腔内往返运动时，是垂直于反射镜而投射的。如图 3-8 所示，从 A 点出发的平面波垂直投射到反射镜 M_2，由 M_2 反射后又垂直投射到 M_1，再回到 A 点时，波得到加强。如果光波能量之间的相位差正好是 2π 的整数倍时，显然就达到了谐振。

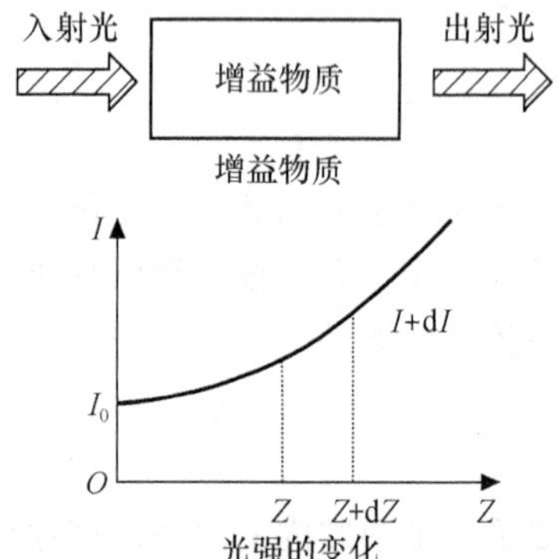

图 3-7　激活物质的放大作用

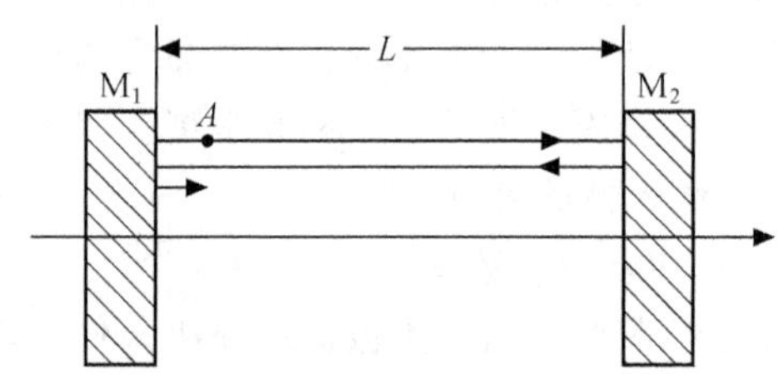

图 3-8　光学谐振腔中平面波的反射

如果设 L 为谐振腔的长度，λ_g 为谐振腔中介质中光波的波长，则按照上述相位差满足 2π 整数倍的关系，应有

$$L = \frac{\lambda_g}{2}\cdot q \tag{3-1-5}$$

式中，$q=1$，2，3…。

式（3-1-5）表明，光波在谐振腔中往返一次，光的距离（$2l$）恰好为 λ_g 的整数倍，

即相位差是 2π 的整数倍。可得出光波长的表示式为

$$\lambda_g = \frac{2L}{q} \tag{3-1-6}$$

式（3-1-6）为光学谐振腔的谐振条件或称驻波条件。

当光学谐振腔内，工作物质的折射指数为 n 时，则由式（3-1-6）可以得出，折算到真空的光学谐振腔的谐振波长 λ_{0g} 与谐振频率 f_{0g} 为

$$\lambda_{0g} = n\lambda_g = \frac{2nL}{q} \tag{3-1-7}$$

$$f_{0g} = \frac{c}{\lambda_{0g}} = \frac{cq}{2nL} \tag{3-1-8}$$

当光波频率满足式（3-1-8）时，即可在腔中达到谐振。

由上面两式可以看出：

- λ_{0g} 与光学谐振腔内材料的折射率 n 有关；
- 当 q 不同时，可有不同的 f_{0g} 值，即有无穷多个谐振频率。

3. 半导体激光器的结构、工作原理及工作特性

半导体激光器是有阈值的器件，它和发光二极管（LED）同属半导体发光器件。

光纤通信对半导体发光器件的基本要求有下列几点。

① 光源的发光波长应符合目前光纤的 3 个低损耗窗口，即短波长波段的 0.85μm、长波长波段的 1.31μm 与 1.55μm。

② 能长时间连续工作，并能提供足够的光输出功率。

③ 与光纤的耦合效率高。

④ 光源的谱线宽度窄。光源的谱线宽度直接影响到光纤的色散特性，限制了传输速率和传输距离。

⑤ 寿命长，工作稳定。

（1）半导体激光器的结构和工作原理

用半导体材料作为激活物质的激光器，称为半导体激光器（LD），在半导体激光器中，从光振荡的形式上来看，主要有两种方式构成的激光器，一种是用天然解理面形成的 F-P 腔（法布里—珀罗谐振腔），这种激光器称为 F-P 腔激光器；另一种是分布反馈型（DFB）激光器。下面分别介绍。

F-P 腔激光器从结构上可分为同质结半导体激光器、单异质结半导体激光器和双异质结半导体激光器，如图 3-9 所示。

① 同质结半导体激光器

它是结构最简单的半导体激光器。其核心部分是一个 P-N 结，由结区发出激光。这种同质结半导体激光器是不能在室温下连续工作的，只有异质结半导体激光器才能进入实用。

② 异质结半导体激光器

它们的“结”是由不同的半导体材料制成的。

目前，光纤通信用的激光器大多是如图 3-10 所示的铟镓砷磷（InGaAsP）双异质结条形激光器。由剖面图中可以看出，它是由 5 层半导体材料构成的。其中，N-InGaAsP 是发

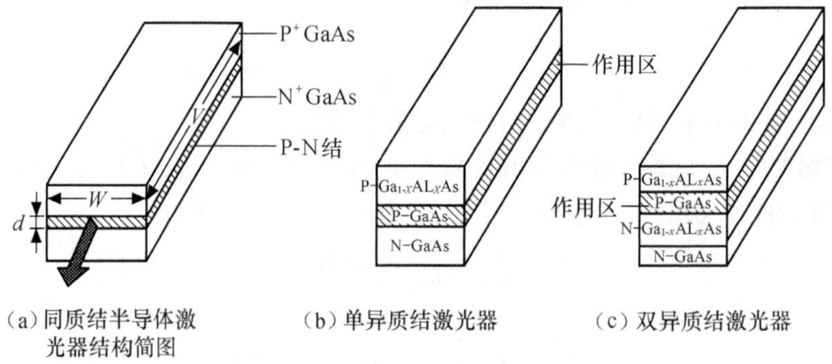

图 3-9 半导体激光器的结构示意图

光的作用区，作用区的上、下两层称为限制层，它们和作用区构成光学谐振腔。限制层和作用区之间形成异质结。最下面一层 N-InP 是衬底。顶层 P^+-InGaAsP 是接触层，其作用是为了改善和金属电极的接触。顶层上面数微米宽的窗口为条形电极。

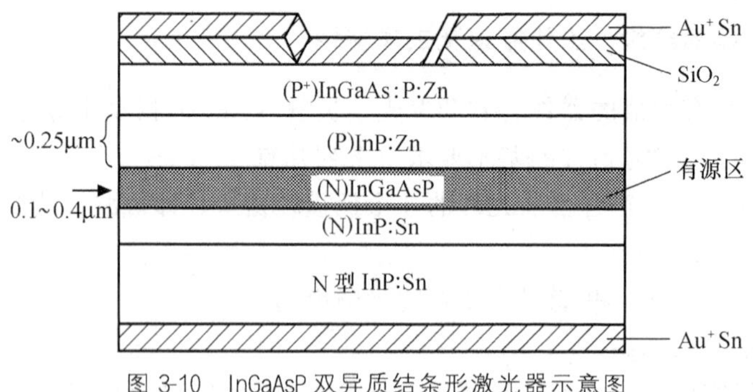

图 3-10 InGaAsP 双异质结条形激光器示意图

这种激光器的优点是减小了注入电流，增加了发光强度。

为了说明半导体激光器如何产生激光，必须先介绍半导体的能带分布。

a. 本征半导体的能带分布。本征半导体就是指没有任何外来杂质的理想半导体。

由于半导体本身是固体，原子排列非常紧密，使得电子轨道相互重叠，从而使半导体的分立能级形成了图 3-11 所示的能带。

电子充填能带时，总是从能量最低的能带向上填充。因此，满带被电子占满，其中的电子不起导电作用；价带可能被电子占满，也可能被占据一部分；导带中的电子具有导电作用，导带底部与价带顶部之间为禁带，用宽度 E_g 表示，禁带是电子不能占据的能带；E_F 为费米能级。

b. P 型半导体和 N 型半导体的形成。如果向本征半导体内掺入不同杂质元素，则相当于给半导体材料提供导电的电子或空穴。通常将向本征半导体材料掺入提供电子的杂质元素后而形成的半导体材料称为 N 型半导体，它属于电子导电型；若掺入的是提供空穴的杂质元素，那么这种半导体材料为 P 型半导体，它是属于空穴导电型的。

c. 在重掺杂情况下，N 型半导体和 P 型半导体的能带分布。如果 N 型半导体和 P 型半导体都是重掺杂的，则表示前者提供的电子多，后者提供的空穴多。在这种情况下，N 型半导体和 P 型半导体的能带分布如图 3-12 所示。

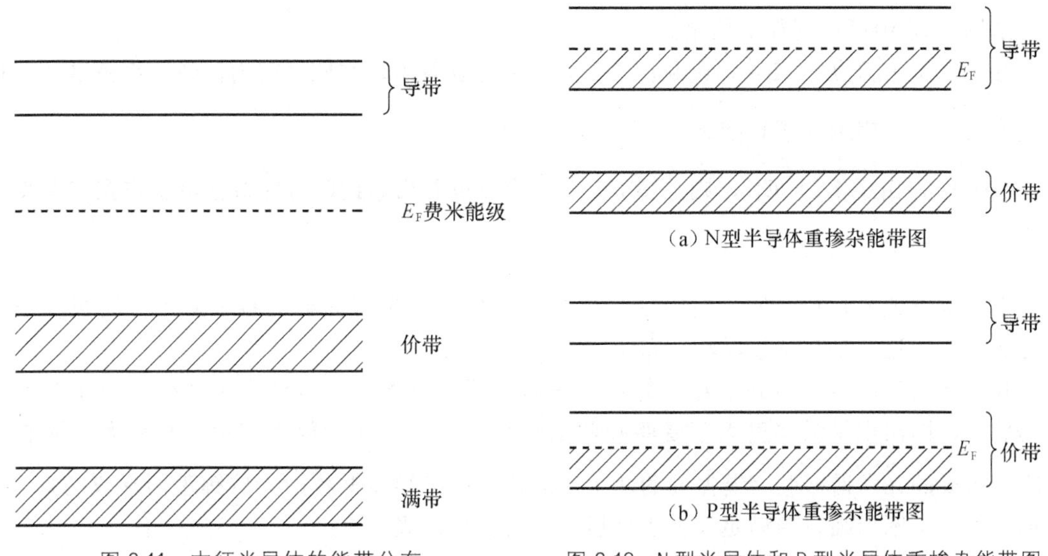

图 3-11　本征半导体的能带分布　　图 3-12　N 型半导体和 P 型半导体重掺杂能带图

图中 E_F 为费米能级。从图中可以看出，N 型半导体能带图中费米能级 E_F^N 较高，一直伸入到导带中；而 P 型半导体能带图中费米能级 E_F^P 较低，是在价带中。

d. P-N 结外加正偏压后的能带分布以及激光的产生。当 P 型半导体和 N 型半导体结合在一起时，即形成 P-N 结。

Ⅰ　P-N 结空间电荷区的形成。形成 P-N 结后，由于相互间的扩散作用，使得靠近界面的地方，N 区剩下带正电的离子，P 区剩下带负电的离子，在结区形成了空间电荷区，如图 3-13 所示。由于空间电荷区的存在，出现了一个由 N 指向 P（即由正指向负）的电场，称为内建电场。

Ⅱ　P-N 结形成后的能带分析。结区内建电场的作用将使得 P 区的电子电位能相对于 N 区提高，从而使得 P-N 结形成后的能带分布如图 3-14 所示。

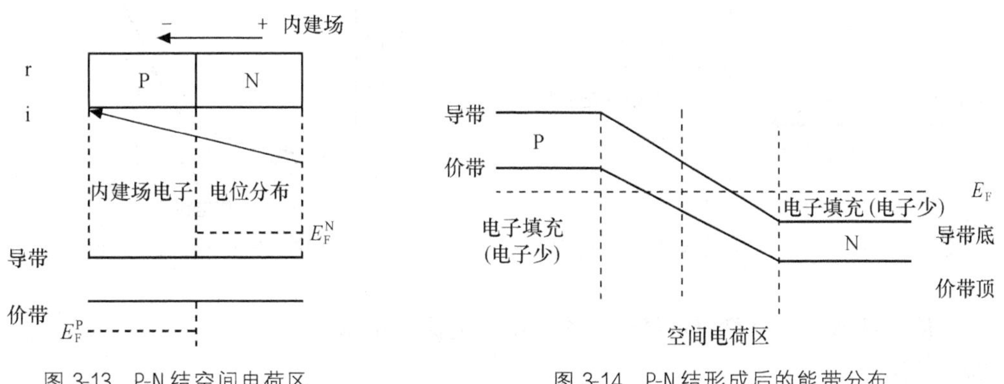

图 3-13　P-N 结空间电荷区　　图 3-14　P-N 结形成后的能带分布

此时的 P-N 结是一个热平衡系统，有一个统一的费米能级 E_F。

Ⅲ　P-N 结外加正偏压后的能带分布。当给 P-N 结外加正向偏压（即 P 接正、N 接负）后，P 区的空穴和 N 区的电子不断地注入 P-N 结，破坏了原来的热平衡状态，在 P-N 结出现了两个费米能级，此时 P-N 结能带分布如图 3-15 所示。

从图 3-15 中可得到如下结论。

在 N 区，由于 $E < E_F^N$，则从图 3-1 曲线中可以看出，在此区间内，各能级被电子占据的概率大于$\frac{1}{2}$，表示处于高能级。

在 P 区，由于 $E > E_F^P$，则从图 3-1 曲线中可以看出，此时各能级被电子占据的概率小于$\frac{1}{2}$，表示处于低能级。

上述两点说明，在外加正偏压后，在 P-N 结区，出现了高能级粒子多、低能级粒子少的分布状态，这即是粒子数反转分布状态。

Ⅳ　激光的产生。当 P-N 结上外加的正向偏压足够大时，将使得结区处于粒子数反转分布状态，即出现受激辐射大于受激吸收的情况，可产生光的放大作用。被放大的光在由 P-N 结构成的光学谐振腔（谐振腔的两个反射镜是由半导体材料的天然解理面形成的）① 中来回反射，不断增强，当满足阈值条件后，即可发出激光。

（2）半导体激光器的工作特性

半导体激光器属于半导体二极管的范畴，除具有二极管的一般特性以外（如伏安特性），还应具有特殊的光频特性。

① 阈值特性

半导体激光器在外加正向电流达到某一值时，输出光功率将急剧增加，这时将产生激光振荡，这个电流值称为阈值电流，用 I_t 表示，如图 3-16 所示。当 $I < I_t$ 时，激光器发出的是荧光；当 $I > I_t$ 时，激光器才发出激光。图 3-16 所示的曲线即是半导体激光器的输出特性曲线。

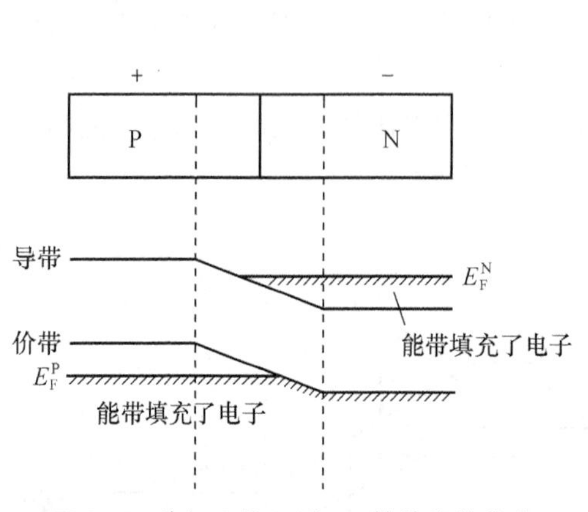

图 3-15　外加正偏压后 P-N 结的能带分布

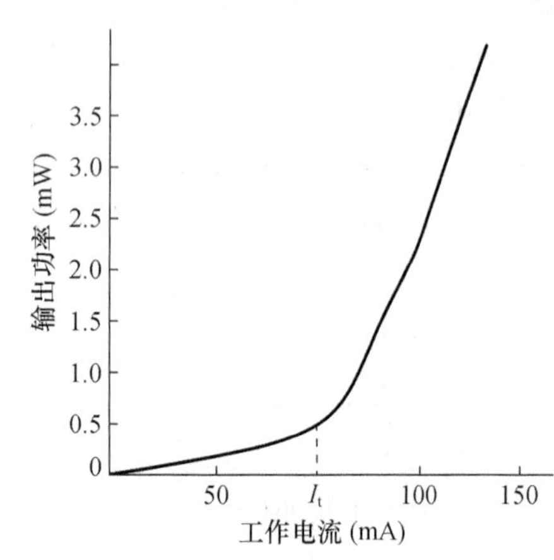

图 3-16　激光器输出特性曲线

为了使光纤通信系统稳定可靠地工作，阈值电流越小越好。

② 光谱特性

半导体激光器的光谱随着激励电流的变化而变化。当 $I < I_t$ 时，发出的是荧光，因此

① 对于条形结构半导体激光器，采用半导体工艺在外延片上形成许多窄条，窄条的方向垂直于容易劈裂的晶面，劈裂的操作叫做“解理”，所得的镜面称为“解理面”。

光谱很宽，如图 3-17（a）所示，其宽度常达数百埃。当 $I > I_t$ 后，发射光谱突然变窄，谱线中心强度急剧增加，表明发出激光，如图 3-17（b）所示。

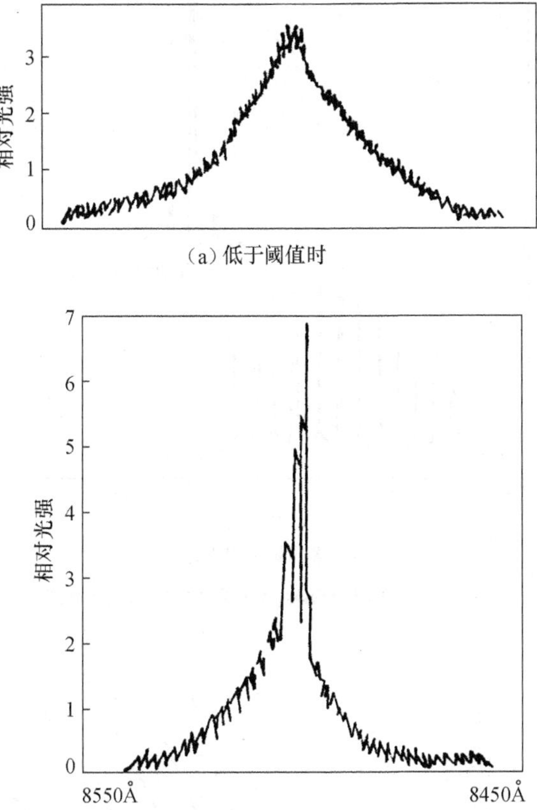

(a) 低于阈值时

(b) 高于阈值时

图 3-17　GaAs 激光器的光谱

激光器产生的激光有多模和单模。单模激光器是指激光二极管发出的激光是单纵模[①]，它所对应的光谱只有一根谱线，如图 3-18（a）所示。当谱线有很多时，即为多纵模激光器。

一般，在观测激光器光谱特性时，光谱曲线最高点所对应的波长为中心波长，而比最高点功率低 3dB 时曲线上的宽度为谱线宽度。

③ 温度特性

激光器的阈值电流和光输出功率随温度变化的特性为温度特性。阈值电流随温度的升高而加大，其变化情况如图 3-19 所示。

从曲线中可以看出，温度对激光器阈值电流的影响很大。所以，为了使光纤通信系统稳定、可靠地工作，一般都要采用各种自动温度控制电路来稳定激光器的阈值电流和输出光功率。

另外，激光器的阈值电流也与使用时间有关。随着激光器使用时间的增加，阈值电流也会逐渐加大。

---

① 由光学谐振腔中谐振频率的表示式（3-1-8）可以看出，不同的 q 值对应不同的谐振频率，同时对应于不同的模式，这样由不同 q 值对应的模式称为纵模。

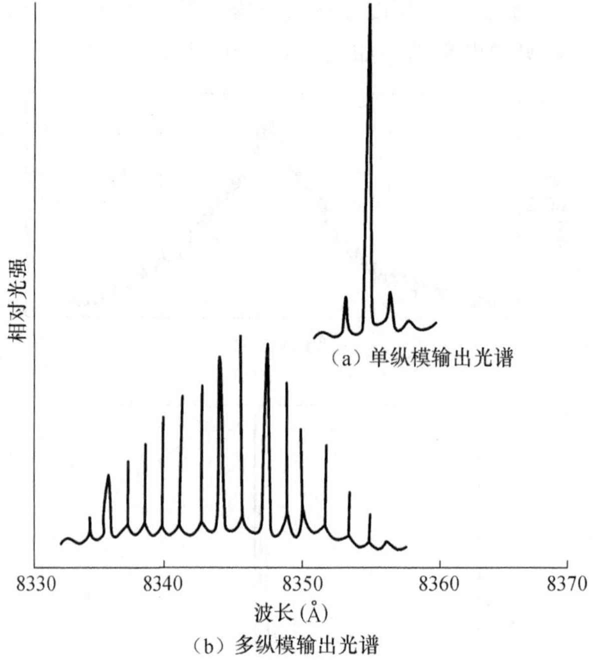

图 3-18 GaAlAs/GaAs 激光器的典型输出光谱

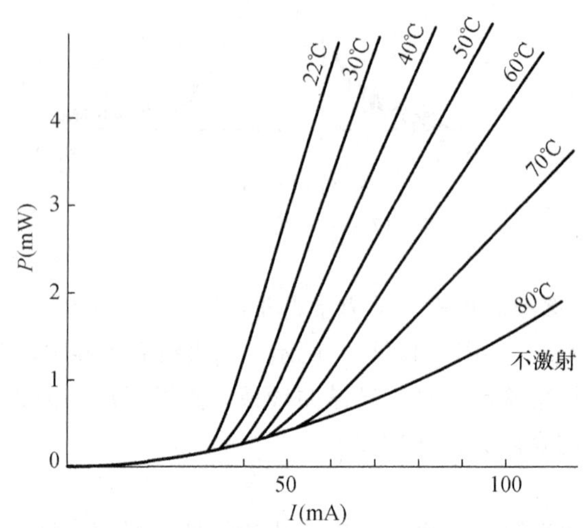

图 3-19 激光器阈值电流随温度变化的曲线

④ 转换效率

半导体激光器是把电功率直接转换成光功率的器件，衡量转换效率的高低常用功率转换效率来表示。

激光器的功率转换效率定义为输出光功率与消耗的电功率之比，用 η_P 表示为

$$\eta_P = \frac{R}{V}\left(1 - \frac{I_t}{I}\right) \tag{3-1-9}$$

式中，R 是与激光器的内部量子效率、激光波长和模式损耗有关的常数；V 是工作电压；I_t 是阈值电流；I 是工作电流。

在光纤通信中使用的光源，除了以上介绍的半导体激光器以外，还有半导体发光二极管（LED）。在它的内部没有光学谐振腔，因此它是无阈值器件，它的发光只限于自发辐射，发出的是荧光。因此它的光谱较宽，与光纤的耦合效率较低，但是它的温度特性较好，寿命长。因此，在中、低速率短距离的光纤数字通信系统和光纤模拟信号传输系统中，它还是得到广泛应用的。

由于发光二极管的发光机理和激光器相同，在此不多叙述。

4. 分布反馈半导体激光器

从上面介绍的式（3-1-8）中可以看出，当 q 取不同值时，可有许多纵模存在。由于多纵模的存在将使光纤中的色散增加，因此，在长距离、大容量的光纤通信中，希望激光器能够处在单纵模工作状态。而分布反馈半导体激光器（Distributed-Feedback Semiconductor Laser，DFB Laser）是目前比较成熟的一种单纵模半导体激光器。

分布反馈半导体激光器是一种可以产生动态控制的单纵模激光器，即在高速调制下仍然能单纵模工作的半导体激光器。它是在异质结激光器具有光放大作用的有源层附近，刻有波纹状的周期光栅而构成的，如图 3-20 所示。

这种激光器又可分为分布反馈激光器（DFB）及分布布拉格反射激光器（DFQ）两种，这两种激光器的工作原理都是基于布拉格反射原理。

布拉格反射是指当光波入射到两种不同介质的交界面时，能够产生周期性的反射，把这种反射称为布拉格反射。显然，交界面必须具有周期性反射点才可以。

（1）DFB 激光器

普通的半导体激光器是利用在激活物质两端的反射镜来实现光反馈。而 DFB 激光器，是通过腔体内的周期光栅来实现的，其结构示意图如图 3-20 所示。

当激光器注入正向电流时，有源区辐射出的具有一定能量的光子将会在每一条光栅上反射，从而形成光反馈。

不同的反射光由于存在相位差而产生干涉现象，相位差正好为波长的整数倍称为布拉格反射条件。或者说只有满足布拉格反射条件的光波才能产生干涉。DFB 激光器的这种工作方式使得它具有极强的波长选择性，从而实现动态单模工作。

（2）DBR 激光器

DBR 激光器是将光栅刻在有源区的外面，其结构如图 3-21 所示。它相当于在有源区的一侧或两侧加了一段分布式布拉格反射器，起着衍射光栅的作用，因此可以将它看成是端面反射率随波长变化而变化的特殊激光器。

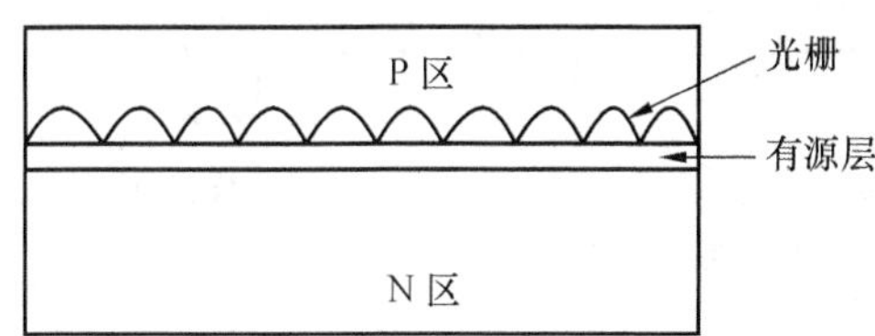

图 3-20　分布反馈半导体激光器结构示意图

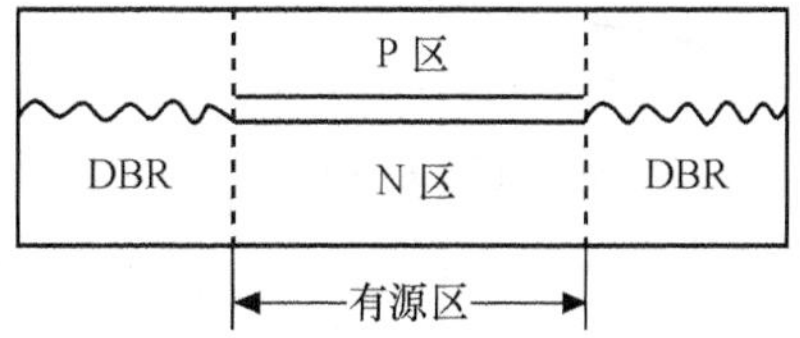

图 3-21　DBR 半导体激光器的结构

DBR 激光器的工作原理也是布拉格反射原理，其特点和工作特性与 DFB 激光器类似。但这种激光器在有源区和 DBR 之间存在耦合损耗，因此其阈值电流要比 DFB 激光器的阈值电流高。

5. 量子阱半导体激光器

量子阱激光器与一般双异质结激光器类似，只是有源区的厚度很薄，如图 3-22 所示。这种激光器有源区的厚度一般只有几十埃，很薄的 GaAs 有源层夹在两层很宽的 AlGaAs 之间，因此它是属于双异质结器件。

理论分析表明，当有源区的厚度非常小时，则在有源层与两边相邻层的能带将出现不连续现象，在有源区的异质结将产生一个势能阱，因此将产生这种量子效应的激光器称为量子阱半导体激光器。

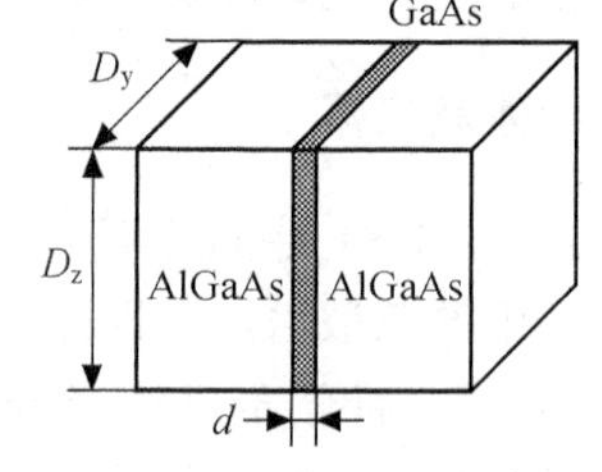

（a）单量子阱结构原理图

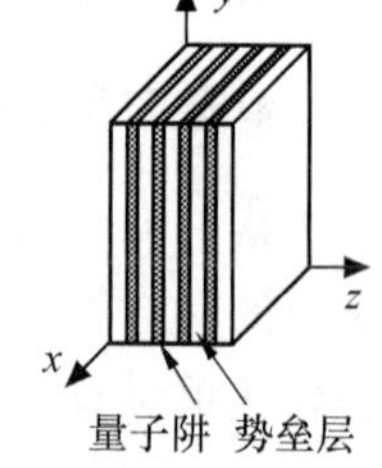

（b）多量子阱激光器示意图

图 3-22 量子阱半导体激光器

结构中这种“阱”的作用使得电子和空穴被限制在极薄的有源区内，因此有源区内粒子数反转分布的浓度很高。所以，这种激光器具有阈值电流低、线宽窄、微分增益高以及频率啁啾小等一系列优点。

量子阱半导体激光器还可分为单量子阱和多量子阱激光器，如图 3-22 所示。

3.1.2 光源的调制

1. 光纤通信中的调制技术

光调制就是指将一个携带信息的信号叠加到光载波上的过程。光源所采用的调制方式包括内调制和外调制。在强度调制直接检波的光通信系统中，采用的是内调制方式。通常内调制适用于半导体光源，如 LD、LED（半导体发光二极管），它将所要传输的信息转换为电流信号，并将其直接注入光源，使其输出的光载波信号的强度随调制信号的变化而变化。由此可见，这种内调制方式的强度调制特性主要由半导体光源 LD、LED 的 P-I 曲线决定，如图 3-23 所示。

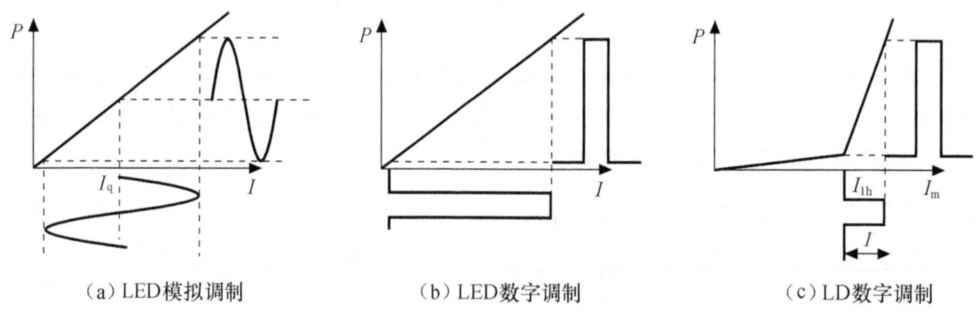

（a）LED模拟调制　（b）LED数字调制　（c）LD数字调制

图 3-23 半导体光源的直接调制原理

根据调制信号的性质不同，内调制又可分为模拟信号的调制和数字信号的调制两种。模拟信号的调制是直接用连续的模拟信号（如视频或音频信号）对光源进行调制。如图 3-23（a）所示，可见调制电流被直接叠加在直流偏置电流上，这样可以通过适当地选择偏置电流的大小来减小光信号的非线性失真。数字信号的调制是将经脉冲编码调制（PCM）的数字信号直接叠加在直流偏置电流之上，用光源的输出光载波的有光和无光来分别代表“1”码和“0”码，如图 3-23（b）和图 3-23（c）所示。

由于 LED 属于无阈值的器件，它随着注入电流的增加，输出光功率近似呈线性的增加，其 P-I 曲线的线性特性好于 LD 的 P-I 曲线特性，因而在调制时，其动态范围大，信号失真小。但 LED 属于自发辐射发光，其谱线宽度要比 LD 宽得多，这一点对于高速信号的传输非常不利，因此在高速光通信系统中通常使用 LD 作为通信光源。

由于内调制方式受到电调制速率的限制，因此当光通信向大容量方向发展，并发展到一定程度时，必然需采用外调制方式，它利用晶体的电光、磁光和声光特性对 LD 所发出的光载波进行调制，即光辐射之后再加载调制电压，使经过调制器的光载波得到调制，如图 3-24（a）所示。

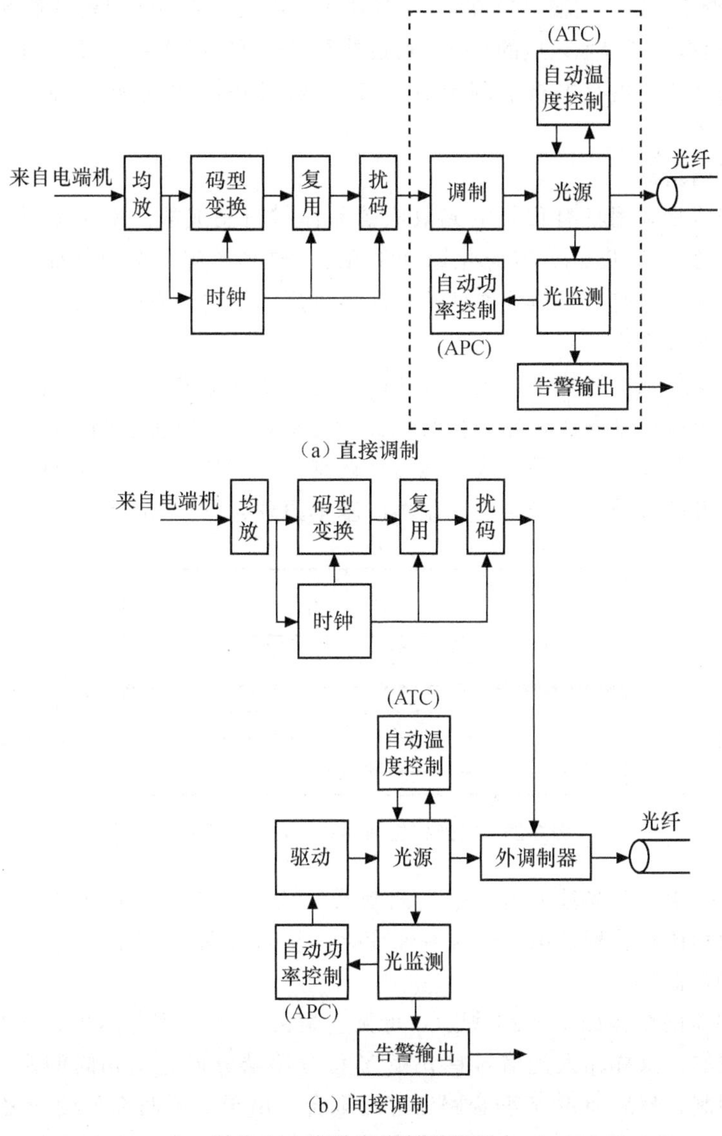

图 3-24　光数字发射机原理力

由于外调制是对光载波进行调制，因此通过改变其探测性质，可分别对强度、相位、偏振和波长等进行调制，如图 3-24（b）所示。通常外调制可以采用铌酸锂调制器（L-M）、电吸收调制器（EAM）和Ⅲ-V 族马赫-曾德尔干涉型调制器（MZ-M）。外调制一般运用于高速大容量的光通信系统之中，如孤子系统、相干系统。

2. 外调制器

光源的调制方式分为内调制和外调制方式。采用内调制方式的优点是电路简单容易实现，但在高速数据码流下采用这种调制方法，将导致输出光脉冲的相位抖动即啁啾效应，使光纤的色散增加，从而限制系统的通信容量。采用外调制器可以减小啁啾影响，因此在采用高速强度调制直接检波的单波长光纤通信系统或波分复用光通信系统中，通常采用外调制方式。

外调制器一般置于半导体激光器的输出端，调制信号加载在调制器上，通过外调制器对光源发出的光波进行调制，以控制输出光的有无，解决了输出信号的幅度和频率随调制电流的变化而变化的问题，同时抑制了啁啾效应的影响。通过外调制器可实现 ASK、FSK、PSK 等调制方案。

目前常用的外调制器有电折射调制器、M-Z 型调制器、电吸收 MQW 调制器等。下面分别进行原理介绍。

（1）电折射调制器

电折射调制器是利用具有很强电光效应的晶体材料制成的。常用的材料有铌酸锂晶体（$LiNbO_3$）、钽酸锂（$LiTaO_3$）和砷化镓（GaAs）。电光效应是指当外加电压引起上述某种晶体材料的非线性效应时，具体地说就是指晶体采用的折射率发生了变化。通常晶体的电光效应是指下面的两种效应。

晶体折射率与外加电场幅度成正比变化时，称为线性电光效应，即普克尔效应；晶体折射率与外加电场幅度的平方成正比变化时，称为克尔效应。电折射调制器是一种采用普克尔效应的电光相位调制器件。它是构成其他类型调制器，例如实现电光幅度、电光强度、电光频率、电光偏振等的基础。电光相位调制器的基本原理如图 3-25 所示。

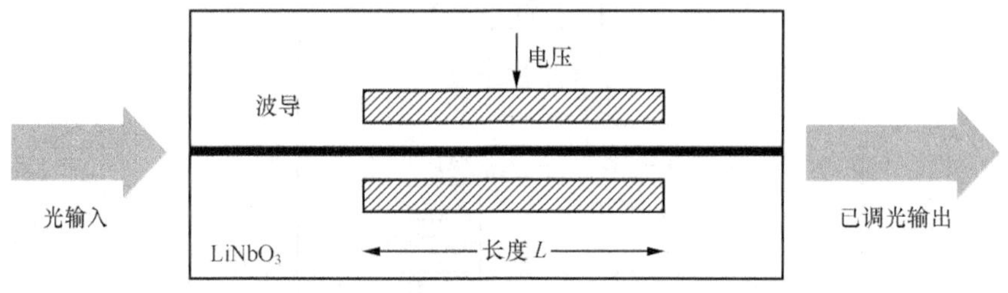

图 3-25　电光相位调制器的基本原理框图

由图可见，一束正弦光波入射到电光调制器，经过长度为 L 的外加电场区后，输出光场（已调波）的相位将受外加电场的控制而变化，从而实现相位调制。

（2）M-Z 型调制器

M-Z 型调制器的结构如图 3-26 所示，可见它是由一个 Y 型分路器、两个相位调制器和 Y 型合路器组成的。这样输入光信号首先经 Y 型分路器分成完全相同的两部分，其中一个部分受到相位调制，然后通过 Y 型合路器进行耦合。由于上下两部分信号之间存在相位差，因此两路信号在 Y 型合路器的输出端便会产生相消和相长干涉，从而获得通断信号。

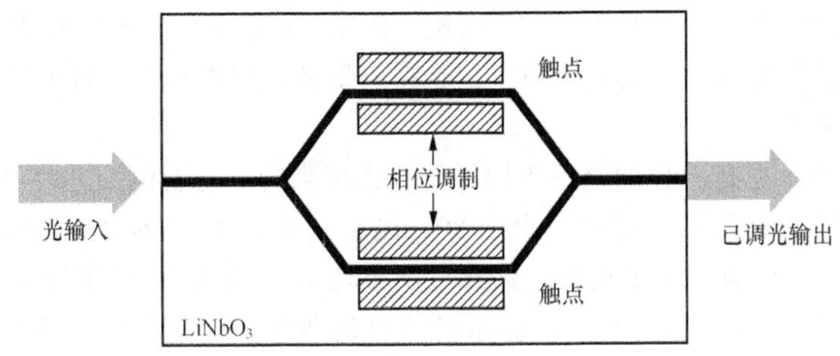

图 3-26　M-Z 型调制器

(3) 电吸收 MQW 调制器

电吸收调制器是一种利用半导体中激子吸收效应制作而成的光信号调制器件。因其具有响应速度快、功耗低、驱动电压低和啁啾影响小的特点，而且还可以与 DFB 激光器实现单片集成，而被广泛应用于高速光纤通信中信号的调制编码。

图 3-27 给出了一个多量子阱 MQW 调制器的结构示意图。该调制器具有吸收作用，通常电吸收调制器对发送波长是透明的，一旦加上反向偏压，吸收波长在向长波长移动的过程中将产生光吸收。利用这种效应，通过在调制器上加零伏到负压之间的调制信号，就能够使 DFB 激光器所产生的光输出进行强度调制。

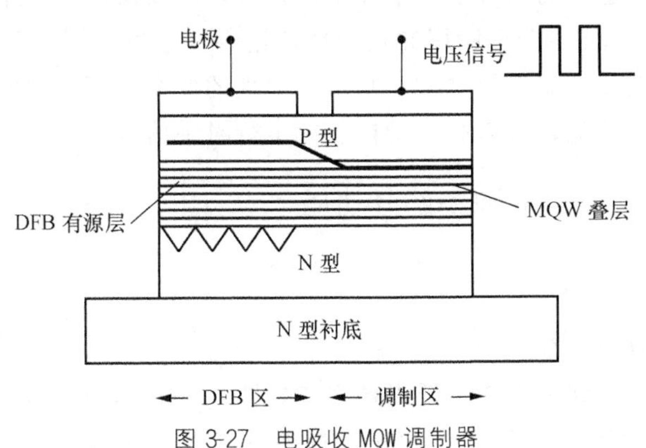

图 3-27　电吸收 MQW 调制器

3.1.3　传输线路码型

在数字光通信系统中所传输的信号是数字信号。由交换机送来的电信号符合 ITU-T 所规定的脉冲编码调制（PCM）通信系统中的接口码率和码型，如表 3-1 所示。

表 3-1　**接口码速率与接口码型**

	基群	二次群	三次群	四次群
接口码速率（Mbit/s）	2.048	8.448	34.368	139.264
接口码型	HDB_3	HDB_3	HDB_3	CMI

表中 HDB_3 称为三阶高密度双极性码。这种码型的特点之一是具有双极性，亦即具有 +1，−1，0 共 3 种电平。这种双极性码由于采用了一定的措施，码流中的 +1 和 −1 交错

出现，因而没有直流分量。于是在 PCM 端机、PCM 系统的中继器与电缆线路连接时，可以使用变量器，从而实现远端供电。同时，这种码型又可利用其正、负极性交替出现的规律进行自动误码检测等。

CMI 为反转码，它是一种两电平不归零码。当原来的二进制码为“0”编为 01；将原二进制的“1”码编为 00 或 11。若前一次用 00，则后一次用 11，即 00 和 11 是交替出现的，从而使“0”，“1”在码流中是平衡的，并且它不出现 10，因此 10 可作为禁字使用。

以上介绍的是 PCM 系统与光纤通信系统接口的两种码型。然而 PCM 系统中的这些码型并不都适合在光纤数字通信系统中传输。例如，HDB_3 码有+1，−1 和 0 这 3 种状态，而在光纤通信系统中是用发光和不发光来表示“1”和“0”两种状态，因此在光通信系统中是无法传输 HDB_3 码的。为此在光端机中必须进行码型变换，将双极性码变为单极性码。但是在进行码型变换之后，将失去原 HDB_3 码所具有的误码监测等功能。另外在光纤通信系统中，除了需要传输主信号外，还需要增加一些其他的功能，如传输监控信号、区间通信信号、公务通信信号和数据通信信号，当然也仍需要有不间断进行误码监测功能等，为此需要在原来的码速率基础上，提高一点码速率，以增加一些信息余量。因此在准同步数字系列（PDH）光通信系统中是重新编码，通常称为线路编码，即在原有的码流中插入脉冲。

在 PDH 光通信系统中，常使用的线路编码有分组码、伪双极性码（CMI 和 DMI）、插入码。这些码都是在信息码的基础上，增加附加比特，从而使光纤线路速率高于有效信息速率。而在 SDH 光通信系统中广泛使用的是加扰二进码，它是利用一定规则将信号码流进行扰码，经过扰码后使线路码流中的“0”和“1”出现的概率相等，因此该码流中将不会出现长连“0”和长连“1”情况，从而有利于接收端进行时钟信号的提取。

3.1.4 光发射机的组成和各部分功能

1. 对光发射机的要求

（1）光源的发光波长要合适

由于目前使用的光导纤维有 3 个低损耗窗口，即 0.85μm，1.31μm 和 1.55μm，第一个称为短波长，后两个称为长波长，因此光发射机光源发出的光波波长应与这 3 个波长相适应。

（2）合适的输出光功率

从后面对光纤通信系统的讨论将会知道，在光纤通信系统中，要求光源有合适的输出光功率。然而光源送入光纤的光功率太大并非好事。因为光功率太大就会使光纤工作在非线性状态。所谓非线性是指光纤的各种特性参数随输入的光强作非线性的变化，光纤成了一种非线性器件。这种非线性效应将会产生很强的频率转换作用和其他作用。显然这对正常工作的光纤来说，将产生不良的影响。

（3）较好的消光比

消光比（EXT）就是全“0”码时的平均输出功率与全“1”码时的平均输出功率之比。作为一个好的光源，希望在进行“0”码调制时没有光功率输出，否则它将使光纤通信系统产生噪声，造成接收机灵敏度降低（灵敏度的概念将在后面讨论）的局面，故一般要求 EXT≤10%。

（4）调制特性好

在前面的光源调制中已经进行了详细的讨论，从中可知，所谓调制特性好是指光源的 P-I 曲线在使用范围内线性好，否则在调制后将产生非线性失真。此外还希望光发射机的稳定性好，光源的寿命长等。

2. 光发射机的组成和各部分功能

图 3-29（a）给出了一个 SDH 系统中的光发射机的原理框图，下面介绍它的各部分功能。

（1）均衡放大

由 PCM 端机送来的 HDB_3 码流，经过传输产生了衰减和畸变，所以在上述信号进入发射机时，首先要经过均衡和放大以补偿衰减的电平和均衡畸变的波形。

（2）码型变换

由于 PCM 系统传输的码型是双极性的（+1，0，−1），而在光纤通信系统中，光源的输出可用有光和无光分别与“1”“0”两个码对应，一般无法与+1，0，−1 对应。这样信号从 PCM 端机送到光发射机后，需要将 HDB_3 这种双极性码变为单极性的“0”“1”码，这就要由码型变换电路来完成。

（3）扰码

若信码流中出现长连“0”和长连“1”的情况，由后面的讨论将会知道，这将给提取时钟信号带来困难。为了避免出现这种长连“0”和长连“1”的情况，就要在码型变换之后加一个扰码电路，而在接收端则要加一个与扰码相反的解扰电路，恢复信码流原来的状态。

（4）时钟

由于码型变换和扰码过程都需要以时钟信号作依据（时间参考），故在均衡放大之后，由时钟电路提取 PCM 中的时钟信号，供给码型变换、扰码电路使用。

（5）调制（驱动）

经过扰码后的数字信号通过调制电路对光源进行调制，让光源发出的光强跟随信号码流的变化，形成相应的光脉冲送入光导纤维。关于调制电路的详细讨论，已在上面介绍过，这里不再重复。

（6）自动功率控制

光发射机的光源经过一段时间使用将出现老化现象，使输出光功率降低，如图 4-28 所示。

另外，激光器 P-N 结结温变化，使 P-I 曲线变化，亦会使输出光功率产生变化，如图 4-29 所示，因此为了使光源的输出功率稳定，在实际使用的光发射机中常使用自动功率控制（APC）电路。

（7）自动温度控制

由于半导体光源的 P-I 特性曲线对环境温度的变化反应很灵敏，从而使输出光功率出现变化，如图 3-30 所示。

在环境温度变化时，为了能使激光器的输出特性稳定，在发射机盘上需安装自动温度控制（ATC）电路，其原理方框图如图 3-31 所示。

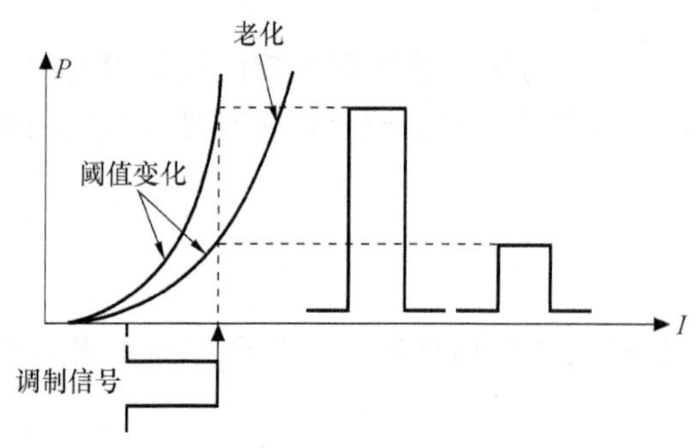

图 3-28　激光器老化使输出光功率降低

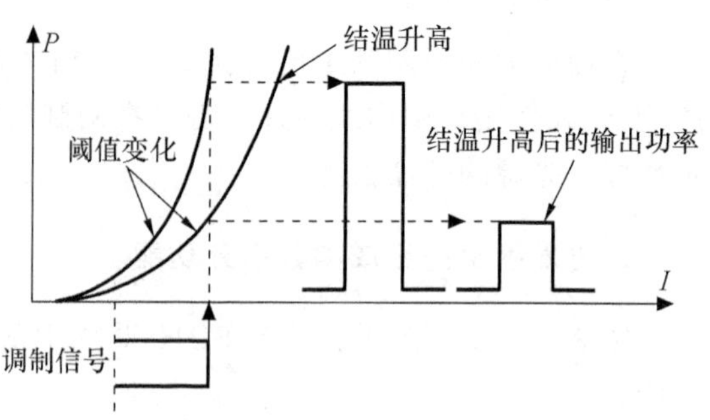

图 3-29　激光器温度变化引起输出功率的变化

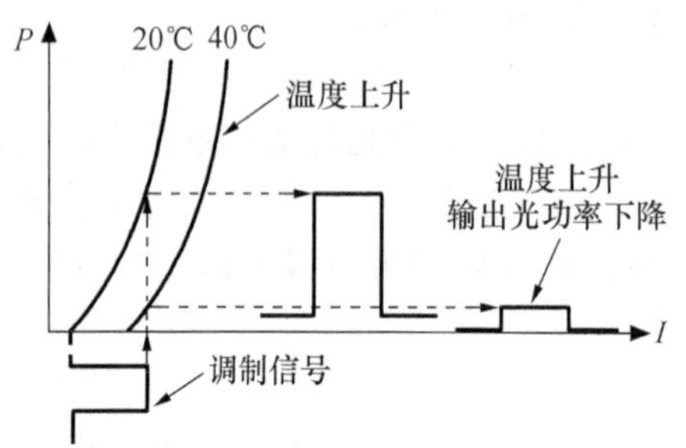

图 3-30　环境温度变化引起输出光功率的变化

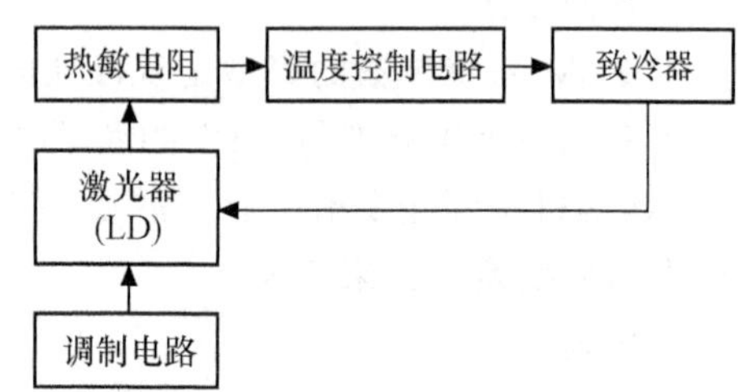

图 3-31　自动温度控制电路方框图

其中，温度传感器是一个安装在激光器热沉上的热敏电阻，同时它又是温度控制电路电桥中的一臂，通过电桥把温度变化（引起热敏电阻的阻值变化）转变为电量的变化，再通过放大器接到致冷器上，使致冷器电压变化，从而使激光器的温度维持恒定。上面所说的热沉是指贴在激光器上的一块金属散热块。目前采用的致冷器是一个半导体致冷器。

（8）其他保护、监测电路

除上述各部分电路组成外，光发射机还有包括下列一些辅助电路。

LD 保护电路：它的功能是使半导体激光器的偏流慢启动以限制偏流使其不要过大。由于激光器老化以后输出功率将降低，自动功率控制电路将使激光器偏流不断增加，如果不限制偏流就可能烧毁激光器。

无光告警电路：当光发射机电路出现故障，或输入信号中断，或激光器失效时，都将使激光器较长时间不发光，这时延迟告警电路将发生告警指示。

3.2　光接收机

3.2.1　半导体光电检测器

光电检测器是光纤通信系统接收端机中的第一个部件，由光纤传输来的光信号通过它转换为电信号。它是利用材料的光电效应实现光电转换的。

目前在光纤通信系统中，常用的半导体光电检测器有两种，一种是 PIN 光电二极管，另一种是 APD 雪崩光电二极管。

这一节首先介绍半导体材料的光电效应，在此基础上介绍 PIN 光电二极管和 APD 雪崩光电二极管的结构、工作原理以及光电检测器的一些特性参数。

1. 半导体的光电效应

半导体材料的光电效应是指：光照射到半导体的 P-N 结上，若光子能量足够大，则半导体材料中价带的电子吸收光子的能量，从价带越过禁带到达导带，在导带中出现光电子，在价带中出现光空穴，即光电子—空穴对，又称光生载流子。

光生载流子在外加负偏压和内建电场的作用下，在外电路中出现光电流，如图 3-32（a）所示，从而在电阻 R 上有信号电压产生。这样，就实现了输出电压跟随输入光信号变化的光电转换作用。负偏压是指 P 接负极，N 接正极。

图 3-32（b）所示为 P-N 结及其附近的能带分布图。要注意的是能带的高低是以电子（负电荷）的电位能为根据的，电位越负能带越高。

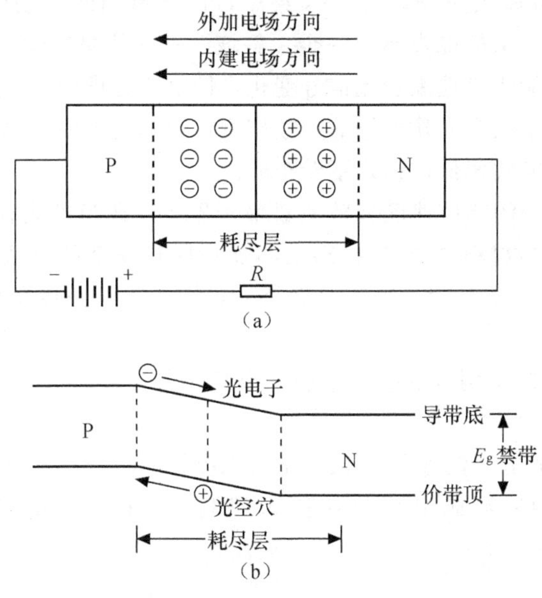

图 3-32　半导体材料的光电效应

由图可见，外加负偏压产生的电场方向与内建电场方向一致，有利于耗尽层的加宽（耗尽层宽的优点将在后面介绍）。

由前面的讨论还可看出，由于光子的能量为 $h\nu$，半导体光电材料的禁带宽度为 E_g，那么，当光照射在某种材料制成的半导体光电二极管上时，若有光电子—空穴对产生，显然必须满足如下关系，即

$$h\nu \geqslant E_g$$

或写为

$$f_c = \frac{E_g}{h}$$

由于

$$\lambda = \frac{c}{f} \tag{3-2-1}$$

故将 f_c 换为波长，则

$$\lambda_c = \frac{hc}{E_g} \tag{3-2-2}$$

这就是说，只有波长 $\lambda < \lambda_c$ 的入射光，才能使这种材料产生光生载流子，故 λ_c 称为截止波长，f_c 称为截止频率。

还应指出，若仔细说来，上面讨论的光电效应，在 P-N 结区实际存在两个过程：一个是光子被材料吸收，产生光电子—空穴对的过程；另一个则是所产生的光电子—空穴对又可能被复合掉的过程。

2. 光纤通信中常用的半导体光电检测器

（1）PIN 光电二极管

显然，利用上述光电效应可以制造出简单的 P-N 结光电二极管，它的构成示意图如图 3-32（a）所示。但是仔细研究将会发现，在 P-N 结中，由于有内建电场的作用（对应在图 3-32（b）中，内建电场使耗尽层的能带形成一个“斜坡”——位垒），光电子和光空穴的运动速动加快，从而使光电流能快速地跟着光信号变化，即响应速度快。然而，在耗尽层以外产生的光电子和光空穴，由于没有内建电场的加速作用，运动速度慢，因而响应速度低，而且容易发生复合，使光电转换效率低，这是不希望的。

为了改善光电检测器的响应速度和转换效率，显然，适当加大耗尽层的宽度是有利的。为此，在制造时，在 P 型材料和 N 型材料之间加一层轻掺杂的 N 型材料，称为 I（Intrinsic，本征的）层，如图 3-33 所示。由于是轻掺杂，因此电子浓度很低，经扩散作用后可形成一个很宽的耗尽层。

另外，为了降低 P-N 结两端的接触电阻，以便与外电路连接，将两端的材料做成重掺杂的 P^+ 层和 N^+ 层。

人们将这种结构的光电二极管称为 PIN 光电二极管。制造这种晶体管的本征材料可以是 Si 或 InGaAs，通过掺杂后形成 P 型材料和 N 型材料。PIN 光电二极管的结构示意图如图 3-34 所示。

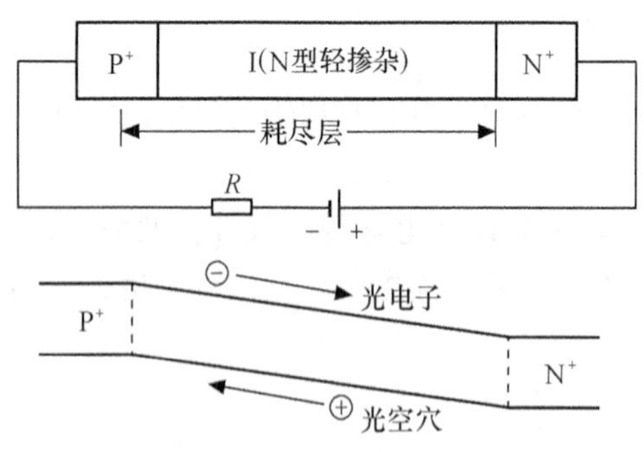

图 3-33　PIN 光电二极管能带图

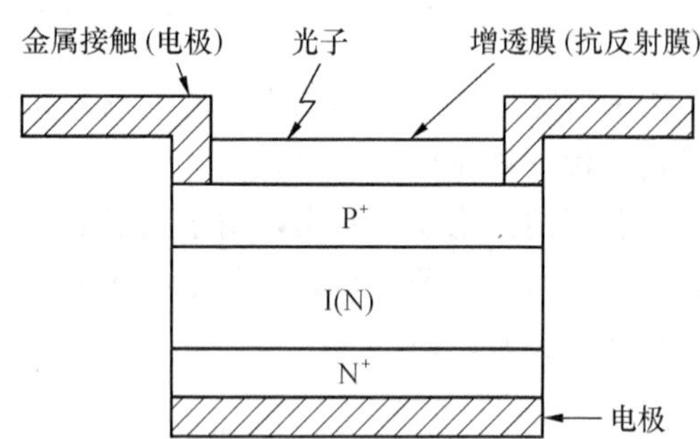

图 3-34　PIN 光电二极管结构示意图

（2）APD 雪崩光电二极管

在长途光纤通信系统中，仅有毫瓦数量级的光功率从光发射机输出，经过几十千米光纤的传输衰减，到达光接收机处的光信号将变得十分微弱。为了能使数字光接收机的判决电路正常工作，需要采用放大器。放大器将引入噪声，从而使光接收机的信噪比降低，光接收机的灵敏度降低。

如果能使电信号进入放大器之前，先在光电二极管内部进行放大，这就引出了一种另外类型的光电二极管，即雪崩光电二极管（Avalanche Photo Diode，APD）。

雪崩光电二极管不但具有光/电转换作用，而且具有内部放大作用，其内部放大作用是靠管子内部的雪崩倍增效应而完成的。

① 雪崩光电二极管的雪崩倍增效应

雪崩光电二极管的雪崩倍增效应，是在二极管的 P-N 结上加高反向电压（一般为几十伏或几百伏），在结区形成一个强电场；在高场区内光生载流子被强电场加速，获得高的动能，与晶格的原子发生碰撞，使价带的电子得到了能量；越过禁带到导带，产生了新的电子—空穴对；新产生的电子—空穴对在强电场中又被加速，再次碰撞，又激发出新的电子—空穴对……如此循环下去，像雪崩一样地发展，从而使光电流在管子内部获得了倍增。

② 雪崩光电二极管的结构及其工作原理

目前光纤通信系统中，使用的雪崩光电二极管结构型式，有保护环型和拉通（又称通达）型。前者是在制作时淀积一层环形 N 型材料，以防止在高反压时使 P-N 结边缘产生雪崩击穿。下面主要介绍拉通型雪崩光电二极管(RAPD)，它的结构示意图和电场分布如图 3-35 所示。

图 3-35（a）所示为纵向剖面的结构示意图。

图 3-35（b）所示为将纵向剖面顺时针转 90°的示意图。

图 3-35（c）所示为雪崩光电二极管的结构和电场分布示意图。[①]

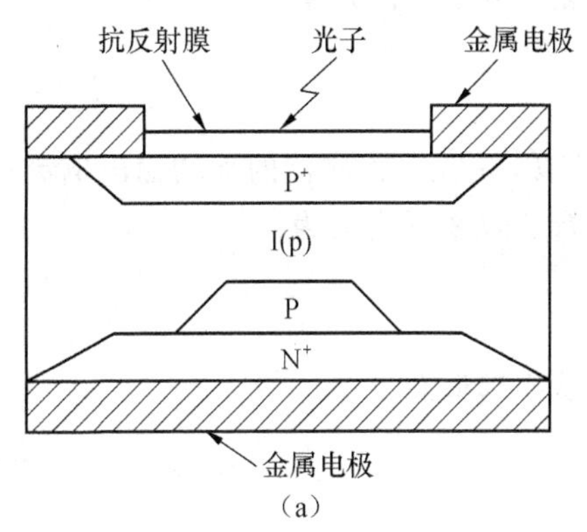

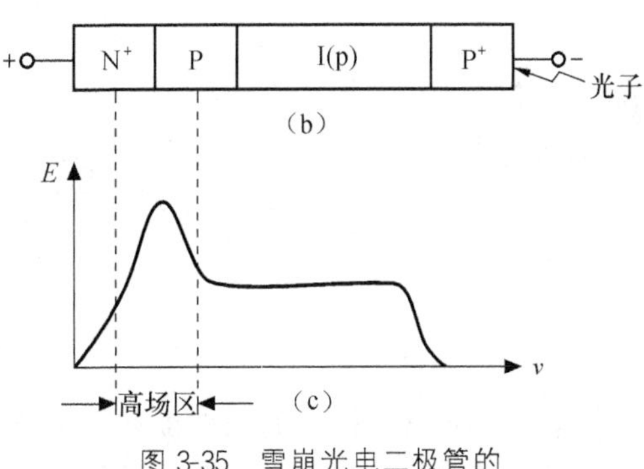

图 3-35 雪崩光电二极管的结构和电场分布示意图

由图 3-35（b）可见，它仍然是一个 P-N 结的结构形式，只不过其中的 P 型材料是由 3 部分构成的。光子从 P^+ 层射入，进入 I 层后，在这里，材料吸收了光能并产生了初级电子—空穴对。这时光电子在 I 层被耗尽层的较弱的电场加速，移向 P-N 结。当光电子运动到高场区时，受到强电场的加速作用，出现雪崩碰撞效应。最后，获得雪崩倍增后的光电子到达 N^+ 层，空穴被 P^+ 层吸收。P^+ 层之所以做成高掺杂，是为了减小接触电阻，以利于与电极相连。

由图 3-35（c）还可以看出，它的耗尽层从结区一直拉通到 I 层与 P^+ 层相接的范围内。在整个范围内，电场增加较小。这样，这种 RAPD 器件就将电场分为两部分，一部分是使光生载流子

① 电场的这种分布状态，是由半导体材料的尺寸和掺杂浓度的变化而得到的。

逐渐加速的较低电场，另一部分是产生雪崩倍增效应的高电场区。这种电场分布有利于降低工作电压。

前面介绍了雪崩光电二极管具有雪崩倍增效应这个有利方面。但是，雪崩倍增效应的随机性会带来它的不利方面，就是这种随机性将引入噪声。

雪崩光电二极管按使用的材料不同有几种：Si—APD（工作在短波长区）；Ge—APD，InGaAs—APD 等（工作在长波长区）。

3. 光电检测器的特性

前面介绍了光电检测器的原理和结构。下面将介绍衡量光电检测器 PIN 和 APD 性能好坏的几个主要特性参数。

（1）响应度 R_0 和量子效率 η

响应度和量子效率都是描述这种器件光电转换能力的一种物理量。

响应度 R_0 定义为

$$R_0 = \frac{I_P}{P_0} \qquad (\text{A/W}) \tag{3-2-3}$$

式中，I_P 是光电检测器的平均输出电流；P_0 是光电检测器的平均输入功率。

量子效率 η 定义为

$$\eta = \frac{\text{光生电子} - \text{空穴对数}}{\text{入射光子数}}$$

从物理概念可知

$$\text{光生电子} - \text{空穴对} = \frac{I_P}{e} \quad (e\text{ 为电子电荷量})$$

$$\text{入射光子数} = \frac{P_0}{h\nu} \quad (h\nu\text{ 为一个光子的能量})$$

故

$$\eta = \frac{I_P/e}{P_0/h\nu} = \frac{I_P}{P_0} \cdot \frac{h\nu}{e} = R_0\left(\frac{h\nu}{e}\right)$$

即

$$R_0 = \frac{e}{h\nu}\eta \tag{3-2-4}$$

也就是说，光电二极管的响应度和量子效率与入射光波频率有关。

还需说明的是，响应度和量子效率虽然都是描述器件光电转换能力的物理量，但是分析的角度不同。

（2）响应时间

响应时间是指半导体光电二极管产生的光电流随入射光信号变化快慢的状态。一般用响应时间（上升时间和下降时间）来表示。

在半导体光电二极管中，光生载流子的“运输”与复合都需要一定时间。此外，器件的结电容和外电路的负载电阻也影响响应时间。显然，一个快速响应的光电检测器，它的响应时间一定是短的。

上面讨论的响应时间是从时域角度来看的，若从频域角度看，短的响应时间即意味这个器件的带宽宽。

(3) 暗电流 I_D

在理想条件下，当没有光照射时，光电检测器应无光电流输出。但是实际上由于热激励、宇宙射线或放射性物质的激励，在无光情况下，光电检测器仍有电流输出，这种电流称为暗电流。严格地说，暗电流还应包括器件表面的漏电流。

由理论研究可知，暗电流将引起光接收机噪声增大。因此，器件的暗电流越小越好。

(4) 雪崩倍增因子 G

雪崩光电二极管还有一个与雪崩倍增效应对应的参量——雪崩倍增因子。在忽略暗电流影响条件下，它定义为

$$G=\frac{I_M}{I_P} \tag{3-2-5}$$

式中，I_M 是有雪崩倍增时光电流的平均值；I_P 是无雪崩倍增时光电流的平均值。

一般 APD 的倍增因子 G 在 40～100 之间。PIN 光电管因无雪崩倍增作用，所以 $G=1$。

(5) 倍增噪声和过剩噪声系数 $F(G)$

从物理概念上容易理解，雪崩光电二极管的倍增是具有随机性的。显然，这种随机性的电流起伏将带来附加噪声，一般称为倍增噪声。倍增噪声可以用过剩噪声系数 $F(G)$ 来描述为

$$F(G)=\frac{\langle g^2\rangle}{\langle g\rangle^2}=\frac{\langle g^2\rangle}{G^2} \tag{3-2-6}$$

式中，g 是每个初始电子—空穴对因雪崩效应产生二次电子—空穴对的随机数；

$\langle g\rangle$ 是 g 的平均值，因此 $\langle g\rangle=G$；

$\langle g^2\rangle$ 是产生的二次电子数平方再取平均值；

$\langle g\rangle^2$ 是产生的二次电子数平均值再平方。

要提醒注意的是，在概率论中，$\langle g\rangle^2$ 与 $\langle g^2\rangle$ 是不相同的。①

如果每次倍增都相同，即是理想倍增状态。那么，从物理概念来考虑，这时必然 $F(G)=1$。因此，$F(G)$ 表示雪崩光电二极管实际噪声超过理想倍增噪声的倍数。

由于 $F(G)$ 的表达式较复杂（从略）②，在实际使用时，往往将 $F(G)$ 近似表达为

$$F(G)=G^x$$

将上式代入式（3-2-6）中，则有

$$\langle g^2\rangle=G^2G^x=\langle g\rangle^{x+2} \tag{3-2-7}$$

式中 x 称为过剩噪声指数。对于 Si—APD，$x=0.5$； 对于 Ge—APD，$x=0.6\sim1.0$。

由于过剩噪声系数 $F(G)$ 表示 APD 因倍增作用而增加的噪声系数，因此选 APD 时，应选择 x 值小的管子。

表 3-2 列出几种国产光电检测器的性能供参考。

在表 3-2 中，V_B 指雪崩光电二极管的击穿电压，$\text{nA}=10^{-9}\text{A}$，$\text{ps}=10^{-12}\text{s}$。

---

① 原南京工学院（现东南大学）数学教研组编. 概率论. 北京：高等教育出版社，1985. 114 页，公式（7）

② 杨祥林等. 光纤传输系统. 南京：东南大学出版社，1991. 297～298 页

表 3-2　　国产光电检测器的性能

光电管类型	暗　电　流	量子效率 η	过剩噪声指数 x	上升时间 ps
Si—APD	0～9nA（0.9V_B 时）	约 60%	0.3～0.4（G=100 时）	约 300
Ge—APD	50～500nA（0.9V_B 时）	约 70%	0.9～1（G=10 时）	约 500
InGaAs—APD	50nA（0.9V_B 时）	约 4.5%	0.5～0.6（G=10 时）	<1 000
Ge—PIN	300nA（−10V 偏压）	约 80%	—	约 500
InGaAs—PIN	0～9nA（−5V 偏压）	约 70%	—	约 100

3.2.2　光接收机组成及各部分的功能

目前广泛使用的是强度调制——直接检波数字光纤通信系统，其接收光端机（即光接收机）方框图如图 3-36 所示。该方框图中只示意地画出光接收机的主要部分，辅助部分没有画出。下面我们将介绍方框图中各部分的功能。

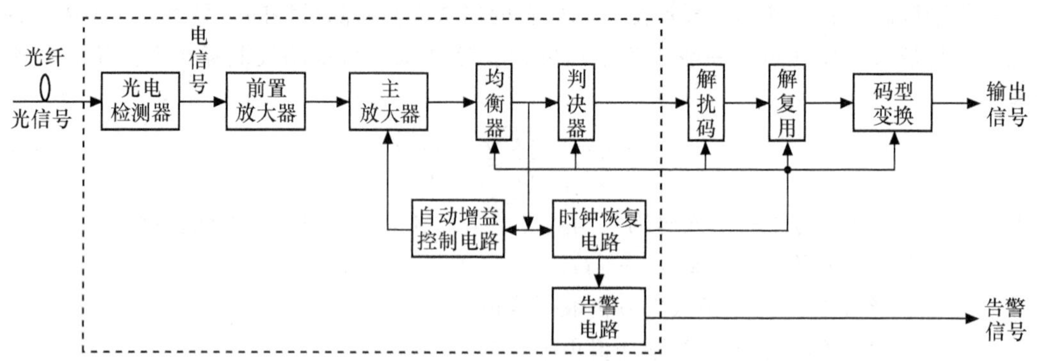

图 3-36　数字光纤通信接收光端机方框图

1. 光电检测器

如上所述，光电检测器的作用是利用光—电检波管，将由发送光端机经光纤传过来的光信号转变为电信号。目前广泛使用的光电检波管是半导体光电二极管，它们是 PIN 管和雪崩光电二极管，后者又称为 APD 管。这两种检波管的工作原理和特性已在前面讨论过。

2. 前置放大器

由于这个放大器与光电检测器紧紧相连，故称前置放大器。

在一般的光纤通信系统中，经光电检测器输出的光电流是十分微弱的。为了保证通信质量，显然必须将这种微弱的电信号通过多级放大器进行放大。在放大过程中，放大器本身的电阻会引入热噪声，放大器中的晶体管要引入散粒噪声。不仅如此，在一个多级放大器中，后一级放大器将会把前一级放大器送出的信号和噪声同样放大，即前一级引入的噪声也被放大。因此对多数放大器的前级就有特别的要求，它应是低噪声、高增益的，这样才能得到较大的信噪比。

目前光接收机前置放大器有多种类型，如低阻型前置放大器、PIN-FET（PIN 管与场效应管）前置放大器组件和跨阻型前置放大器组件。由于跨阻型前置放大器不仅具有宽频带、低噪声的优点，而且其动态范围也比高阻型前置放大器改善很多，因此在光纤通信系统中得到广泛的应用。

3. 主放大器

主放大器有两个方面的作用。

- 将前置放大器输出的信号放大到判决电路所需要的信号电平。
- 它还是一个增益可调节的放大器，当光电检测输出的信号出现起伏时，通过光接收机的自动增益控制电路对主放大器的增益进行调整，以使主放大器的输出信号幅度在一定范围内不受输入信号的影响，一般主放大器的峰－峰值输出是几伏数量级。

4. 均衡器

在数字光纤通信系统中，所传输的信号是一系列脉冲信号，理论上讲其带宽为无限大。但当这种脉冲经过光纤传输后，又经过光电检测器、放大器等部件，由于它们的带宽是有限的，因此矩形频谱中只有部分频率分量可以通过，这样从光接收机主放大器输出的信号不再是矩形信号了，而是如图 3-37 所示的曲线形式，我们称之为拖尾现象。此时，将会使相邻码元的波形重叠，从而产生码间干扰，严重时会造成判决电路的误判，而产生误码。因此采用均衡器来使经过其后的波形，在本码判决时刻，其瞬时值为最大值；而这个本码波形的拖尾在邻码判决时刻的瞬时值应为零。这样，即使经过均衡后的输出波形仍有拖尾，但是这个拖尾在邻码判决的关键时刻为零，从而不干扰对邻码的判决，上述这种情况可以从图 3-37 中看出。

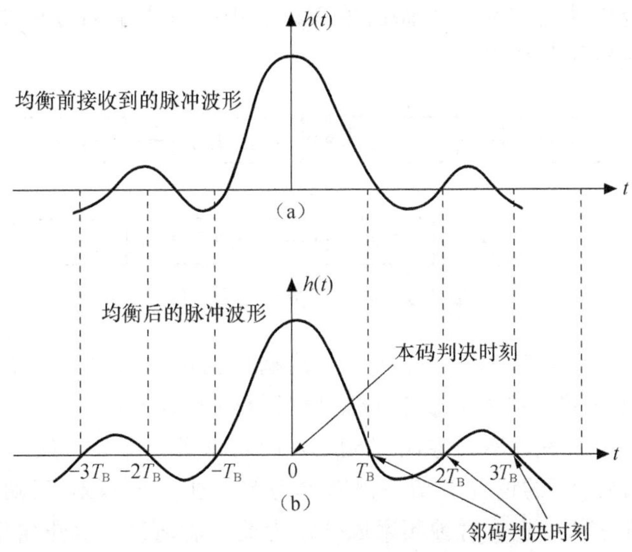

图 3-37　单个脉冲均衡前后波形的比较

5. 判决器和时钟恢复电路

判决器由判决电路和码形成电路构成。判决器和时钟恢复电路合起来构成脉冲再生电路。脉冲再生电路的作用是将均衡器输出的信号恢复成理想的数字信号。例如升余弦频谱脉冲，恢复为“0”或“1”的数字信号。

为了能从均衡器的输出信号判决出是“0”码，还是“1”码。首先要设法知道应在什么时刻进行判决，即应将“混合”在信号中的时钟信号（又称为定时信号）提取出来，接着再根据给定的判决门限电平，按照时钟信号所“指定”的瞬间来判决由均衡器送来的信号。如信号电平超过判决门限电平，则判为“1”码；反之则被判为“0”码，从而把升余弦频谱脉冲恢复（再生）为“0”，“1”码信号。

上述信号再生过程可从图 3-38 中十分明显地看出来。

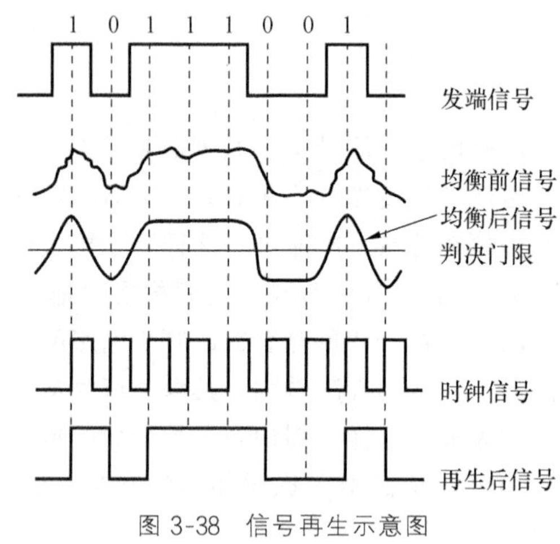

图 3-38　信号再生示意图

实用的时钟恢复电路有多种，下面简单介绍其中一种方案的方框图，如图 3-39 所示，并对各部分的作用进行简单介绍。

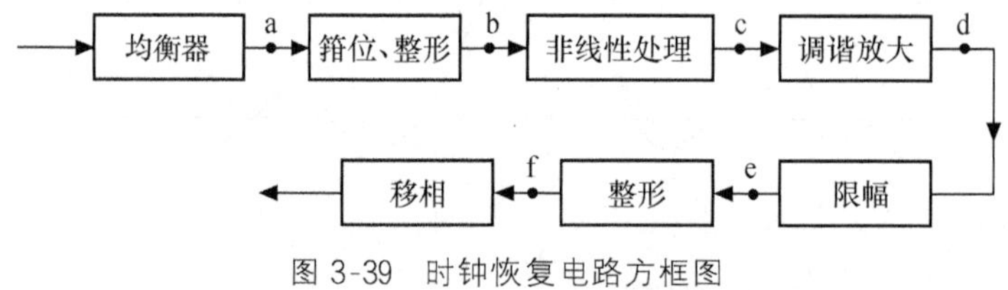

图 3-39　时钟恢复电路方框图

箝位、整形、非线性处理——经光接收机均衡后输出的信码为升余弦频谱脉冲，如图 3-40（a）所示的波形，将这个波形经箝位整形后得到如图 3-40（b）所示的波形是不归零码。但是根据通信系统原理，不归零码（NRZ）的功率谱密度分布如图 3-41 所示。由图可十分明显看出，在时钟 f_b 的位置上功率谱密度为零。这说明 NRZ 码功率谱密度中不含时钟频率成分，因此无法从中提取时钟频率成分。为此，需通过一套逻辑电路对 NRZ 码进行非线性处理，得到如图 3-40（c）所示的波形图。这种波形是归零码（RZ），它的功率谱密度分布曲线如图 3-42 所示。由图看出，在这种波形的频谱密度分布中，时钟成分 f_b 较大，从而有可能从时钟恢复电路中提取时钟信号。

非线性处理电路有多种类型。图 3-43 是一种简单的电路。将 NRZ 通过 RC 电路进行微分，再通过一个非门产生 RZ，其波形如图 3-44 所示。

调谐放大——它的作用是用非线性处理后的波形来激励调谐放大器，然后在它的谐振回路中选出时钟频率 f_b 的简谐波，经调谐放大后的波形如图 3-40（d）所示。

限幅——经过限幅，可将上述简谐信号波形变为如图 3-40（e）所示的波形。

整形、移相——整形电路将经限幅后的波形变为矩形脉冲；移相网络再将这矩形脉冲串的相位调整到最佳判决时所需要的相位，最后得到如图 3-40（f）所示的时钟信号。

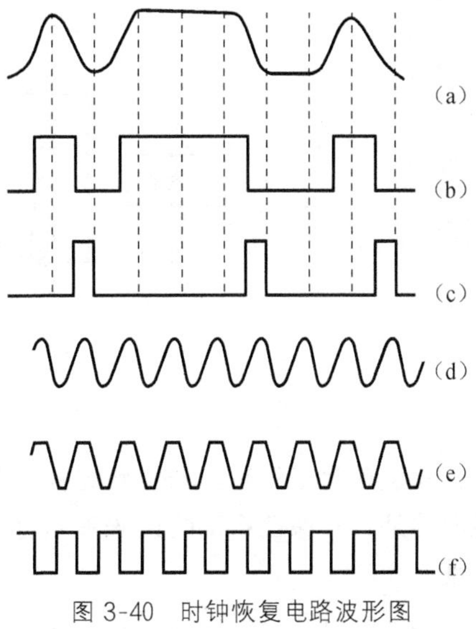

图 3-40　时钟恢复电路波形图

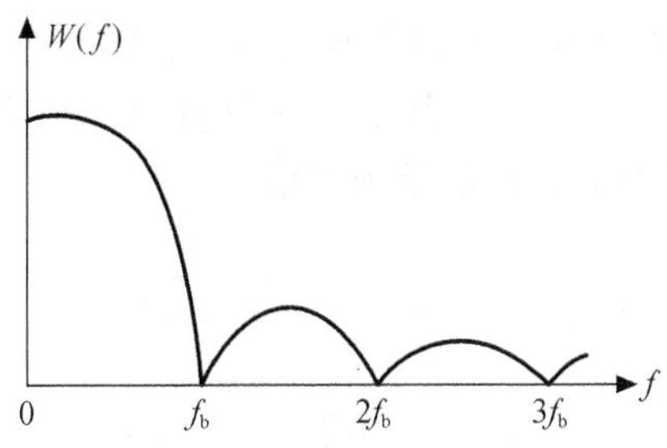

图 3-41　NRZ 码的功率谱密度分布图

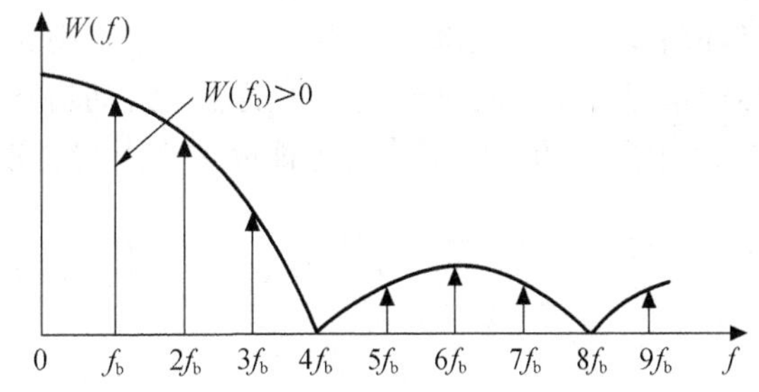

图 3-42　RZ 码功率谱密度分布图

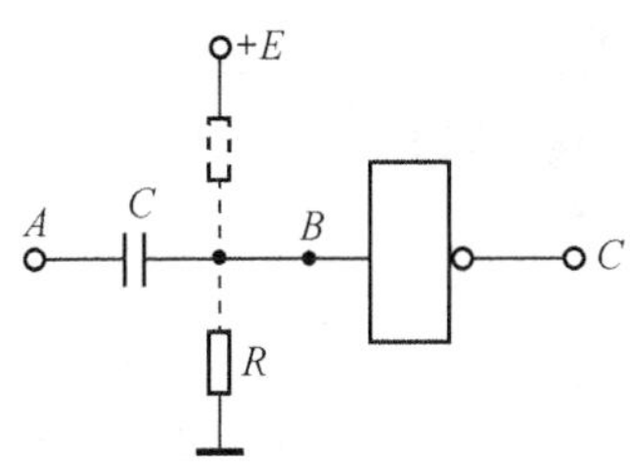

图 3-43　一种非线性处理电路

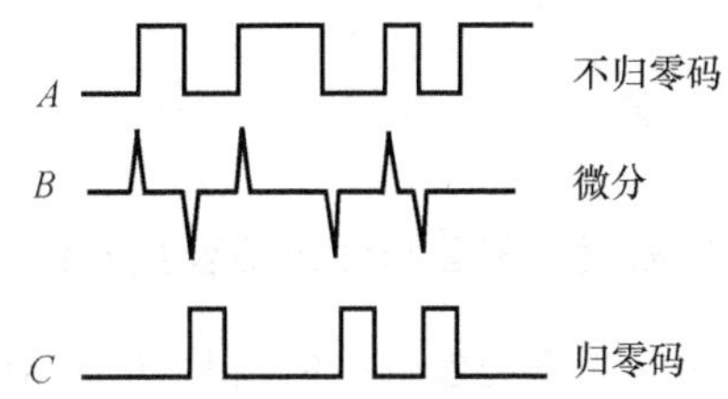

图 3-44　非线性处理电路中的波形图

判决电路和码形成电路可由与非门电路和 R-S（复位-位置）触发器来构成。具体电路不再详述。

由判决器和时钟恢复电路合起来构成的脉冲再生电路原理方框图如图 3-45 所示。实用的光接收机中除图中所示的部分外还有一些辅助电路。

6. 光接收机的动态范围和自动增益控制

光接收机的动态范围 D 是在保证系统的误码率指标要求下，光接收机的最低输入光功率（用 dBm 来描述）和最大允许输入光功率（用 dBm 描述）之差，其单位为 dB。它表示

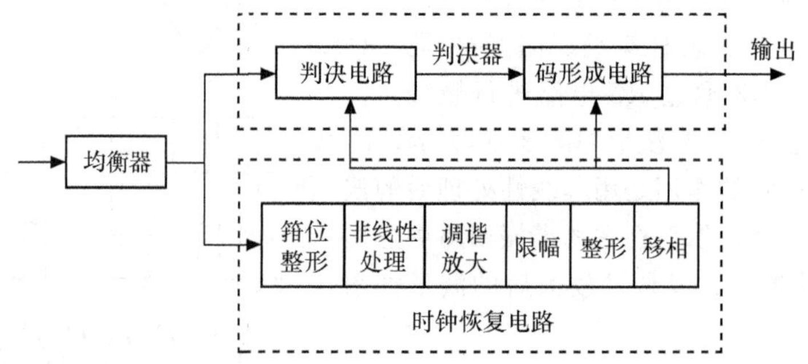

图 3-45 脉冲再生电路原理方框图

光接收机正常工作时，光信号应有一个范围，这个范围就是光接收机的动态范围。另外需要说明的是，在保证系统的误码率指标要求下，光接收机的最低输入光功率就是光接收机灵敏度。

光接收机的自动增益控制（AGC）就是用反馈环路来控制主放大器的增益，在采用雪崩管的接收机中，还通过控制雪崩管的高压来控制雪崩管的雪崩增益。当信号强时，则通过反馈环路使上述增益降低；当信号变弱时，则通过反馈环路使上述增益提高，从而使送到判决器的信号稳定，有利于判决。显然，自动增益控制的作用是增加了光接收机的动态范围。图 3-46 中所示的虚线部分就是能够实现上述自动增益控制作用的原理方框图。

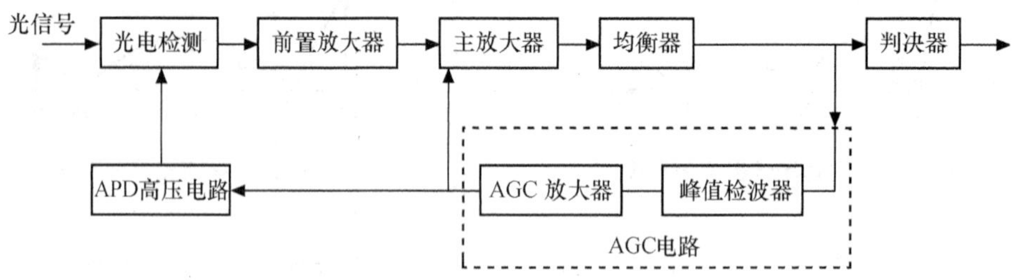

图 3-46 自动增益控制工作原理方框图

7. 解扰、解复用和码型变换电路

由于送到光发送机的信号是 PCM 信号，其码型有两种——HDB_3 码和 CMI 码。其中，HDB_3 码为双极性码，而光纤中所传输的码型为单极性码，因此在光发送机中首先进行码型变换。另外，光接收机中的各部分是在时钟信号的控制下工作的。为了保证能够在接收机中正常地提取时钟信号，因此在光发射机所输出的信号流中必须避免出现长“0”和长“1”的现象，为此在光发射机中对数字码流进行扰码处理。为了使光接收机输出的信号能在 PCM 系统内传输，因而还需将判决器输出的信号进行解扰码和码型变换处理以恢复原码流。发送端根据所输入信号的性质不同，将会采用不同的复用方式以提高信道的利用率，因而接收端则需进行相反的操作，即解复用。

8. 辅助电路

辅助电路包括箝位电路、温度补偿电路、告警电路等，这里就不进行介绍了。

3.3 光中继器

在光纤通信系统中，影响最大中继距离的两个重要传输特性是光纤线路上的损耗和色散。为了保证长途光缆干线上传输质量的可靠性，就需要在线路适当位置设立中继站。光缆干线上中继站的形式主要有两种，一种是光/电/光转换形式的中继站，这种中继站是将传输中已衰减和产生畸变的光信号转变为电信号，经过放大、再生之后恢复为原来信号的形状和幅度，然后再转换为光信号继续传输，这种形式的中继器设备结构比较复杂，系统的可靠性不高，尤其在波分复用系统中问题更为显著，因此，这种中继站方式已满足不了现代通信传输的要求。另一种形式的中继站则是经过多年人们的探索直接在光路上对信号进行放大的光放大器。可以说，光放大器的问世是光纤通信领域中的一场革命。

3.3.1 基于光放大器的光中继技术

光放大器主要包括半导体光放大器和光纤放大器两种。

半导体光放大器（SOA）是由半导体材料制成的，如果将半导体激光器两端的反射去除，即变成没有反馈的半导体行波光放大器，它能适合不同波长的光放大。半导体激光器存在的主要问题是与光纤的耦合损耗比较大，放大器的增益受偏振影响较大，噪声及串扰较大。以上缺点使得它作为在线放大器使用受到了限制。

光纤放大器包括两种。一种是非线性光纤放大器，它是利用强的光源对光纤进行激发，使光纤产生非线性效应而出现拉曼散射①，在这种受激发的一段光纤的传输过程中得到放大。另一种光纤放大器是掺铒光纤放大器（EDFA），铒（Er）是一种稀土元素，将它注入到纤芯中，即形成了一种特殊光纤，它在泵浦光的作用下可直接对某一波长的光信号进行放大，因此称为掺铒光纤放大器。

在这一节中，将主要介绍掺铒光纤放大器（EDFA）的结构、工作原理及其主要的特性指标。

1. 掺铒光纤放大器的结构与工作原理

由于掺铒光纤放大器（EDFA）具有一系列优点，因此是目前应用最广泛的光放大器。

（1）EDFA 的主要优点

① 工作波长处在 1.53～1.56μm 范围，与光纤最小损耗窗口一致。

② 对掺铒光纤进行激励的泵浦功率低，仅需几十毫瓦。

③ 增益高，噪声低，输出功率大，它的增益可达 40dB，噪声系数可低至 3～4dB，输出功率可达 14～20dBm。

④ 连接损耗低，因为是光纤型放大器，因此与光纤连接比较容易，连接损耗可低至 0.1dB。

鉴于上述优点，EDFA 在各种光放大器中，受到更多的重视。

---

① 张煦. 光纤通信技术词典. 上海：上海交大出版社，1990. 258 页

(2) EDFA 的结构与工作原理

① EDFA 的基本结构

掺铒光纤放大器主要是由掺铒光纤、泵浦光源、光耦合器、光隔离器以及光滤波器等组成的，如图 3-47 所示。

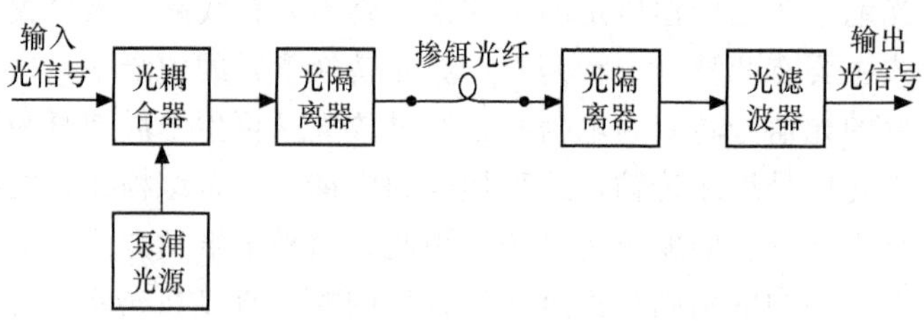

图 3-47 掺铒光纤放大器结构示意图

光耦合器是将输入光信号和泵浦光源输出的光波混合起来的无源光器件，一般采用波分复用器（WDM）。

光隔离器是防止反射光影响光放大器的工作稳定性，保证光信号只能正向传输的器件。

掺铒光纤是一段长度为 10～100m 的掺铒石英光纤。将稀土元素铒离子 E_r^{3+} 注入到纤芯中，浓度约为 25mg/kg。

泵浦光源为半导体激光器，输出光功率为 10～100mW，工作波长为 0.98μm。

光滤波器的作用是滤除光放大器的噪声，降低噪声对系统的影响，提高系统的信噪比。

从上面结构图中可以看出，EDFA 的主体部件是泵浦光源和掺铒光纤。

② EDFA 的工作原理

在前面 3.1 节中已讨论了半导体激光器的工作原理，它是在泵浦源的作用下，使得工作物质处于粒子数反转分布状态，具有了光的放大作用。对于掺铒光纤放大器，其基本工作原理与之相同。它之所以能放大光信号，简单来说，是在泵浦源的作用下，在掺铒光纤中出现了粒子数反转分布，产生了受激辐射，从而使光信号得到放大。由于 EDFA 具有细长的纤形结构，使得有源区的能量密度很高，光与物质的作用区很长，这样可以降低对泵浦源功率的要求。

由理论分析得知，铒离子有 3 个工作能级：E_1，E_2 和 E_3。如图 3-48 所示，其中，E_1 能级最低，称为基态；E_2 为亚稳态；E_3 能级最高，称为激发态。

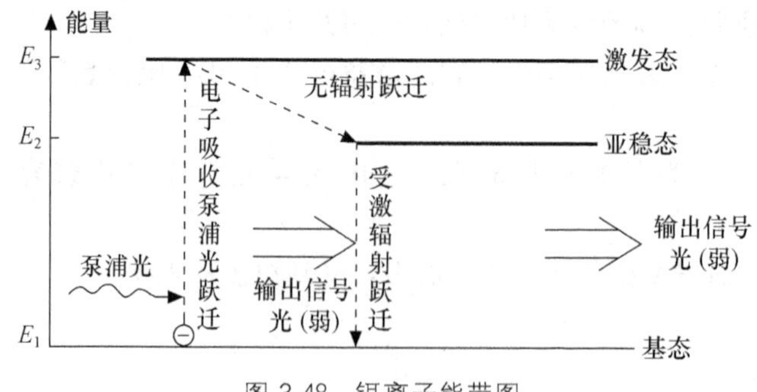

图 3-48 铒离子能带图

E_r^{3+} 在未受任何光激励的情况下，处在最低能级 E_1 上，当用泵浦光源的激光不断地激发掺铒光纤时，处于基态的粒子获得了能量，就会向高能级跃迁。例如，由 E_1 跃迁至 E_3，由于粒子在 E_3 这个高能级上是不稳定的，它将迅速以无辐射过程落到亚稳态 E_2 上，在该能级上，粒子相对来讲有较长的存活寿命。由于泵浦光源不断地激发，则 E_2 能级上的粒子数就不断增加，而 E_1 能级上的粒子数就减少。这样，在这段掺铒光纤中就实现了粒子数反转分布状态，就存在了实现光放大的条件。

当输入光信号的光子能量 $E=h\nu$ 正好等于 E_2 和 E_1 的能级差时，即 $E_2-E_1=h\nu$ 时，则亚稳态 E_2 上的粒子将以受激辐射的形式跃迁到基态 E_1 上，并辐射出与输入光信号中的光子一样的全同光子，从而大大增加了光子数量，使得输入光信号在掺铒光纤中变为一个强的输出光信号，实现了光的直接放大。

图 3-49 所示为铒离子的吸收谱，从图中可以看出在 0.65μm、0.80μm、0.98μm 以及 1.48μm 处都有它的吸收带，在这些频带上都可以作为 EDFA 泵浦光源的工作波长。

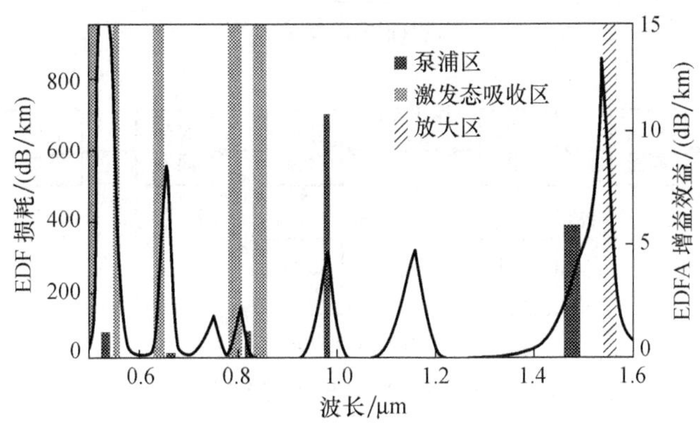

图 3-49 铒离子的吸收谱

经过对泵浦效率等因素的比较，0.98μm 和 1.48μm 的半导体激光器更适合用作 EDFA 的泵浦光源。而 0.98μm 相对于 1.48μm 来讲，增益高、噪声小，因此是目前光纤放大器的首选泵浦波长。

在 EDFA 中所采用的泵浦方式有多种形式，主要从泵浦光源输出的能量是否与输入的光信号能量以同一方向注入掺铒光纤而得名，因此可分为同向泵浦方式、反向泵浦方式及双向泵浦方式等，分别如图 3-50（a）、（b）、（c）所示。

由于双向泵浦方式具有了正向泵浦及反向泵浦的优点，因此这种方式不但可使泵浦光在光纤中均匀分布，而且从输出功率角度上来看，单泵浦的输出功率为 14dBm，而双泵浦可达 17dBm。

2. EDFA 的主要特性参数

掺铒光纤放大器的主要特性参数是指功率增益、饱和输出功率和噪声系数。

① 功率增益

功率增益定义为

$$\text{功率增益} = 10\log\frac{\text{输出光功率}}{\text{输入光功率}} \quad (\text{dB})$$

它表示了光放大器的放大能力，增益的大小与泵浦光功率以及光纤长度等诸因素有关。

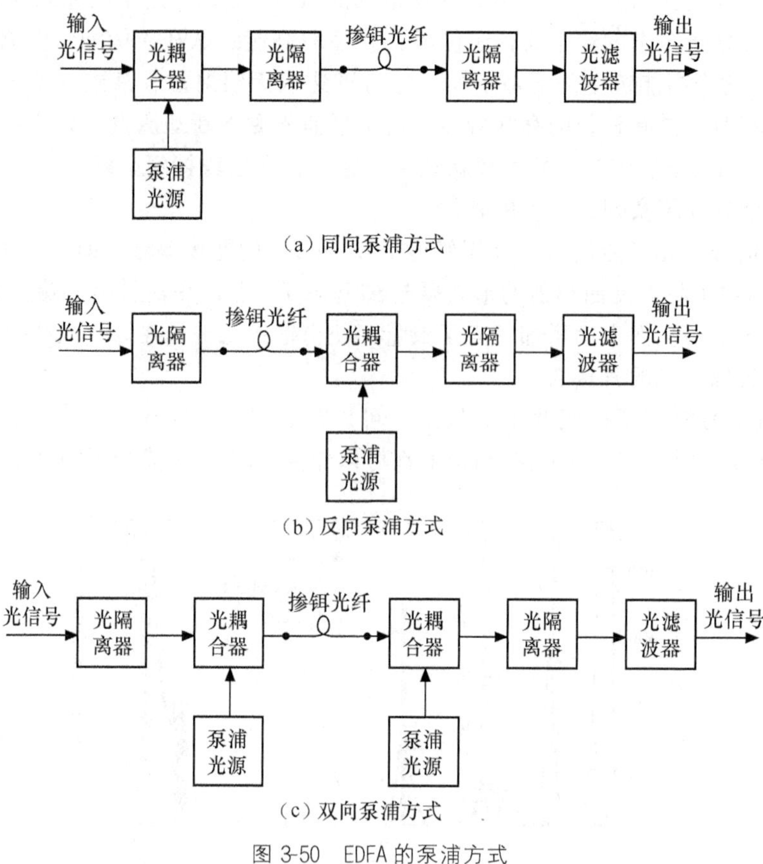

图 3-50 EDFA 的泵浦方式

图 3-51 所示为放大器的功率增益与泵浦功率之间的关系曲线。可以看出，放大器的功率增益随泵浦功率的增加而增加，当泵浦功率达到一定值时，放大器的功率增益出现饱和，即泵浦功率再增加而功率增益基本保持不变。

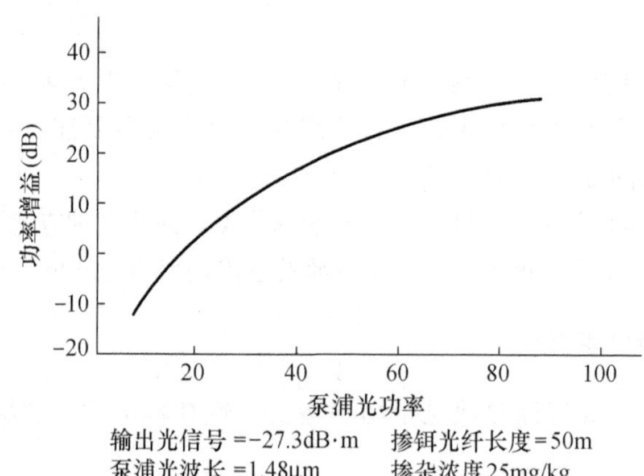

图 3-51 掺铒光纤放大器功率增益与泵浦功率间的关系

图 3-52 所示为掺铒光纤放大器的功率增益与光纤长度之间的关系曲线。可以看出，开始时功率增益随掺铒光纤长度的增加而上升，当光纤长度达到一定值后，功率增益反而逐渐

下降。从图中看出，当光纤为某一长度时，可获得最佳功率增益，这个光纤长度为最大功率增益的光纤长度。

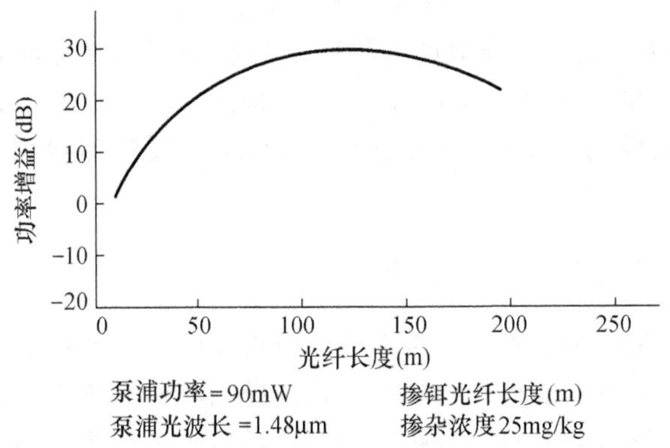

图 3-52　掺铒光纤放大器功率增益与光纤长度间的关系

因此，在给定的掺铒光纤的情况下，应选择合适的泵浦功率和光纤长度，以达到最大增益。

目前采用的主要泵浦波长是 0.98μm 和 1.48μm。据报道，如采用 1.48μm 泵浦源，当泵浦功率为 5mW，掺铒光纤长度为 30m 时，可获得 35dB 的功率增益。

② 输出饱和功率

输出饱和功率是一个描述输入信号功率与输出信号功率之间关系的参量，如图 3-53 所示。由图可看出，在掺铒光纤放大器中，输入信号功率和输出信号功率并不完全成正比关系，而是存在着饱和的趋势。

掺铒光纤放大器的最大输出功率常用 3dB 输出饱和功率来表示。如图 3-54 所示，当饱和增益下降 3dB 时所对应的输出功率值为 3dB 输出饱和功率，它代表了掺铒光纤放大器的最大输出能力。

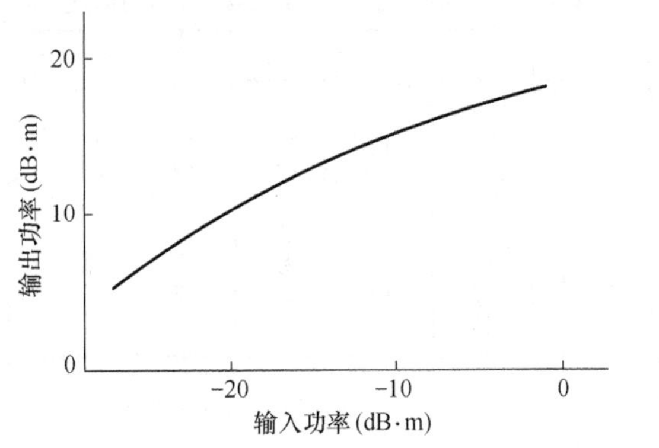

图 3-53　掺铒光纤放大器输出饱和功率曲线

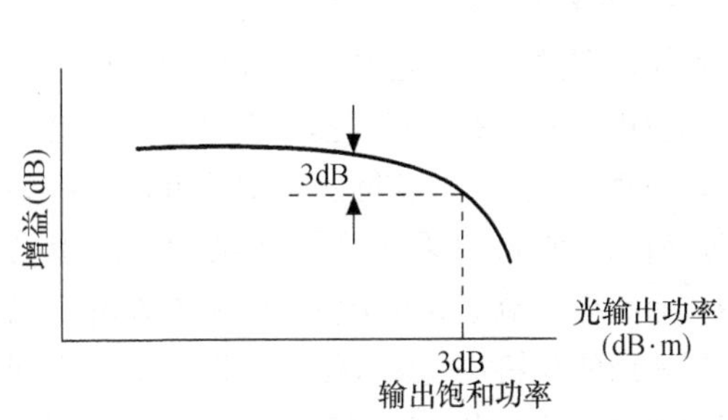

图 3-54　掺铒光纤放大器的增益饱和特性

③ 噪声系数

掺铒光纤放大器噪声的主要来源包括信号光的散弹噪声、信号光波与放大器自发辐射光波之间的差拍噪声、被放大的自发辐射光的散弹噪声、光放大器自发辐射的不同频率光波间差拍噪声。

掺铒光纤放大器噪声特性可用噪声系数 F 来表示，它定义为

$$F=\frac{\text{放大器的输入信噪比}}{\text{放大器的输出信噪比}}$$

据分析，掺铒光纤放大器噪声系数的极限约为 3dB。对于 0.98μm 泵浦源的 EDFA，掺铒光纤长度为 30m 时，测得的噪声系数为 3.2dB；而采用 1.48μm 泵浦源，在掺铒光纤长度为 60m 时，测得的噪声系数为 4.1dB。显而易见，0.98μm 泵浦的放大器的噪声系数要优于 1.48μm 泵浦的放大器的噪声系数。

3.3.2 基于 OEO 的电再生中继器

光脉冲信号从光发射机输出经光纤传输若干距离以后，由于光纤损耗和色散的影响，将使光脉冲信号的幅度受到衰减，波形出现失真，这样就限制了光脉冲信号在光纤中做长距离的传输。因此，需在光波信号经过一定距离传输之后，加一个光中继器以放大衰减的信号，恢复失真的波形，使光脉冲得到再生，即经过光/电/光（OEO）转换。

根据光中继器的上述作用，一个功能最简单的中继器应是由一个未设有码型变换的光接收机和未设有均放和码型变换的光发射机相连接而成的，如图 3-55 所示。

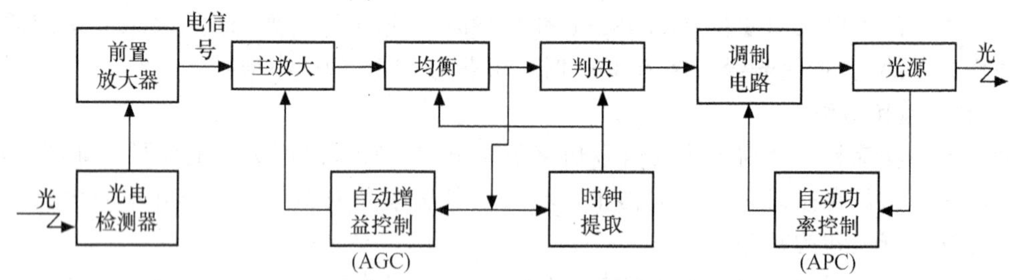

图 3-55 最简单的光中继器方框图

显然，一个幅度受到衰减、波形发生畸变的信号，经过中继器的放大、再生之后就可恢复为原来的情况。但是作为一个实用的光中继器，为了维护的需要，还应具有公务通信、监控、告警的功能，有的中继器还有区间通信的功能。另外实际使用的中继器应有两套收发设备，一套是输出，一套是输入，故实际的中继器方框图应如图 3-56 所示。它可以采用机架式结构，设于机房中；而直埋在地下或在架空光缆中架在杆上的中继器采用的是箱式或罐式结构，因此对于直埋或架空的中继器需有良好的密封性能。

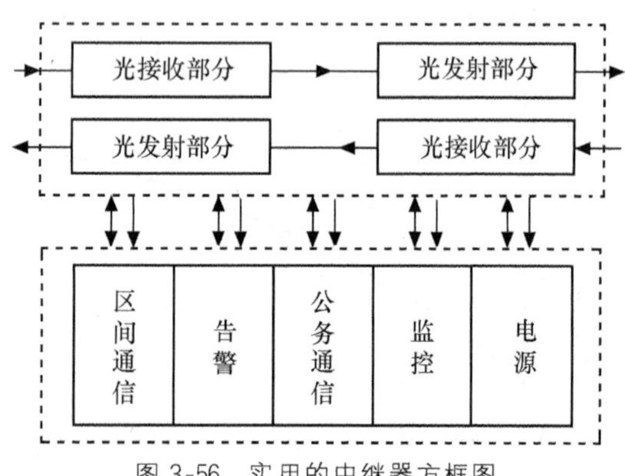

图 3-56 实用的中继器方框图

小结

本章重点分析了以下几个问题。

（1）半导体光源。其主要介绍了激光器的物理基础，激光器的工作原理，半导体激光器

的结构和工作特性，以及简单介绍了分布反馈半导体激光器及量子阱激光器。

（2）半导体光电检测器。重点内容是半导体的光电效应，PIN 光电二极管和 APD 雪崩光电二极管的结构、工作原理以及光电检测器的特性。

（3）重点介绍了掺铒光纤放大器与光纤拉曼放大器结构、工作原理以及主要特性参数。

（4）光源的调制。光源的调制方式包括内调制方式和外调制方式。

（5）光发射机的结构、各部分功能及工作原理。

（6）光接收机的结构、各部分功能及工作原理。

（7）电再生光中继器的结构、各部分功能及工作原理。

习　　题

1. 光宇物质间的相互作用存在哪 3 种基本物理过程？它们各自的特点是什么？
2. 什么是粒子数反转分布？怎样才能实现光放大？
3. 构成激光器必备的条件是什么？
4. 简述半导体光电效应。
5. 什么是雪崩增益效应？
6. 画出 EDFA 的结构示意图，并简述各部分的主要作用。
7. 简述 EDFA 的工作原理。
8. 什么是消光比？
9. 光纤通信系统中常用的线路码型是什么？

第4章 光纤通信系统

根据调制方式的不同，光通信系统可分为外调制和内调制（即强度调制）。不同的应用系统将采取不同的调制编码方式。本章将介绍强度调制——直接检波（Intensity Modulation-Direct Detection，IM-DD）的光通信系统、超长距离光纤通信系统等。

4.1 IM-DD 光通信系统结构

图 4-1 给出了以光电再生的方法作为光信号中继的点到点光传输系统示意图，从图中可以看出，该系统是由光发射端机、光接收端机、光中继器、监控系统、备用系统和供电系统等组成。由于前面已经对光发射机和光接收机进行了介绍，下面仅就光中继器以及辅助系统加以讨论。

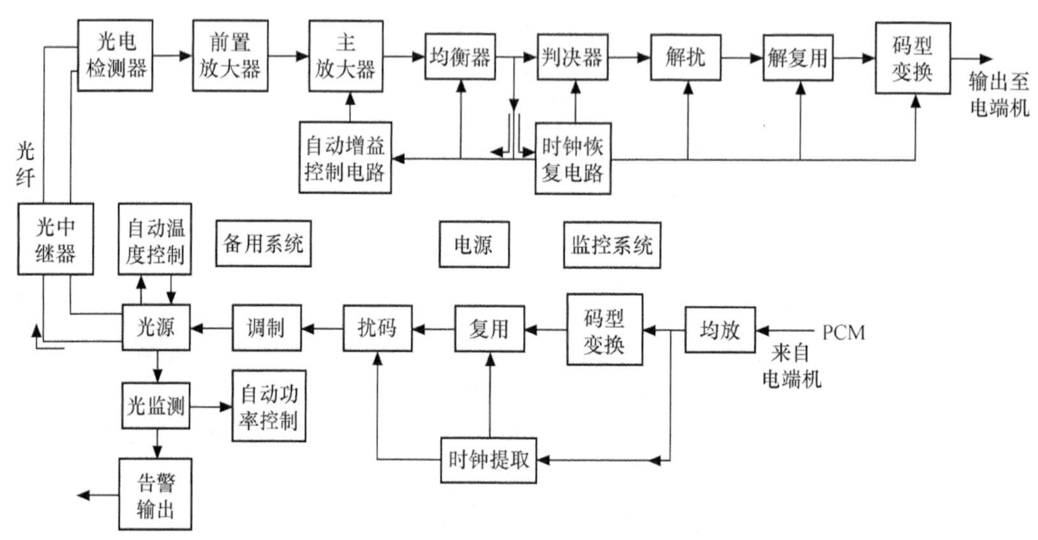

图 4-1 IM-DD 光通信系统原理方框图

（1）光发射机。光发射机的作用是将电端机送来的电信号，例如，在光纤通信系统中脉冲编码调制（PCM）信号，经过均衡放大、码型变换、复用、扰码等处理后，再利用光源将所要传输的电信号调制到光载波上，使耦合进光纤中的光信号随调制信号的变化而变化，以利于在光纤中进行传播。

（2）光接收机。光信号在光纤中经过长距离传输会受到光纤损耗、色散以及非线性的影响，使传输功率下降很多，因此光接收机的首要任务就是要利用光电二极管直接将已经非常微弱的光信号成比例地转换成电信号，同时还要对接收的电信号整形、放大和再生处理。

（3）光中继器。光纤通信系统中所使用的光中继器有两种：一种是利用掺饵光纤放大器 EDFA 来实现纯光层面的光功率放大以延长光传输距离；另一种是在电层面通过光电转换（O/E）、信号的放大、判决、再生整形和电光转换（E/O）等处理，已达到消除线路噪声积累的影响，以保证传输信号波形完好的目的。

（4）监控系统。监控系统为监视、监测和控制系统的简称。与其他通信系统一样，在一个实用的光纤通信系统中，为保证通信的可靠，监控系统是必不可少的。

随着计算机技术的发展，光纤通信的监控系统通常采用的是集中监控方式。

① 监控内容

监控的内容分别包括监视和控制两部分。

监视的内容包括：在数字光纤通信系统中误码率是否满足指标要求；各个光中继器是否有故障；接收光功率是否满足指标要求；光源的寿命；电源是否有故障；环境的温度、湿度是否在要求的范围内等。

控制的内容包括：当光纤通信系统中主用系统出现故障时，监控系统即由主控站发出倒换指令，遥控装置将备用系统接入，将主用系统退出工作。当主用系统恢复正常后，监控系统应再发出指令，将系统从备用倒换到主用系统中。另外，当市电中断后，监控系统还要发出启动电机的指令，又如中继站温度过高，则应发出启动风扇或空调的指令，同样还可以根据需要设置其他控制内容。

② 监控信号的传输

数字通信系统是采用时分复用的方式来完成监控信号的传输，但不同的传输体制，其监控信号的传输方式有所区别。

PDH 体制是在电的主信号码流中插入冗余（多余）比特，用这个冗余的比特来传输监控等信号。这就是说，将主信号和监控等信号的码元在时间上分开传输，从而达到复用的目的。例如，采用 mB1H 线路编码，即在信号码流中，每 m 比特后插入一个 H 码，用它来传输监控信息以及其他用于公务的通信信息。而在 SDH 体制中，在其帧结构中专门安排了用于传输监控信息的字节，按时分复用的方式，将其与有效传输信息一起传输。由于我们这里主要介绍的是 SDH 系统，其监控信号的传输请参见下一章相关内容。

除上述组成部分外，还应包括供电和保护系统。由于光纤本身抗干扰能力很强，但相对于铜缆而言，其机械性能要差得多。为了提高光纤的机械性能，同时又使其保持优良的抗干扰能力，因此实用光纤通信系统中都使用本地供电方式。另外，由于光纤中继距离一般可达约 80km。如果在采用光放大器级联的光通信系统中，则中继距离能够达约 600km，可见光纤的优良传输特性为本地供电提供了可靠的保障。此外为了保证系统的安全性，在实用的光通信系统中均配备有备用设备，这样当主用信道出现故障时，能够利用备用通道来传输本应在主用信道中传输的主信号。可供采用的保护方式有多种，而且不同的保护方式，其工作原理不同，这部分内容将在下一章做详细的阐述，这里就不作介绍。

4.2 SDH光纤通信系统

SDH技术是在信息结构等级、开销安排、同步复用映射结构、指针定位调整和网络节点接口等方面标准化的、主要采用光纤传输媒质进行有效信息传输的数字传送技术。SDH传送网是由一些SDH的网络单元（NE）组成的，在光纤上进行同步信息传输、复用、分插和交叉连接的网络（SDH网中不含交换设备，它只是交换局之间的传输手段）。

SDH技术是目前世界各国广泛采用的传输技术之一。SDH技术因其具有全世界统一标准、可提供强大的运行维护管理能力、具有自愈保护能力、便于从高速信号中提取或插入低速信号等一系列优点，因此得到广泛的应用。SDH的技术优势主要体现在以下几个方面。

（1）SDH网有全世界统一的网络节点接口（NNI），从而简化了信号的互通以及信号的传输、复用、交叉连接等过程。

（2）SDH网有一套标准化的信息结构等级，称为同步传递模块STM-N（N＝1、4、16、64），如图4-2所示。可见其采用块状帧结构，并允许安排丰富的开销比特（即比特流中除去信息净负荷后的剩余部分）用于网络的操作维护管理（OAM）。

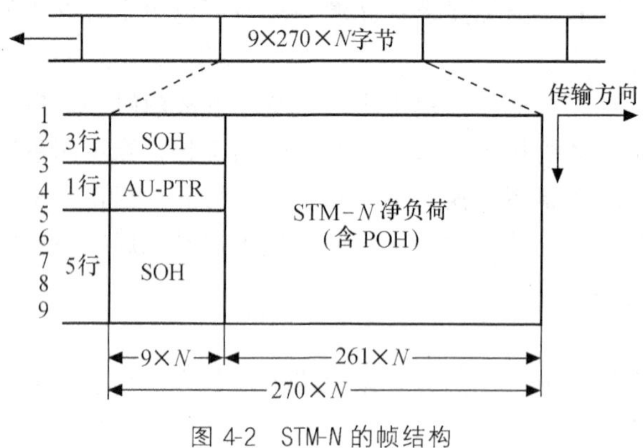

图4-2 STM-N的帧结构

（3）SDH网有一套特殊的复用结构，现有准同步数字体系（PDH）、同步数字体系和B-ISDN的信号都能纳入其帧结构中传输，即具有兼容性和广泛的适应性。

（4）SDH网大量采用软件进行网络配置和控制，增加新功能和新特性非常方便，适合将来不断发展的需要。

（5）SDH网有标准的光接口，即允许不同厂家的设备在光路上互通。

由于SDH技术是针对TDM业务而设计的，而自从20世纪90年代中期以来，以Internet业务为代表的数据业务的迅猛发展，目前在骨干网、大多数城域网中已经是数据业务量远远超过以语音为代表的TDM型业务，而且未来数据业务仍将以爆炸式的速度增长。针对TDM型业务而优化设计的SDH，由于其中使用的是有限的虚容器等级、面向连接的固定的带宽指配、单一的业务质量保证等原因，造成其承载突发性数据业务时的效率较低，缺乏区分多业务QoS保证机制。为了适应数据业务的特点，基于SDH的多业务传送平台（MSTP）应运而生，其中通过虚级联和动态链路调整（LCAS）、通用成帧规程（GFP）等技术，在SDH的基础上，能够比较有效的承载TDM业务、数据业务等多种业务，因此以

SDH 为代表的数字光纤传输系统在大规模发展建设了十几年之后仍具有很强的生命力。下面将介绍数字光纤通信系统的工程设计中的问题。

4.3　SDH 光纤传输系统设计中的工程问题

数字光纤通信网络的设计涉及网络拓扑、路由选择、网络容量确定、业务通路组织、设备线路类型选择、最大中继距离计算等。下面将重点介绍最大中继距离的光传输设计方法。

1. 基本要求

光纤通信系统工程的基本要求有以下几点。

- 网络拓扑和线路路由选择
- 网络/系统容量的确定
- 光纤/光缆选型
- 光器件的选择
- 设备性能指标
- 光纤链路的设计

为达到上述要求，系统需考虑光纤、光源和检测器的特性需求以及系统所采用的传输制式等。

（1）网络拓扑和线路路由选择

网络拓扑和线路路由选择通常与网络/系统在通信网中的位置、功能和作用，以及所承载的业务的生存性要求等因素有关。一般对于骨干网中的、网络生存性要求较高的网络适合采用网状网结构；位于城域网的、网络生存性要求较高的网络适合采用环形网结构；而对于位于接入网的、网络生存性要求不高且成本要求尽量廉价的网络适合采用星形网、无源树形网和链形网络结构。需要说明的是，节点之间的光缆线路路由选择应该符合通信网络发展的整体规划，并且要兼顾当前业务承载方案和未来的新业务增长的需要，同时须考虑到施工和维护的便利性。

（2）网络/系统容量的确定

网络/系统容量一般分为近期、中期和远期规划设计，但考虑到技术的突飞猛进的发展，通常仅考虑网络/系统运行后几年里所需承载容量来确定，而且网络/系统应便于系统扩容以满足未来容量需求。目前城域网中系统的单波长速率常常为 2.5Gbit/s 或 10Gbit/s、骨干网单波长速率通常采用 10Gbit/s，同时还可根据容量的需求采用几波到几十波的波分复用。对于新建的骨干网和城域网一般都应选择能够承载多业务设备。

（3）光纤/光缆选型

光纤的类型分为单模光纤和多模光纤，需要根据实际需求选用相应的光纤。对于短距离传输和短波长应用，可以使用多模光纤。但在长距离大容量的光通信系统中则一般采用单模光纤。目前常用的单模光纤有 G.652、G.653、G.654、G.655 等。G.652 光纤适用于 1310nm 波段；G.653 为色散位移单模光纤，只适用于 1550nm 波段的单波长光纤通信系统中；G.654 为工作在 1550nm 波段衰减最小单模光纤，一般多用于长距离海底光缆系统，陆地传输一般不采用；G.655 是非零色散位移单模光纤，G.655 光纤/光缆克服了 G.652 光纤在 1550nm 波长色散大和 G. 653 光纤在 1550nm 波长产生的非线性效应不支持波分复用系统的缺点。根据对 PMD 和色散的要求不同，G. 655 光缆又可分为 G. 655A、G. 655B、G. 655C 三种。它们可支持速率大于 10Gbit/s、采用光放大器的单波长信道系统以及光传送网系统，支持速率大于 2. 5Gbit/s、采用光放大器的多波长信道系统和 10Gbit/s 局间系统以及光传送网系统。因此对于 WDM 系统，G. 655 和大有效面积光纤是最佳选择。在确定光纤的选择之后，还需要考虑的设计参数有：纤芯的尺寸、纤芯的折射率分布、光纤的带宽或色散特性、衰减特性。

(4) 光器件选择

光器件主要包括光源和光电检测器。

光源器件的参数有发射功率、发射波长、发射频谱宽度、方向图等。由于 LD 的谱线较窄，传输容量可达 500Gbit/s (1550nm)，并可实现长距离传输。

光检测器：系统中可以使用 PIN 或者 APD 作为光纤检测器，不同器件其技术参数不同，主要的器件参数有工作波长、响应度、接收灵敏度、响应时间等。此外还要考虑，检测器的可靠性、成本和复杂度。正常情况下，PIN 的偏置电压低于 5V，但要检测更微弱的信号，则需要灵敏度较高的 APD 或 PIN-FET 等。

(5) 设备性能指标

目前，ITU-T 已对各种速率等级的 PDH 和 SDH 设备的 S-R 点通道特性进行了规范。系统设计人员应根据该设计规范中所涉及的各项指标，并以 ITU-T 的建议和我国的国标为设计依据，同时考虑当地的实际情况进行相关设计。

关于光纤链路设计，将在下面进行详细介绍。

2. 光纤链路设计

设计一个光纤传输链路，要满足原 CCITT 有关协议规范和我国制定的相关技术标准。通常长距离的传输系统是由若干中继段构成，而中继段所允许的最大长度又直接决定着系统的通信质量，因此系统中继距离的设计成为其中最重要的内容之一。

光纤通信系统的传输性能主要体现在其衰减特性和色散特性上。而这恰恰是在光纤通信系统的中继距离设计中所需考虑的两个因素。后者直接与传输速率有关，在高速率传输情况下甚至成为决定因素，因此在高比特率系统的设计过程中，必须对这两个因素的影响都给予考虑。

(1) 衰减对中继距离的影响

一个中继段上的传输衰减包括两部分的内容，其一是光纤本身的固有衰减，再者就是光纤的连接损耗和微弯带来的附加损耗。下面就从光纤损耗特性开始进行介绍。

光纤的传输损耗是光纤通信系统中一个非常重要的问题，低损耗是实现远距离光纤通信的前提。构成光纤损耗的原因很复杂，归结起来主要包括两大类：吸收损耗和散射损耗。除此之外，引起光纤损耗的还有光纤弯曲产生的损耗以及纤芯和包层中的损耗等。综合考虑，发现有许多材料，如：纯硅石等在 1. 3μm 附近损耗最小，色散也接近零；还发现在 1. 55μm 左右，损耗可降低到 0. 2dB/km；如果合理设计光纤，可以使色散在 1. 55μm 处达到最小，这对长距离、大容量通信提供了比较好的条件。

(2) 色散对中继距离的影响

光纤自身存在色散，即材料色散、波导色散和模式色散。对于单模光纤，因为仅存在一个传输模，故单模光纤只包括材料色散和波导色散。除此之外，还存在着与光纤色散有关的种种因素，会使系统性能参数出现恶化，如误码率、衰减常数变坏。其中比较重要的有三类：码间干扰、模分配噪声、啁啾声。在此，重点讨论由这三种因素造成的对系统中继距离的限制。

① 码间干扰对中继距离的影响

由于激光器所发出的光波是由许多根线谱构成的，而每根线谱所产生的相同波形在光纤中传输时，其传输速率不同，使得所经历的色散不同，而前后错开，使合成的波形不同于单根线谱的波形，导致所传输的光脉冲的宽度展宽，出现“拖尾”，因而造成相邻两光脉冲之间的相互干扰，这种现象就是码间干扰。

分析显示，传输距离与码速、光纤的色散系数以及光源的谱宽成反比，即系统的传输速率越高，光纤的色散系数越大，光源谱宽越宽。为了保证一定传输质量，系统信号所能传输的中继距离也就越短。

② 模分配噪声对中继距离的影响

如果数字系统的码速率尚不是超高速，并且单模光纤的色散可忽略的情况下，不会发生模分配噪声。但随着技术的不断发展，更进一步地充分发挥单模光纤大容量的特点，提高传输码速率越来越提到议事日程。随之人们要面对的问题便是模分配噪声了。

由于在高速调制下激光器的谱线和单模光纤的色散相互作用，产生了一种叫模分配噪声的现象，它限制了通信距离和容量。但为什么激光器的谱线和单模光纤的色散相互结合会产生模分配噪声呢？要回答这一问题，首先要从激光器的谱线特性谈起。

a. 光器的谱线特性。当普通激光器工作在直流或低码速情况下，它具有良好的单纵模（单频）谱线，如图 4-3（a）所示。这样当此单纵模耦合到单模光纤中之后，便会激发出传输模，从而完成信号的传输。然而在高码速（如 565Mbit/s）调制情况下，其谱线呈现多纵模（多频）谱线，如图 4-3（b）所示。而且从图 4-4 可以看出，各谱线功率的总和是一定的，但每根谱线的功率是随机的，换句话讲，即各谱线的能量是随机分配的。

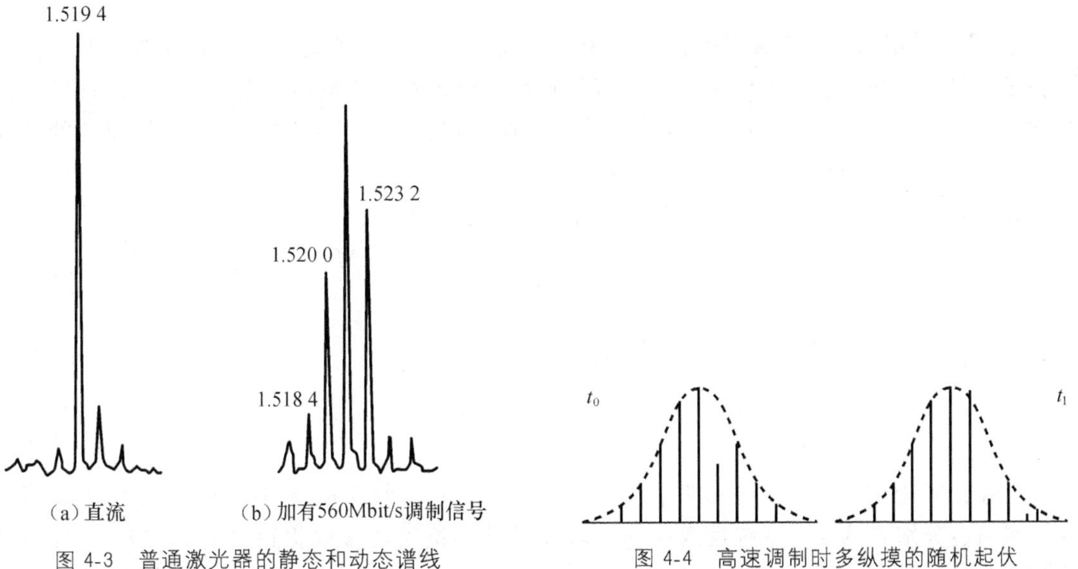

图 4-3　普通激光器的静态和动态谱线　　图 4-4　高速调制时多纵摸的随机起伏

b. 模分配噪声的产生及影响。因为单模光纤具有色散，所以激光器的各谱线（各频率分量）经过长光纤传输之后，产生不同的时延，在接收端造成了脉冲展宽。又因为各谱线的功率呈随机分布，因此当它们经过上述光纤传输后，在接收端取样点得到的取样信号就会有强度起伏，引入了附加噪声，这种噪声就称为模分配噪声。由此还看出，模分配噪声是在发送端的光源和传输介质光纤中形成的噪声，而不是接收端产生的噪声，故在接收端是无法消除或减弱的。这样当随机变化的模分配噪声叠加在传输信号上时，会使之发生畸变，严重时，使判决出现困难，造成误码，从而限制了传输距离。

③ 啁啾声对中继距离的影响。模分配噪声的产生是由于激光器的多纵模性造成的，因而人们提出使用新型的单纵模激光器，以克服模分配噪声的影响，但随之又出现了新的问题。

对于处于直接强度调制状态下的单纵模激光器，其载流子密度的变化是随注入电流的变化而变化。这样使有源区的折射率指数发生变化，从而导致激光器谐振腔的光通路长度相应变化，结果致使振荡波长随时间偏移，这就是所谓的频率啁啾现象。因为这种时间偏移是随机的，因而当受上述影响的光脉冲经过光纤后，在光纤色散的作用下，可以使光脉冲波形发生展宽，因此接收取样点所接收的信号中就会存在随机成分，这就是一种噪声——啁啾声。严重时会造成判决困难，给单模数字光通信系统带来损伤，从而限制传输距离。

由上述分析可知，由于啁啾声的产生源于单纵模激光器在高速调制下，其载流子导致折射率的变化，这样即使采用量子阱结构设计，也只能尽量减小这种折射率的变化，即减小啁啾声的影响，因而在高速率的光纤通信系统中，都采用量子阱结构的 DFB 半导体激光器，若要彻底消除啁啾声的影响，则只能使系统工作于外调制状态，这样 LD 便工作于直流情况。

（3）最大中继距离的计算

中继距离是光纤通信系统设计的一项主要任务。在中继距离的设计中应考虑衰减和色散这两个限制因素。特别是后者，它与传输速率有关，高速传输情况下甚至成为决定因素。下面分别进行讨论。

① 衰减受限系统。在衰减受限系统中，中继距离越长，则光纤系统的成本越低，获得的技术经济效益越高。因而这个问题一直受到系统设计者们的重视。当前，广泛采用的设计方法是 ITU-T G.956 所建议的极限值设计法。这里将在进一步考虑光纤和接头损耗的基础上，对中继距离的设计方法——极限值设计法加以描述。

在工程设计中，一般光纤系统的中继距离可以表示为，

$$L_a = \frac{P_T - P_R - A_{CT} - A_{CR} - P_P - M_E}{A_f + A_S/L_f + M_C} \tag{4-3-1}$$

式中，

$$A_f = \sum_{i=1}^{n} \alpha_{fi}/n \tag{4-3-2}$$

$$A_S = \sum_{i=1}^{n} \alpha_{si}/(n-1) \tag{4-3-3}$$

上述公式中 P_T 表示发送光功率（dBm），P_R 表示接收灵敏度（dBm）（在后面介绍），A_{CT} 和 A_{RT} 分别表示线路系统发送端和接收端活动连接器的接续损耗（dB），M_E 是设备富余度（dB），M_C 是光缆富余度（dB/km），L_f 是单盘光缆长度（km），n 是中继段内所用光缆的盘数，α_{fi} 是单盘光缆的衰减系数（dB/km），A_f 则是中继段的平均光缆衰减系数（dB/km），α_{si} 是光纤各个接头的损耗（dB），A_S 则是中继段平均接头损耗（dB），P_P 是光通道

功率代价（dB），包括反射功率代价 P_r 和色散功率代价 P_d，其中色散功率代价 P_d 是由码间干扰、模分配噪声和啁啾声所引起的色散代价（dB）（功率损耗），通常应小于 1dB。

从以上分析和计算可以看出，这种设计方法仅考虑现场光功率概算参数值的最坏值，而忽略其实际分布，因而使设计出的中继距离过于保守，即其距离过短，不能充分发挥光纤系统的优越性。事实上，光纤系统的各项参数值的离散性很大，若能充分利用其统计分布特性，则有可能更有效地设计出光纤系统的中继距离。这就是近几年来出现的一种提高光纤系统效益，加长中继距离的新设计方法——统计法。但是，目前还处于研究、探讨阶段，在此就不再深究。

② 色散受限系统

a. 光纤的色散与带宽。在大多数情况下，光纤的色散是造成光波信号传输过程中出现畸变的重要原因。我们一方面可以用脉冲波形被展宽来描述光纤的色散，这是从时域特性来分析光纤的色散效应。另一方面我们也可以从光纤的频域特性来进行分析。频域特性就是把光纤看作一个有一定带宽的“网络”。由于“网络”总是有一定的带宽（不是无限宽），一个光脉冲通过这个“网络”的输出端（激光输出端），光脉冲会出现了频率失真，这种失真反映到波形上，就是光波脉冲被展宽。因此，我们可以把光纤的色散效应用光纤的频带宽度来描述。

b. 光纤每千米带宽与 L 千米带宽间的关系。当考虑到在光纤系统中有许多接头时，由于接头的不均匀性将激发出许多模式，这些模式在传输时将产生模式变换，经过一段距离的传输才达到模式平衡。而模式平衡问题非常复杂，从而使光纤带宽的计算十分复杂。于是人们在实践中采用经验公式来计算。常用的经验公式为

$$B_L=\frac{B_0}{L^q}$$

式中　L——光纤的长度（千米）。

B_0——光纤每千米带宽。

B_L——L 千米光纤的带宽。

q——系数，取值在 0.5～1 之间，$q=0.5$ 意味着光纤模式转换[注]已达到稳定状态；$q=1$ 意味着模式间很少转换。一般取 $q=0.7$ 左右。应该指出上式是指多模光纤中的情况。在单模光纤中由于只存在一个模式，无模间色散，故 q 为 1。

c. 光纤带宽与半功率点宽度 W 之间的关系

在一个冲激脉冲经过光纤传输后，其输出波形相对于输入的冲激脉冲宽度而言，出现展宽的现象。在实际中用该光波波形的最大高度的一半的宽度来衡量。这个宽度就是半功率点宽度 W。它与每千米光纤 3dB 带宽 B_0（单位 MHz）之间的关系如下：

$$W=\frac{0.441}{B}\qquad (\text{ps/km})$$

d. 色散受限距离

Ⅰ. 多纵模激光器（MLM）

就目前的速率系统而言，通常光缆线路的中继距离为，

$$L_D=\frac{\varepsilon\times 10^6}{B\times W}$$

式中，W——1km 光纤的脉冲展宽量（ps）。根据色散系数的定义，1km 光纤的脉冲展宽量

W 等于光源谱宽与色散系数的乘积，即

$$W=D(\lambda)\Delta\lambda \tag{4-3-4}$$

因此中继距离的计算公式可改写成

$$L_D=\frac{\varepsilon\times10^6}{B\times\Delta\lambda\times D} \tag{4-3-5}$$

式中，L_D——传输距离（km）；

B——线路码速率（Mbit/s）；

ε——与色散代价有关的系数。

D——色散系数（ps/km・nm）；

$\Delta\lambda$——光源谱线宽度（nm）；

其中 ε 由系统中所选用的光源类型来决定，若采用多纵模激光器，系统具有码间干扰和模分配噪声两种色散机理，故取 $\varepsilon=0.115$；

Ⅱ. 单纵模激光器（SLM）

实际单纵模激光器的色散代价主要是由啁啾声决定的，其中继距离计算公式为

$$L_C=\frac{71400}{\alpha\cdot D\cdot\lambda^2\cdot B^2} \tag{4-3-6}$$

式中，α 为频率啁啾系数（在后面详细介绍）。当采用普通 DFB 激光器作为系统光源时，α 取值范围为 4～6；当采用新型的量子阱激光器时，α 值可降低为 2～4；同样 B 仍为线路码速率，但量纲为 Tbit/s。

Ⅲ. 采用外调制器

当采用外调制器时，不存在由于高速数字信号对光源的直接调制而带来的模分配噪声和啁啾声的影响。当然当信号经过外调制器时，同样会给系统引入频率啁啾，但相对于纯光纤色散的影响而言，可以忽略，因而无论式（4-3-5），还是式（4-3-6）均不适用。其中继距离计算公式为

$$L_C=\frac{C}{D\cdot\lambda^2\cdot B^2} \tag{4-3-7}$$

式中 C 为光速。

对于某一传输速率的系统而言，在考虑上述两个因素同时，根据不同性质的光源，可以利用式（4-3-1）和式（4-3-5）或式（4-3-6）分别计算出两个中继距离 L_α、L_D（或 L_C），然后取其较短的作为该传输速率情况下系统的实际可达中继距离。

例 4-1 若一个 622Mbit/s 单模光缆通信系统，其系统总体要求如下。

系统中采用 InGaAs 隐埋异质结构多纵摸激光器，其阈值电流小于 50mA，标称波长 $\lambda_1=1310$nm，波长变化范围为 $\lambda_{tmin}=1295$nm，$\lambda_{tmax}=1325$nm。光脉冲谱线宽度 $\Delta\lambda_{max}\leqslant2$nm。发送光功率 $P_T=2$dBm。如用高性能的 PIN-FET 组件，可在 $BER=1\times10^{-10}$ 条件下得到接收灵敏度 $P_R=-30$dBm，动态范围 $D\geqslant20$dB。

那么考虑采用直埋方式情况下，光缆工作环境温度范围为 0℃～26℃时，计算最大中继距离。

解： 1. 衰减的影响

若考虑光通道功率代价 $P_P=1$dB，光连接器衰减 $A_C=1$dB（发送和接收端各一个），光

纤接头损耗 $A'_S=0.1\text{dB/km}$，光纤固有损耗 $\alpha=0.28\text{dB/km}$，取 $M_E=3.2\text{dB}$ $M_C=0.1\text{dB/km}$，则由式（4-3-1）得

$$L_\alpha=\frac{P_T-P_R-2A_C-P_P-M_E}{A_f+A'_S+M_C}=\frac{2+30-2-1-3.2}{0.28+0.1+0.1}=53.75\text{km}$$

2. 色散的影响

利用（4-3-5），并取光纤色散系数 $D\leqslant 2\text{ps/(km}\cdot\text{nm)}$

$$L_D=\frac{\varepsilon\times 10^6}{B\times\Delta\lambda\times D}=\frac{0.115\times 10^6}{622.080\times 2\times 2}=46\text{km}$$

由上述计算可以看出，中继段距离只能小于 46km，对于大于 46km 的线段，可采用加中继站或光放大器的方法解决。

4.4 超长距离高速光通信系统

SDH 传送信号是以 155.520Mbit/s（STM-1）为基本速率，并且四个彼此同步的 STM-1 信号，可按字节间插方式复接成一个 STM-4（622.080Mbit/s），而 4 个彼此同步 STM-4 信号又可以复用成一个 STM-16（2.5Gbit/s）……，由此可见，信号的速率等级每上一个等级，其传输速率将提高 4 倍，同时又使传输每比特的成本大约降低 30%～40%。目前实用的高速 SDH 光纤通信系统的传输速率已达 40Gbit/s（STM-256），正向 100Gbit/s 跨进，并酝酿下一代的超 100Gbit/s 光纤通信系统。目前 100Gbit/s 光传输方案一般采用的是相干接收 PM-QPSK 技术，因此系统的传输特性也将与常规系统的特性不同，据资料显示，除光纤色散、光源频率啁啾之外，光纤非线性限制、光纤极化模色散（PMD）都直接对 10Gbit/s 速率以上系统的中继距离构成影响。

4.4.1 传输通道特性

1. 光信噪比

光信噪比（OSNR）是指光在链路传播过程中光信号与光噪声的功率强度之比。通常只有接收光信号的 OSNR 大于某阈值时，接收机才能有效地将承载信息与噪声区分开来，保证通信质量。需要说明的是，在采用强度调制的光纤通信系统中，OSNR 是检验光信息是否能够正常接收和检验的充要条件。而在采用相位调制的光纤通信系统中，除了要求满足 OSNR 的必要条件外，还必须考虑非线性噪声的影响。

2. 色散

引起单模光纤色散的机理不同，也可以分为色度色散（CD）和偏振模色散（PMD）。

色度色散是指具有一定谱线宽度的光脉冲因介质材料的折射系数以及芯覆层结构的频率相关性所导致的传播时延差异。偏振模色散是由于光纤制作工艺的非均匀轴对称结构以及外部应力所引起的双折射系数发生变化。这样引起单模光纤中的两正交光场的传播时延出现一定的差异，即差分群时延（DGD），从而导致光脉冲能量在时间上发散，这种现象被称为偏振模色散。通常随着时间、温度、波长以及外部环境的变化，PMD 也会变化，因此一般所

说的 PMD 值是指差分群时延的归一化统计平均值。而随着系统传输速率的提高，高阶偏振模色散的影响更加突出，其中二阶偏振模色散的方差与 4 倍的 PMD 成正比。

3. 光纤非线性

当入射光功率大到一定程度时，光脉冲信号沿光纤传输过程中因 CD、PMD 以及 ASE 的相互作用，会产生各种非线性效应。如果不加以限制，这些非线性效应会影响系统的性能和限制再生中继距离。光纤的非线性可分为受激散射和非线性折射引起的效应两大类。受激散射包括受激布里渊散射（SBS）和受激拉曼散射（SRS）。非线性折射引起的非线性效应，主要有自相位调制（SPM）、交叉相位调制（XPM）和四波混频（FWM）。非线性效应是一种复杂过程，现阶段还没有有效地补偿方法，但通过降低信号的发送功率、改善传输介质（如采用大有效面积光纤）或者利用色散效应，都能够对非线性效应达到一定程度的抑制。采用特殊的码型调制技术，也可有效地提高光脉冲抵御非线性影响的能力，增加非线性受限传输距离。

4.4.2 高速光传输系统中的关键技术

与传统的光纤通信系统相比，要实现高速数据传输，光纤传输系统需要从复用、调制、编码、均衡以及线路等方面入手，提高光传输性能。

1. 码型调制技术

调制是指将数字信号映射到适合光传输的载波信号上的过程。通常对载波信号的描述可以采用不同的参数维度，但从提高频谱效率和传输速率的角度来看，可采用强度、相位、偏振态。如图 4-5 所示，这样在一个符号上可承载多个比特的信息，从而有效地提高频谱利用

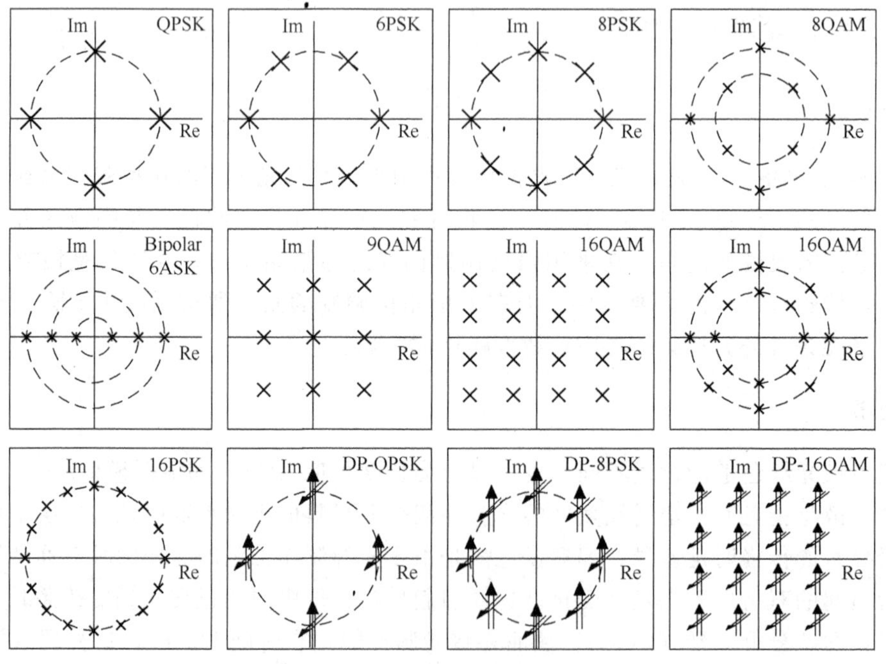

图 4-5 多维度多级调制星座图

率，减小基带带宽及与之相关的色度色散和偏振模色散，进而降低对传输通道和光电器件对带宽的要求。需要指出的是，尽管采用多维度、多进制调制降低了系统的数据传输速率，提高信道损伤容忍能力，可获得较好的光滤波容限，但多级调制会减小星座图上各星座符号之间的距离，使 OSNR 灵敏度和非线性容忍能力下降，因此需要根据实际需求，在频谱利用率和 OSNR 灵敏度以及非线性容忍能力之间寻求平衡。

在光传输链路设计过程中，传输光信号的格式选择是一项非常重要的内容。目前在高速光纤通信系统中，存在许多可供选择的编码格式，大致分为两大类：不归零码（NRZ）和归零码（RZ）。其中 RZ 编码主要包括 RZ（常规 RZ）、CRZ（啁啾 RZ 码）、CS-RZ（载波抑制 RZ）、D-RZ（双二进制 RZ 码）等。

从技术层面上分析，10Gbit/s 以下的 SDH 系统中常使用 NRZ 调制编码格式，这种码型设计简单，调制解调器的成本低。对低速、短距离光纤通信系统而言，实现简单、技术成熟、频谱效率高，主要受衰减和色散因素的限制。但在光域使用 NRZ 码型时，光信号的平均功率电平高于 RZ 编码，这使得其更易受到非线性的影响，因此大容量，如 40Gbit/s 和超长距离的光纤通信系统中不适合使用 NRZ 编码。

在相同接收光功率条件下，RZ 误码性能更好，一般能够提供 3dB 的 OSNR 容限改善。另外，由于 RZ 码的比特图形相关效应较弱，因此，对 SPM 具有更好的免疫能力，更窄的时域脉冲也能减少 PMD 效应。但其光谱分布要大于 NRZ 编码，因此采用 RZ 码传输，系统要求提供更为复杂的色散管理。为了进一步提高 RZ 的传输性能，近来研究人员提出了 CS-RZ、CRZ 等编码。

由于 CRZ 具有一定的脉冲压缩能力，能容忍更高的 PMD 值，而且能够缓解信号在光纤中的非线性交互作用，因此受到广泛的关注。相对 NRZ 而言，RZ 的脉冲宽度更窄，需要采用速度更快的、功率更大的发送和接收端机，并能够掌握和控制光脉冲幅度的细微变化，以及能利用光滤波技术获得同步的幅度和相位调制以满足信号高速传输的要求。CS-RZ 也是一种压缩频谱编码，其具有更大的色散容限，因此在大容量、超长距离的系统试验中得到应用。不同类型的 RZ 码的编码方式不同，因而其实现起来的难易程度也不同。在实际运用中需要根据传输性能的要求、实现的难易程度及性价比来选择适合的方法。

2. 检测技术

根据发射端所采用的调制技术不同，接收端可采用直接检测或相干检测技术。在传统的光纤通信系统中，接收机中所采用的是光电二极管，这是一种仅对光强敏感的光器件，因此直接检波主要适用于采用强度调制的系统中。而在采用相位调制方式的系统中，需要采用相干方式将相位调制信息转化为光强调制，才能利用光电二极管进行信号检测。

相干检波可分为无需参考光源的自相干检波和需要本振参考光源的相干检波。前者通常采用延时线干涉仪使相邻两个光信号产生干涉，将它们的相位变化信息转换为光强调制信息。而后者则利用接收信号与本振信号所产生的干涉，将所接收的信号映射到本振光源所构建的参考坐标系中，即将光学信号的属性（偏振态、幅度、相位）映射到电域，可获得任意光调制格式的信息。

3. 复用技术

对一个单模通信光纤而言，可以从偏振态和频率入手进行复用，以达到提高系统的通信容量或降低系统的传输波特率的目的。

光信号在单模光纤传输过程中，主模的两个偏振态是彼此正交的。偏振复用可将光信号的传输波特率降低为未采用偏振复用前的一半，进而提高频谱利用率和 CD、PMD 容忍度。影响偏振复用效果的因素主要包括自偏振相关损耗（PDL）、PMD 和 XPM，因此对 PDL、PMD 和 XPM 的有效控制直接决定偏振复用系统的性能。

光正交频分复用（OFDM）技术充分利用波长通道和子载波之间的频率间隔，使中心频率间隔为 $1/T$ 整数倍的光脉冲信号在时域和频域具有正交性，可将一个宽带光载波信道分为若干个相互正交的窄带子载波信道，这样高速光信号可经过串并转换利用这些彼此正交的子载波分别进行编码调制，从而实现复用传输，有效地提高频谱资源的利用率。OFDM 根据检测方式的不同可分为相干检测（CO-OFDM）和直接检测（DDO-OFDM）两种，其中前者兼具相干检测和正交频分复用的优点，具备良好的频谱效率、接收机灵敏度和偏振模色散容忍能力，但其实现复杂度要高于 DDO-OFDM。需要说明的是，OFDM 系统对高峰均功率比（PAPR）和相位、频率噪声极其敏感。在 OFDM 系统中，光信号的 PAPR 通常是随子载波数量的增加而增大，使光信号传输过程中的非线性效应的影响更加突显，引起较大的非线性相位噪声，所以应加以关注。

4. 信道均衡和色散补偿

信道均衡的目的是使光信号在光通道监测点处的信号属性符合既定的技术指标，使接收机能够正确地进行信号接收。针对光传输通道的特性，信道均衡的内容包括光功率均衡、色散补偿、PMD 补偿、非线性补偿等。就实现手段而言，信道均衡可以分别在时域和频域上实现。例如，利用光放大器对光传输通道所引入的衰减加以补偿，利用色散补偿光纤（DCF）进行的色散补偿均属于信道均衡。

从理论上讲，要求色散补偿模块具有插入损耗低、非线性效应小、频带宽、体积小、成本低等特点。但目前常用的色散补偿光纤（DCF）仅满足宽带和低功耗的要求，其纤芯所引起的非线性效应对相位调制噪声影响严重。而啁啾光纤布鲁格光栅（FBG）色散补偿器件的损耗小、体积小、非线性效应小，但其幅频曲线不够平坦，且相频曲线呈现非线性，故目前还没有实现大规模的商用。

电域色散补偿（EDC）是在光电转换后利用滤波等信号处理技术来实现信号的恢复，其成本低、体积小、自适应能力强，可有效地提高各种信道损伤容限。电域色散补偿可以置于发射端，也可置于接收端。发射端电域色散补偿可实现对色度色散预补偿和通道内非线性损伤补偿，但无法进行针对 PMD 的补偿。接收端电域色散补偿可用于补偿色度色散、PMD、非线性损伤，实现偏振解复用，相对而言降低了对 OSNR 的要求。

需要指出的是，在长距离高速光传输速率达到 100Gbit/s 的情况下，光纤非线性抑制和补偿是决定是否能够进一步提升光信道特性的关键。

4.4.3 超长距离光纤通信系统中的光放大技术

1. 光放大器综述

（1）光放大器的分类

光放大器主要包括半导体光放大器和光纤放大器。

由于半导体光放大器是利用半导体材料制成的，并且其与光纤耦合时的耦合损耗较大，放大器的增益受信号波的偏振态的影响较大。信号再生放大过程中的患扰较大，因此其应用受到限制。

光纤放大器包含两种形式：一种是利用掺杂光纤（Nd，Sm，Ho，Er，Pr，Tm和Yb）制作的光纤放大器，其中以掺饵光纤放大器（EDFA）为代表。另外一种是基于光纤非线性效应，利用受激散射机制直接实现光放大。例如，拉曼光纤放大器（FRA）和布里渊光纤放大器（FBA）。目前在通信中使用最为广泛的是EDFA，由于技术成熟、性能稳定可靠，因此适用于各种线性放大的场合，如需要补偿信号功率损失和提高信号发射功率的场合；FRA噪声特性好、增益带宽宽，但泵浦效率较低且成本较高，因此主要应用于长距离、超长距离干线传输中。可见，不同的工作机理和工作介质导致光放大器的特性差别较大。

（2）超长距离光纤传输系统对放大器的要求

超长距离光纤传输系统对放大器有特殊的要求，即低噪声特性、高增益和大输出功率、平坦宽带增益特性等。

① 低噪声特性。光放大器在对某波长的光信号进行放大的同时，也为系统引入了自发辐射噪声，而且自发辐射噪声在经历光增益区时会得到进一步的放大，从而形成放大的自发辐射噪声（ASE），导致光信噪比的降低。在长距离传输系统中，ASE噪声的积累非常严重，限制了总的传输距离，因此必须减少光放大器的ASE噪声。

② 高增益和大输出功率。功率增益是指输出光功率与输入光功率之比。它表示光放大器的放大能力。具有高增益特性的光放大器允许较低的输入信号功率，可见有利于小信号功率接收，并能获得大的输出功率，使信号传输得更远，同时能够在大功率条件下完成如脉冲压缩等的各种信号处理操作。通常用小信号增益和输出功率来衡量光放大器的增益和输出功率特性。

小信号增益是指小信号功率条件下所对应的放大器增益，小信号功率范围通常是以放大器增益基本不随信号功率变化而变化来界定的，一般为小于−20dBm。放大器的小信号增益与放大器介质、工作机理和泵浦等条件有关，EDFA的小信号增益可达40dB以上，分布式FRA大约20dB左右，而分立式FRA可达30dB以上。

饱和输出功率是指当放大器增益随输入信号功率增加而降低到小信号增益一半时所对应的输出功率。通常EDFA的饱和输出功率可达20dBm以上，FRA可以达到30dBm。

③ 宽带平坦增益特性。随着传输容量需求的不断增加，在实用系统中是通过增加信道数量来达到扩展带宽的目的，这就要求放大器有足够的带宽，而且具有平坦增益特性以保证各个信道功率等参数的一致，否则增益较大的信道输出功率较大，再经过之后的多级放大后，会出现“强者更强”的积累现象，使小增益信道因信噪比的恶化而不能正常工作，而大

增益信道由于增益过大，当达到一定程度时，会引起非线性损伤。可见放大器的增益平坦性是影响通信质量的重要因素之一。

2. 使用 EDFA 的 SDH 高速系统

（1）EDFA 在光纤通信系统中的应用

从功能应用方面，EDFA 可作为功率放大器、前置放大器和光中继器使用，如图 4-6 所示。功率放大器置于发射机的后面，起到增强发射功率的目的，这样从激光器发射的光信号经过 EDFA 放大后被耦合进光纤线路进行传输，使无中继传输距离可达 600km 左右。有利于降低系统投资成本。通常对其噪声系数的要求并不高，但饱和输出功率的大小直接影响系统的通信成本，因此要求光功率放大器具有输出功率大、输出稳定、增益带宽宽和易于监控的特点。前置放大器位于光接收机的前端，可放大微弱的光信号，以提高光接收机的接收灵敏度，因此它要求所使用的 EDFA 具有低噪声系数的特点。光中继器位于光发射机与光接收机之间，可以通过使用多 EDFA 级联，周期性地补偿因光信号在光纤线路中传输而带来的传输损耗。一般要求噪声系数比较小，而输出功率比较大。

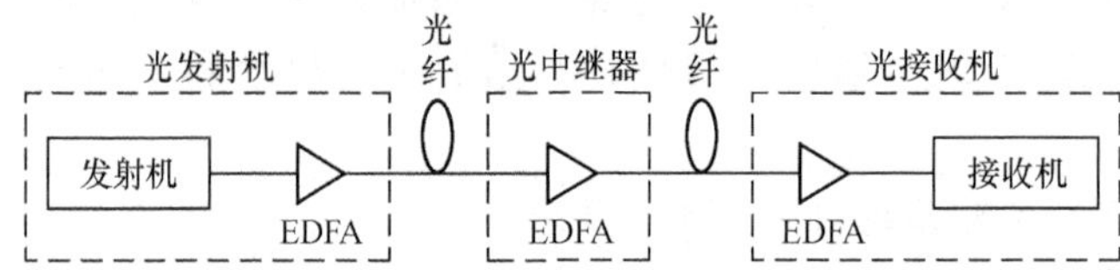

图 4-6 EDFA 在光纤通信系统中的各种应用结构

（2）EDFA 在级联中可能出现的问题及解决方法

EDFA 的引入一方面使系统的中继距离加大，节省设备成本，另一方面也产生了一些新的问题，如非线性、噪声积累、增益均衡等，这些都会对高速 SDH 线路系统构成影响。下面分别进行讨论。

① 噪声积累影响

当信号通过 EDFA 时，均会产生自发辐射噪声（ASE），此时 ASE 与放大信号一同沿光纤传输，会被后面的放大器同时放大，放大的自发辐射噪声在到达接收机之前是呈现积累关系，严重时会影响系统性能。解决这一问题的方法是在线路的适当处加入光—电—光中继器，将此噪声去除。

② 光纤的非线性限制

当入纤光功率较大时，光与光纤物质相互作用而产生非线性高阶极化，会导致受激拉曼散射（SRS）、受激布里渊散射（SBS）、四波混频（FWM）、自相位调制（SPM）和交叉相位调制（XPM），这些就是所谓的光纤非线性效应。其中 SBS 的影响与光源线谱宽度成反比。当无调制光源的线谱宽度为 10MHz 时，SBS 的门限值仅几毫瓦。当采用 EA 外调制器时，光信号谱宽较宽，因而 SBS 门限很高，而 SRS，XPM，FWM 主要影响 WDM 系统，对于 DWDM 系统，SRS 则成为一个主要的限制因素，这里我们主要讨论对 10Gbit/s 信号传输系统的影响，因而这里仅讨论 SPM 的影响。

通常，在光场较弱的情况下，可以认为光纤的各种特征参数随光场的强弱做线性变化，这时，对光场来说，光纤是一种线性介质，但是若光场很强，则光纤的折射率不再是常数，

而是与光波电场 E 有关的非线性量。当外加光波电场变化时，光纤的折射率就将随 E 做非线性变化。自相位调制（SPM）是指光波在光纤中传输时由于光波强度变化而产生的变化。SPM 的影响程度与输入信号的光强成正比，与光纤衰减系数及有效纤芯面积成反比。一般对于一个 10Gbit/s 光通信系统，当输出光功率超过 10dBm 后，必须考虑 SPM 的影响。由于信号沿光纤传输中会受到光纤固有损耗的影响，使信号功率逐渐下降。当信号传输 15～40km 时，光功率已经衰减较大，不足以产生非线性效应，因而 SPM 的影响主要发生在靠近发射机一侧。

特别是在采用 EDFA 的高速 WDM 光通信系统中，由于光放大器中存在被放大的自发辐射噪声（ASE)，因而当光纤处于非线性工作状态时会造成信道串扰，同时 ASE 也会迅速增加，从而影响系统性能。

为了减少非线性对系统性能的影响，通常在系统中建议使用低色散光纤。这样可以使色散值保持非零特性，并且具有很小数值（如 2ps/(nm・km) 得以抑制四波混频和自相位调制等非线性影响。

3. 使用拉曼放大器的高速传输系统

为了增加中继传输的长度，系统中使用了 EDFA，但 EDFA 工作在 1.53～1.56nm 的 C 波段，加之 EDFA 级联带来的 ASE 噪声积累效应，使系统的 OSNR 增加，为了满足当今大容量 DWDM＋SDH 系统的需求，因此需要解决 OSNR 受限和宽带放大问题。这样拉曼放大器应运而生。

FRA 在光纤通信系统中的应用如下。

按照信号光与泵浦光传输的方式不同，FRA 可分为同向泵浦、反向泵浦和双向泵浦方式。由于反向泵浦可减小泵浦光与信号光相互作用长度，从而获得较低的噪声，因此通常采用反向泵浦方式。

光纤拉曼放大器又分为分立式 RFA 和分布式 FRA 两种。分立式 RFA 是采用拉曼增益系数较高的，一般为数瓦，光纤长度一般为几千米，可产生 40dB 以上的高增益，在 EDFA 无法实现的波段上进行集中式光放大。分布式拉曼放大器（DFA）是利用系统中的传输光纤作为增益物质，长度可达几十千米，可获得很宽的受激拉曼散射增益谱。

图 4-7 给出了一个典型的分布式光纤拉曼放大辅助传输系统结构图，其中后向传输的拉曼泵浦与分立式 EDFA 混合使用。拉曼泵浦光源在传输系统的末端注入光纤，并与信号传输方向相反，以传输光纤为增益介质，对信号进行分布式在线放大。需要说明的是，后向泵浦方式是在传输单元末端采用注入泵浦光的方式，此处（末端）信号光功率极弱，因此不会

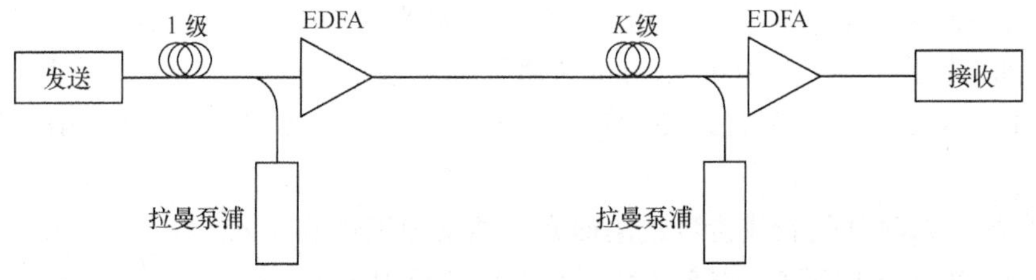

图 4-7　分布式光纤拉曼放大辅助传输系统结构图

因拉曼放大而引起附加的非线性影响。同时还能大大地改善 OSNR 并降低非线性损耗，有利于提高码速，延长中继距离。

4.5 SDH 光纤通信系统性能

网络性能不仅与所承载数字用户信号的误码、抖动和漂移性能有关，而且与光域传输信号的光信噪比、光波长的精确度等因素有关。下面首先介绍光接口和电接口。

4.5.1 光接口、电接口的界定

图 4-8 给出一个完整的光纤通信系统的组成结构图。我们把光端机与光纤的连接点称为光接口，而把光端机与数字设备的连接点称为电接口。其中光接口共有两个：即“S”和“R”。所谓“S”点是指光发射机与光纤的连接点，经该点光发射机可向光纤发送光信号；而“R”点是指光接收机与光纤的连接点，通过该点光接收机可以接收来自光纤的光信号。电接口也有两个，即“A”和“B”。如图 4-8 所示，光端机可由 A 点接收从数字终端设备送来的 STM-*N* 电信号；可由 B 点将 STM-*N* 电信号送至数字终端设备。由此，光端机的技术指标也分为两大类，即光接口指标和电接口指标，这里我们着重介绍 SDH 光接口的分类。

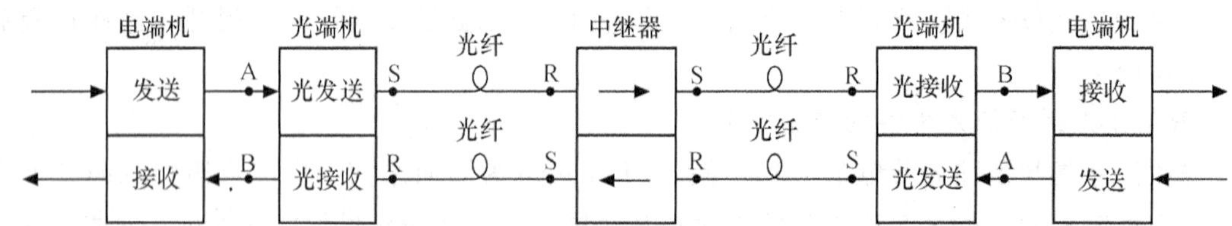

图 4-8 光纤数字通信线路组成方框图

表述形式：例如，L-4.2，V-16.3，其中各部分代码的含义如下。

- 代号的第一部分代表传输距离

I：局内通信。一般传输距离只有几百米，最多不超过 2km。如使用 EDFA，短局间距离可增加到 20～40km。

S：短距离局间通信。一般指局间再生段距离为 15km 左右的场合。

L：长距离局间通信。一般指局间再生段距离为 40～80km 的场合。如使用 EDFA，长局间距离可增加到 40～80km。

V：甚长距离局间通信。一般指局间再生段距离为 80～120km 的场合。

U：超长距离局间通信。一般指局间再生段距离为 160km 左右的场合。

- 代号的第二部分代表 SDH 信号的速率等级

1、4、16、64、256 分别代表 SDH 体系中的 STM-1、STM-4、STM-16、STM-64 和 STM-256。

- 代号的第二部分代表该接口适用的光纤类型和工作波长。

1 或空白：表示适用于 G . 652 光纤，其工作波长为 1310nm。

2：表示适用于 G. 652、G. 654、G. 655 光纤，其工作波长为 1550nm。

3：表示适用于 G. 653 光纤，其工作波长为 1550nm。

例如，L-4. 2 表示长距离局间通信（40～80km）、系统速率为 STM-4、工作波长 1550nm 的 SDH 接口。

4.5.2 误码性能

对于高比特率通道的误码性能要求，主要规定两个通道终端（PEP）之间的通道性能。目前主要考虑 SDH 通道所提供的性能。由于 SDH 中数据传输是以块的形式进行的，其长度不等，可以是几十比特，也可能长达数千比特，然而无论其长短，只要出现误码，即使仅出现 1 比特的错误，该数据块也必须进行重发，因而在高比特率通道的误码性能参数是用误块来进行说明的，这在 ITU—T 制定的相关规范中得以充分体现，如表 4-1 和表 4-2 所示。从表中可以清楚地看出是以误块秒比（*ESR*）、严重误块秒比（*SESR*）及背景误块比（*BBER*）为参数来表示的。首先我们介绍误块的概念。

表 4-1　　高比特率全程 27500km 通道的端对端误码性能规范要求

速率等级 (Mbit/s)	2. 048 基群	8. 448 二次群	34. 368 三次群	155. 520 STM-1	622. 080 STM-4	2 448. 320 STM-16	9 953. 280 STM-64	3 9813. 120 STM-256
ESR	0. 04	0. 05	0. 075	0. 16	注			
SESR	0. 002							
BBER	2×10^{-4}	2×10^{-4}	2×10^{-4}	2×10^{-4}	2×10^{-4}	10^{-4}	10^{-5}	2.5×10^{-6}

注：考虑到 *ESR* 指标对高比特率系统已失去重要性，因此对于 160Mbit/s 以上速率通道不作规范。

表 4-2　　光数据单元 ODU*k* 的假想参考光通道 HROP 的端到端误码性能

比　特　率	块数/秒	*SESR*	*BBER*
2. 5Gbit/s	20 420	0. 002	4×10^{-5}
10Gbit/s	82 025	0. 002	10^{-5}
40Gbit/s	329 492	0. 002	2.5×10^{-6}

1. 误块（EB）

由于 SDH 帧结构是采用块状结构，因而当同一块内的任意比特发生差错时，则认为该块出现差错，通常称该块为差错块，或误块。这样按照块的定义，就可以对单个监视块的 SDH 开销中的 Bip-x（比特间插奇偶校验 x 位码）进行效验。

2. 误码性能参数

误块秒比（ESR）：当某 1 秒具有 1 个或多个误块时，则称该秒为误块秒，那么在规定观察时间间隔内出现的误块秒数与总的可用时间（在测试时间内扣除其间的不可用时的时间）之比，称为误块秒比。

严重误块秒比（SESR）：某 1 秒内有不少于 30％的误块，则认为该秒为严重误块秒，那么在规定观察时间间隔内出现的严重误块秒数占总的可用时间之比称为严重误块秒比。需说明的是，SESR 指标可以反映系统的抗干扰能力。它通常与环境条件和系统自身的抗干扰能力有关，而与速率关系不大，故此不同速率的 SESR 指标相同。

背景误块比（BBER）：如果连续 10 秒误码率劣于 10^{-3} 则认为是故障。那么这段时间为不可用时，应从总统计时间中扣除，因此扣除不可用时和严重误块秒期间出现的误块后所剩下的误块称为背景误块。背景误块数与扣除不可用时和严重误块秒期间的所有误块数后的总块数之比称为背景误块比。

由于计算 BBER 时，已扣除了大突发性误码的情况，因此该参数大体反映了系统的背景误码水平。由上面的分析可知，三个指标中，SESR 指标最严格，BBER 最松，因而只要通道满足 ESR 及指标的要求，必然 BBER 指标也得到满足。另外值得说明的一点是系统的 ESR、SESR、BBER 三个参数都满足要求时，才能认为该通道符合全程误码性能指标。

4.5.3 抖动性能

抖动是数字光纤通信系统的重要指标之一，它对通信系统的质量有非常大的影响。为了满足数字网的抖动要求，因而 ITU-T 根据抖动的累积规律对抖动范围做出了两类规范，其一是数字段的抖动指标，它包括数字复用设备、光端机和光纤线路；其二是数字复接设备，它们的测试指标有：输入抖动容限、无输入抖动时的输出抖动容限以及抖动转移特性等。

1. 抖动与漂移的概念

在数字信号传输过程中，脉冲在时间间隔上不再是等间隔的，而是随机的，这种变化关系可以用频率来描述，当频率＞10Hz 时的随机变化被称为抖动，反之称为漂移。抖动的程度原则上可以用时间、相位、数字周期来表示。现在多数情况是用数字周期来表示。即一个码元的时隙为一个单位间隔，或者说一个比特传输信息所占的时间，通常用符号 UI（Unit Interval）来表示。显然随着所传码速率的不同，1UI 的时间也不同。例如，2Mbit/s 码速率的 1UI 时间为 488.00ns，而 139.264Mbit/s 码速率的 1UI 则为 7.18ns。

一个系统又是由包括复用器在内的各种设备和传输线路构成，当信号通过上述设备和线路时，均会给系统引入抖动与漂移，而且抖动与漂移对信号的影响程度不同。通常抖动对高速传输的语音、数据及图像信号的影响较大。一般来说，在语音、数据信号系统中，系统的抖动容限是小于或等于 4%UI；在彩色电视信号系统中，系统的抖动容限应小于或等于 2% UI。抖动容限往往用峰—峰抖动 $J_{p\text{-}p}$ 来描述的。它是指某个特定的抖动比特的时间位置，相对于该比特无抖动时的时间位置的最大偏移。

2. 抖动积累

一个系统是由多个数字段（两个复用器之间的距离被称为一个数字段）构成，而一个数字段是由若干个再生中继器组成的链路，其抖动包括与传输码型无关的随机性抖动和与传输码型有关的系统性抖动。

当一个数字段内的再生中继器的数目增多时，与码型相关的抖动积累增长速度比非码型相关抖动积累快，因而随着数字段中再生中继器数量的增加，再生中继器产生的抖动幅度也将随之增加。为了确保通信线路的传输质量，因此对数字段内的再生中继器的数量必须加以限制。以此确保一个数字段上所引入的抖动积累在受限标准之内。这样一个系统的抖动积累则由其所包含的数字段数决定，换句话说是由起到上下话路功能的复用器的抖动特性决定。

ITU-T 建议了 420km 和 280km 两个数字段长度，各国可根据实际情况做出选择。我国由于地域辽阔，因此两个标准数字段长度被同时选用。一般在一级干线中使用 420km 作为其数字段长度，而在二级干线中则使用 280km 作为其数字段长度。

3. 抖动指标

抖动的指标有输入抖动容限、无输入抖动时的输出抖动容限以及抖动转移特性等。

输入抖动容限是指复用器（或系统）能够允许的输入信号的最高抖动和漂移限值，即任一复用器或设备接口应抵御这个限值以下的抖动和漂移而不产生误码的能力，因此这一指标不仅适用于复用器，而且还适用于数字网内任何速率的接口。

当输入到复用器（或系统）的信号无抖动和漂移时，由于复用器中的映射和指针调整会产生抖动，于是在复用器的输出端信号中存在抖动和漂移。为了能够满足数字网的抖动和漂移要求，ITU-T 提出了无输入抖动时的输出抖动和漂移限值（最大值），这就是输出抖动和漂移容限。

抖动转移特性定义为输出 STM-N 信号的抖动与所输入 STM-N 信号的抖动的比值随频率变化关系。

它们与设备同步与否以及具体采用的同步方式有关。例如在 SDH 网中，不同速率的信号将被装入不同大小的容器中，然后再将装有高速信号的容器映射进 AU，而将装有低速信号的容器映射进 TU。这其中的复用过程是由 AU 和 TU 指针处理器控制完成的。其调整的频繁程度与输入信号的相位以及指针处理器缓存器内填充数据的相位差有关。也直接影响系统的抖动性能。通常就设备的抖动性能而言，将分别进行输入抖动容限、无输入抖动时的输出抖动容限以及抖动转移特性的分析。而对于系统的抖动性能分析，则只讨论输入抖动容限和无输入抖动时的输出抖动容限。具体参数请参见 G. 825 技术标准。

小　　结

本章主要介绍了光通信系统的基本组成、影响中继距离的因素以及对超长距离高速光纤通信系统系统和相干光通信系统进行了介绍，主要包括以下内容。

1. IM-DD 光通信系统结构。

- 光发射机、光接收机和光中继器。
- 监控系统为监视、监测和控制系统的简称。
- 监控内容、监控系统的基本组成、监控信号的传输。

2. 衰减对中继距离的影响——光纤的衰减将限制中继距离的大小。

3. 色散对中继距离的影响。

- 光纤的色散包括材料色散、波导色散和模式色散。当光纤色散与光源特性相结合时，使光纤通信系统中存在码间干扰、模分配噪声、啁啾声，从而造成对系统中继距离的限制。

- 激光器的谱线特性：多纵模性和随机起伏特性。
- 码间干扰、模分配噪声和啁啾声的概念。

4. 最大中继距离的计算。

5. 光信噪比（OSNR）是指光在链路传播过程中光信号与光噪声的功率强度之比。

6. 在高速光纤通信系统中，可供选择的编码格式，大致分为两大类：不归零码（NRZ）和归零码（RZ）。其中RZ编码主要包括RZ（常规RZ）、CRZ（啁啾RZ码）、CS-RZ（载波抑制RZ）、D-RZ（双二进制RZ码）等。SDH系统中常使用NRZ调制编码格式。

7. 光正交频分复用（OFDM）技术充分利用波长通道和子载波之间的频率间隔，使中心频率间隔为$1/T$整数倍的光脉冲信号在时域和频域具有正交性，可将一个宽带光载波信道分为若干个相互正交的窄带子载波信道，从而有效地提高频谱资源的利用率。

8. 影响系统性能的因素有哪些？如何衡量？

习　题

1. 请画出SDH数字光纤通信系统中的光发射机基本组成方框图。

2. 请画出光通信系统的基本结构图。

3. 简述光信噪比的概念。

4. 简述超高速光纤通信系统中影响其性能的非线性效应有哪些？

5. 一个622Mbit/s单模光缆通信系统，系统中所采用的是InGaAs隐埋异质结构多纵模激光器，其标称波长$\lambda_1=1310$nm，光脉冲谱线宽度$\Delta\lambda_{max}\leqslant 2$nm。发送光功率$P_T=2$dBm。如用高性能的PIN-FET组件，可在$BER=1\times10^{-10}$条件下得到接收灵敏度$P_R=-28$dBm。光纤固有衰减系数0.25dB/km，光纤色散系数$D=1.8$ps/(km·nm)，问系统中所允许的最大中继距离是多少？

注：若光纤接头损耗为0.09dB/km，活接头损耗1dB，设备富余度取3.8，光纤线路富余度取0.1dB/km。光通道功率代价1dB。

第5章 SDH/MSTP

同步数字体系（Synchronous Digital Hierarchy，SDH）是一种传输体制，它是随着电信网的发展和用户要求的不断提高而产生的，具有其特有的技术背景和技术特点。本章首先简单介绍 SDH 网络的基本概念与特点，然后在此基础上对 SDH 的复用、映射和定位原理进行了详细的论述，此后将着重对其 SDH 设备类型与结构、STP 传输系统等进行介绍。

5.1 SDH 的基本概念

SDH 网是由一些 SDH 的网络单元（NE）组成的，在光纤上进行同步信息传输、复用、分插和交叉连接的网络（SDH 网中不含交换设备，它只是交换局之间的传输手段）。SDH 网的概念中包含以下几个要点。

- SDH 网有全世界统一的网络节点接口（NNI），从而简化了信号的互通以及信号的传输、复用、交叉连接等过程。
- SDH 网有一套标准化的信息结构等级，称为同步传递模块 STM-*N*（*N*＝1、4、16、64），并具有一种块状帧结构，允许安排丰富的开销比特（即比特流中除去信息净负荷和指针后的剩余部分）用于网络的操作维护管理（OAM）。
- SDH 网有一套特殊的复用结构，现有准同步数字体系（PDH）、同步数字体系和 B-ISDN 的信号都能纳入其帧结构中传输，即具有兼容性和广泛的适应性。
- SDH 网大量采用软件进行网络配置和控制，增加新功能和新特性非常方便，适合将来不断发展的需要。
- SDH 网有标准的光接口，即允许不同厂家的设备在光路上互通。
- SDH 网的基本网络单元有终端复用器（TM）、分插复用器（ADM）、再生中继器（REG）和同步数字交叉连接设备（DXC）等。

5.1.1 SDH 的网络节点接口、速率和帧结构

1. 网络节点接口

网络节点接口（NNI）是表示网络节点之间的接口。在实际中也可以看成是传输设备和网络节点之间的接口。它在网络中的位置如图 5-1 所示。

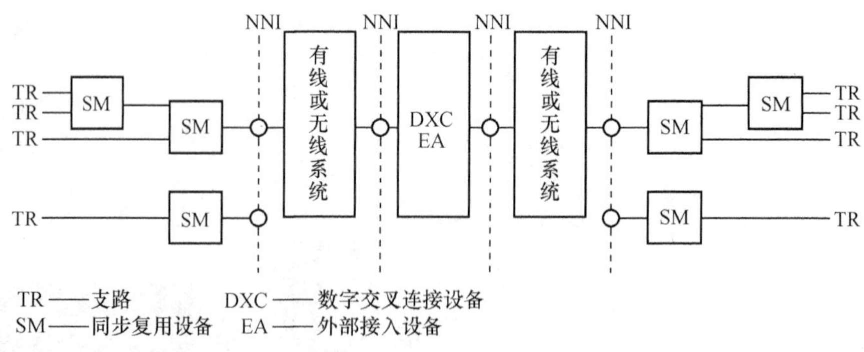

图 5-1 NNI 在网络中的位置

一个传输网主要是由传输设备和网络节点构成。而传输设备可以是光缆传输系统颂设备，可以是微波传输系统或卫星传输系统设备。简单的网络节点只有复用功能，而复杂的网络节点应包括复用和交叉连接等多种功能。要规范一个统一的网络节点接口，则必须有一个统一、规范的接口速率和信号帧结构。

2. 同步数字体系的速率

SDH 所使用的信息结构等级为 STM-*N* 同步传输模块，其中最基础的模块信号是 STM-1，其速率是 155.520Mbit/s，更高等级的 STM-*N* 信号是将 *N* 个 STM-1 按字节间插同步复用后所获得的。其中 *N* 是正整数，目前国际标准化 N 的取值为：*N*=1、4、16、64、256。相应各 STM-*N* 等级的速率为

STM-1　155.520Mbit/s

STM-4　622.080Mbit/s

STM-16　2488.320Mbit/s

STM-64　9953.280Mbit/s

STM-256　39813.12 Mbit/s

3. 帧结构

由于要求 SDH 网能够支持支路信号（2/34/140Mbit/s）在网中进行同步数字复用和交叉连接等功能，因而其帧结构必须具备下述功能。

- 支路信号在帧内的分布是均匀的有规律的，便于接入、取出。
- 对 PDH 各大系列信号，都具有同样的方便性和实用性。

为满足上述要求，SDH 的帧结构为一种块状帧结构，如图 4-2 所示。

在 STM-*N* 帧结构中，共有 9 行，270×*N* 列，每个字节为 8bit，帧周期为 125μs。字节的传输顺序是：从第一行开始由左向右，由上至下传输，在 125μs 时间内传完一帧的全部字节数为 9×270×*N*。

例如：STM-1 的帧结构

信息结构（块状）：9 行　270 列

一帧的字节数：9×270=2430

一帧的比特数：2430×8=19440

速率：$f_b=\dfrac{\text{一帧比特数}}{\text{传一帧的时间}}=\dfrac{9\times270\times8}{125\times10^{-6}}=155.520\ (\text{Mbit/s})$

以此方法可求出当 N 为 1、4、16、64、256 时的任意速率值。由图 4-2 可以看出，整个帧结构分为三个区域：段开销（SOH）区、信息净负荷区和管理单元指针。

段开销（SOH）是指 SDH 帧结构中，为了保证信息正常传送而供网络运行、管理和维护所使用的附加字节，它在 STM-N 帧结构中的位置是第 1～9×N 列中的第 1～3 行和第 5～9 行。在图 5-2 中以 STM-1 为例给出其段开销字节安排。

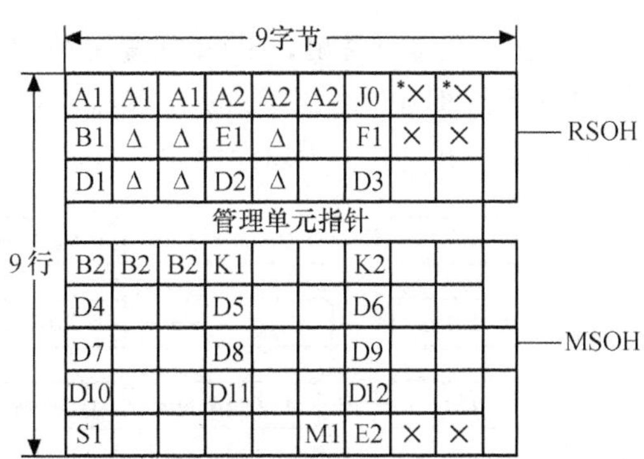

注：Δ 为与传输媒质有关的特征字节(暂用)；
×为国内使用保留字节；
*为不扰码字节；
所有未标记字节待将来国际标准确定(与媒质有关的应用，附加国内使用和其他用途)。

图 5-2　STM-1 段开销的字节安排

信息净负荷区域内存放的是有效传输信息，也称为信息净负荷，它是由有效传输信息加上部分用于通道监视、管理和控制的通道开销（POH）组成。通常 POH 被视为净负荷的一部分，并与之一起传输，直到在接收端该净负荷被分接出来。信息净负荷在 STM-N 中的位置是第 10～270×N。

管理单元指针实际上是一组数码，用来指示净负荷中信息起始字节的位置，这样在接收端可以根据指针所指示的位置正确地分解出有效传输信息。管理单元指针在 STM-N 中的位置是第 4 行的 1～9×N 列。

5.1.2　SDH 网的特点

（1）SDH 网络是由一系列 SDH 网元（NE）组成的，它是一个可在光纤或微波、卫星上进行同步信息传输、复用和交叉连接的网络。

（2）它有全世界统一的网络节点接口（NNI）。

（3）它有一套标准化的信息结构等级，被称为同步传输模块 STM-N。

（4）它具有一种块状帧结构，在帧结构中安排了丰富的管理比特，大大增加了网络的维护管理能力。

（5）它有一套特殊的复用结构，可以兼容 PDH 的不同传输速率，而且还可以容纳 B-ISDN 信号，因而具有广泛的适应性。

5.2　SDH 中的基本复用、映射结构

各种信号复用映射进 STM-N 帧的过程，都必须经过映射、定位和复用三大关键步骤。本节将以我国目前采用的基本复用映射结构来说明。

5.2.1　SDH 复用结构

ITU-T 在 G.707 建议中给出了 SDH 的复用结构与过程。由于 ITU-T 要照顾全球范围内的各种情况，因而 ITU-T 所规定的复用结构是最为复杂的。由于我国选用 PCM30/32 系列 PDH 信号，因而根据 ITU-T 的复用结构，简化出适用于我国的 SDH 复用结构，如图 5-3 所示。我

国目前采用的复用结构是以 2Mbit/s 系列 PDH 信号为基础的，通常采用 2Mbit/s 和 140Mbit/s 支路接口，当然需要时也可以采用 34Mbit/s 支路接口，但由于一个 STM-1 只能容纳 3 个 34Mbit/s 的支路信号，因而相对而言不经济，故应尽可能不使用该接口。

1. 复用单元

由图 5-3 可以看出，SDH 的复用结构是由一系列复用单元组成，各复用单元的信息结构和功能各不相同。常用的有容器（C）、虚容器（VC）、管理单元（AU）、支路单元（TU）等。下面分别予以介绍。

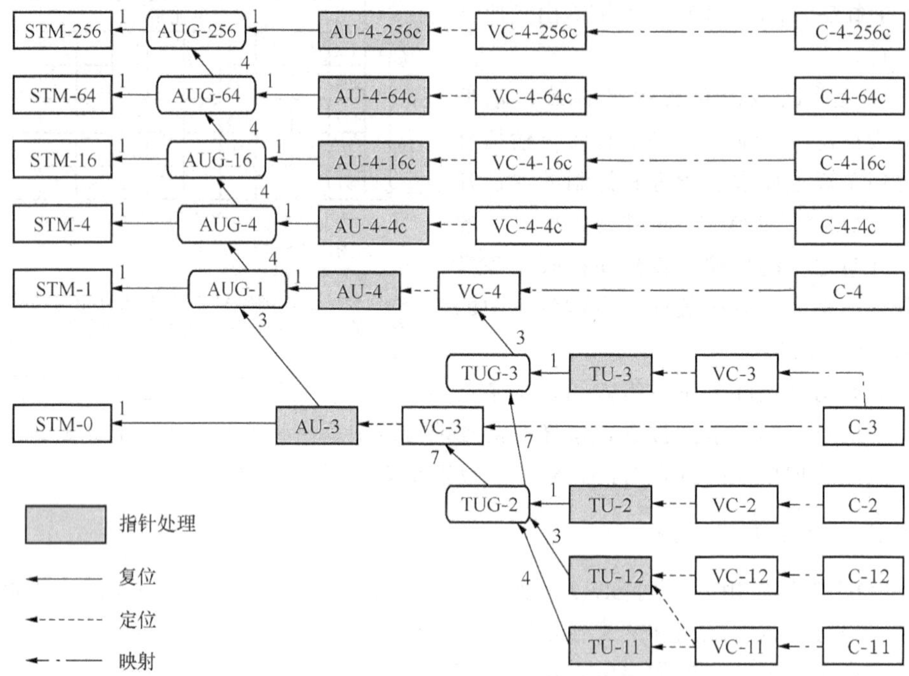

图 5-3 我国目前采用的 SDH 复用映射结构示意图

（1）容器

容器（C）实际上是一种装载各种速率业务信号的信息结构，主要完成 PDH 信号与 VC 之间的适配功能。针对不同的 PDH 信号，ITU-T 规定了 5 种标准容器，我国的 SDH 复用结构中，仅用了装载 2.048Mbit/s，34.368 Mbit/s 和 139.264 Mbit/s 信号的 3 种容器，即 C-12，C-3 和 C-4，其中 C-4 为高阶容器，C-3 和 C-12 为低阶容器。

（2）虚容器

虚容器（VC）是用来支持 SDH 通道层连接的信息结构，它是由标准容器 C 的信号加上用以对信号进行维护与管理的通道开销（POH）构成的。虚容器又包括高阶虚容器和低阶虚容器。

无论是高阶 VC，还是低阶 VC，它们在 SDH 网络中始终保持独立的相互同步的传输状态，即其帧速率与网络保持同步，并且同一网络中的不同 VC 都是保持相互同步的，因而在 VC 级别上可以实现交叉连接操作，从而在不同 VC 中装载不同速率的 PDH 信号。另外，VC 信号仅在 PDH/SDH 网络边界处才进行分接，从而在 SDH 网络中始终保持完整不变，独立地在通道的任意一点进行取出、插入或交叉连接。

（3）支路单元与支路单元组

从图 5-4 中可以看出，VC 出来的数字流进入管理单元（AU）或支路单元（TU）。TU 是为低阶通道层和高阶通道层提供适配功能的一种信息结构，它是由虚容器和一个相应的支路单元指针构成。指针用来指示虚容器在高一阶虚容器中的位置，这种净负荷中对虚容器位置的安排称为定位。一个或多个 TU 组成一个支路单元组（TUG）。

这种 TU 经 TUG 到高阶 VC-4 的过程就是复用，复用的方法是字节间插。

（4）管理单元

管理单元（AU）是一种在高阶通道层和复用层提供适配功能的信息结构，由高阶 VC 和一个相应的管理单元指针构成。一个或多个在 STM-*N* 帧中占固定位置的 AU 组成一个管理单元组 AUG。管理单元指针的作用是用来指示该高阶 VC 在 STM-*N* 中的位置。

（5）同步传输模块

同步传输模块（STM-*N*）是在 *N* 个 AUG 的基础上，加上能够起到运行、管理和维护作用的段开销构成。如前所述，*N* 表示不同的信息等级，*N* 个 STM-1 可同步复用成 STM-*N*。

（6）关于通道、复用段、再生段的说明

在 SDH 传输系统中，通道、复用段、再生段间的关系可参看图 5-4。

MST 指复用段终端、完成复用段的功能，其中如产生和终结复用段开销（MSOH）。相应的设备有：光缆线路终端、高阶复用器和数字宽带交叉连接器等。

RST 指再生段终端。它的功能块在构成 SDH 帧结构过程中产生再生段开销 RSOH，在相反方向则终结再生段开销 RSOH。

PT 指通道终端，它是虚容器的组合分解点，完成对净负荷的复用和解复用以及完成对通道开销的处理。

由图 5-4 还可以看出，通道、复用段、再生段的定义和分界。需要说明的是，尽管 MST 中也具备 PT 功能，可实现业务的插入与提取，但并非是信息帧的最初发起点和最终终结点，因此通道通常是指能够实现端到端终端之间信息传送的光通信链路。

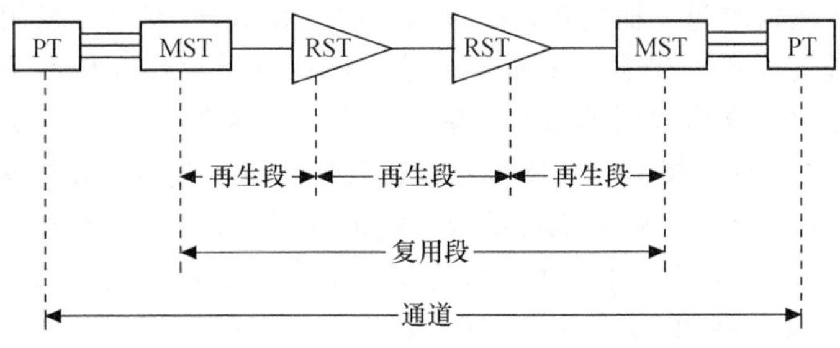

图 5-4　SDH 传输系统中通道、复用段、再生段间的关系

2. 复用过程举例

为了便于理解图 5-3 所示的复用结构，下面以 139.264Mbit/s PDH 四次群支路信号的复用映射过程为例来说明，如图 5-5 所示。

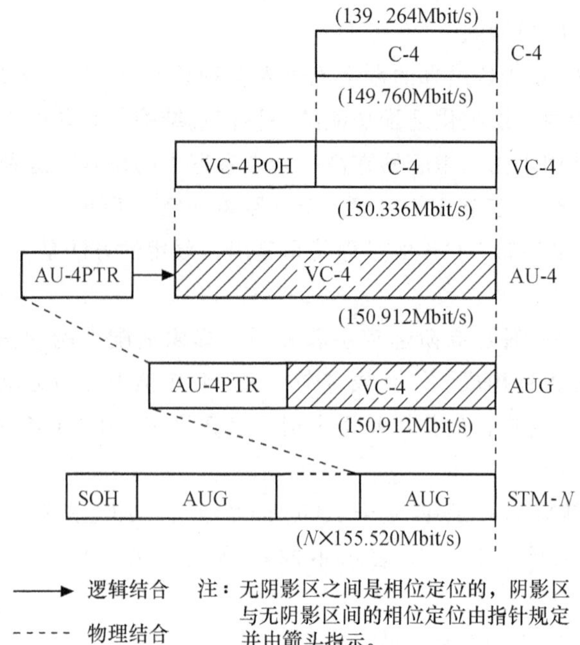

图 5-5 PDH 四次群信号至 STM-1 的复用映射过程

从图中可以看出。

- 将 139.264Mbit/s 的支路信号送入高阶容器 C-4 做适配处理，经码速调整之后输出 149.760Mbit/s 数字信号。
- 在 C-4 基础上每帧加 9 个字节的通道开销（POH），从而构成 VC-4，其输出的信号速率为 150.336Mbit/s。
- 在 VC-4 内加上管理单元指针 AU-PTR，构成 AU-4，则信号速率为 150.912Mbit/s
- 当 $N=1$ 时，由一个 AUG 加上段开销后，则 STM-1 信号的速率为 155.520Mbit/s。

由于 SDH 是针对 TDM 业务而设计，而从 20 世纪 90 年代中期开始，以 Internet 为代表的数据业务异军突起，且发展迅速，因此目前在骨干网、大规模城域网中数据业务已大大超越语音业务的需求量，而且仍快速增长。由于在 SDH 网络中采用的是有限的虚容器等级、面向连接的固定的带宽分配策略、单一的业务质量保证措施等，从而使其承载突发性的数据业务时显现出较低的效率，缺乏区分多业务的 QoS 保证机制。进而催生出 MSTP（多业务传送平台）技术。该技术是通过虚级联和动态链路容量调整（LCAS）、通用成帧规程（GFP）等技术，使之既能承载传统的 TDM 业务，又能适应多种数据业务不同突发性的需求，因此 SDH 技术在大规模应用数十年之后仍然具有很强的适应性。例如图 5-3 中 VC-4-16c 便是利用 16 个 VC-4 的级联构成一个整体结构，从而实现大数据信息的传送。

5.2.2 映射方法

SDH 能够将已有的各种级别的 PDH 信号、ATM 信元以及随后出现的 IP 数据信息映射进 STM-N 帧内的相应级别的虚容器。所谓映射是指能够在 SDH 网络边界与虚容器适配的过程，其实质是使各种支路信号与相应的虚容器的容量保持同步，使 VC 能独立地在 SDH 网中进行传送、复用和交叉连接。详细内容可参见 ITU-T Rec. G. 707。

5.3　SDH 光传输系统

5.3.1　系统结构

在 SDH 光缆线路系统中，可以采用多种结构，如点到点系统、点到多点系统以及环路系统等，其中点到点链状系统和环路系统是使用最为广泛的基本线路系统。下面仅着重介绍这两种线路系统。

1. 点到点链状线路系统

在图 5-6（a）中给出了一个典型点到点链状线路系统。从图中可以看出，在点到点系统中，它是由具有复用和光接口功能的线路终端、中继器和光缆传输线路构成，其中中继器可以采用目前常见的光—电—光再生器，也可以使用掺饵光纤放大器（EDFA），在光路上完成放大的功能。另外在此系统中，既可以构成单向系统，也可以构成双向系统。

2. 环路系统

如图 5-6（b）所示，在环路系统中，可选用分插复用器，也可以选用交叉连接设备来作为节点设备，它们的区别在于后者具有交叉连接功能，它是一种集复用、自动配线、保护/恢复、监控和网管等功能为一体的传输设备，可以在外接的操作系统或电信管理网络（TMN）设备的控制下，对由多个电路组成的电路群进行交叉连接，因此其成本很高，故通常使用在线路交汇处，而接入设备则可以使用数字环路载波系统（DLC）、B-ISDN 宽带综合业务接入单元。

由于环路系统具有自愈功能，因此要求其环内业务的可靠程度高。但从业务容量方面考虑，任何环路系统所能提供的业务量将是有限的。因而在环路信号速率一定的情况下，环路中节点数越多，则每个节点所分配业务量越少。因而接入环路的节点数必须加以限制。

另外由于一个实际的 SDH 网络可以由若干个环路网络相互连接构成，故而称其中的每个环形网络为一个子网。正是这样相互连接的子网构成了一个完整的 SDH 网络。可见环形子网间互联方式直接影响到 SDH 网络的生存性。通常环形子网的互联方式有多种，目前实际中采用单节点互联方式。如图 5-6（b）所示，它是通过一个节点来实现两个环形子网间的互联的。其结构简单，工作层次清晰，一次性投资成本较低，这是一种最简单的互联方式。但由于这两节点间无其他迂回路由，因而互联设备（DXC，ADM）一旦出现故障，则直接影响整个网络的生存能力。相信随着技术条件的不断成熟，网络最终将采用多点互联方式，即通过一个以上的节点来完成两个环网之间的互联。

5.3.2　SDH 网元

光同步数字传输网是由一系列 SDH 网络单元组成。它的基本网络单元有同步光缆线路终端、复用器和数字交叉连接设备等，下面分别进行介绍。

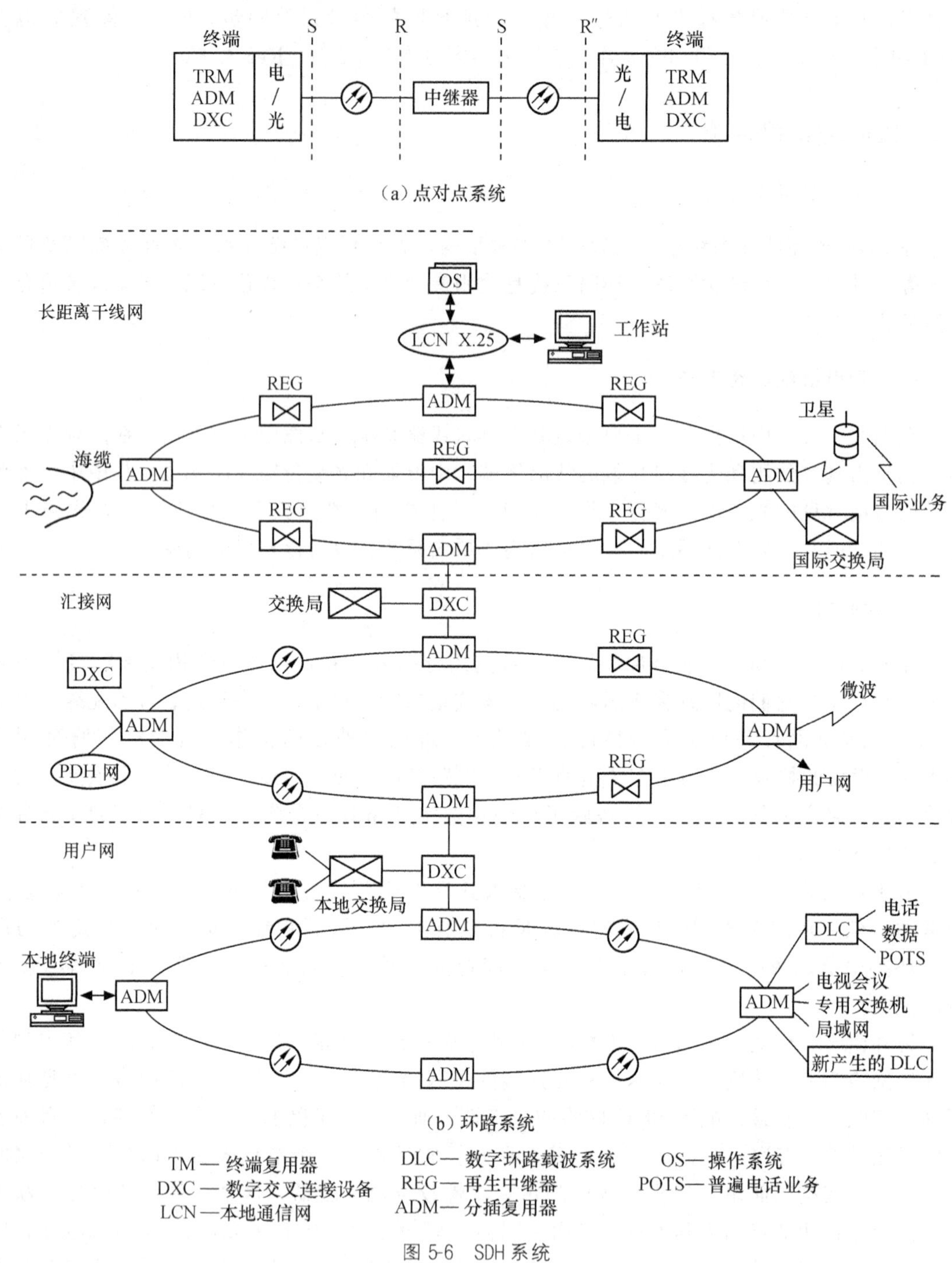

图 5-6　SDH 系统

1. 终端复用器

终端复用器（TM）的示意图如图 5-7 所示。TM 可提供了从 G. 703 接口到 STM-1 输出的简单复用功能。例如，它可以将 63 个 2Mbit/s 信号复用形成一个 STM-1，同时根据所送的复用结构的不同，在组合信号中，每一个支路的信号保持固定的对应位置，这样便可利用计算机软件进行信息的插入与分离工作。也可将若干个 STM-*N* 信号组合成为一个 STM-*M*（$M>N$）信号。例如将 4 个（来自复用设备或线路系统的）STM-1 信号按字节间插方式复用成一个 STM-4 信号，并且每个 STM-1 信号的 VC-4 都固定在 STM-4 的相应位置上。同理复用器也可灵活地将 STM-*N* 信号 VC-3/4 分配到 STM-*M* 帧中的任何位置上。

2. 分插复用器

分插复用器（ADM）是在 SDH 网络中使用的另一种复用设备。具有能够在不需要对信号进行解复用和完全终结 STM-*N* 情况下经 G. 703 接口接入各种准同步信号的能力。它也可将 STM-*N* 输入到 STM-*M*（$M>N$）内的任何支路的能力，如图 5-8 所示。

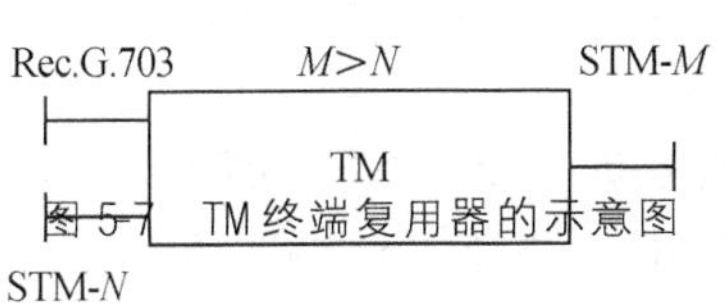

图 5-7 TM 终端复用器的示意图

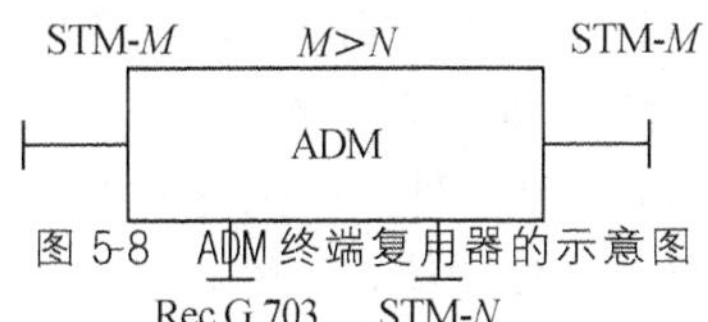

图 5-8 ADM 终端复用器的示意图

这里需要说明的是，虽然 ADM 的输入、输出信号等级相同，但其中的信息内容已经发生了变化。另外由于 ADM 能在 SDH 网中具有灵活地插入和分接电路的功能，即通常所说的上、下话路的功能，因此 ADM 可以用在 SDH 网中点对点的传输上，也可用于环形网和链状网的传输上。

3. DXC 数字交叉连接器

（1）DXC 的基本功能

DXC 的功能可列出七八种之多。下面，仅就其中最基本的功能进行简单的介绍。

- 电路调度功能：在 SDH 网络所服务的范围内，当出现重要会议或重大活动等需要占用电路时，DXC 可根据需要对通信网中的电路重新调配，迅速提供电路。当网络出现故障时，DXC 能够迅速提供网络的重新配置。这些网络重新配置都是通过控制系统来完成的。
- 业务的汇集和疏导功能：DXC 能将同一传输方向传输过来的业务填充到同一传输方向的通道中；将不同的业务分类导入不同的传输通道中。
- 保护倒换功能：一旦 SDH 网络某一传输通道出现故障，DXC 可对复用段、通道进行保护倒换，接入保护通道。通道层可以预先划分出优先等级，由于这种保护倒换对网络全面情况不需作了解，因此具有很快的倒换速度。

DXC 除上述功能外，还有开放宽带业务、网络恢复、不完整通道段监视、测试接入等功能。如图 5-9 所示。

综上所述可知，DXC 实质上是兼有复用、配线、保护/恢复、监测和网络管理等多种功能的一种传输设备。而且，由于 DXC 采用了 SDH 的复用方式，省去了传统的 PDH DXC 的背靠背复用、解复用方式，从而使 DXC 变得明显简单。另外 DXC 的交叉连接功能实质上也可理解为是一种交换功能。当然，这与通常的交换机有许多不同的地方。具体如下所述。

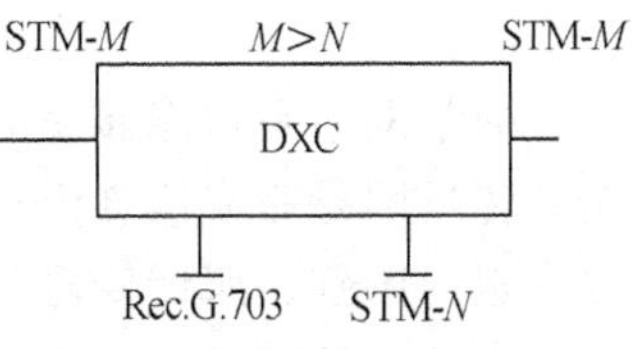

图 5-9 DXC 终端复用器的示意图

(2) DXC 设备连接类型

通常 DXC 设备的交叉连接类型可分为如下五种。

单向：单向交叉连接提供单方向通过 SDH 网元的连接并可用来传送可视信号。

双向：双向交叉连接是建立双方向通过 SDH 网元的交叉连接。

广播式：广播式交叉连接能把输入的 VC-n 交叉连接到多个输出端，并以 VC-n 输出。

环回：将 VC-n 交叉连接到其自身的交叉连接。

分离接入：终结输入 STM-N 中的 VC-n，并在输出 STM-N 中相应的 VC-n 上提供测试信号。

DXC 设备有几种类型，其中 DXC4/4 就是一种具有交叉连接功能的典型设备。其输入端口速率为 140/155Mbit/s，即在 VC-4 级别上实现交叉连接功能。通常采用多级结构的交叉连接矩阵，其交叉连接用时小，仅几个 μs。

DXC4/1 是一种仅提供低阶 VC（LOVC）的交叉连接的 DXC 设备，即可在 VC-12 级别上实现交叉连接功能，其输入端口速率可为 140/155Mbit/s，34Mbit/s 和 2Mbit/s。实际上在 140/155Mbit/s 速率上实现交叉连接时，它是对整个 63 个 VC-12 进行交叉连接。通常所使用的交叉连接矩阵多为时—空—时结构，也有采用时空混合结构的，甚至有采用结构简单、时延小的纯空分结构的，但其交叉连接矩阵的容量小。而采用时空混合方式的 DXC4/1 的延时较大，成本也较高。

此外还有一种 DXC 设备，可为所有 VC（包括 HOVC 和 LOVC）提供交叉连接。其典型的设备是 DXC4/4/1。实际上是 DXC4/4 和 DXC4/1 的功能结合体，端口速率为 140/155Mbit/s，34Mbit/s 和 2Mbit/s。内部交叉连接既可以在 VC-12 级别上进行，也可以在 VC-4 级别上进行（此时不是在 VC-12 级别上同时对 63 个 VC-12 进行交叉连接）。

值得说明的是 DXC4/1，DXC4/4/1 均代表不同配置的 DXC 设置。通常在实际设计中 DXC 的配置类型是用 DXC X/Y 来表示，其中 X 表示接口数据流的最高等级，Y 表示参与交叉连接的最低级别。数字 1～4 分别表示 PDH 体系中的 1～4 次群速率，其中 4 也代表 SDH 体系中 STM-1，数字 5 和 6 则分别代表 SDH 体系中的 STM-4 和 STM-16。那么 DXC4/1 则表示接入端口的最高速率为 140Mbit/s 或 155Mbit/s，而交叉连接的最低级别为 VC-12（2Mbit/s）的数字交叉连接设备。

4. 再生中继器

由于光纤固有损耗的影响，使得光信号在光纤中传输时，随着传输距离的增加，光波逐渐减弱。如果接收端所接收的光功率过小时，便会造成误码，影响系统的性能，因而此时必须对变弱的光波进行放大、整形处理，这种仅对光波进行放大、整形的设备就是再生中继器（REG），由此可见，再生中继器不具备复用功能，它是最简单的一种设备。

5.4 SDH 传送网

通常网络是指能够提供通信服务的所有实体及其逻辑配置。可见从信息传递的角度来分析，传送网是完成信息传送功能的手段，它是网络逻辑功能的集合。它与传输网的概念存在着一定的区别。所谓传输网是以信息通过具体物理媒质传输的物理过程来描述的。它是由具体设备组成的网络。在某种意义下，传输网（或传送网）又都可泛指全部实体网和逻辑网。

5.4.1　传送网的分层结构

由于目前的技术条件有限，如光存储器、光处理器等功能仍无法在光层上完成，因此起控制功能的信号需经过光/电转换成电信号，才能进行信号处理，所产生的控制指令也必须经过电/光转换成光信号，因此目前通信网的分层结构如图 5-10 所示。从图中可以看出，最下层就是光传送层。最上层是业务层，各种不同业务网络提供不同的业务信号，如视频、音频和数据信号，业务层直接为电交换/复用层提供服务内容，最后要通过光传送/网络层在光域上进行信号传输。可见各层之间的关系是下层为上层提供支持手段，上层为下层提供服务内容。

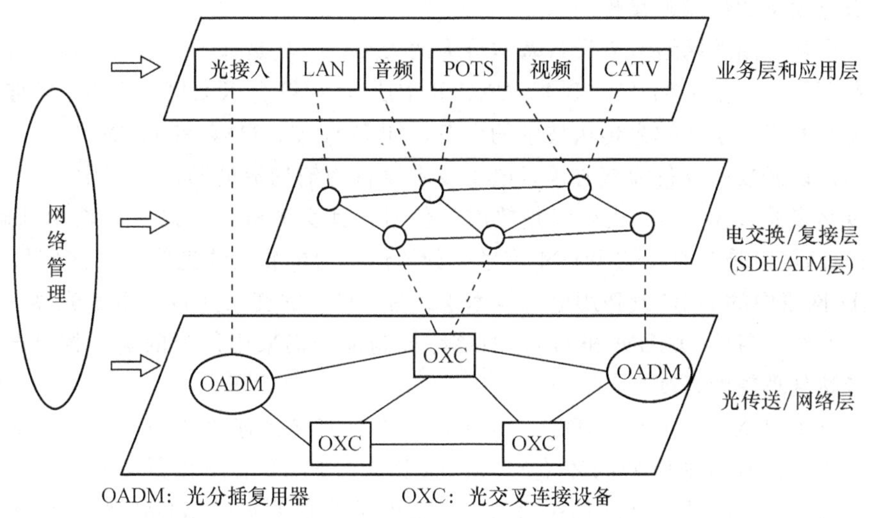

图 5-10　通信网的分层结构

光传送网又分为核心层、汇接层和接入层。不同层次所具有的技术特征如表 5-1 所示。目前就传送网的发展趋势而言，未来的传送网络将向着简化层次的方向发展。这是因为随着互联网业务以及人们对多媒体业务需求的增加，对接入层的接入速率的要求越来越高，覆盖范围也随之越来越大，特别是随着设备的小型化和成本的降低，在接入层也渐渐地使用大容量的设备，使层次间的界线越来越不明显。

表 5-1　　核心层、汇接层和接入层的技术特征

	接入层	汇聚层	核心层
在传送网中的作用	接近于用户，收集和分配用户业务流	针对接入层，进行业务的收集和分配	汇聚层的业务流进入核心层，形成网络节点，以及节点间的传输网络
服务环境	有业务集中的大客户和相对分散的居民区等；不同的用户又有不同的特点，例如业务内容等	在长途网中的中间节点或城域网中介于核心节点和用户之间的节点	其节点通常处于长途网或城域网的业务集散点
速率	较低，例如 155Mbit/s	例如 2.4Gbit/s	较高，例如 2.4Gbit/s，10Gbit/s
带宽拓扑	环、链	链、环等	环、格状网（mesh）

5.4.2 传送网的节点和节点设备

传送网是由网络节点、传输通道、管理、控制和支撑设备构成，其中网络节点是传送网这几个要素中的重要方面。在传送网中的节点通常具有下列特点。

• 网络中的节点具有功率放大和数字信号再生功能。

• 网络中的节点可以是业务的分插交汇点、交叉连接点，也可以是网络管理系统、控制系统和支撑系统的切入点。

• 网络升级以及新技术的使用都是通过节点配置来体现的，因而网络技术性能同样是通过网络节点设备的性能来显现的。

传送网中常使用的网络节点设备基本分为两大类：一类是基于电子技术的复用设备，例如SDH网元设备（包括ADM、TM、DXC和REG）和符合以太网、ATM标准的传送设备。另一类是基于光层面的光传送技术的设备，如OADM、OXC和OTM。

传送网是以光技术设备为核心，以电子技术设备为辅构成的网络。其中OXC有多个光口，既可以是多波长WDM，也可以是单波长信号，其交叉链接是以单波长为基础进行的。OADM的线路接口是多波长的WDM信号，分插信号为单波长的光信号，该信号送入SDH网络。SDH网络中的DXC设备用电子技术来处理VC-n的交叉连接。由于光器件技术及其制作成本的制约，目前OADM和OXC的核心控制部分仍采用传统的电子控制开关，因此其性能远未达到理想的程度。

无论ADM、DXC，还是OADM、OXC，全都具有交叉连接能力。但由于前面的设备介绍可知，它们在网络中所处的环境不同，前者是在SDH指针和交叉矩阵的控制下，以SDH VC-n为颗粒进行的交叉连接；而后者是在电子控制下实现WDM光复用/解复用过程和光开关的切换过程，在此过程中是以波长作为基础颗粒。由此可知，ADM和DXC所实现的是电层面上的交叉连接，而OADM和OXC所实现的是光层面上的交叉连接。

传送网中的网络节点可以采用任何一种交叉方式，也可采用两者的综合。其中VC-n的交叉连接可以是基于VC-4或VC-12的，也可以采用两者的组合。图5-11给出交叉功能的主要实现途径。可见其中以VC-n为基础所进行交叉的颗粒要小于以光波长为基础所进行的交叉。从实际需求的角度分析，网络节点的交叉颗粒越小，越易实现与实用需求带宽尺寸的匹配，有利于网络频带利用率的提高，但必须经过光—电—光转换过程，因而增加了网络的复杂性。然而在用光波长作为基本交叉颗粒的节点所构成的网络中，其交叉颗粒相对较大，而且网络易于实现，但当所需的交叉的颗粒小于波长交叉颗粒时，因不得不使用一个单波长来实现数据交叉，这样便造成波长内带宽的浪费。因此在实际工程中，应根据实际需求来确定所采用的具体的交叉连接方式。

5.4.3 SDH传送网

1. SDH传送网分层模型

在SDH网络中，通常采用点对点链状、星形、树形、环形等网络结构。从垂直方向看，SDH传送网共分为通道层和传输媒质层。网络关系如图5-12所示。由于电路层是面向业务的，因而严格地说不属于传送网。但电路层网络、通道层网络和传输媒质层网络之间彼

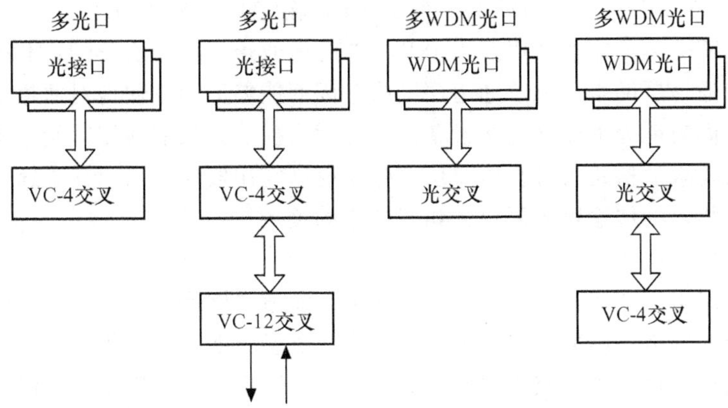

图 5-11　交叉功能的实现途径

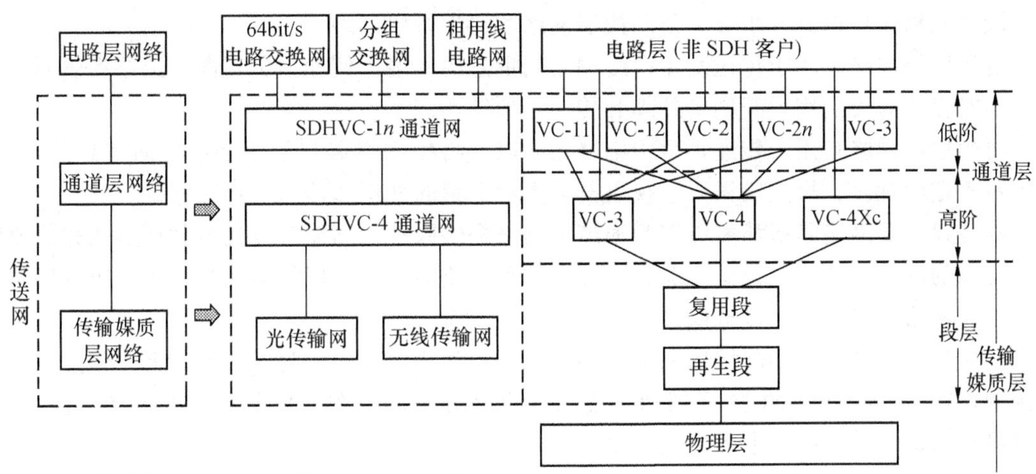

图 5-12　传送网的分层模型

此都是相互独立的，并符合顾主与服务者的关系，即在每两层网络之间连接节点处，下层为上层提供透明服务，上层为下层提供服务内容。下面就对包括电路层在内的各层网络进行简要介绍。

（1）电路层网络

电路层网络是面向公用交换业务的网络。例如，电路交换业务、分组交换、租用线业务和 B-ISDN 虚通路等。根据所提供的业务，又可以区别为各种不同的电路网络层。通常电路网络层是由各种交换机和用于租用线业务的交叉连接设备以及 IP 路由器构成。它与相邻的通道层网络保持独立，这样 SDH 不仅能够支持某些电路层业务，而且能够直接支持电路层网络，并且去掉了其中多余的 PDH 网络层，使电路层业务清晰可见，从而简化了电路层交换。

（2）通道层网络

通道层网络为电路层网络节点（如交换机）提供透明的通道（即电路群），如 VC-11/VC-12 可以看作电路层节点间通道的基本传送容量单位，而 VC-3/VC-4 则可以看作局间通信的基本传送单位。通道层网络能够对一个或多个电路层网络提供不同业务的传送服务。例如提供 2Mbit/s、34Mbit/s、140Mbit/s 的 PDH 传输链路，提供 SDH 中的 VC-11，VC-12，VC-2，VC-3，VC-4 等传输通道以及 B-ISDN 中的虚通道。由于在 SDH 环境下通道层网络可以划分为高阶通道层网络和低阶通道层网络，因而能够灵活方便地对通道层网络的连接性进行管理控制，同时能为由交叉连接设备建立的通道提供较长的使用时间。使各种类型的电路层网络都能按要求的格式将各自电路层业务映射进复用段层，从而共享通道层资源。同时通道层网络与其相邻的传输媒质层保持相互独立的关系。

(3) 传输媒质层网络

传输媒质层网络是指那些能够支持一个或多个通道层网络，并能在通道层网络节点处提供适当通道容量的网络。例如 STM-N 就是传输媒质层网络的标准传输容量。该层主要面向线路系统的点到点传送。传输媒质层网络又是由段层网络和物理媒质层网络组成的。其中段层网络主要负责通道层任意两节点之间信息传递的完整性，而物理媒质层则主要负责确定具体支持段层网络的传输媒质。下面就分别加以讨论。

段层网络又可以进一步分为复用段层网络和再生段层网络。

复用段层网络是用于传送复用段终端之间信息的网络。例如，负责向通道层提供同步信息，同时完成有关复用段开销的处理和传递等项工作。

再生段层网络是用于传递再生中继器之间以及再生中继器与复用终端之间信息的网络。例如负责定帧扰码、再生段误码监视以及再生段开销的处理和传递等项工作。

物理媒质层网络是指那些能够为通道层网络提供服务的、能够以光电脉冲形式完成比特传送功能的网络，它与段开销无关。实际上物理媒质层是传送层的最底层，无需服务层的支持，因而网络连接可以由传输媒质支持。

按照分层的概念，不同层的网络有不同的开销和传递功能。为了便于对上述信息进行管理控制，在 SDH 传送网中的开销和传递功能也是分层的。在前面的图 5-4 给出了再生段、复用段和通道在系统组成中的定义和分界。

从图 5-13 中可以清楚地观察到，各层在垂直方向上存在着等级关系，不同实体的光接口可以通过对等层进行水平方向的通信，但由于对等层间无实际的传输媒质与之相连，因而是通过下一层提供的服务以及同层间的通信来实现其间通信的，故此每一层的功能都是由全部低层的服务来支持。

(4) 相邻层网络间的关系

每一层网络可以为多个客户层网络提供服务。当然不同的客户层网络对服务层网络有不同的要求，因而可对每一服务层网络进行优化处理，使其满足客户层网络的特定要求。以 VC-4 层网络为例，VC-12，VC-2，VC-3，广播电视和 B-ISDN 均可以作为 VC-4 层网络的客户层网络，这样可根据各自的要求综合为一个 VC-4 来进行传输，因此必须构成一个优化的 VC-4 层网络。

从以上分析可见，相邻层网络间的关系满足客户与服务提供者之间的关系，而客户与服务提供者进行联系的地方正是服务层网络中为客户层网络提供链路连接的地方。从图 5-13 可以清楚地看出，电路层网络中的链路连接又是由传输媒质层网络来完成的。

2. 层网络的分割

当分层概念引入传送网之后，可将传送网划分为若干网络层，这样使传送网的结构更加

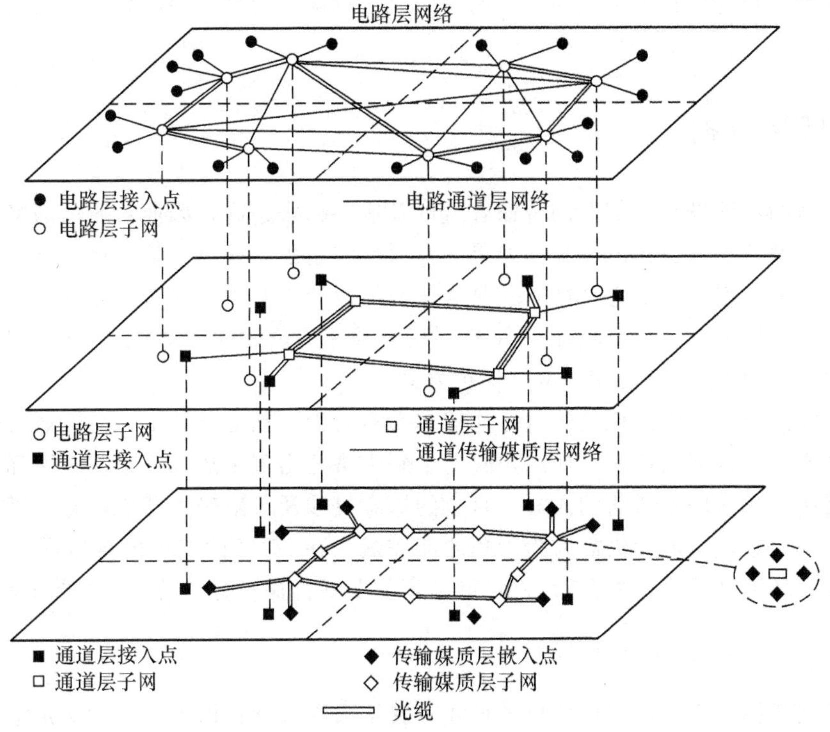

图 5-13 层网络间联系示意图

清晰，但每一网络层的结构仍很复杂，为了便于管理，在分层结构的基础上，再从水平方向将每一层网络分为若干部分，每一部分具体特定功能，这就是分割。通常的分割可以划分为两个相关的领域，即子网的分割和网络连接的分割。下面我们便分别进行讨论。

（1）子网的分割

任何子网都可以进行进一步的分割，分割成为由链路相互连接的较小的子网，因而这些较小的子网和与之相连接的链路便构成子网的拓扑。从另一角度来看，也可以认为正是在层网络中引入了分割概念，从而可将任何层网络进行逐级分解直至观察到所需的细节为止。通常所观察到的最末端细节就是实现交叉连接功能的设备。

如果从地域上来进行分割，一个层网络又可划分为国际部分子网和国内部分子网。国内部分子网又可以进一步细分为转接部分和接入部分（即本地网部分），如此逐级进行分解，最后便能够观察到所需的细节。

（2）网络连接和子网连接的分割

与子网分割方式相同，也可对网络连接进行逐级分割。通常网络连接可划分为若干个子网连接和链路连接的组合体，而每个子网连接又可进一步分割成若干个子网连接和链路连接的组合体。以此下去，正常情况下逐级分解的极限将出现在基本连接矩阵的单个连接点上，因此也可以认为网络连接和子网连接实际上是由许多子网连接和链路连接按特定次序组合成的传送实体。

由以上分析可知，由于引入了分割的概念，可将层网络中的各部分视为彼此独立的实体。因而可隐去层网络的内部结构，从而大大降低了层网络管理控制的复杂程度，这样网络运营商可根据客户需要自主地改动其子网结构或进行优化处理，而不会对层网络上的其他部分构成影响。

5.5 SDH 网络保护

随着技术的不断进步，信息的传输容量以及速率越来越高，因而对通信网络传递信息的及时性、准确性的要求也越来越高。如果一旦通信网络出现线路故障，那么将会导致局部甚至整个网络瘫痪，因此网络生存性问题是通信网络设计中必须加以考虑的重要问题。因而人们提出一种新的概念——自愈功能。由于 MSTP 技术是在 SDH 技术的基础上发展而来的，因此其沿用 SDH 网络中所使用的网络保护方案。

自愈功能是指当网络出现故障时，能够在无需人为干预的条件下，在极短时间内从失效状态中自动恢复所携带的业务，使用户感觉不到网络已出现了故障。其基本原理就是使网络具有备用路由和重新确立通信的能力。自愈的概念只涉及重新确立通信，而不管具体失效元部件的修复与更新，而后者仍需人为干预才能完成。在 SDH 网络中的自愈保护可以分为线路保护倒换、环形网保护、网孔形 DXC 网络恢复及混合保护方式等。我们将介绍前两种。

5.5.1 自动线路保护倒换

自动线路保护倒换是最简单的自愈形式，其结构有两种；即 1+1 和 1∶*n* 结构方式，下面便进行简单介绍。

在图 5-14 中给出了 1+1 线路保护倒换结构，从图中可以看出，由于发送端是永久地与主用、备用信道相连接，因而 STM-*N* 信号可以同时在主用信道和备用信道中传输，在接收端其 MSP（复用段保护功能）同时对所接收到的来自主、备用信道的 STM-*N* 信号进行监视，正常工作情况下，选择来自主用信道的信号作为输出信号。一旦主用信道出现故障，则 MSP 会自动从备用信道中选取信号作为接收信号。

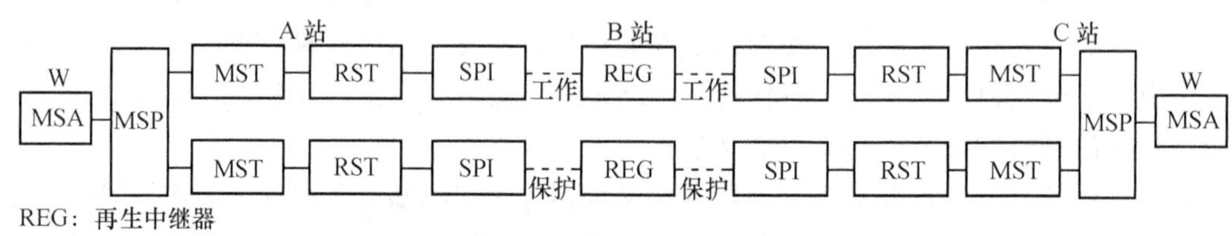

图 5-14　1+ 1 线路保护倒换结构

在图 5-15 中给出 1∶*n* 线路保护倒换结构。从图中可以看出，在 1∶*n* 结构中，备用信道由多个主用信道共享，一般 *n* 值范围为 1～14。

如图 5-15 所示，如果上一站出现信号丢失、或者与下游站进行连接的线路出现故障和远端接收失效，那么在下游接收端都可检查出故障，这样该下游接收端必须向上游站发送保护命令，同时向下一站发送倒换请求，具体过程如下。

- 当下游站发现（或检查出）故障或收到来自上游站的倒换请求命令时，首先启动保护逻辑电路，将出现新情况的通道的优先级与正在使用保护通道的主用系统的优先级、上游站发来的桥接命令中所指示的信道优先级进行比较。

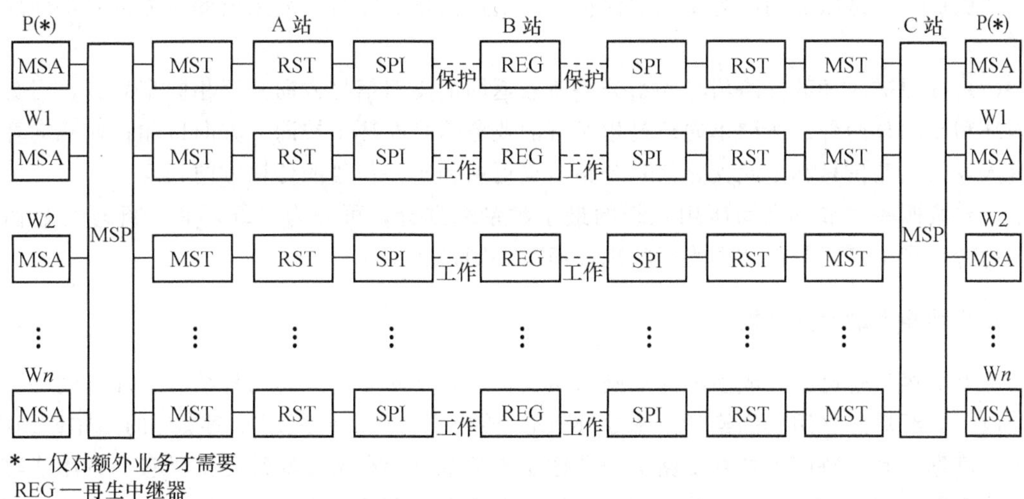

图 5-15　1 : n 线路保护倒换结构

- 如果新情况通道的优先级高，则在此（下游站）形成一个 K1 字节，并通过保护通道向上游站传递。所传递的 K1 字节包括请求使用保护通道的主信道号和请求类型。
- 当上游站连续 3 次收到 K1 字节，那么被桥接的主信道得以确认，然后再将 K1 字节通过保护通道的下行通道传回下游站，以此确认下游站桥接命令，即确认请求使用保护通道的通道请求。
- 上游站首先进行倒换操作，并准备进行桥接，同时又通过保护通道将含被保护通道号的 K2 字节传送给下游站。
- 下游站收到 K2 字节后，便将其接收到 K2 字节所指示的被保护通道号与 K1 字节中所指示的请求保护主用信道号进行复核。
- 当 K1 与 K2 中所指示的被保护的主信道号一致时，便再次将 K2 字节通过保护通道的上行通道回送给上游站，与此同时启动切换开关进行桥接。
- 当上游站再次收到来自下游站的 K2 字节时，桥接命令最后得到证实，此时才进行桥接，从而完成主、备用通道的倒换。

从上面的分析，我们可以归纳出线路保护倒换的主要特点有，包括业务恢复时间很快，可短于 50m；若工作段和保护段属同缆备用（主用和备用光纤在同一缆芯内），则有可能导致工作段（主用）和保护（备用）同时因意外故障而被切断，此时这种保护方式就失去作用了，解决的办法是采用地理上的路由备用方式。这样当主用光缆被切断时，备用路由上的光缆不受影响，仍能将信号安全地传输到对端。通常采用空闲通路作为备用路由，这样既保证了通信的顺畅，同时也不必准备备份光缆和设备，不会造成投资成本的增加。

5.5.2　环路保护

1. 自愈环结构方式的划分

（1）按照自愈环结构来划分，可分为通道倒换环和复用段倒换环。前者是指业务量的保护，它是以通道为基础的保护，它是利用通道 AIS 信号决定是否应进行倒换；后者是指业务量的保护，它是以复用段为基础的保护，当复用段出故障时，复用段的业务信号都转向保护环。

（2）按照进入环的支路信号和由分路节点返回的支路信号方向是否相同来划分，可分为单向环和双向环两种。所谓单向环是指所有的业务信号在环中按同一方向传输；而双向环是指进入环的支路信号和由此支路信号分路节点返回的支路信号的传输方向相反。

（3）按照一对节点之间所用光纤的最小数量来划分，可分为二纤环和四纤环。显而易见，前者是指节点间是由 2 根光纤实现，而后者则是 4 根光纤。

2. 几种典型的自愈结构

综上所述尽管可组合成多种环形网络结构，但目前多采用下述四种结构的环形网络。

（1）二纤单向复用段倒换环。图 5-16（a）给出了二纤单向复用段倒换环的工作原理图，从图中可见，其中每两个具有支路信号分插功能的节点间高速传输线路都具有一备用线路可供保护倒换使用。这样在正常情况下，信号仅在主用光纤 S1 中传输，而备用光纤 P1 空闲，下面以节点 A 和 C 之间的信息传递为例，说明其工作原理。

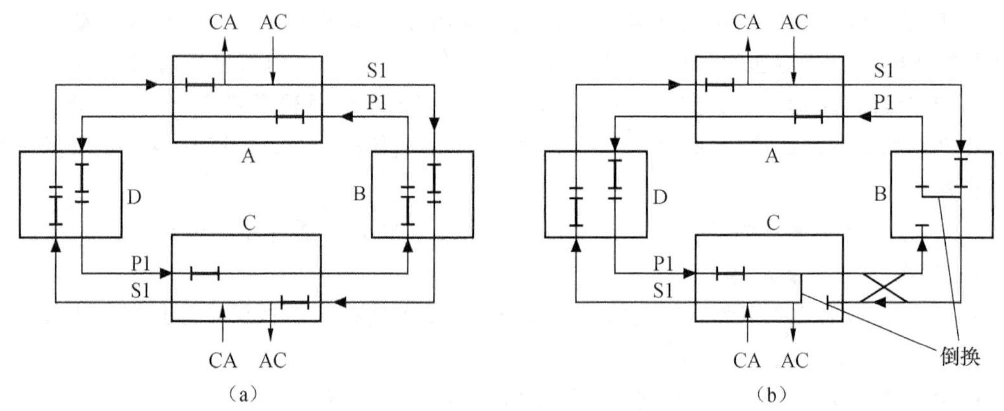

图 5-16　二纤单向复用段倒换环

正常工作情况下，信息在 A 节点插入，并由主用光纤 Sl 传输，透明通过 B 节点，到达 C 节点，在 C 节点就可以从主用光纤 S1 中分离出所要接收的信息；而从 C 到 A 的信息，由 C 节点插入，同样经主用光纤 S1 传输，经 D 节点到达 A 节点，从而在 A 节点处由主用光纤 S1 中分离出所需接收信息。

当 BC 节点间的光缆出现断线故障时，如图 5-17（b）所示，与光缆断线故障点相连的两个节点 B，C，自动执行环回功能，因而在节点 A 插入的信息，首先经主用光纤 S1 传输到 B 节点，由于 B 节点具有环回功能，这样信息在此转换到备用信道 P1，经 A，D 节点到达 C 节点，同样利用 C 节点的环回功能，将备用光纤 P1 中传输的信息转回到主用光纤 S1 中，并通过分离处理，可得到由 A 节点插入的信息。从而完成 A 节点到 C 节点间的信息传递，而 C 节点到 A 节点的信息仍是通过主用光纤 S1 经 D 节点传输来完成的。由此可见，这种环回倒换功能可以做到在出现故障情况下，不中断信息的传输，而当故障排除后，又可以启动倒换开关，恢复正常工作状态。

（2）四纤双向复用段倒换环。四纤双向复用段倒换环的工作原理如图 5-17（a）所示，它是以两根光纤 S1 和 S2 共同作为主用光纤，而 P1 和 P2 两根光纤为备用光纤，其中各信号传输方向如图所示。正常情况下，信息通过主用光纤传输，备用光纤空闲。下面同样以 A、C 节点间的信息传输为例，说明其工作原理。

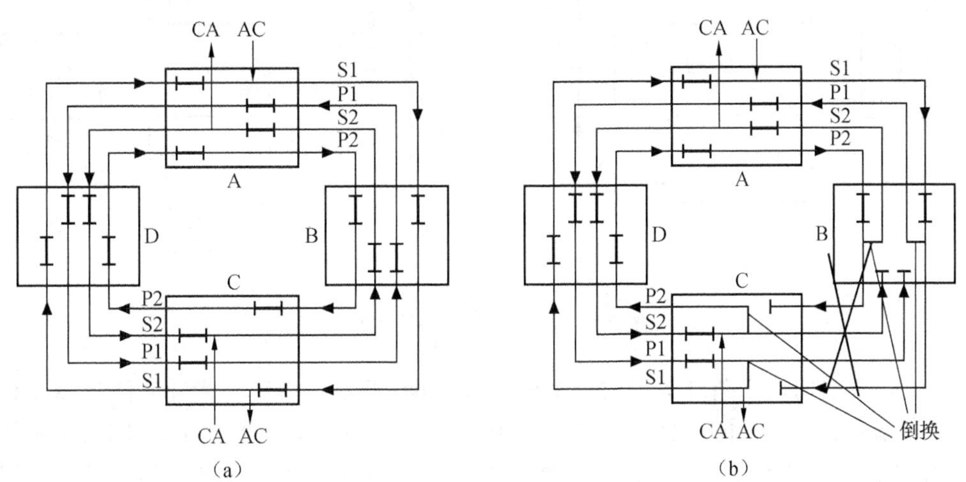

图 5-17　四纤双向复用段倒换环

正常工作情况下，信息由 A 节点插入，沿主用光纤 S1 传输，经节点 B。到达节点 C，在 C 节点完成信息的分离。当信息由节点 C 插入后，则沿主用光纤 S2 传送，同样经 B 节点，到达 A 节点，从而完成由 C 节点到 A 节点的信息传送。

当 B、C 节点之间 4 根光纤同时出现断纤现象时，如图 5-17（b）所示，与光纤断线故障相连的节点 B、C 中各有两个执行环回功能电路，从而在节点 B、C，主用光纤 S1 和 S2 分别通过倒换开关，与备用光纤 P1 和 P2 相连，这样当信息由 A 节点插入时，信息首先由主用光纤 S1 携带，到达 B 节点，通过环回功能电路 S1 和 P1 相连，因而此时信息转为 P1 所携带，经过节点 A、D 到达 C 点，通过 C 节点的环回功能，实现 P1 和 S1 的连接，从而完成 A 到 C 节点的信息传递，而由 C 节点插入的信息，首先被送到主用光纤 S2 经 C 节点的环回功能，使 S2 与 P2 相连接，这时信息则沿 P2 经 D、A 节点，到达 B 节点，由于 B 节点同样具有环回功能，P2 和 S2 相连，因而信息又转为由 S2 传输，最终到达 A 节点，以此完成 C 到 A 节点的信息传递。

（3）二纤双向复用段倒换环。从图 5-17（a）可见，S1 和 P2，S2 和 Pl 的传输方向相同，由此人们设想采用时隙技术，将前半部分时隙用于传送主用光纤 S1 的信息，后半部分时隙传送备用光纤 P2 的信息，这样可将 S1 和 P2 的信号置于一根光纤（即 S1/P2 光纤），同样 S2 和 P1 的信号也可同时置于另一根光纤（即 S2/P1 光纤）上，这样四纤环就简化为二纤环。具体结构如图 5-18 所示，下面还是以 A、C 节点间的信息传递为例，说明其工作原理。

正常工作情况下，当信息由 A 节点插入时，首先是由 S1/P2 光纤的前半部分时隙所携带，经 B 节点到 C 节点，完成由 A 节点到 C 节点的信息传送，而当信息由 C 节点插入时，则是由 S2/P1 光纤的前半部分时隙来携带，经 B 节点到达 A 节点，从而完成 C 节点到 A 节点信息传递。

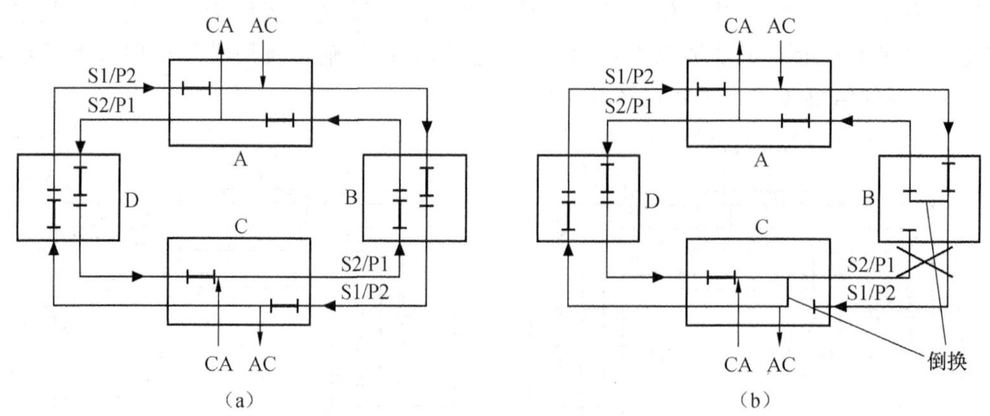

图 5-18 二纤双向复用段倒换环

当 B、C 节点间出现断纤故障时，如图 4-18（b）所示。由于与光纤断线故障点相连的节点 B、C 都具有环回功能，这样，当信息由 A 节点插入时，信息首先由 S1/P2 光纤的前半部分时隙携带，到达 B 节点，通过回路功能电路，将 S1/P2 光纤前半部分时隙所携带的信息装入 S2/P1 光纤的后半部分时隙，并经 A，D 节点传输到达 C 节点。在 C 节点利用其环回功能电路，又将 S2/P1 光纤中后半部分时隙所携带的信息置于 S1/P2 光纤的前半部分时隙之中，从而实现 A 节点到 C 节点的信息传递。而由 C 节点插入的信息则首先被送到 S2/P1 光纤的前半部分时隙之中，经 C 节点的环回功能转入 S1/P2 光纤的后半部分时隙，沿线经 D，A 节点到达 B 节点，又同时由 B 节点的环回功能处理，将 S1/P2 光纤后半部分时隙中携带的信息转入 S2/P1 光纤的前半部分时隙传输，最后到达 A 节点，以此完成由 C 节点到 A 节点的信息传递。

（4）二纤单向通道倒换环。二纤单向通道倒换环的结构如图 5-19（a）所示，可见它采用 1＋1 保护方式。当信息由 A 节点插入时，一路由主用光纤 S1 携带，经 B 节点到达 C 节点，另一路由备用光纤 P1 携带，经 D 节点到达 C 节点，这样在 C 节点同时从主用光纤 S1 和备用光纤 P1 中分离出所传送的收息，再按分路通道信号的优劣决定选哪一路信号作为接收信号，同样当信息由 C 节点插入后，分别由主用光纤 S1 和备用光纤 P1 所携带，前者经 B 节点，后者经 D 节点，到达 A 节点，这样根据接收的两路信号的优劣，优者作为接收信号。

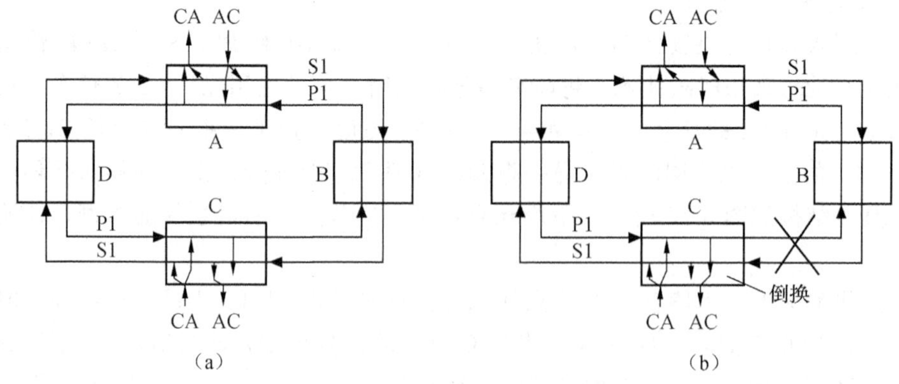

图 5-19 二纤单向通道倒换环

当 B，C 节点间出现断线故障时，如图 5-19（b）所示，由节点 A 插入的信息，分别在主用光纤 S1 和备用光纤 P1 中传输，其中在备用光纤 Pl 中传输的插入信息经 D 节点到达 C 节点，而在主用光纤 S1 中传输的插入信息则被丢失，这样根据通道选优准则，在节点 C 倒换开关由主用光纤 S1 转至备用光纤 P1，从备用光纤 Pl 中选取接收信息，而当信息由 C 节点插入时，则信息也同时在主用光纤 S1 和备用光纤 P1 上传输，其中主用光纤中所传输的插入信息，经 D 节点到达 A 节点，而在备用光纤 P1 中传输的插入信息则被丢失，因而在 A 节点只能以来自主用光纤 S1 的信息作为接收信息。

5.6 基于 SDH 的多业务传送平台（MSTP）

5.6.1 MSTP 的基本概念及特点

MSTP 是指能够同时实现 TDM、ATM、以太网等业务的接入、处理和传送功能，并能提供统一网管的、基于 SDH 的平台。由此可见，MSTP 设备应具有 SDH 处理功能、ATM 处理功能和以太网处理功能。在图 5-20 中给出了基于 SDH 的多业务传送平台的功能模型。

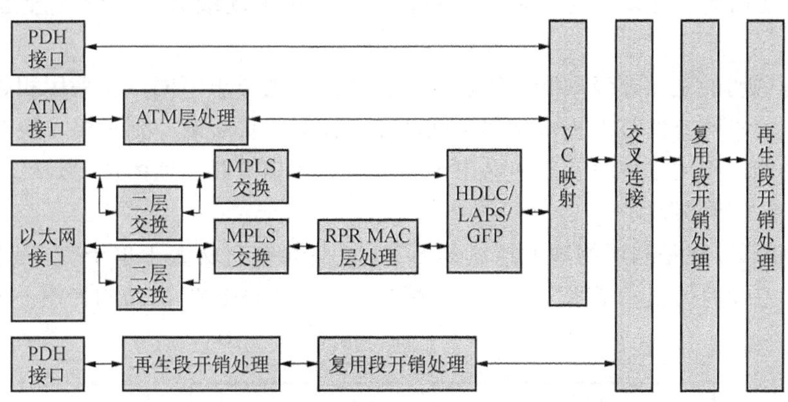

图 5-20　基于 SDH 的多业务传送节点基本功能模型

MSTP 的技术特点。

(1) 保持 SDH 技术的一系列优点。如具有良好的网络保护机制和 TDM 业务处理能力。

(2) 提供集成的数字交叉连接功能。在网络边缘使用具有数字交叉功能的 MSTP 设备，可节约系统传输带宽和省去核心层中昂贵的大容量的数字交叉连接系统端口。

(3) 具有动态带宽分配和链路高效建立能力。在 MSTP 中可根据业务和用户的即时带宽需求，利用级联技术进行带宽分配和链路配置、维护与管理。通常带宽可分配粒度为 2Mbit/s。

(4) 支持多种以太网业务类型。以太网业务有多种，目前 MSTP 设备能够支持点到点、点到多点、多点到多点的业务类型。

(5) 支持 WDM 扩展。城域网中采用了分层的概念，即核心层、汇聚层和接入层。对位于核心层的 MSTP 设备来说，其信号类型最低为 OC-48（STM-16），并可扩展到 OC-192（STM-64）和密集波分复用（DWDM）；对位于汇聚层和接入层的 MSTP 设备来说，其信号类型可从 OC-3/OC-12（STM-1/STM-4）开始可扩展到支持 DWDM 的 OC-48。

(6) 提供综合的网络管理能力。由于 MSTP 管理是面向整个网络的，因此其业务配置、性能告警监控也都是基于向用户提供的网络业务。为了管理和维护的方便，城域网要求其网络系统能够根据所指示的网络业务的源、宿和相应的要求，提供网络业务的自动生成功能，避免传统的 SDH 系统需逐个进行网元业务设置和操作，从而能够快速的提供业务，同时还能提供基于端到端的业务性能、告警监控及故障辅助定位功能。

5.6.2 MSTP 中的关键技术

1. 级联与虚级联

级联是一种组合过程，通过将几个 C-*n* 的容器组合起来，构成一个大的容器来满足数据业务传输的要求，这就是级联。级联可分为相邻级联和虚级联。下面以 VC-4 的级联为例进行说明。相邻级联是指利用同一个 STM-*N* 中相邻的 VC-4 级联成 VC-4-Xc，以此作为一个整体信息结构进行传输。而虚级联则是指将分布在同一个 STM-*N* 中不相邻的 VC-4 或分布在不同 STM-*N* 中的 VC-4 按级联关系构成 VC-4-Xv，以这样一个整体结构进行业务信号的传输。当利用分布在不同 STM-*N* 中的 VC-4 进行级联实现信息传送时，可能各 VC-4 使用同一路由，也可能使用不同路由，可见虚级联的时延处理是一项首要解决的问题。

另外值得说明的是相邻级联和虚级联对于传送设备的要求不同。在采用相邻级联方式的传送通道上，要求所有的节点提供相邻级联功能，而对于虚级联，则只要求源节点和目的节点具有级联功能。因此在网络互联中会出现相邻级联和虚级联互通的情况。

(1) VC-4 的相邻级联

VC-4 的相邻级联是利用物理上连续的 SDH 帧空间来存储大于单个 VC-4 容器的数据，并通过 AU-4 指针内的级联指示字节来加以标识。一个 VC-4-Xc 的结构如图 5-21 所示。

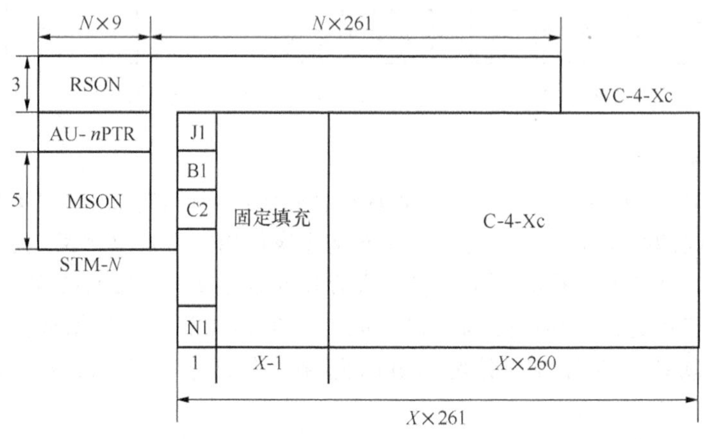

图 5-21 VC-4-Xc 结构

由图可以看出，VC-4-Xc 的第 2～X 列规定为固定填充比特，第 1 列分配给 POH。其中的 BIP-8 校验范围覆盖 VC-4-Xc 的 261X 列。VC-4-Xc 加上各自的指针便构成 AU-4-Xc，其中第 1 个 AU-4 应具有正常范围的指针值。而 AU-4-Xc 中的其他的 AU-4 指针将其指针置为级联指示，即 1～4 比特设置为“1001”，5～6 比特未作规定，7～16 比特设置为 10 个“1”。

值得说明的是：对于点到点无任何约束的连接，可采用高速率的 VC-4-Xc 传输。欲构成复用段保护倒换环，则需要留出 50%的带宽作为备份。

（2）VC-4 的虚级联

虚级联 VC-4-Xv 利用几个不同的 STM-*N* 信号帧中的 VC-4 传送 *X* 个 149.760bit/s 的净荷容量的 C-4，如图 5-22 所示。

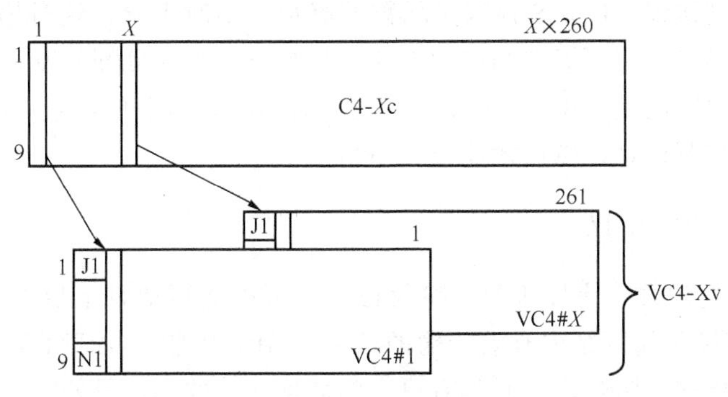

图 5-22　VC-4-Xv 结构

由图可见，每个 VC-4 均具有各自的 POH，其定义与一般的 POH 开销规定相同，但这里的 H4 字节是作为虚级联标识用的。H4 由序列号（SQ）和复帧指示符（MFI）两部分组成。复帧指示字节占据 H4（b5～b8），可见复帧指示序号范围 0～15。换句话说，16 个 VC-4 帧构成一个复帧（2ms）。并且 MFI 存在于 VC-4-Xv 的所有 VC-4 中。每当出现一个新的基本帧时，MFI 便自动加 1。利用 MFI 值终端可以判断出所接收到的信息是否来自同一个信源。若来自同一个信源，则可以依据序列号进行数据重组。

VC-4-Xv 虚级联中的每一个 VC-4 都有一个序列号，其编号范围 0～*X*-1（*X*＝256），可见需占用 8bit。通常用复帧中的第 14 帧的 H4 字节（b1～b4）来传送序列号的高 4 位，用复帧中的第 15 帧的 H4 字节（b1～b4）来传送序列号的低 4 位。而复帧中的其他帧的 H4 字节（b1～b4）均未使用，并全置为“0”。

由于 VC-4-Xv 中的每一个 VC-4 在网络中传输时其传播路径不同，使得各 VC-4 之间存在时延差，因此在终端必须进行重新排序，以组成连续的容量 C-4-Xc。通常重新排序的处理能力至少能够容忍 125μs 的时延差。因此希望 VC-4-Xv 中各 VC-4 的时延差尽量小。

（3）虚级联应用中的几个问题

① 时延处理能力：利用虚级联技术来实现数据业务的传送，大大提高了网络的频带利用率，但由于这些数据是通过不同路径的 VC 来实现传输的，因此到达的 VC 彼此之间存在时间差。当时间差过大时，终端便无法进行信息的重组。通常工程上要求时间差不得大于 125μs。

② 相邻级联与虚级联的互通：在实际的网络中经常会出现相邻级联与虚级联的互通的问题。这就要求系统能够提供相邻级联与虚级联之间净荷的相互映射功能，即将 VC-*n*-Xc 中的净荷映射到 VC-*n*-Xv 中时，VC-*n*-Xc 中的净荷按字节间插的方式逐个映射到 VC-*n*-Xv 各个 VC-*n* 中。反之也如此。

③ 业务的安全性：由于虚级联中分别采用不同的路径来传送各个独立的 VC，一旦网络中出现线路故障或拥塞现象，则会造成某个 VC 失效，从而导致整个虚容器组的失效。在实

际 MSTP 系统中是采用链路容量调整方案（LCAS）来解决这一问题的。

2. 链路容量调整方案（LCAS）

引起链路容量调整的原因各种各样。例如由于业务带宽的需求发生了变化，如何在不中断数据流的情况下动态地调整级联的 VC 的个数就是 LCAS 协议所涵盖的内容。LCAS 是一种双向链路容量控制协议，LCAS 根据实际数据流量的实时需求，通过增减级联组中的 VC 个数来调节净负载容量，在不影响当前数据流的情况下可重新分配带宽，以满足用户对变化带宽的需求。需要说明的是，由于 LCAS 是一种双向协议。因此在进行链路容量调整之前，收发双方需要交换控制信息，然后才能传送净荷。

3. 通用成帧（GFP）协议

GFP 是一种先进的数据信号适配、映射技术，可以透明地将上层的各种数据信号封装为可以在 SDH/OTN 传输网络中有效传输的信号。GFP 吸收了 ATM 信元定界技术，数据承载效率不受流量模式的影响，同时具有更高的数据封装效率，另外它还支持灵活的头信息扩展机制以满足多业务传输的要求，因此 GFP 协议是具有简单、效率高、可靠性高等优势，适用于高速传输链路。

5.6.3 多业务传送平台

基于 SDH 的多业务传送平台充分利用现有的 SDH 技术，特别是其保护恢复能力，并具有较小的延时特性，通过对网络的传送层加以改造，使之适应多种业务应用，并且支持第 2 层或第 3 层数据传输。其基本思路是通过 VC 级联等方式使多种不同的业务都能通过不同的 SDH 时隙进行传输，同时将 SDH 设备与第 2 层和第 3 层甚至第 4 层分组设备在物理上集成起来构成一个实体。这就是人们所希望的 MSTP 设备。下面分别介绍 MSTP 的多业务接入过程。

1. 以太网业务在 MSTP 中的实现

以太网业务接入过程图 5-20 所示。从图中可以看出，一般以太网信号首先经过以太网处理模块实现流控制、VLAN 处理、2 层交换、性能统计等功能。然后再利用 GFP（通用成帧规程）、LAPS 或 PPP 等协议封装映射到 SDH 相应的虚容器之中。根据所采用的实用技术来划分，MSTP 上所实现的以太网功能如下。

（1）透传功能

对于用户端设备所输出的以太网信号，直接将其封装到 SDH 的 VC 容器中，而不做任何 2 层处理，这种工作方式称为透传。它是一种最简单的方式。它只要求 SDH 系统提供一条 VC 通道来实现以太网数据的点到点透明传送。其中所涉及的实现以太网透传功能的技术有以太网数据成帧方法、将成帧后的信号映射到 SDH 的 VC 中的映射方法、VC 通道的级联方法和传输带宽的管理方法等。

不同终端、不同时刻所要求的以太网业务的带宽不同，可通过 VC 级联的方式实现传输带宽的调整。VC 的级联可分为相邻级联和虚级联两种。级联的最大优点就是提高了传输系统的频带利用率。为了能够对承载带宽实现更为灵活的动态管理，需要使用链路容量调整方案（LCAS），这样才能实时地检测传输链路的带宽，并能根据网络当前的负荷状况，在不中断数据流的情况下动态地调整虚容器的虚级联个数，以达到调整链路带宽的目的。

（2）以太网二层交换功能

以太网二层交换功能是指在将以太网业务映射进 VC 虚容器之前，先进行以太网二层交换处理，这样可以把多个以太网业务流复用到同一以太网传输链路中，从而节约了局端端口和网络带宽资源。人们不禁会问系统中是如何实现以太网二层交换处理呢？所谓的以太网二层交换处理是指能够根据数据包的 MAC 地址，实现以太网接口侧不同以太网接口与系统侧不同 VC 虚容器之间的包交换，同样也可以根据 IEEE 802.1Q 的 VLAN 标签进行数据包交换。由于平台中具有以太网的二层交换功能，因而可以利用生成树协议（STP）对以太网的二层业务实现保护。

基于 SDH 的、具有以太网二层交换功能的多业务传送节点应具备以下功能。

① 传输链路带宽的可配置。

② 以太网的数据封装方式可采用 PPP 协议、LAPS 协议和 GFP 协议。

③ 能够保证包括以太网 MAC 帧、VLAN 标记等在内的以太网业务的透明传送。

④ 可利用 VC 相邻级联和虚级联技术来保证数据帧传输过程中的完整性。

⑤ 具有转发/过滤以太网数据帧的功能和用于转发/过滤以太网数据帧的信息维护功能。

⑥ 能够识别符合 IEEE 802.1Q 规定的数据帧，并根据 VLAN 信息进行数据帧的转发/过滤操作。

⑦ 支持 IEEE 802.1D 生成树协议 STP、多链路的聚合和以太网端口的流量控制。

⑧ 提供自学习和静态配置两种可选方式以维护 MAC 地址表。

（3）以太环网功能

以太环网方式是以太网二层交换的一种特殊应用形式。它是利用以太网二层交换技术构成物理上的环形网络，但在 MAC 层通过生成树协议组成总线形/树形拓扑，从而使以太环网上的所有节点能够实现带宽的动态分配和共享，提高了链路的频带利用率。但由于只是在物理层上成环，而未能使 MAC 层成环，环路流量未能做到双向传输。另外，由于缺乏有效的环网带宽分配公平算法，因此，当环网上各节点出现竞争环路带宽时，无法保证环上各节点的公平接入性。可见无法提供基于端到端的环网业务的 QoS 保证。目前普遍认为 RPR 技术是解决这一问题的有效方法之一。

RPR 使用 VDQ 等算法来实现环路带宽分配的公平性，同时利用流分类、业务优先级等技术以满足以太网业务的 QoS 保障要求。详细内容在后面介绍。

2. ATM 业务在 MSTP 中的实现

在 SDH 协议制定之初就已经考虑到 ATM 业务的映射问题，因而到目前为止，利用 SDH 通道来传送 ATM 业务已经是相当成熟的技术。但由于数据业务具有突发性的特点，因此业务流量是不确定的，如果为其固定分配一定的带宽，势必会造成网络带宽的巨大浪费。为了有效的解决这一问题，因此在 MSTP 设备中增加了 ATM 层处理模块（如图 5-20 所示），用于对接入业务进行汇聚和收敛。这样汇聚和收敛后的业务，再利用 SDH 网络进行传送。尽管采用汇聚和收敛方案后大大提高了传输频带的利用率，但仍未达到最佳化的情况。这是因为由 ATM 模块接入的业务在 SDH 网络中所占据的带宽是固定的，因此当与之相连的 ATM 终端无业务信息需要传送时，这部分时隙处于空闲状态，从而造成另一类的带宽浪费。在 MSTP 设备中，由于增加了 ATM 层处理功能模块，可以利用 ATM 业务共享带宽（如 155Mbit/s）特性，通过 SDH 交叉模块，将共享 ATM 业务的带宽调度到 ATM 模块进行处理，将本地的 ATM 信元与 SDH 交叉模块送来的来自其他站点的 ATM 信元进行汇聚，共享的 155Mbit/s 的带宽，其输出送往下一个站点。

3. TDM 业务在 MSTP 中的实现

SDH 系统和 PDH 系统都具有支持 TDM 业务的能力，因而基于 SDH 的多业务传送节点应能够满足 SDH 节点的基本功能，可实现 SDH 与 PDH 信息的映射、复用，同时又能够满足级联、虚级联的业务要求，即能够提供低阶通道 VC-12、VC-3 级别的虚级联功能或相邻级联和提供高阶通道 VC-4 级别的虚级联或相邻级联功能，并提供级联条件下的 VC 通道的交叉处理能力。

小　　结

1. SDH 网络的概念：SDH 网是由一些 SDH 的网络单元（NE）组成的，在光纤上进行同步信息传输、复用、分插和交叉连接的网络（SDH 网中不含交换设备，它只是交换局之间的传输手段）。

2. 网络节点接口（NNI）是表示网络节点之间的接口。在实际中也可以看成是传输设备和网络节点之间的接口。

3. SDH 所使用的信息结构等级为 STM-N 同步传输模块，其中最基础的模块信号是 STM-1，其速率是 155.520Mbit/s，更高等级的 STM-N 信号是将 N 个 STM-1 按字节间插同步复用后所获得的。其中 N 是正整数，目前国际标准化 N 的取值为：$N=1$、4、16、64、256。

4. STM-N 的帧结构。

段开销（SOH）是指 SDH 帧结构中，为了保证信息正常传送而供网络运行、管理和维护所使用的附加字节，它在 STM-N 帧结构中的位置是第 $1\sim9\times N$ 列中的第 1～3 行和第 5～9 行。

信息净负荷区域内存放的是有效传输信息。它是由有效传输信息加上部分用于通道监视、管理和控制的通道开销（POH）组成。

管理单元指针实际上是一组数码，用来指示净负荷中信息起始字节的位置。

5. SDH 的特点。

6. SDH 中的基本复用、映射结构

7. SDH 网络单元有同步光缆线路系统、复用器和数字交叉连接设备等。

8. 光纤通信系统：在 SDH 光缆线路系统中，可以采用多种结构，如点到点系统、点到多点系统以及环路系统等，其中点到点链状系统和环路系统是使用最为广泛的基本线路系统。

9. 网络的生存性是指网络在经受各种故障（网络失效和设备失效）后能够维持可接受业务质量的能力。

保护恢复技术分类：IP 层恢复技术、ATM 层恢复技术、SDH 层恢复技术和光层恢复技术。

10. SDH 网络的保护：自动线路保护倒换和环路保护。

11. MSTP 的基本概念及特点。

MSTP 是指能够同时实现 TDM、ATM、以太网等业务的接入、处理和传送功能，并能提供统一网管的、基于 SDH 的平台。

12. 基于 SDH 的多业务传送节点基本功能模型。

习 题

1. SDH 网的基本特点是什么？
2. SDH 帧中开销的含义是什么？各字节的用途是什么？
3. 怎样解释 DXC 的复用功能？
4. 系统保护方式有哪几种？请简述各自的保护操作过程。
5. 请画出 SDH 的帧结构图。
6. 试计算 STM-1 段开销的比特数。
7. 计算 STM-16 的码率。
8. 简述 MSTP 的基本概念。
9. 论述级联与虚级联的概念
10. 请说明 LCAS 协议的链路容量调整思路。

第6章 分组传送网

随着 WDM 技术的发展，传送网的容量问题已基本得到解决，下一代传送网所关注的是如何构建一个统一的、大容量的、透明的、可靠的传送层，以实现与 IP 承载网的协调调度。分组传送网（PTN）的设计思想是用一个面向连接的、支持类 SDH 端到端性能管理的网络来实现向下一代传送网的平滑过渡，可见 PTN 已成为全 IP 化网络的核心技术之一。本章从技术与应用的角度，详细地介绍了 PTN 的基本概念、体系结构、业务承载与数据转发、网络中的安全性问题以及在 3G 传输承载网络中的应用等内容。

6.1 PTN 的基本概念及特点

6.1.1 PTN 的基本概念

网络的扁平化、宽带化、移动化、全 IP 化已成为当今网络发展的大方向。然而传统的传送网和数据网络由于受到其技术的限制，已越来越成为业务、网络 IP 化发展的掣肘。在这种背景下，能够较好地承载电信级以太网业务，又能兼顾传统 TDM 业务，并继承了 SDH/MSPT 良好的组网、保护和可运维能力的分组传送网（PTN）技术的出现适时地顺应了时代发展步伐。

分组传送网（PTN）是一种能够面向连接、以分组交换为内核的、承载电信级以太业务为主，兼容传统 TDM、ATM 等业务的综合传送技术。它是针对分组业务流量的突发性和统计复用传送的要求而设计的。在 IP 业务和底层光传输媒质层之间构建了一个层面，以分组业务为核心，并支持多业务提供，同时秉承光传输的高可靠性、高带宽以及 QoS 保障的技术优势，以解决城域传输网汇聚层和接入层上 IP RAN 以及全业务的接入、传送问题。

6.1.2 PTN 标准

PTN 有两类实现技术，即 T-MPLS 和 PBT。

- T-MPLS：是从 IP/MPLS 发展而来的，该技术摒弃了基于 IP 地址的逐跳转发，增强了 MPLS 面向连接的标签转发能力，从而确定端到端的传送路径，加强了网络的保护、OAM 和 QoS 能力。
- PBT：是从以太网发展而来的 PBB-TE 技术。PBB（运营商骨干桥接）解决了运营商和客户之间的安全隔离，并提供了网路的可扩展性，PBB-TE 增加了流量工程（TE），从而增强了 QoS 能力。

目前 PBT 主要支持点到点的传送，多点业务需要借助 PBB 和 PLSB（运营商链路状态桥接）技术的支持。由于 T-MPLS 与核心网络之间具有天然的互通性，因此目前 T-MPLS 已成为 PTN 的主流实现技术。

6.1.3　PTN 的特点

PTN 技术保留了传统 SDH 传送网的技术特征，并通过分层和分域，使网络具有良好的可扩展性和可靠的生存性，具有快速的故障定位、故障管理、性能管理等丰富的操作维护管理（OAM）能力；这样不仅可以利用网络管理系统进行业务配置，还可以通过智能控制平面灵活地提供各种业务。

除此之外，PTN 技术还引入分组的一些基本特征。例如，支持基于分组的统计复用功能，以满足分组业务的突发性要求；利用面向连接的网络提供可靠的 QoS 保障，满足更丰富的服务等级（CoS）分组业务要求；通过分组网络的同步技术提供频率同步和时间同步。

PTN 具有如下技术特点。

① 继承了 MPLS 的转发机制和多业务承载能力。PTN 采用 PWE3/CES（端到端伪线仿真/电路仿真业务）技术包括 TDM/ATM/Ethernet/IP 在内的各种业务提供端到端的、专线级别的传输管道。与数据通信方案不同，在 PTN 中即使数据业务也要通过伪线仿真，以确保连接的可靠性，而不是提供给电路层由动态电路来实现。

② 完善的 QoS 机制。PTN 支持分级的 QoS、CoS、Diff-Serv（区分服务体系结构）、RFC2697/2698 等特性，满足业务的差异化服务要求。

③ 提供强大的 OAM 能力。PTN 中除了基于 SDH 的维护方案外，还支持基于 MPLS 和 Ethernet 的丰富 OAM 机制，如 Y1710/Y1711、以太性能监控等。还支持 GMPLS/ASON（在第 9 章介绍）控制平面技术，使得传送网高效透明、安全可靠。

④ 提供时钟同步。PTN 不仅继承 SDH 的同步传输特性，而且可根据相关协议的要求支持时钟同步。

⑤ 支持高效的基于分组的统计复用技术。由于采用了面向连接技术，这样在具有相同效益的基础上，与基于 IP 层的统计复用相比，基于 MAC 层的统计复用成本更低，所以 PTN 能够在保证多业务特性、网络可扩展性的基础上，为运营商带来更高的性价比。

总之，PTN 作为具有分组和传送双重属性的综合传送技术，不仅能够实现分组交换、高可靠性、多业务、高 QoS 功能，而且还能提供端到端的通道管理、端到端的 OAM 操作维护、传输线路的保护倒换、网络平台的同步定时功能，同时所需传输成本最低。

6.2　PTN 网络的体系结构

6.2.1　分层结构

按照下一代网络的体系构架，网络结构可划分为传送层、业务层和控制层，且从传送的角度分析，业务层与传送层的分离实现各网络的各司其职，以达到更高效运行的目的；同时要求作为服务层的传送网，能够更好地提供分组传送业务，以适应全 IP 化环境发展的需求。

分组传送网采用分层结构，如图 6-1 所示，其中包括分组传送通路层、分组传送通道层和传输媒质层 3 层结构。

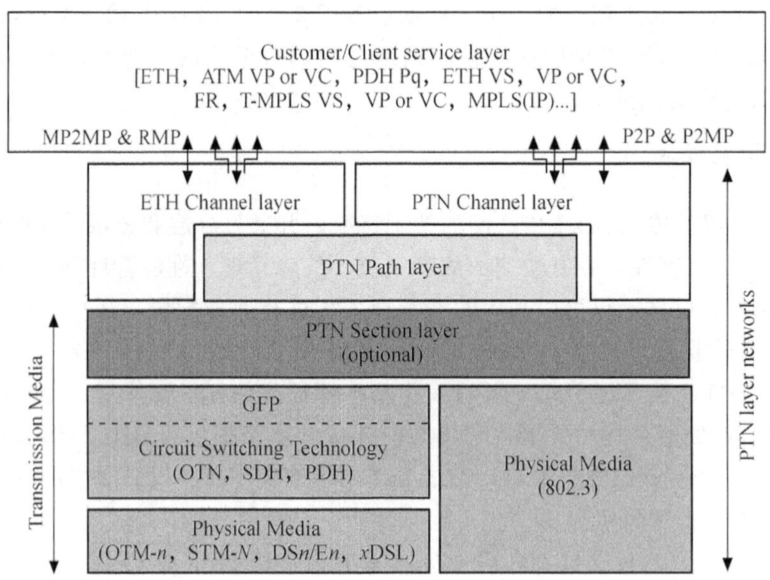

图 6-1 PTN 的分层结构

① 分组传送通路（Channel）层（PTC）：表示客户业务信息的特性，等效于 PWE3 的伪线层（或虚电路层）。客户信号被封装进虚通路（VC），并提供客户信号端到端的传送，即端到端 OAM、端到端性能监控和端到端的保护，如图 6-2 所示。

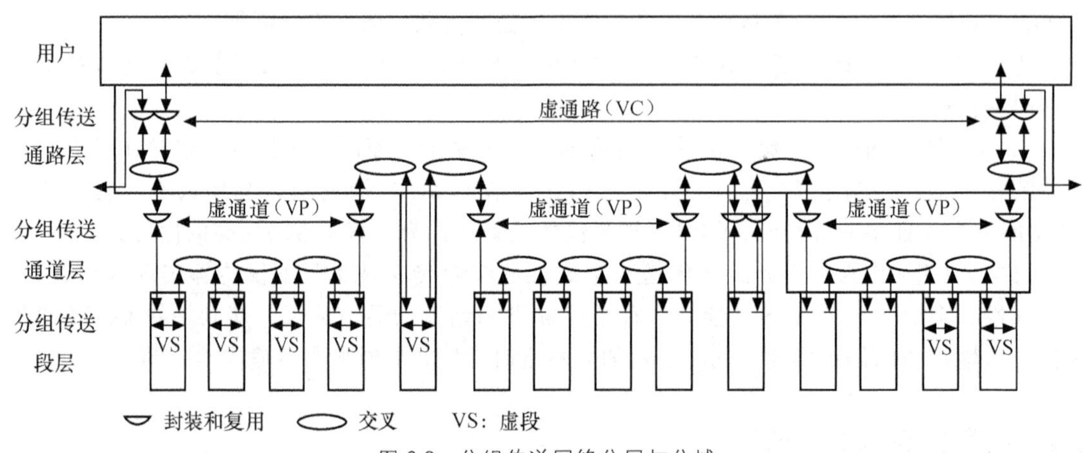

图 6-2 分组传送网络分层与分域

② 分组传送通道（Path）层（PTP）：表示端到端的逻辑连接的特性，类似于 MPLS 中隧道层。将封装和复用的虚通路放进虚通道（VP），并通过传送和交换虚通道来提供多个虚通路业务的汇聚和可扩展性。

③ 传输媒质层：包括分组传送段层（PTS）网络和物理媒质层（简称为物理层）网络。

段（Section）层表示相邻的虚层连接，如 SDH、OTN、以太网或者波长，主要是用来提供虚拟段（VS）信号的 OAM 功能。物理媒介表示所使用的传输媒介，如光纤、铜缆、微波等。

尽管进行了网络分层，但每一层网络依然比较复杂，且可能覆盖范围很大，因此在分层的基础上，可以将 PTN 网络划分为若干个分离的部分，即分域（分割）。这样整个网络可以按照地域或者运营商来分成若干分域，大的域可能又是由多个小的子域构成的，如图 6-2 所示。

PTN 中常用的传输媒质层有以太网、PDH/SDH/OTN/WDM。通过以太网的 Ethernet Type 字节指示 PTN 作为客户信号，以此将 PTN 直接架构在以太网之上。利用 GFP-F 和 GFP-T 进行封装，通过 GFP 中的 UPI 指示 PTN 为客户信号，这样将 PTN 直接架构在 PDH/SDH 和 OTN 之上。PTN 传输媒质层的协议示意图如图 6-3 所示。

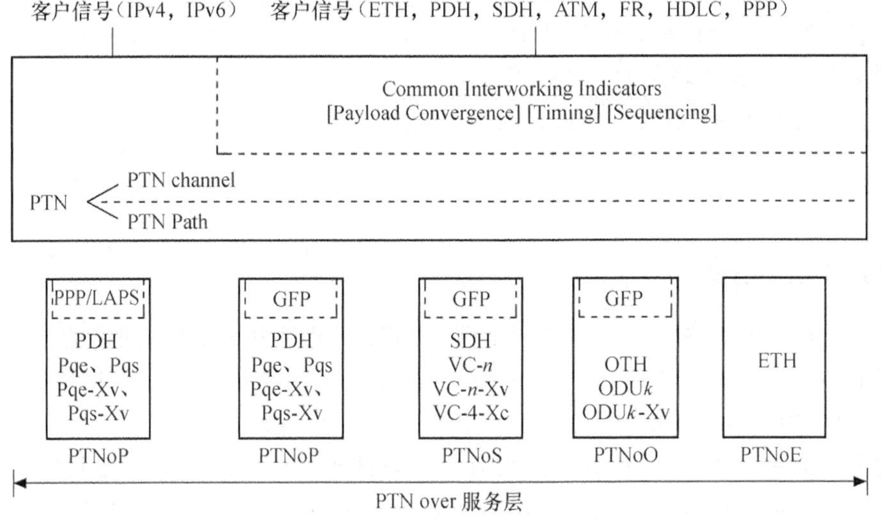

图 6-3　PTN 的传输媒质层

随着 IP 网络的发展，IP 数据业务量已经超过传统的语音业务量，但从收入的角度来说，现阶段语音业务的收入仍是运营商的最主要盈利来源之一。因此，新的传送网络体系结构应该兼容现有的应用协议，这就要求传送网络体系结构具有包的通用处理能力和通用的层间接口协议，这样既可以接收各种客户层协议，又可以利用各种下层协议（服务层）提供的连接路径或服务。

可见，在这种新的传送网络体系构建中，需要考虑到 IP 业务的突发性和不确定性因素，因此要求光网络能够提供带宽动态分配和调度功能，以实现有效的网络优化，从而减少全网中所需的光接口，如 POS 接口、OTU 接口和相应波长的数目。这样既能降低建设成本，同时又能提高网络的带宽利用率。而对于实现 TDM 业务的无缝连接的要求，则可通过采用电路仿真业务的方式实现现有电路型业务的传送。

6.2.2　PTN 的功能平面

PTN 的功能平面是由 3 个层面组成的，即传送平面、管理平面和控制平面，如图 6-4 所示。

① 传送平面：实现对 UNI 接口的业务适配、基于标签的业务报文转发和交换、业务 QoS 处理、面向连接的 OAM 和保护恢复、同步信息的处理和传送以及线路接口的适配等功能。需要说明的是，传送平面上的数据转发是基于标签进行的。由于 T-MPLS 与 PBT 的实

现技术不同，因而各自所采用的标签也不同。

② 管理平面：实现网元级和子网级的拓扑管理、配置管理、故障管理、性能管理、安全管理等功能。

③ 控制平面：是由信令网络支撑的，其中包括能够提供路由、信令、资源管理等特定功能的一系列控制元件。

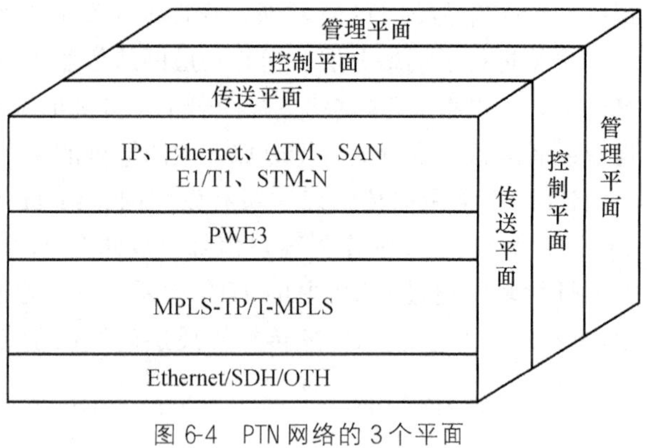

图 6-4 PTN 网络的 3 个平面

控制平面的主要功能包括通过信令支持建立、拆除和维护端到端连接的能力；通过选路为连接选择合适的路由；网络发生故障时，执行保护和恢复功能；自动发现邻居关系和链路信息，发布链路状态信息，以支持连接建立、拆除以及保护恢复功能。

6.2.3 PTN 网元结构与分类

1. PTN 网元的分类

根据网元在一个网络中所处的位置不同，PTN 网元可分为 PTN 网络边缘节点（PE）和 PTN 网络核心（P）节点两类。所谓 PE 是指客户边缘节点（CE）直接相连的 PTN 网元。而在 PTN 中进行 VP 隧道转发的网元则被称为节点（P）。

需要说明的是，PE 节点和 P 节点均具有逻辑处理功能。通常对任意给定的 VP 管道而言，一个特定的 PTN 网元只能承担 PE 节点或 P 节点的一种功能。而对于某一 PTN 网元所同时承载的多条 VP 管道而言，该 PTN 网元可能既是 PE 节点，又是 P 节点。根据标签处理能力的差异，将 PE 设备进一步分为 T-PE（PW 终结的 PE 设备）和 S-PE（PW 交换的 PE 设备）。

2. PTN 网元的功能结构

PTN 网元的功能模块是由传送平面、管理平面和控制平面构成的，如图 6-5 所示。

① 传送平面接口：包括客户网络接口（UNI）和网络—网络接口（NNI）两类。

- UNI 接口：用于连接 PTN 网元和客户设备的接口，其中的客户设备接口可以是 FE/GE/10GE 等以太网接口，也可以是通道化的 STM-1（VC-12）接口或 STM-1（VC-4）接口（可选）或者 PDH E1 或 IMA（ATM 反向复用）E1 接口（可选）。
- NNI 接口：用于连接两个 PTN 网元的接口，分为域内接口（IaDI）和域外接口（IrDI），具体可使用 GE/10GE 接口，也可使用 SDH 或 OTN 接口（可选）。

② 控制接口：控制平面是由提供路由和信令等特定功能的一组控制元件组成的，并用信令网作为支撑。通过控制接口可完成控制平面元件之间的互操作以及元件之间的通信信息流传递。

③ 管理接口：PTN 管理系统能够提供端到端、在管理域内或域间的故障管理、配置管理和性能管理。通过管理接口可完成用于实现网元级和子网级管理的信息流传送。

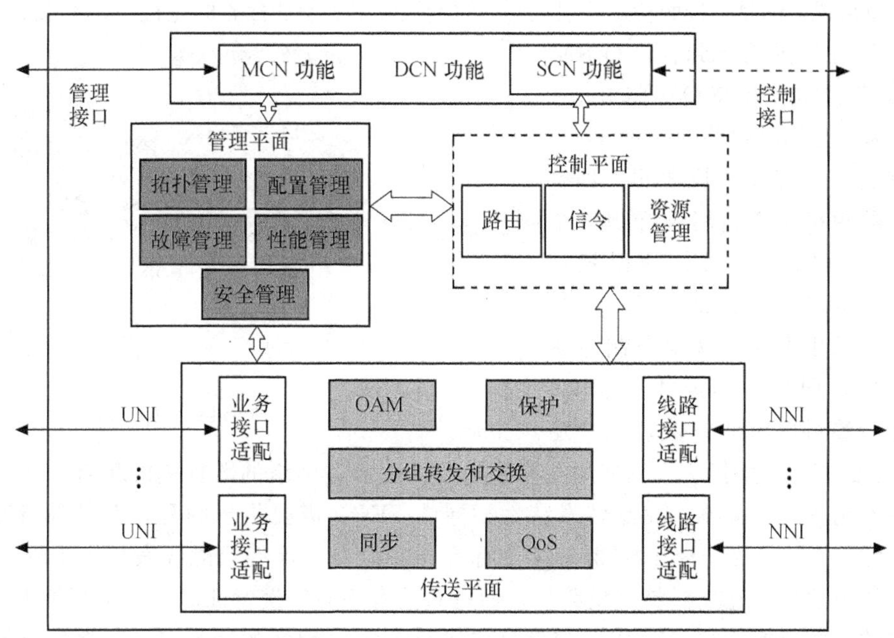

MCN —管理通信网　SCN—信令通信网　DCN—数字通信网

图 6-5　PTN 网元的功能模块示意图

6.3　T-MPLS 的业务承载与数据转发

6.3.1　T-MPLS 与 MPLS 的区别

1. MLPS 技术基础

MPLS（多协议标签交换）技术是将第二层交换技术和第三层路由技术结合起来的一种 L2/L3 集成数据传输技术。在 MPLS 中之所以提及“多协议”是因为 MPLS 不仅能够支持多种网络层层面上的协议，如 IPv4、IPv6、IPX 等，而且还可以兼容多种链路层技术。它吸收了 ATM 高速交换的优点，并引入面向连接的控制技术，在网络边缘处首先实现第三层路由功能，而在 MPLS 核心网中则采用第二层交换。

(1) MPLS 网络模型

图 6-6 所示为 MPLS 网络模型。它是由 MPLS 边缘路由器（LER）和 MPLS 标签交换路由器（LSR）组成的。其中，LER 位于 MPLS 网络的边缘层，是特定业务的接入节点。

MPLS 的工作原理如下。

某种业务终端设备所输出的业务信息首先被送往 LER，LER 根据特定的映射规则将数据流分组头和固定长度的标签对应起来，然后在数据流的分组头中插入标签信息，此后 MPLS 网络中的 LSR 就仅根据数据流中所携带的标签进行数据交换或转发操作。当数据流从 MPLS 网络中输出时，同样在与接收设备相邻的 LER 中去除标签，恢复原数据包。其中，通过标签分发协议（LDP），在 LER 和 LSR、LSR 和 LSR 之间完成标签分发，而网络路由则将根据第三层路由协议、用户需求和网络状态由 MPLS 设备来确定。

这里值得说明的是，按照特定映射规则在数据流分组头中加标签的过程中，不仅加有数据流的目的地址，而且还考虑到有关 QoS 信息，因此 MPLS 能够支持 QoS 路由。

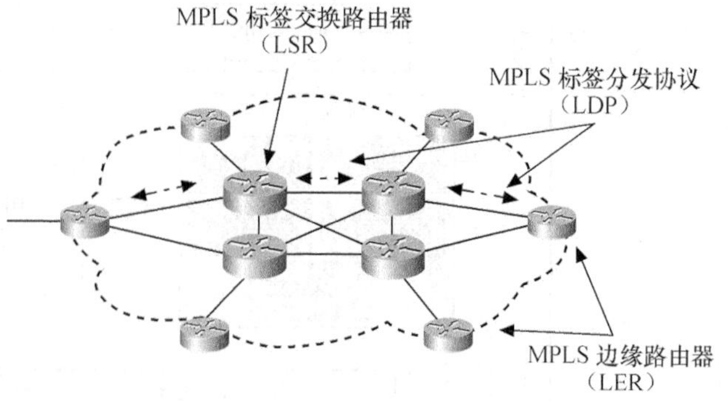

图 6-6 MPLS 网络体系结构

（2）标签与标签封装

标签是一个有固定长度的、具有本地意义的短标识符，用于标识一个转发等价类（FEC）。具体地说就是 MPLS 中的标签与 ATM 中的 VPI/VCI 一样，采用本地意义来限制标签的使用范围，即只在本地才有意义。这样使用标签可以将业务映射到特定的 FEC 上去。FEC 是指一系列使用相同路径转发而通过网络的数据流的集合。所以标签所对应的并不是一个数据流，而是转发特性相同的 FEC。需要指出的是，在某种情况下，如负荷分担时，对应一个 FEC，可能有多个标签，然而一个标签只能代表一个 FEC。这样网络无需为每个数据包建立标签交换路径，而是对具有相同转发特征的"转发等价类"建立一条端到端的标签交换路径（LSP），将信息传递至 MPLS 网络的边缘节点，然后再通过传统的转发方式将数据包送至终端设备。

一般来说，在 MPLS 网络中使用专用的封装技术，即在数据链路层与网络层之间使用一种"Shim"的封装，该封装位于数据链路层头标志之后、网络层头标志之前，独立于网络层和数据链层协议。这种封装编码方式如图 6-7 所示。

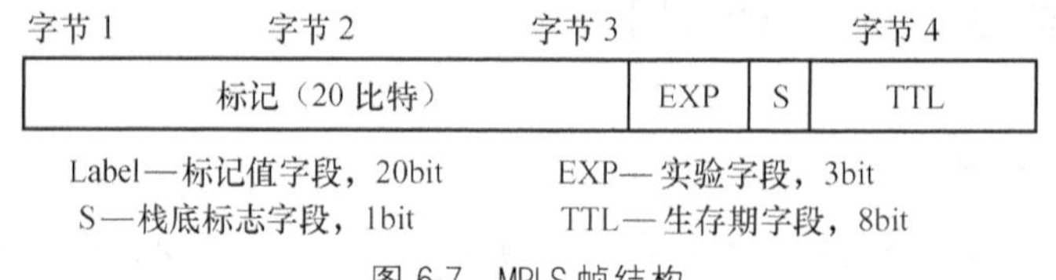

图 6-7 MPLS 帧结构

2. T-MPLS 与 MPLS 的区别

由于 T-MPLS 充分利用面向连接 MPLS 技术在 QoS、带宽共享以及区分服务等方面的技术优势，并取消了 MPLS 中一些与 IP 和无连接业务相关的功能特性，同时使用传送网的 OAM 机制，使之更适合分组传送。T-MPLS 与 MPLS 的主要区别如下。

（1）IP 层的转发功能

由于 IP/MPLS 路由器是用于 IP 网络的，因此所有的节点都同时支持在 IP 层和 MPLS 层转发数据；而传送 MPLS 只工作在 L2，因此不需要 IP 层的转发功能。

（2）持续时间

在 IP/MPLS 网络中存在大量的短生存周期业务流；而在传送 MPLS 网络中，业务流的数量相对较少，持续时间相对更长一些。

（3）具体的功能实现

具体的功能实现方面有以下区别。

① 使用双向 LSP：MPLS LSP 都是单向的，而传送网通常使用的都是双向连接。因此，T-MPLS 将两条路由相同但方向相反的单向 LSP 组合成一条双向 LSP。

② 不使用倒数第二跳弹出（PHP）选项：PHP 功能是用于简化对出口节点的处理要求，但是它要求出口节点支持 IP 路由功能。另外，由于到出口节点的数据已经没有 MPLS 标签，因此使端到端的 OAM 面临更大的困难。

③ 不使用 LSP 聚合选项：LSP 聚合是指所有经过相同路由到同一目的节点的数据包可以使用相同的 MPLS 标签。这样虽然可以提高网络的扩展性，但由于会丢失数据源的信息，从而使得 OAM 和性能监测变得很困难。

④ 不使用相同代价多路径（ECMP）选项：ECMP 允许同一 LSP 的数据流经过网络中的多条不同路径。它不仅增加了节点设备对 IP/MPLS 包头的处理能力要求，同时由于性能监测数据流可能经过不同的路径，从而进一步增加 OAM 的实现难度。

⑤ T-MPLS 支持端到端的 OAM 机制。

⑥ T-MPLS 支持端到端的保护倒换机制，MPLS 支持本地保护技术 FRR（快速重路由）。

⑦ 根据 RFC3443 中定义的管道模型和短管道模型进行 TTL 处理。

⑧ 支持 RFC3270 中的 E-LSP 和 L-LSP（MPLS 中用于支持差分服务的两种 LSP）。

⑨ 支持管道模型和短管道模型中的 EXP（实验）处理方式。

⑩ 支持全局唯一和接口唯一两种标签空间。

6.3.2　T-MPLS 帧格式

T-MPLS 是面向连接的分组传送技术，其实质是一种基于 MPLS 标签的管道技术。它利用一组 MPLS 标签来识别一个端到端的转发路径（LSP）。T-MPLS 采用 20bit 的 MPLS 标签，如图 6-8 所示。其中，TMC（T-MPLS Channel）和 TMP（T-MPLS Path）分别代表 T-MPLS 网络的通路层和通道层。

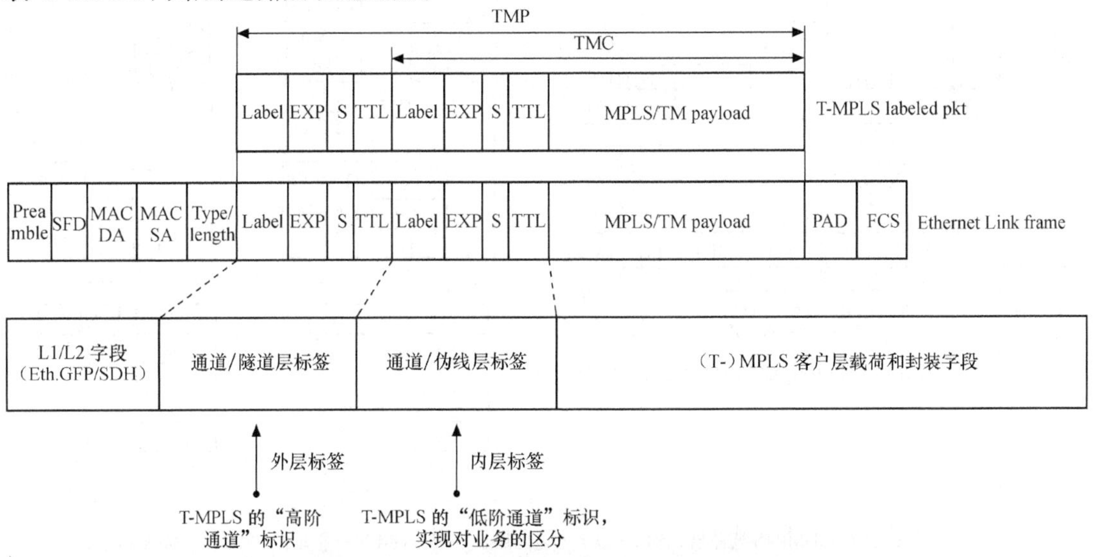

图 6-8　T-MPLS 的帧格式及在以太帧中的位置

T-MPLS LSP 帧共分为内外两层。内层（TMC 层）为 T-MPLS PW（伪线层），用于标识业务类型；外层（TMP 层）为 T-MPLS 隧道层，用于标识业务转发路径。通过在 TMC 层加上类似于 SDH 的“低阶通道”的内层标签，以实现对业务的区分。进一步在 TMP 层加上类似于 SDH 的“高阶通道”的外层标签，加之 TMC 和 TMP 层所提供的统计复用功能，这样使 T-MPLS 网络中的传送管道更具灵活性，从而能够为 IP 化业务提供更为优化的资源利用。

6.3.3 T-MPLS 各层的适配过程

如图 6-9 所示，客户层业务由以太网电路层（EHC）或 TMC 适配到 T-MPLS 传送单元（TTM），TMC 和 TMP 又分别为伪线（PW）层和隧道层，每一层均定义了各自的 OAM 机制和 QoS 等级。其中，利用跨越整个网络的 TMC 层连接，实现端到端的业务 SLA（业务等级许可）和提供相应 QoS 服务。可见该层面上的每一种连接均与其业务相对应，通常在接入/城域边缘和城域/核心网边缘处会使用具有交换功能的设备；而 TMP 连接则仅针对单个网络域，提供业务的疏导与汇聚、可扩展和可靠传送的功能。通常多个 TMC 被映射到

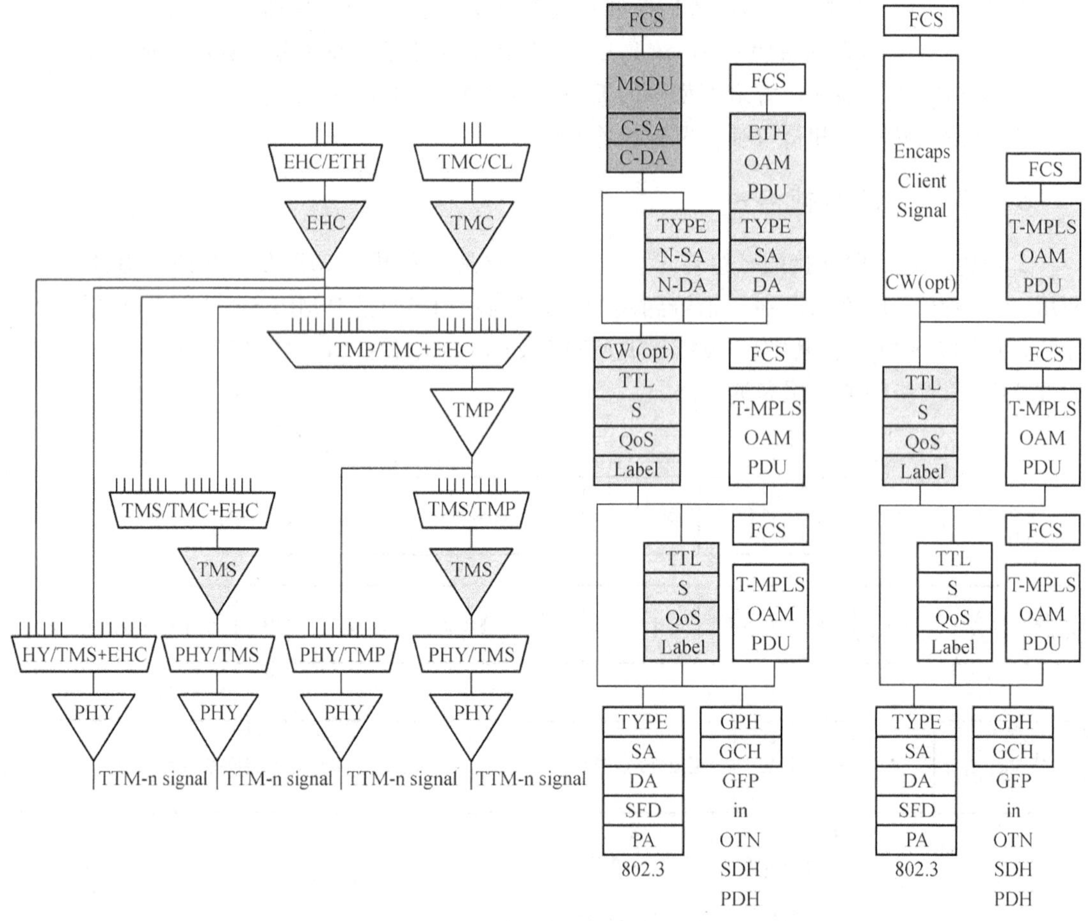

CL—客户层；TMC—T-MPLS 通路层；EHC—以太网电路层；TMP—T-MPLS 通道层；TMS—T-MPLS 段层；PHY—物理层；MSDU—MAC 服务数据单元；C-DA—用户目的 MAC 地址；C-SA—用户源 MAC 地址 N-DA—节点目的 MAC 地址；N-SA—节点源 MAC 地址

图 6-9 T-MPLS 各层的适配过程

一个 TMP 实体之中，并在网络中间节点利用交叉连接功能实现交换。TMS（T-MPLS 段层）负责相邻节点之间的点到点链路连接，这里将重点关注链路资源的互通性、有效性以及生存性等功能的实施情况，而且期间并无交换操作，物理层也可以采用任意物理媒质。

需要说明的是，T-MPLS 网络中各层之间的关系是客户与服务者间的关系，但 T-MPLS 与其客户信号和控制信号网络（例如 MCN 和 SCN）之间是彼此独立的。正是这种独立性，可不限定使用某种特定的控制协议和管理方式，以便于实现大规模、高可靠性的组网设计。由于 T-MPLS 网络既可以承载 IP/MPLS 业务，也可以承载以太网业务，且具有良好的稳定性，使其具备传送网络应有的保护能力和 OAM 机制。

6.3.4　T-MPLS 的数据转发原理

传送平面可用来传送两点之间的双向或单向客户分组信息，也可为控制和管理平面传递相应的信息，即在完成分组信号的传输、复用、交叉连接等功能之外，还提供信息传输过程中的保护恢复、OAM 以及 QoS 保障等功能。

由于 T-MPLS 网络中的数据转发是基于标签进行的，因此将由标签组成端到端的路径，其数据转发过程如图 6-10 所示。

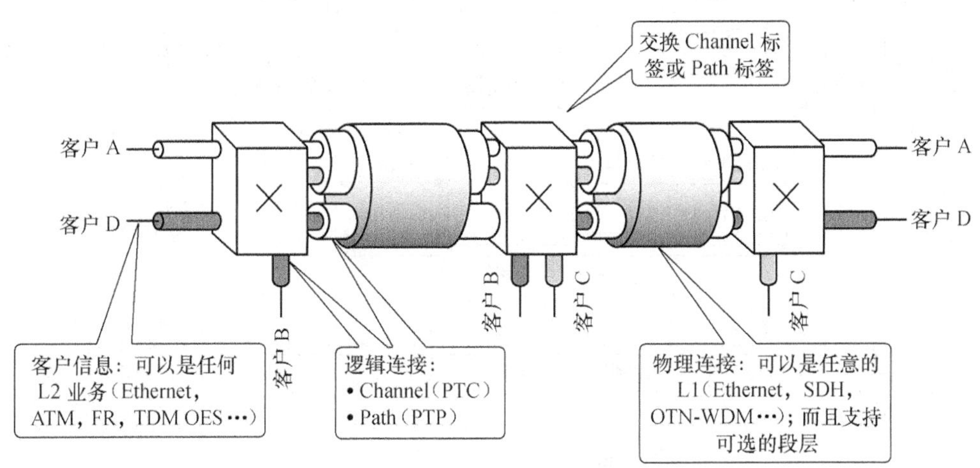

图 6-10　T-MPLS 网络中的数据转发

由图 6-10 可以看出，客户信号首先要经过分组传送标签的封装，然后再加上 TMC 标签，从而形成一个分组传送通路（TMC）。多个 TMC 经复用映射到一个分组传送通道（TMP），再通过 GFP 封装构成完整的 SDH、OTN 帧，利用 SDH 或 OTN 网络进行传送，或者封装到以太网物理层进行传送。网络中间节点交换 TMC 和 TMP 标签，建立标签转发路径，这样客户信号可通过这条基于标签组成的端到端路径进行传送。

6.4　T-MPLS 的 OAM 技术

ITU-T 定义的操作维护管理（OAM）功能概括为以下 4 个方面。

- 提供性能监控功能，由此产生维护信息，进而评估网络的稳定性。
- 通过定期查询，监测网络状态和故障，产生各种维护和告警信息。

- 通过调度或切换到其他的实体，旁路失效实体，保障网络的正常运行。
- 将故障信息传递给管理实体。

T-MPLS 中 OAM 机制包括以下内容。

① OAM 分层机制：支持 Section（段层）、LSP 和 PW 的分层监视 OAM。

② OAM 封装格式：T-MPLS 采用 ITU-T Y. 1711 中定义的 5 种 OAM 包来实现差错管理、性能检测和保护倒换。

③ OAM 功能：由于 G. 8113 和 G. 8114 具有较强大的 OAM 功能，能够提供告警相关 OAM 功能、性能相关 OAM 功能以及用于传送 ASP 帧的自动保护倒换功能、发送同步状态信息的 SSM（同步状态报文）功能等其他 OAM 功能。基于 Y. 17tom 的 T-MPLS 的 OAM 功能可提供连贯性与连接性检测（CC）、告警指示信号（AIS）、远端缺陷指示（RDI）、环回（LB）等网络性能方面的 OAM 功能。

T-MPLS 网络中各种不同 OAM 技术所处的网络位置和层次如图 6-11 所示。

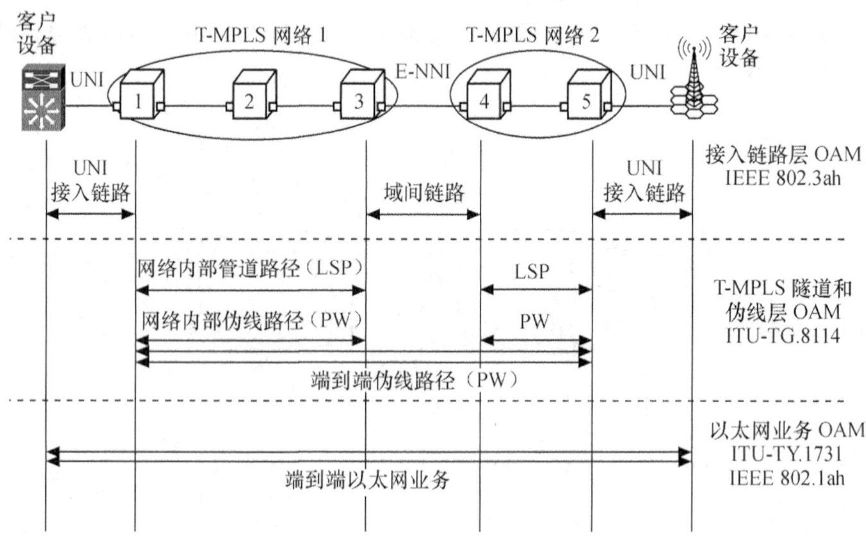

图 6-11　T-MPLS 网络中的 OAM 技术

从图 6-11 中可以看出，客户信号首先通过接入链路分别与相邻的 T-MPLS 网络边缘节点建立连接。这样客户信号便可以经过两个不同 T-MPLS 网络实现端到端的信号传送，其中 E-NNI 接口用于实现两个 T-MPLS 网络之间的互连，具体连接关系如下。

- 在接入链路或者域间链路层面，可以采用接入链路层的 OAM 技术，完成链路的连通性、环回以及事件监测等功能。
- 在 T-MPLS 网络内部，以太网报文通过 T-MPLS 标签封装后，主要采用 T-MPLS 管道和伪线层的 OAM 技术，完成相应的故障管理和性能检测。
- 在伪线层之上是端到端的以太网业务，可采用以太网业务层面的 OAM 技术，完成端到端业务的故障和性能检测。

由于不同业务对保护恢复的时间要求不同，在传统的 SDH 网络中是基于硬件实现 OAM 操作的，其周期为 125μs，而软件实现的以太网 OAM 报文插送的时间间隔最快也要 100ms 以上，因此要求 T-MPLS 网络的 OAM 可实现 3.3ms OAM 协议报文插入，这就需要采用硬件实现。

另外，目前专家普遍认为 PHP（最后一跳弹出）和 ECMP（等价多路径）可以用于传送领域。但规范 T-MPLS 的 L1/L2 的 P2P（点到点）和 P2MP（点到多点）业务可不使用 PHP 和 ECMP，L2/L3 的 MP2MP（多点到多点）业务可使用 PHP 和 ECMP，这将给今后的 T-MPLS 与 IP/MPLS 的互通带来一些问题。还有就是对于性能劣化故障存在定位难的问题。随着技术的不断完善，这些难题都得到逐一克服。

6.5　T-MPLS 网络中的安全性问题——保护与同步

6.5.1　网络保护

对于任何传输系统而言，其保护系统是其重要的组成部分。特别是 ASON/GMPLS 引入 T-MPLS 网络之后，利用其自动发现信令和路由协议，动态地发现网络拓扑和资源，动态快速地建立端到端的链路，这样当网络出现故障时，可动态地进行保护与恢复，以满足多业务接入的 OAM 要求和提供 QoS 保证，为此 T-MPLS 网络需达到以下目标。

- 达到现有 SDH 网络保护级别的快速自愈（小于 50μs）。
- 与客户层可供使用的机制协调共存，可以针对每个连接激活或终止 T-MPLS 保护机制。
- 可抵御单点失效故障，但在一定程度上能够容忍多点失效。
- 保护路径应支持运营商的 QoS 目标，同时尽量减小保护带宽的占用量和信令的复杂程度。
- 应提供操作控制命令优先验证和基于业务的保护优先级配置策略。
- 实现基于 T-MPLS 环网或网状网的互通。

T-MPLS 网络成为一种能够适合多颗粒业务接入和端到端传送的承载网络。按照网络保护操作发生的部位进行划分，T-MPLS 网络可分为网络内部保护和网络边缘保护。按保护实施的层面进行划分，可分为 TMC 层保护、TMP 层保护和 TMS 层保护。可供使用的技术包括 TPS（支路保护倒换）保护、LAG（链路聚合）保护、LMSP（线性复用段）保护、APS（自动保护倒换）保护等，下面分别加以讨论。

1. 网络内部保护机制

与 SDH 网络中的低阶通道层、高阶通道层和复用段层类似，T-MPLS 分组传送网的分层模型也分为 3 层，即通路（TMC）层、通道（TMP）层和段（TMS）层。TMC 负责提供 T-MPLS 传送业务通路，需要说明的是一个 TMC 连接可传送一个客户业务实体，相当于 SDH 的低阶通道层，如 VC-12 级别；TMP 负责提供传送网连接通道，一个 TMP 连接在 TMP 域边界之间传送一个客户或多个 TMC 信号，相当于 SDH 的高阶通道层，如 VC-4 级别；TMS 为可选项，它负责段层功能，提供两个相邻 T-MPLS 节点之间的 OAM 监视，相当于 SDH 的复用段层，如 STM-N 级别。

根据 T-MPLS 网络的分层模型，其保护模式主要包括 TMC 层保护（PW 保护）、TMP 层保护（线性 1+1、1∶1的 LSP 保护）和 TMS 层保护（Wrapping 和 Steering 环网保护）。下面分别进行讨论。

- TMC 层保护（PW 保护）：PW 保护是为了在某一个特定的 PW 出问题时，能够快速地将业务切换到备用 PW 上去。由于主备 PW 通道之间需要进行信令协商处理，以保障倒换顺序，因而 PW 保护往往不具有实际应用意义。
- TMP 层保护（线性 1+1、1∶1的 LSP 保护）：这种保护在某种程度上类似于 SDH 的 1+1 和 1∶1保护，均采用主备路由，但由于需要使用 APS 协议，因而使倒换时间增加。这种模式可应用于如基站回传以及大客户专线等重大业务中，以保障其端到端的质量。
- TMS 层保护（Wrapping 和 Steering 环网保护）：由于 Steering 在节点数目较多时的重新收敛路由时间过长，容易造成电信级保障失效，因此 Wrapping 环网保护变成为不二之选。

（1）T-MPLS 线路保护倒换

T-MPLS 线路保护倒换包括路径保护和子网连接保护。其中，路径保护又具体分为 1+1 和 1∶1两种类型。

① 单向 1+1 T-MPLS 路径保护。在采用单向 1+1 T-MPLS 路径保护的系统中，源端业务信号被同时永久地连接到工作连接和保护连接上。倒换控制是基于接收节点本地信息完成的。其保护操作过程如图 6-12 所示。

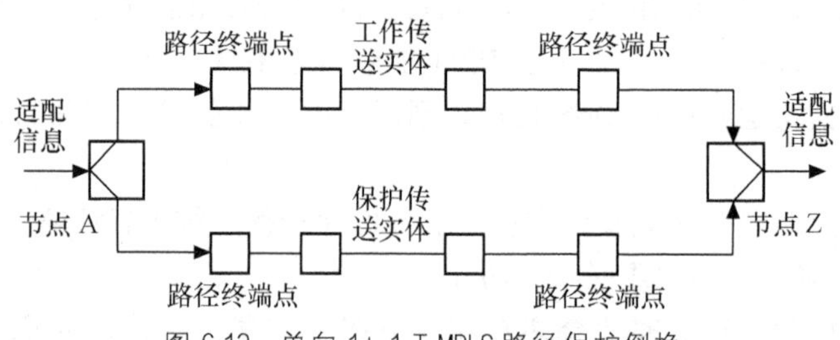

图 6-12 单向 1+ 1 T-MPLS 路径保护倒换

正常情况下，业务信号同时在工作连接和保护连接中进行传送，在所属保护域的宿端从工作连接和保护连接中选择一条用于接收；当节点 Z 检测到 A-Z 工作连接出现故障时，节点 Z 将会倒换至保护连接，并进行信息接收。为了避免出现单点失效的现象，因而工作连接和保护连接应选择不同的路径，以达到安全性要求。需要说明的是，具体的保护倒换选择原则是由双方事先协商确定的，其控制操作则是基于本地信息完成的。

在 1∶1结构中，保护连接是为每条工作连接预留的，只是正常时使用工作连接路径传送客户信息，当工作连接出现故障时，将根据保护倒换原则，使原工作连接中传送的信息倒换到保护连接上。为了避免单点失效，工作连接和保护连接应选择分离路由。

② 双向 1∶1 T-MPLS 路径保护。

图 6-13 所示为双向 1∶1 T-MPLS 路径保护的系统结构示意图。可见正常情况下，业务信号由工作连接负责传送。换句话说，收发两端的选择器均选择连接到工作连接上，这样宿节点将接收来自工作连接的信号；当工作连接 A-Z 发生故障时，节点 A 将检测出该故障，随后使用 APS 协议在 A-Z 节点间同时启动保护倒换。

（2）T-MPLS 子网连接保护

子网连接保护是一种用于保护一个运营商网络或多个运营商网络内部的连接。通常被保护域中存在两条独立的子网连接，分别作为工作连接和保护连接的传送实体。对于 SNC/S（带子层检测的子网连接保护）而言，T-MPLS 子层路径终结模块将负责产生/插入和检测/提取 T-MPLS OAM 信息。在 T-MPLS 网络中也同样存在 1+1 和 1∶1两种形式。

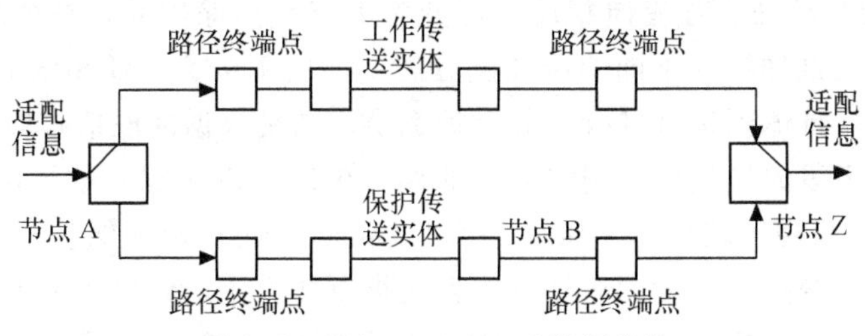

图 6-13　双向 1∶1 T-MPLS 路径保护

① 单向 1+1 SNC/S 保护倒换。单向 1+1 SNC/S 保护倒换如图 6-14 所示，可见其源端业务信号被同时永久地连接到工作连接和保护连接上，倒换控制是根据接收节点的本地信息完成的。正常情况下，接收节点 Z 从工作连接接收信号；在发生故障时，则接收节点 Z 将从保护连接接收信号。

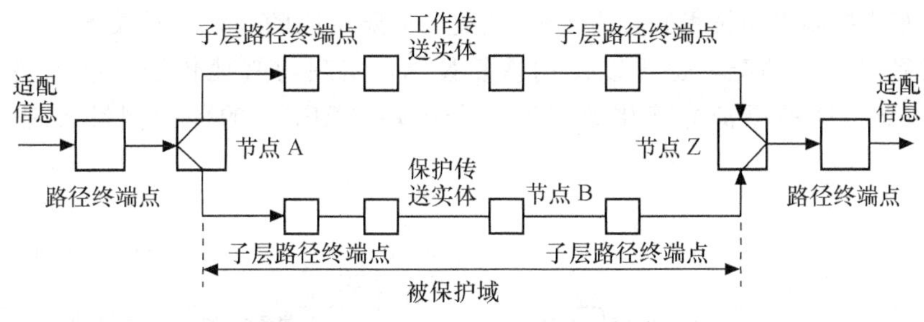

图 6-14　单向 1+ 1 SNC/S 保护倒换

② 双向 1+1 SNC/S 保护倒换。双向 1+1SNC/S 保护倒换结构如图 6-15 所示。正常情况下，源端选择器和宿端选择器分别与工作连接桥接，业务信号将由工作连接传送；发生故障时，将根据本地或近端信息和来自另一端或远端的 APS 协议信息，由保护域源端和宿端选择器共同完成保护倒换操作。

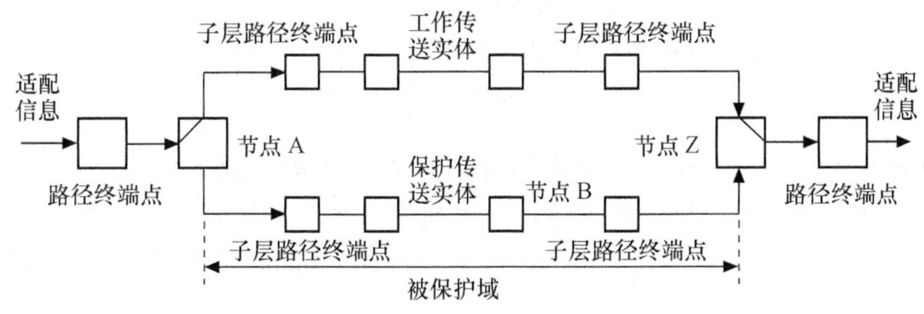

图 6-15　双向 1+ 1 SNC/S 保护倒换

（3）Wrapping 环网保护机制

T-MPLS 环网是采用逻辑结构映射方式来实现 T-MPLS LSP 传送网构建的。在 TM-SPRing 中，各节点间建立起逻辑邻接关系，该连接关系的建立不受物理设备、MAC

拓扑的限制。人们通常称相邻节点之间的连接为区段（Span）。在 T-MPLS 环网中，区段为双向连接，可以是物理的链路，也可以是逻辑上的链路。环网节点间的、用于传送业务的传送通道是用基于 T-MPLS 的一组 LSP 实现的。环网承载实体采用双环结构，是由一条或多条 LSP 构成的，两个环的业务流向相反，可分为工作环和保护环，每个环可以根据业务需求，建立多条 LSP，这样可为不同的业务流分配不同的 LSP。TM-SPRing 的保护是针对相邻节点区段进行的，具体到是否进行业务保护倒换，则是根据区段信号质量的优劣而定。

为了防止相邻区段的失效，应制定完备的保护机制，以实现对故障的快速保护。目前，在 TM-SPRing 中，采用源路由（Steering）和（Wrapping）两种保护机制。前者是在源节点发现故障后通过改变路径，绕过故障点，直接将数据流传送到目的节点；后者则是使靠近故障的节点将数据流环回到另一个环上，通过迂回路径，保持数据流与目的节点的连接。

Steering 和 Wrapping 机制之间的区别在于：在发生故障时发起数据流重定向的节点不同，前者是发送数据流的源节点，而后者是靠近故障的邻近节点，因此环回保护倒换的启动时间快，相应丢包也少，但倒换的保护路径不是最优路由。尽管源路由方式是最优化路由，但保护倒换启动时间较长，相应丢包较多。

T-MPLS 的恢复与管理是通过控制/管理平面来完成的，其中，采用基于 GMPLS/ASON 的分布式控制平面技术来实现 LSP 恢复。需要说明的是，这种技术可针对任意拓扑结构提供恢复与管理功能，也可以使用恢复技术，实现与其他传送网技术层（如 SDH/WDM）的协调。这种保护方式借鉴了弹性分组环（RPR）的保护倒换机理，如图 6-16 所示。

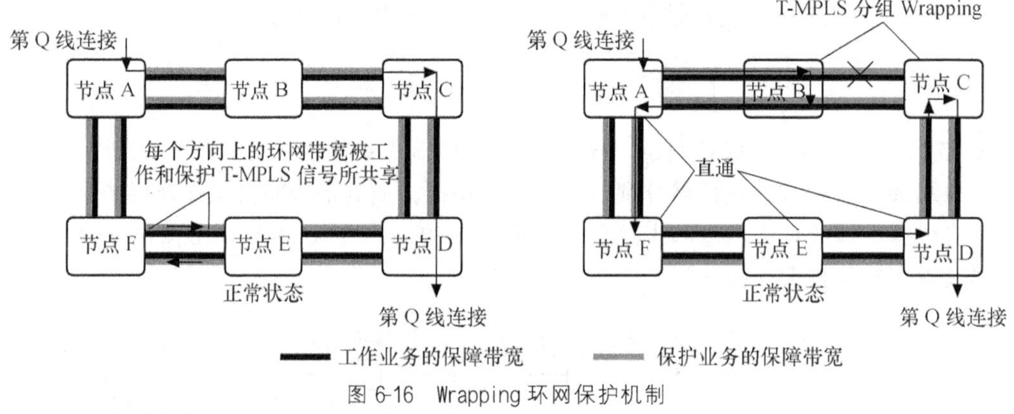

图 6-16　Wrapping 环网保护机制

在采用此模式的工作系统中，是在故障的相邻节点进行业务倒换，以达到电信级倒换的要求（50ms 内）。这种模式特别适用于大规模的网络应用，它可以大大节约 TMP 层面 LSP 的条目数量（节约率将近 50%），可见环网 Wrapping 保护将对环网的安全保护起到巨大的作用。

2. 网络边缘保护机制——双归属保护机制

PTN 在与 RNC 接入连接过程中采用双归属保护，这样当主用链路失效时，可将业务切换到备用链路进行传送，在此过程中保证业务不中断，其组网模型如图 6-17 所示。

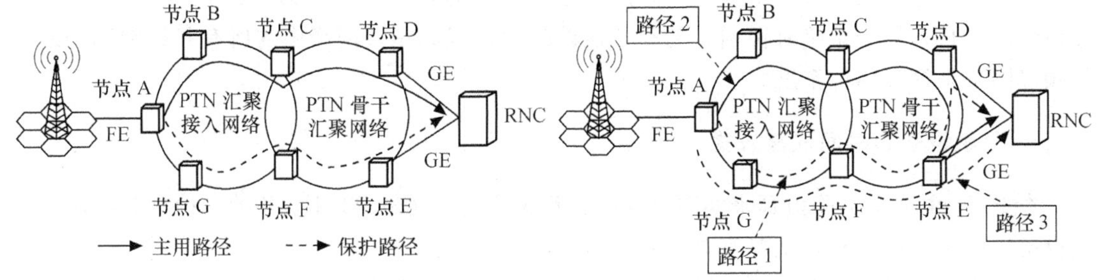

图 6-17　双归属保护机制

6.5.2　同步技术

分组传送网中的同步需求主要体现在以下两个方面。

- 承载 TDM 业务并完成与 PSTN 网络的互通，这就要求分组传送网在 TDM 业务的入口和出口提供同步功能，实现业务时钟的恢复。
- 实现基于时间和频率的同步信号的高精度传送。特别是在 3G 业务传送过程中，要求所有的 3G 基站业务均能够支持优于 5×10^{-8} 的频率同步，而且针对 TD-SCDMA、cdma2000、WiMax 等制式，还需满足高精度的时间同步要求，因此 PTN 网络需要能够支持高精度的、稳定的频率和时间同步传送。

传统的以太网中，由于网络工作于异步状态，因而对其中的路由器等分组设备没有严格的时钟要求。而当 PTN 设备作为 3G 回程网终端时，它既要支持数据分组业务，又要能为传统 TDM 业务提供电信级的服务支撑，因此需要为其提供系统时钟；另外，还需为部分制式的基站提供高精度的时间，以满足严格相位要求。

PTN 网络中的时钟需求可归纳为 3 种情况：系统时钟传递、时间传递和业务时钟恢复。

- 系统时钟传递：为了满足部分终端设备对高质量时钟源的跟踪要求，与 SDH 全网同步概念类似，在 PTN 设备中引入同步以太网的概念，采用以太网接口进行物理层时钟的恢复。正因为以太网接口所具有的编码特性，使其时钟恢复方面能够避免 SDH 码流中可能出现的长连 0 或长连 1 现象，更具优势。在不具备物理层时钟恢复的情况下，可以考虑采用基于带时戳包的方式进行时钟恢复，如 1588 协议。需要说明的是，基于包的恢复与网络业务模型、中间节点设备特性等诸多因素有关，因此在精度上要劣于存在物理层时钟恢复技术的情况。
- 时间传递：使得源节点与宿节点之间可以进行相位同步，以满足电信级传送系统对相位的高精度要求，为此 IEEE 组织制定的 1588 协议（电信版）中专门增加了时钟的透传功能，以避免站点级联逐级锁相引入的漂移，并能在时钟传送链路发生变化时，如发生故障时，能够缩短延时测量时间，使系统尽快恢复到稳定状态。因为要满足严格的相位精度要求因此使得传统 SDH 系统中的三级时钟无法满足要求，若要达到 24 小时保持精度为 $1\mu s$，至少要求时钟稳定度达到二级时钟标准，频率准确度也要求达到 50×10^{-9}，高于原有的 4.6×10^{-6}。
- 业务时钟恢复：承载 TDM 业务以及与 PSTN 网络进行互通，要求分组传送网在 TDM 业务入口和出口提供同步功能。

在异步工作模式下，分组业务在站点内驻留时间的长短直接会影响到最终的输出精度，驻留时间越长，异步系统时钟引入的相位误差越大，因此建议网络中的所有基站利用物理层的频率同步来提高相位精度。

1. 分组设备的时间恢复方式

在 PTN 中采用电路仿真来实现 TDM 业务的承载，这是 PTN 设备的一种重要应用。分组设备的业务时钟恢复，主要有差分和自适应两种方式。

差分方式要求源站点和终端站点都有同步的时钟，这样源端业务时钟计算与系统时钟的差别，并把此差值传送至终端，终端利用该差值与系统时钟，恢复出业务时钟。这种方式的优点在于收发两端的设备同步，业务时钟是采用异步映射，时钟透明，所受到的分组网络的影响小，但因两端都需要有参考时钟，故成本较高。

自适应方式是以业务包的到达间隔或缓存区域水平来进行时钟恢复的。由于终端无法确认各种抖动的来源，终端同步器只能依靠缓存来适配大的漂移，这给同步器的带宽设计带来一定的难度。因此，这种方式尽管对外界条件要求很低，但受外界因素的影响很大。

在与 SDH 和 OTN 中的情况相比较后可以看出，由于在 SDH 和 OTN 中可以准确地获得指针调整、码速调整以及开销位置等附加相位信息，因此可以容易地设计出满足系统要求的终端同步器。

2. 分组同步技术

同步是指将时间或频率作为定时基准信号分配给需要同步的网元设备和业务的过程。在实际应用网络中，根据不同网络的工作特性，往往采用不同的同步技术。按提供的基准信息的不同，同步技术可分为提供频率同步基准的时间同步技术和提供时间同步基准的相位同步技术。下面分别进行讨论。

(1) 频率同步技术

在传统的以太网和 IP 网络中，通常采用基于统计复用和尽力而为的转发技术来实现数据业务的承载和交换。由于其物理链路中不具备有效的定时传送机制，因此无法通过简单的时钟恢复方式，在接收端重建 TDM 码流的定时信号。为使 PTN 网络能够在分组传送的基础上，满足对频率同步的要求，人们制定了多种不同的通过包交换网络来实现频率同步的技术，具体包括同步以太网、分组网中的时钟传送（ToP)、电路仿真业务（CES)、自适应和差分时钟恢复等。

同步以太网是一种基于传统物理层的时间同步技术。在采用该技术的系统中，用于网络传递的高精度时钟信号是从物理层数据码流中提取的，然后再经过跟踪和处理，从而形成系统时钟。这样在发送侧根据系统时钟进行数据发送，从而实现不同节点之间的频率同步。值得说明的是，为了使下游节点能够选择最佳时钟源，因此在传递时钟信号的同时，还应传递时钟质量信息（SSM)。对于 SDH 而言，时钟等级信息是由 SDH 中的开销字节 S1 携带的。

ToP 是将时间信息以一定的封装格式放入分组包中发送的，在接收端从包中恢复时钟，通过算法和封装格式尽量规避分组网传送过程中所带来的损伤。理论上讲，这种技术尽管能够运用在所有的数据网络之中，但它会受到延时、抖动、丢包、错序等的影响。

CES 是在分组网络中仿真 TDM 专线业务，传送基于 TDM 业务、时钟和信令。其基本设计思想是在分组交换网的基础上，利用伪线技术建立起一条通道，用于传送二层 TDM 业务，从而使网络另一端的 TDM 设备不必关心其所连接的网络是否是一个真实的 TDM 网络。需要说明的是，这种方法同样会受到网络延时等系统性能的影响。目前基于 CES 的分组同步技术主要有差分法和自适应法两种。自适应法是一种基于分组包达到的时间间隔或缓冲区的存储水平来进行定时恢复的方法。在采用这种定时方法的网络中，能保证业务时钟的透明性，并且不需要公共的参考定时，但易受到分组网络性能的影响，而且复杂程度较高。差分法针对业务时钟和本地参考时钟的偏差进行编码，并在分组网中进行传送，接收端利用与发送端特性相同的参考时钟进行定时恢复。可见要求收发两端具有相同的，并保持同步的参考时钟，网络建设成本较高。又因为业务时钟采用异步映射方式，且业务时钟透明，因此受分组网络损伤的影响小。

1588v5 报文频率同步通过交换 Sync 报文的时间戳来实现。其基本原理是在一个持续时间段内，用主时钟测量的该段时间长度和从时钟测量的该段时长进行比较，从而获得主从时钟的频率。一般无线基站实现频率同步所采用的方式有本地设置 GPS 时钟源、采用 TDM 电路或 PDH/SDH 网络时钟源和分组网的时钟恢复技术，以此将分组网构建成一个同步以太网。

(2) 时间同步技术

目前主流的时间同步技术分为两类，一类是采用卫星授权，如美国 GPS 卫星；另一类是基于假设双向通信的传输延时差值为零的方法，如 IEEE 1588。

IEEE 1588v2 的核心思想是采用主从同步方式，对时钟信号进行编码，周期性地发布时钟信号，利用网络的链路对称性和延时测量技术，实现主从时钟频率、相位和绝对时间的同步。该技术的关键在于时延测量，在 IEEE 1588v2 中提供了不同设备之间的实现精确同步的方法。

3. 网络的同步方案

分组传送网可以提供各种同步方案，如表 7-1 所示。

表 7-1　PTN 的同步方案

技　术	分　类	特　点
同步以太网	网络同步	基于物理层的时钟恢复；与网络负载、延迟、抖动无关；不能实现时间同步
外同步方式	网络同步	与网络负载、延迟、抖动无关；需要专有同步网络
差分方式	基于 Packet 方式与网络同步相结合	不需网络延时、网络延时变化和包丢失的影响；两端需用时钟参考源。需要专有同步网络，可以提供不同频率的业务时钟
自适应方式	基于 Packet 方式	不需要发送端和接收端具有公共的参考时钟；性价比高和布局简单，单向，无需协议支持；受网络的拥塞程度影响较大；不支持时间同步
1588	基于 Packet 方式	点对点的链路可提供较高的精度，引进透明时钟后，与报文延迟抖动无关；可穿越非 1588 设备；可实现频率、相位和时间同步

由上面的分析可以看出，分组设备对同步的支持主要体现在以下 3 个方面。

① 支持同步以太网功能，通过物理层进行频率同步信号的传送。

② 用于承载 TDM 业务时，应按照 ITU-T G. 8261 的要求，支持恢复 CES 业务时钟的功能，并保证时钟恢复性能能够满足业务接口指标的要求。

③ 支持 1588 功能，支持高精度时间信号的传递。

目前大多数分组传送设备均支持同步以太网功能，并能够实现高稳定频率的信息传送，符合 ITU-T G. 8262 规范要求。TDM 业务要求在分组传送网的两端（入口/出口）的信号定时保持一致，如 7. 5. 2 小节中所介绍的 PTN 网络可供使用的同步方式有网络同步方式、差分法、自适应法以及在 TDM 侧均可获得参考时钟 4 种。

6. 6 PTN 在 3G 传输承载网络中的应用

6. 6. 1 3G 网络对传输承载的要求

与 2G 系统相比，3G 网络承载的业务是对 2G 业务的继承和发展，它们的差异性在于在 3G 网络中可以开展可视电话业务、流媒体业务等。其中，增强型业务能够提高客户体验效果，如 WAP、彩信等，而移植型业务与 2G 网络业务并无差别，如短信等。鉴于 3G 网络技术的多样性、版本的渐进性，因此 3G 对承载网络有如下要求。

- 大容量：随着移动通信的发展，无线通信网络已经从原来的单一语音应用发展到同时提供话音和数据业务的多应用的环境。为保证网络运行的稳定安全有效，应尽量减少网元数目，同时加大网元的容量，以支持多媒体业务应用。其中要求室外车辆运动中最高可达到 144kbit/s，室内外步行环境数据速率最高达到 384kbit/s，室内环境数据速率最高达到 2Mbit/s。
- 网络可靠性：3G 业务包括语音业务和数据业务，可靠性要求也一般高于的数据网络。为了到达规定的业务服务质量要求，3G 传输网络必须具备电信级的保护能力，以确保多业务的安全性。
- 网络的可扩展性：随着 3G 业务的发展，数据业务量呈现突飞猛进增长的态势，这将对 3G 传输容量提出更高的需求，因此要求承载网络在能够满足现有容量的基础上，具有良好的可扩展性，以更好地保护原有网络投资。
- 多业务的支持能力：传统的 2G 网络基于电路交换来实现业务传送，进入分组时代，网络开始支持 ATM 协议。但随着 3G 业务的发展，网络的全 IP 化已成为大势所趋，因此要求 3G 传输网络能够实现对具有不同 QoS 要求的多种业务的承载，如语音、视频、分组数据等。
- 可管理性：随着 3G 业务的覆盖面不断扩大，3G 传输网络将逐步演进成为一个庞大的多业务传送网络，良好的管理能力将有效提高网络的运营效率，同时可以节约运营成本。

6. 6. 2 PTN 应用定位

PTN 是一种分组传送技术，可以承载以太网业务、IP/MPLS 业务和 TDM 业务。它可以承载在 TDM 网络（SDH/OTN）、光网络（波长）和以太网物理层上，实现基于 IP/MPLS 路由器之间的业务传送功能、纯分组传送网中的电路仿真业务、在多层传送网中（T-MPLS，SDH，OTN 和 WDM）支持融合的基于分组的业务传送功能。

为了适应业务的分组化趋势，传统的基于 TDM 网络将逐渐向分组传送网演变，PTN 网络正是在这样的大背景下应运而生。它兼备了分组网络和传送网的优点，具有灵活的可操作性、良好的网络生存性、动态的 GMPLS 控制面、多业务承载等特点，可以使用在运营级以太网和运营级 IP 核心骨干网之中，如图 6-18 所示。

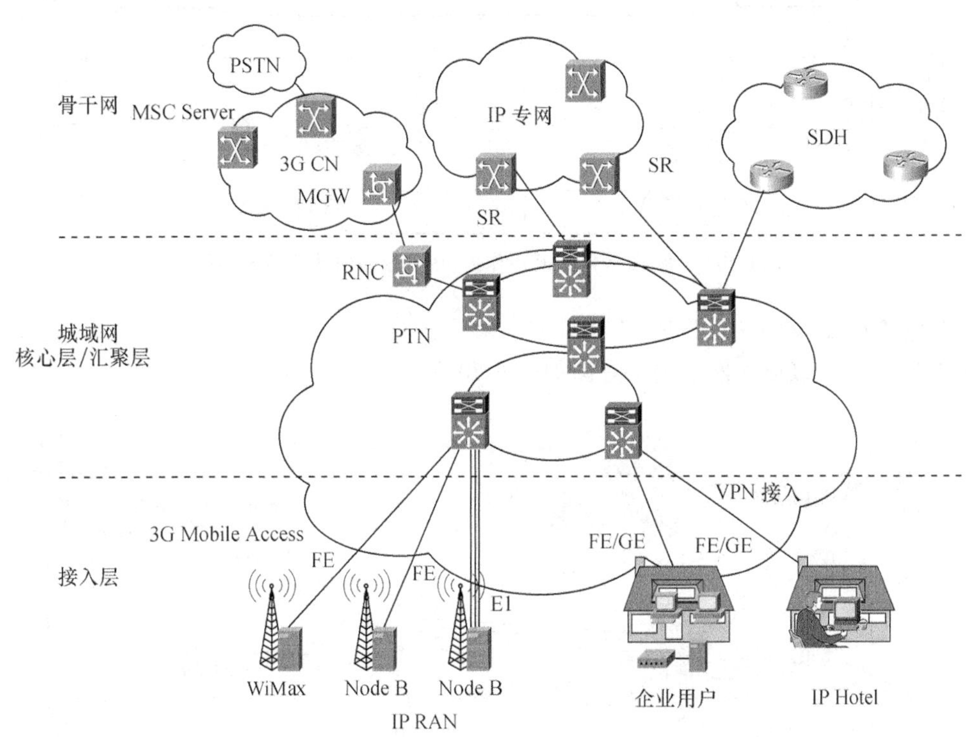

CN—核心网络　MGW—媒体网关　RNC—无线网络控制器

图 6-18　PTN 在网络中的应用定位

(1) 运营级 IP 核心承载网

光网络能够提供透明的信息传输，尽管中间可以使用交叉连接技术，但这是在按事先配置好的连接来实现端到端的透明传送，其中并未进行包处理操作，从而在获得最小时延的同时，获得相应 QoS 质量保障。因此，在干线上最佳的应用选择是 Router＋DWDM 的方案。但目前城域网中运用 Router 光纤直驱的方式较为普遍，这种方式对光纤管道资源的消耗较大，同时加大了管理的难度。随着光器件的不断完善，可配置的 ROADM 和全光交叉 PXC 设备逐步商用化，配合 GMPLS 控制面，使波分设备的组网能力也将从环网结构逐步过渡到网状网（MESH）结构，更适合业务的传送。Router＋光纤直驱的组网方式必将转移到分组传送网上，利用 T-MPLS 分组转发设备和智能的 PXC 组成运营级 IP 核心承载网络。其组网构建方式如图 6-19 所示。

从图 6-19 中可以看出，所构成的承载网是利用 IP/MPLS over T-MPLS 技术来为路由器提供高效可靠的承载通道，使得该通道具有良好的可操作性、生存性，还可以通过分布的 GMPLS 控制面动态的进行通道的建立。

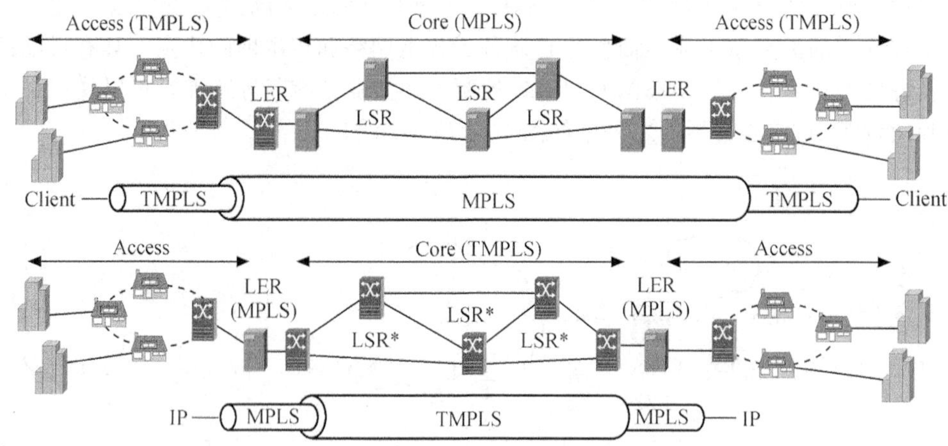

图 6-19　T-MPLS 在骨干网中作为 IP/MPLS 路由器的承载网络

(2) 电信级 T-MPLS 汇聚网络

T-MPLS 运营级以太网组网示意图如图 6-20 所示。

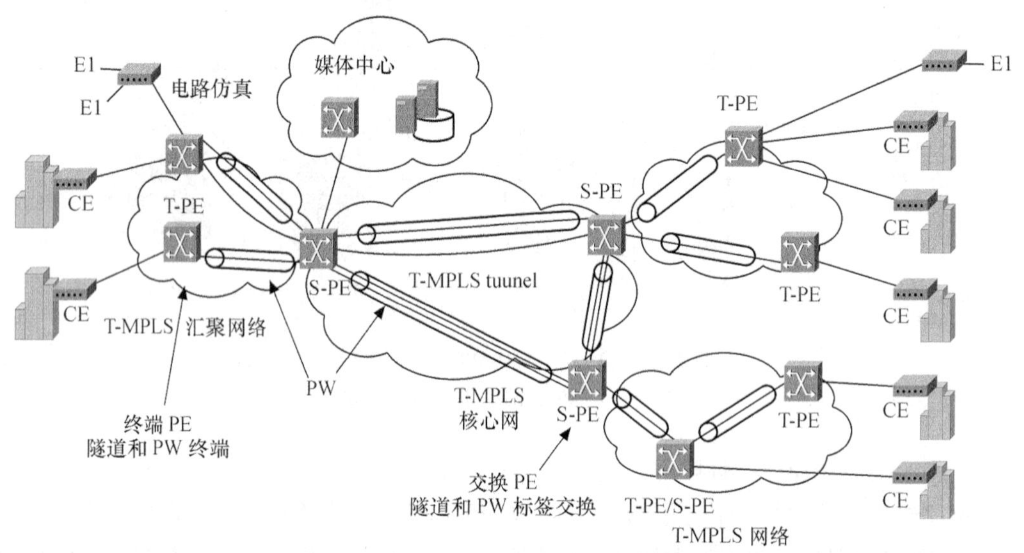

图 6-20　T-MPLS 运营级以太网组网示意图

在采用 T-MPLS 运营级以太网中，利用了 T-MPLS 所支持的 PW 标签交换技术，突破了 PWE3 中只支持单挑 PW 的限制，从而在基于 T-MPLS 构成的电信级以太网中能够形成多跳的 PW，在 PW 中实现高效的统计复用。由于 T-MPLS 具有良好的 OAM 和生存性机制，可提供 QoS 服务保障，同时还可以进行电路仿真，承载 E1/T1 等业务，满足运营级以太网的要求。

6.6.3　3G 传输承载网络应用

(1) 3G RAN 的传输承载方案

实际上，3G 网络是作为传输网的一种业务网，因而需要传送网提供支撑。从 3G 网络设备在传输网所处的位置来看，3G 接入网络主要是由城域传输网来承载的，彼此之间的关系如图 6-21 所示。

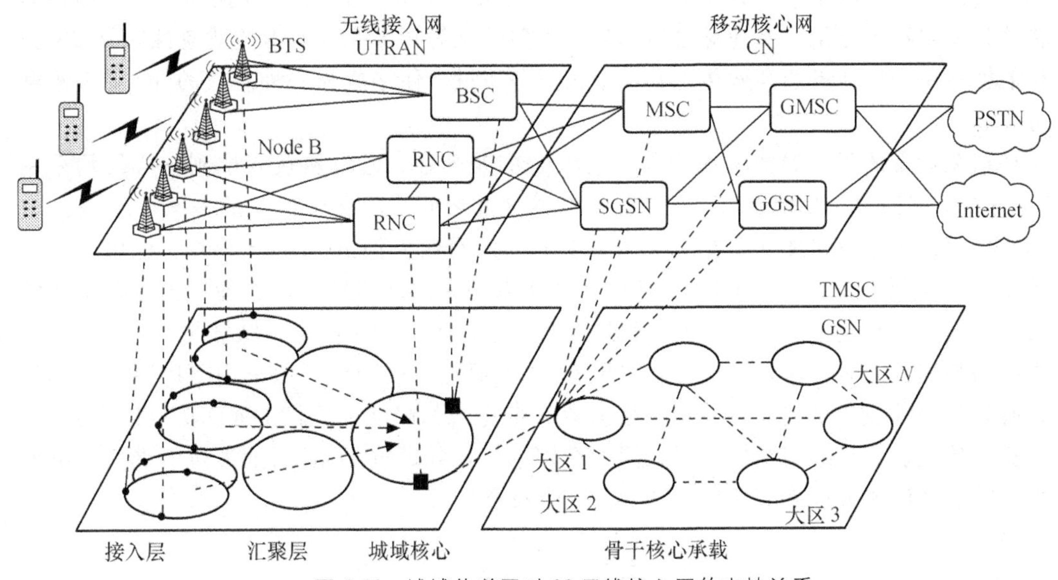

图 6-21　城域传送网对 3G 无线接入网的支持关系

由图 6-21 可见，从组网结构上看，城域传送网包括 3 层，即核心层、汇聚层和接入层。由于核心层中 RNC 与 MSC 的数量较接近，且常常位于同一个机房，因此可将 RNC 和 MSC 统一规划到城域传输网的核心层，此外考虑到区域管理的方便，GMSC、SGSN、GGSN 之间的传输任务则由骨干核心网承载；3G 接入网络主要是完成基站（BTS 或 Node B）与基站控制器（BSC 或 RNC）之间的业务接入和传送功能。需要说明的是，由于基站的覆盖面积有限，这样系统中需要使用多个 Node B 才能实现全覆盖。通常系统中 Node B 较为分散，因此 Node B 与 RNC 之间的传送需要经过汇聚和接入两层网络。

(2) PTN 为 IP UTRAN 提供灵活多样的承载传送

采用分组传送技术的、用于承载 IP UTRAN 的城域传送网如图 6-22 所示。

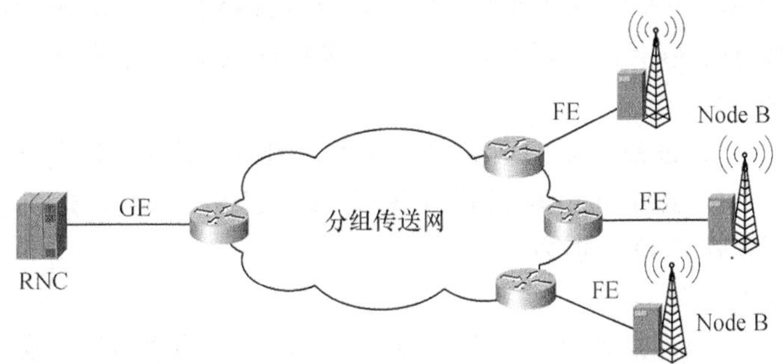

图 6-22　PTN 为 IP UTRAN 提供灵活多样的承载传送

从图 6-22 中可以看出，在采用 PTN 承载 3G 业务的网络中，它是将业务处理和业务交换相互分离，将与技术相关的各种业务处理功能放置在不同线卡上，而与技术无关的业务交换功能则被置于通用交换板上，这样运营商可以根据不同业务需求灵活配置不同的业务容量，以满足 3G UTRAN 的 IP 化承载需求。

随着 TDM 业务的不断萎缩和数据业务的迅速增长，网络的全 IP 化已成为大势所趋，使得传输设备将逐渐地从“多业务接口的适应性”转化为“多业务的内核适应性”，PTN 技术恰恰能够解决分组业务的高效传送和电信级服务质量，使之成为一种有效的 3G 业务承载解决方案。

一种新型设备的引入需要考虑到与原有设备的兼容性，这种从接入层到核心层均采用 PTN 设备的组网模式，与现有 SDH/MSTP 组网彼此之间形成两个独立的平面，IP 业务由 PTN 承载，TDM 业务和具有高安全可靠要求的以太网业务仍由 MSTP 承载。但由于目前 PTN 组网仅支持 1Gbit/s 和 10Gbit/s 两级，如果采用多层网络结构，将造成上下两层网络速率的不匹配，因此这种独立组网方式较适合核心节点数据较少的小型城域网。

当网络规模较大时，建议在核心层采用 OTN，而汇聚层和接入层采用 PTN 组网方式。由于核心骨干网的业务量较大，因此应根据业务带宽增长趋势，凭借 DWDM/OTN 网络的超大带宽的传送能力，采用类似于网状网的组网结构，并通过 OXC 对业务进行调度，进而简化核心节点与汇聚节点之间的网络结构，节省投资。

小　　结

1. 分组传送网（PTN）的概念及特点：分组传送网是一种能够面向连接、以分组交换为内核的、承载电信级以太业务为主，兼容传统 TDM、ATM 等业务的综合传送技术，其特点如下。

- 继承了 MPLS 的转发机制和多业务承载能力。
- 完善的 QoS 机制。
- 提供强大的 OAM 能力。
- 提供时钟同步。
- 支持高效的基于分组的统计复用技术。

2. PTN 有两类实现技术：T-MPLS 和 PBT。

- T-MPLS：是从 IP/MPLS 发展而来的，该技术摒弃了基于 IP 地址的逐跳转发，增强了 MPLS 面向连接的标签转发能力，从而确定端到端的传送路径，加强了网络的保护、OAM 和 QoS 能力。
- PBT：是从以太网发展而来的 PBB-TE 技术。PBB（运营商骨干桥接）解决了运营商和客户之间的安全隔离，并提供了网路的可扩展性，PBB-TE 增加了流量工程（TE），从而增强了 QoS 能力。

3. PTN 网络的体系结构。

分层结构：包括分组传送通路层、分组传送通道层和传输媒质层 3 层结构。

功能平面：是由 3 个层面组成的，即传送平面、管理平面和控制平面。

4. PTN 网元的功能结构，如图 6-4 所示。

5. T-MPLS 的业务承载与数据转发过程，如图 6-6 所示。

6. T-MPLS 的 OAM 机制内容 OAM 分层机制、OAM 封装格式、OAM 功能。

7. T-MPLS 网络保护与同步方式的实现过程。

8. T-MPLS 的 OAM 技术。
9. T-MPLS 网络中的安全性问题——保护与同步。

习　题

1. 简述分组传送网的基本概念。
2. 画出 T-MPLS 的分层结构图，并说明各层的功能及彼此之间的关系。
3. 简述 T-MPLS 的业务承载与数据转发过程。
4. T-MPLS 网络中可供采用的保护模式有哪些？它们彼此之间的区别在哪里？
5. 根据 ITU-T 定义，请概括 T-MPLS 中 OAM 的功能。
6. 简述 PTN 网络中的 3 种时钟需求情况。

第7章 基于WDM的光传送网

随着光纤通信系统容量的不断提高，电子器件处理信息的速率远远低于光纤所能提供的巨大负荷量的矛盾就越来越突出。为了进一步满足各种宽带业务对网络容量的需求，进一步挖掘光纤的频带资源，开发和使用新型光纤通信系统将成为未来的趋势，其中采用多信道复用技术，便是行之有效的方式之一。本章首先介绍光传送网和波分复用的概念，然后着重对WDM系统结构、基于WDM的光传送网的体系结构、性能以及保护等问题进行讨论。

7.1 光传送网的基本概念及特点

光传送网（OTN）是以波分复用（WDM）技术为基础、在光层组织网络的传送网，是新一代的骨干传送网。通过G.872、G.709、G.798等一系列ITU-T的建议所规范的新一代“数字传送体系”和“光传送体系”，其主要功能包括传送、复用、选路、监视和生存性等，它是网络逻辑功能的集合。OTN与传统的SDH传送网的区别在于在SDH传送网的电复用段层和物理层之间加入光层，这样OTN处理的最基本对象是光波长，客户层业务是以光波长的形式在光网络上复用、传输、选路等，实现光域上的分插复用和交叉连接，为客户信号提供有效和可靠的传输。

其创新性在于在OTN中引入ROADM、OTH、G.709接口和控制平面等概念，进而有效地解决了传统WDM网络中无波长/子波长调度能力、组网能力弱和保护能力弱的问题，并通过以太网GE接口的标准化，使之适应IP类数据业务对光传送网承载的要求。

OTN技术标准已成为当今最热门的传输技术之一，其技术主要优势如下。

(1) 可提供多种客户信号的封装和透明传输

基于G.709的OTN帧结构可以支持多种客户信号的映射和透明传输，如SDH、ATM、以太网等。目前SDH和ATM可实现标准封装和透明传送，但对不同速率的以太网的支持有所差异。

- ITU-T G.sup43为10Gbit/s业务实现不同程度的透明传输提供了补充建议。
- 对于1Gbit/s、40Gbit/s、100Gbit/s以太网和专网业务光纤通道（FC）以及接入网GPON等。

(2) 大颗粒的带宽复用和交叉调度能力

- 基于电层的子波长交叉调度：OTN 定义的电层带宽颗粒为光通道数字单元 ODUk (k=1，2，3)，即 ODU1（2.5Gbit/s）、ODU2（10Gbit/s）、ODU3（40Gbit/s）。
- 基于光层的波长交叉调度：光层的带宽颗粒是波长。

需要说明的是，在光层上是以 ROADM 来实现波长业务的调度，基于子波长和波长多层面调度，从而实现更精细的带宽管理，提高调度效率及网络带宽利用率。

(3) 提供强大的保护恢复能力

在电层和光层可支持不同的保护恢复技术。

- 电层支持基于 ODUk 的子网连接保护（SNCP）、环网共享保护等。
- 光层支持光通道 1+1 保护、光复用段 1+1 保护。
- 基于控制平面的保护与恢复。

(4) 强大的开销和维护管理能力

OTN 定义丰富的开销字节，大大增强 OCh 层的数据监视能力。OTN 提供 6 层嵌套串联连接监视功能，以便实现端到端和多个分段同时进行性能监视。

(5) 增强了组网能力

通过 OTN 的帧结构、ODUk 交叉和多粒度 ROADM 的引入大大增强了光传送网的组网能力。OTN 支持加载 GMPLS（通用多协议标签交换）控制平面，从而构成基于 OTN 的 ASON 网络，基于 SDH 的 ASON 网络和基于 OTN 的 ASON 网络采用同一控制平面，以实现端到端、多层次的 ASON。

7.2 波分复用系统

7.2.1 光波分复用的基本概念

光波分复用是指将两种或多种各自携带有大量信息的不同波长的光载波信号，在发射端经复用器汇合，并将其耦合到同一根光纤中进行传输，在接收端通过解复用器对各种波长的光载波信号进行分离，然后由光接收机做进一步的处理，使原信号复原，这种复用技术不仅适用于单模或多模光纤通信系统，同时也适用于单向或双向传输。

波分复用系统的工作波长可以从 0.8μm 到 1.7μm，由此可见，它可以适用于所有低衰减、低色散窗口，这样可以充分利用现有的光纤通信线路，提高通信能力，满足急剧增长的业务需求。当同一根光纤中传输的光载波路数更多、波长间隔更小（通常 0.8～2nm）时，该系统称为密集波分复用系统。由此可见，此复用的通信容量成倍地得到提高，这样可以带来巨大的经济效益。当然，由于其信道间隔小，在实现上所存在的技术难点也比一般的波分复用的大些，因而在光波分复用系统中，各支路信号是在发射端以适当的调制方式调制在相应的光载频上，再依靠光功率耦合器件耦合到一根光纤中进行传输，在接收端又采用分波器将各种光载波信号分开，从而完成复用、解复用的过程。

1. WDM、DWDM 和 CWDM

在讨论 WDM 技术时，常会提起 DWDM 和 CWDM 技术，人们不仅要问它们之间有什么区别？实际上它们是同一种技术，只是通道间隔不同。WDM 系统的通道间隔为几十纳米以上，例如最早的 1 310/1 550nm 两波长系统，它们之间的波长间隔达两百多纳米，这是在当时技术条件下所能实现的 WDM 系统。

技术的发展，特别是 EDFA 的商用化，使 WDM 系统的应用进入了一个新的时期。人们不再使用 1 310nm 窗口，进而使用 1 550nm 窗口来传输多路光载波信号，其各信道是通过频率分割来实现的，在图 7-1 中示意地画出各信道之间的关系，可见 WDM 系统是光信号上的频率分割，目前每个通道上传输的数字信号速率可达 SDH 2.5Gbit/s 或更高。

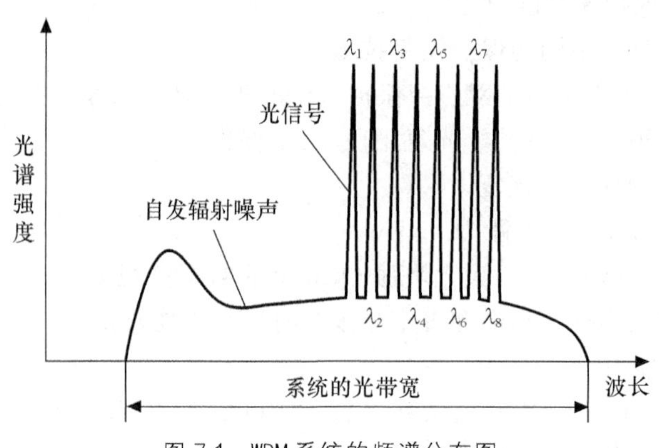

图 7-1 WDM 系统的频谱分布图

DWDM 是密集波分复用的英文缩写。DWDM 系统是一种波长间隔更紧密的 WDM 系统。过去的 WDM 系统的通道间隔有几十纳米。现在的通道间隔则更小，只有 0.8～2nm，甚至小于 0.8nm，可见所谓密集是针对波长间隔而言的，而且 DWDM 技术其实是 WDM 技术的一种具体表现形式。在 DWDM 长途光缆系统中，由于各波长间隔比较窄，因而可以共用一个 EDFA。这样两个波分复用终端之间可采用 EDFA 来代替多个传统的光—电—光再生中继器，以此来延长光信号的传输距离。最初的 DWDM 系统是为长途通信而设计的，然而随着技术的发展、用户需求的提高，现在越来越多地将其应用到城域网和接入网之中。但由于 DWDM 设备成本较高，因此在接入网应用中应考虑到安装成本、不同运营者的需求以及带宽增加等问题。在这种情况下，仅 16、32 或 64 波的复用通道数太少。为了满足接入网应用的要求，近来流行一种称为粗波分复用的技术，即 CWDM 技术。

CWDM 系统是在 1 530～1 560nm 的频谱范围内每隔 10nm 分配一个波长，此时可以使用频谱较宽的、对中心波长精确度要求低的、比较便宜的激光器，通常为了节约投资成本，常不使用放大器。当需要使用无源器件（如滤波器）时，也尽量使用造价较低的熔融拉锥型滤波器。这样利用 CWDM 技术可实现有线电视、电话业务和 IP 信号的共纤传输，它是实现三网合一目标的重要技术解决方案。为此朗讯公司提出使用打通 1 400nm 窗口的全波光纤，这样便为 CWDM 的应用开拓了更大的波长空间，为全光接入提供了技术保障。

从上面的分析可以看出，无论是 DWDM，还是 CWDM，它们的本质都是相同的，即都是建立在频谱分割基础之上的不同表述形式。下面来讨论一下 WDM 系统中光波长区的分配问题。

由于 1 550nm 窗口的工作波长区为 1 530～1 565nm，因此在 G.692 建议中规定了 WDM 系统的工作波长范围是 1 528.77～1 560.61nm。通路间隔可以是均匀的，也可以是非均匀的。非均匀通路间隔可以用来抑制 G.653 光纤的四波混频效应，但目前多数情况下采用均匀通路间隔。

G. 692 建议规定，通路间隔是 100GHz（约 0. 8nm）的整数倍，可以是 100GHz、200GHz、400GHz、500GHz、600GHz 等。显然系统中所采用的通道间隔越小，光纤的通信容量就越大，系统的利用率也越高。因此通常采用 100GHz 和 200GHz 作为通路间隔标准。

2. WDM 的特点

光波分复用技术之所以得到世界各国的普遍重视和迅速发展，这与其出色的技术特点是密不可分的。

① 光波分复用器结构简单、体积小、可靠性高。

② 提高光纤的频带利用率。

③ 降低对器件的速率要求。

④ 提供透明的传送通道。

⑤ 可更灵活地进行光纤通信组网。

⑥ 存在插入损耗和串光问题。

3. WDM 与光纤

由前面的分析可知，光纤的主要性能包括损耗、色散和非线性。下面分别进行讨论。

在图 7-2 中给出 WDM 与光纤特性的关系图。从图中看出，在 1 380nm 附近有一个 OH^- 吸收峰，由此导致的损耗较大，而其他区域光纤的损耗都小于 0. 5dB/km。现在的 WDM 系统工作于 1 550nm 窗口，并可以利用 EDFA 实现光放大功能，由于 EDFA 的放大区域带宽（1 530～1 565nm）为 35nm 带宽，它只占用光纤全部带宽（1 310～1 570nm）的 1/6，即使 WDM 技术全部利用单模光纤的 25THz（200nm）带宽，并按信道间隔 0. 8nm（100GHz）计算，也最多只能开通 200 多个波长的 WDM 系统，尽管近年来在波长数方面有所突破，但光纤的带宽也只利用了其中的一部分。

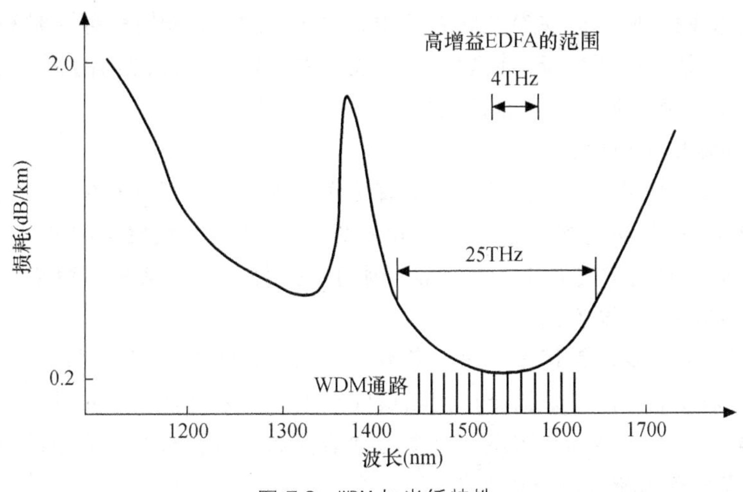

图 7-2　WDM 与光纤特性

目前商用化的单模光纤的规格有常规的 G. 652 单模光纤、G. 653 色散位移单模光纤和 G. 655 非零色散位移单模光纤以及一些特种光纤（如色散补偿光纤、掺饵光纤和保偏光纤等）。

由于 G. 652 光纤的色散最小点处于 1 310nm 处，而在 1 550nm 处的色散较大，严重影响中继距离。G. 653 光纤虽然工作于 1 550nm 窗口，但由于在此波长窗口色散系数过小，容易受到四波混频等光纤非线性的影响，无法进行波分复用。因此，新敷设的光缆已放弃 G. 652 和 G. 653 光纤，转而使用 G. 655 光纤。特别是随着第二代 G. 655 光纤——大有效面积光纤和小色散斜率光纤的使用，将在很大程度上促进 WDM 技术的应用发展。另外，通过使用降低 1 400nm 窗口吸收峰损耗，使光纤中的传递波长在 1 310～1 570nm 长波长范围内全部打通，从而构成全波光纤，这样可使复用波长大大增加，为 WDM 技术在接入网中的应用提供有效的技术保障。

EDFA 的商用化克服了光纤衰减对中继距离的影响，但光纤色散效应的影响更加显现。随着系统传输速率的提高，特别是对于太比特级光网络而言，光纤色散的影响将成为主要的限制的因素，色散影响主要包括色度色散和偏振模色散，其中，色度色散可以通过色散补偿技术来予以补偿。此外在系统中使用了 EDFA 后，光功率增大，光纤在一定条件下将呈现出非线性，即散射效应（受激布里渊 SBS 和受激拉曼散射 SRS）和折射率效应（自相位调制 SPM、交叉相位调制 XPM 和四波混频 FWM），它们的大部分都与入纤功率有关。通常对于光通道数较少的 WDM 系统，入纤功率一般为＋17dBm，比产生 SRS 效应的阈值小很多，因此不会有 SRS 的影响。在采用外调制方式的 WDM 系统中，当使用低频扰动技术时，也可以达到克服 SRS 的窄带效应影响；四波混频（FWM）效应与光纤色散有关，由于使用 G. 655 光纤，即可克服 FWM，又可抑制光纤色散的影响，它是高速 WDM 系统的最佳选择；交叉相位调制（XPM）对于 32 通路的 WDM 系统影响突出，但仍可通过使用大有效面积光纤来克服其影响，总之在高速 WDM 系统中，必须综合考虑光纤非线性的各种影响。

4. WDM 对光源和光电检测器的要求

(1) 对光源的要求

在传统的 SDH 光纤通信系统中，SDH 信号被调制到单一的光载频上，从频谱分析的角度，它工作于很宽的区域，而在 WDM 系统中，多个 SDH 系统信号可同时利用同一条光纤进行信息传播，只是它们各自所占据的工作波长不同，由于彼此之间的波长间隔在 100GHz 或 200GHz，这时对激光器提出了很高的要求，具体如下。

① 激光器的输出波长保持稳定

由于发射激光器的频率（或波长）会随着工作条件（例如温度和电流）的变化而发生漂移。例如，在 InGaAsP 激光器中，注入电流每变化 1mA，波长便会改变 0. 02nm，而温度每变化 1℃，则波长将会改变 0. 1～0. 5nm。因而保持每个信道载频的稳定也是多信道光纤通信系统设计中的一个重要方面。

特别是在密集波分复用系统中，由于各波道之间波长间隔很窄，因此为了保持各波道间的稳定性，必须采取适当的有效措施以使信道间隔恒定，才能使系统正常工作。通常具体可实施的稳频方案有多种，例如利用温度反馈控制的方式获得波长稳定光波的方法。

② 激光器应具有比较大的色散容纳值

由于 EDFA 的商用化，使得光纤通信系统中的无电再生中继距离大大增加，因此在 WDM 系统中，一般每隔 80km 使用一个 EDFA，使受到光纤衰减影响变弱的光信号得到放大，但 EDFA 无整形和定时功能，因此不能有效地消除沿线的色散和反射等因素所带来的影响，所以一般系统经 500～600km 的信号传输之后，需要进行光电再生。由前面的分析可知，影响无电再生中继距离的因素，一方面是来自光纤色散，另一方面是来自光谱特性的影响，因此为了延长无电再生中继距离，使用在 WDM 系统中的光源要求具有较大的色散容纳值（或者说，信号在光纤中传输时，能容纳较大的色散而引起的脉冲展宽），从而使无电再生中继距离增大。

③ 采用外调制技术。

除光源的光谱特性和光纤色散特性之外，系统的色散受限距离还与所采用的调制方式有关。对于直接调制而言，在采用单纵模激光器的光通信系统中，啁啾声是限制系统中继距离的主要因素，即使选择啁啾系数 α 较小的应变型超晶格激光器，在 G.652 光纤中传输 2.5Gbit/s SDH 信号时，最大色散受限距离也只能达到 120km 左右，也无法达到 WDM 系统中所要求的无电再生中继距离 500～600km 的要求，因此只能通过采用外调制方式来改善其色散特性。

在外调制情况下，激光器的输出功率稳定，当稳定的光波通过一个介质（外调制器中）时，利用该介质的物理特性使通过其中的光波特性发生变化，从而间接使电信号与光波特性参数保持调制关系。由于外调制器给系统所引入的频率较低，因此使用外调制技术可提高色散受限距离。目前所采用的实用外调制器有两种，即电吸收调制器（EAM）和波导型 $LiNbO_3$ 马赫—曾德外调制器（M-Z）。

电吸收外调制器是一种强度调制器。通常将激光器与调制器一起集成在一个芯片上，它所产生的信号频率啁啾很小，因此这样的信号可在光纤中进行长距离传输，并且信号失真很小。一般采用电吸收激光器的系统色散受限距离可做到 600km 以上。

波导型 $LiNbO_3$ 马赫—曾德外调制器（M-Z）也是一种强度调制器。理论上讲，其啁啾系数可以为零，其调制线宽很窄，消光比很高，几乎不受光纤色散的影响，只是调制器与偏振态有关，因此激光器和调制器之间必须用保偏光纤进行连接。这种外调制器适用于高速调制的 10Gbit/s 以上的超高速 WDM 系统中。

（2）对光检测器的要求

由前面的介绍可知，在 WDM 系统中可利用一根光纤同时传输不同波长的光信号，因而在接收时，必须能从所传输的多波长业务信号中检测出所需波长的信号，因此要求光检测器应具有多波长检测能力。要完成此功能可以采用可调光检测器，它是在一般的光电二极管结构基础上增加了一个谐振腔，这样可以通过调节施加到谐振腔上的电压来改变谐振腔的长度，从而达到调谐的目的。这种可调光电检测器的调谐范围可达 30nm 以上。

7.2.2 波分复用系统

1. 波分复用系统结构

与传统的光纤通信系统的结构相同，WDM 系统是由光发射机、光接收机、光中继器和光监控与管理系统构成的，如图 7-3 所示。我们首先讨论光发射机、光接收机和光中继器。

在 WDM 系统中利用波长分割原理，将不同的 SDH 信号赋予不同的中心波长，这样不同波道可以同时共用一根光纤进行信息的传输。通常 WDM 系统设计中，对各波道的波长有固定的分配。这就是说，只有符合系统设计所规定的波长才能在系统中传输，因此在发射

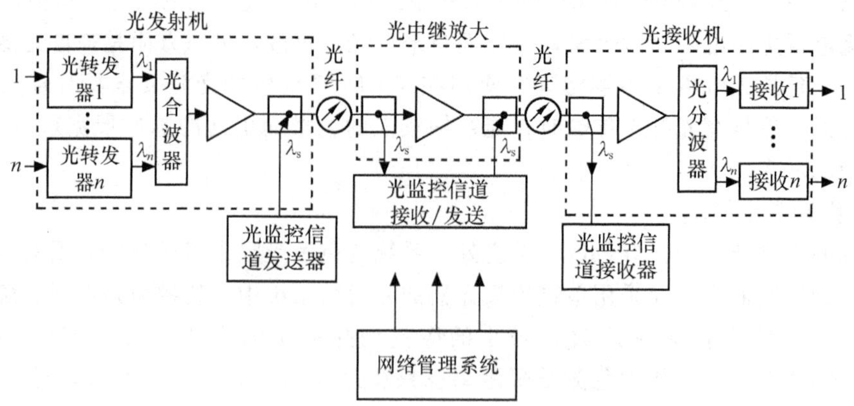

图 7-3 WDM 系统总体结构示意图

端，首先要将来自各 SDH 终端设备的光信号送入光波长转换器（OTU），光波长转换器负责将符合 ITU-T G.957 规范的非标准波长的光信号转换成为符合设计要求的、稳定的、具有特定波长的光信号。各光波长转换器输出的是标准的波长，这些波长的信号在光波分复用器进行合路处理，形成包含多波长成份的光信号，然后再经 EDFA（作为功率放大器）将多波长信号同时放大。

在接收端，首先经过一个 EDFA 进行前置放大，将经过长距离传输后，相当微弱的多波长光信号放大，并送入光解复用器，从中分解出所需的特定波长的信号，送往规定波长的接收机。为了能保证各波道都能恢复出正常信号，因此要求接收机满足技术指标，如接收灵敏度、过载功率等，同时还应能容纳一定程度的光噪声的影响，并提供足够的电带宽。

当含多波长的光信号沿光纤传输时，由于受到衰减的影响，使所传输的多波长信号功率逐渐减弱（长距离光纤传输距离 80～120km），因此需要对光信号进行放大处理。目前在 WDM 系统中使用掺铒光纤放大器 EDFA 来起到光中继放大的作用。由于不同的信道是以不同的波长来进行信息传输的，因此要求系统中所使用的 EDFA 具有增益平坦特性，能够使所经过的各波长信号得到相同的增益，同时增益又不能过大，以免光纤工作于非线性状态。这样才能获得良好的传输特性。

2. WDM 系统的基本应用形式及其监控

光波分复用通信传输系统有单向和双向两种基本应用形式，单纤单向是指不同波长的光信号组合在一起后，通过一根光纤沿同一方向进行传输的方式。单纤双向是指两个相反方向的光信号可以在一根光纤中同时传输的方式。可以看出单向 WDM 传输系统的扩容效率高，具有升级效应，同时并不要求对原有的光纤设施进行改动；而单根光纤的双向传输结构具有简化传输网络等方面的优点。

随着 EDFA 的商用化进程的发展，在 WDM 系统中通常使用 EDFA 作为中继器，这样使无电中继距离大大提高，因而在 WDM 系统中的监控内容增加了对 EDFA 的监控与管理。又由于 EDFA 对业务信号的放大是在光层上进行的。即无上下话路的操作，因此无电接口接入，即使所传输的业务信号为 SDH 信号，在 SDH 信号的帧开销中也没有对 EDFA 进行监控和管理的字节，而且一般信号在 EDFA 上传输时呈现透明性，即对所传信息的数据格式不限，因而在

WDM 系统中是通过增加一个新的波长来对 EDFA 的工作状态进行监控。由于 EDFA 的增益有效区为 1 530～1 565nm，该区域用于传各波道的业务信息，因此对采用光放大器作为中继的 WDM 系统，需要增加一个额外的光监控信道，而且在每个 EDFA 处均能进行上下操作，该波长一般位于 EDFA 增益有效区的外面，规定为 1 510nm 波长（用 λ_s 表示）。

除监控线路中的 EDFA 之外，WDM 系统中的监控系统还应完成对各波道工作状态的监控，如图 7-3 所示。可见在光发射机中是利用耦合器将光监控信道发送器输出的光监控信号（波长为 λ_s 的光信号）插入到多波道业务信号之中。由于光监控信号与多波道业务信号各自所占波长不同，因而不会构成相互干扰，这样监控信号将随各波道业务信号一起在光纤中传输。又由于光纤衰减的影响，使得经过长距离（80～120km）传输的光信号很弱，在 WDM 系统中利用 EDFA 对各波道业务信号进行放大，但其无管理和定时功能。为了能获得相应的信息，因此在 EDFA 的前后分别取出和插入波长为 λ_s 的监控信号，直至接收端。在接收端再从所接收的各波长信号中分离出监控信号（λ_s）。监控信号所传信息包括帧同步字节、公务字节和网管所用的开销字节等。

表 7-1 给出了光监控信道的接口参数。

表 7-1　　光监控信道的接口参数

参数名称	参　数　值
监控波长	1 510nm
监控速率	2Mbit/s
信号码型	CMI
信号发送功率	0～7dBm
光源类型	MLM LD
光谱特性	待定
最小接收灵敏度	−48dBm

7.2.3　WDM 网络的关键设备

1. 基本复用单元

WDM 已经成为光纤通信的主要发展方向，因而光分插复用器（OADM）、光数字交叉连接器 OXC 和光终端复用器 OTM 是光传送网中的关键器件，其性能直接对通信网络的性能构成影响。其中，OTM 中包括若干套发射端机和接收端机，在此将重点介绍 OADM 和 OXC 设备的结构与功能。

（1）OADM

① OADM 的功能。

与 SDH 中 ADM 设备的功能类似，OADM 的主要功能如下。

- 波长上、下话路的功能，这是指要求给定波长的光信号从对应端口输出或插入。并且每次操作不应造成直通波长质量的劣化，而且要求给直通波长介入的衰减要低。
- 具有波长转换功能，即使与 WDM 标准波长相同以及不同的波长信号都能通过 WDM 环网进行信息的传输。因此要求 OADM 具有波长转换能力，换句话说，既包括标准波长的转换（建立环路保护时，需将主用波长中所传输信号转换到备用波长中），还包括将外来的非标准波长信号转换成标准波长，使之能够利用相应波长的信道实现信息的传输。这要求依据网络的波长资源分配方案确定。

- 具有光中继放大和功率平衡功能，这样在 OADM 节点可通过光功率放大器来补偿光线路衰减和 OADM 插入损耗所带来的光功率损耗。功率平衡是指用从探测器输出的电信号中提取的信号来控制可变衰减器，从而达到在合成多波信号前对各个信道进行功率上的调节。
- 提供复用段和通道保护倒换功能，支持各种自愈环。
- 具有多业务接入功能，例如 SDH 信号的接入和吉比特以太网信号的接入等。

② OADM 的基本结构

图 7-4 所示为一个双向 OADM 节点主光通道的体系结构框图，可见它是由放大单元、分插复用单元、保护倒换单元、接入单元、上路信号端口指配单元和下路信号端口指配单元、功率均衡单元等组成的。其中，分插复用单元是 OADM 的基本功能单元，其构成方案有很多，由于篇幅所限，这里就不再介绍。

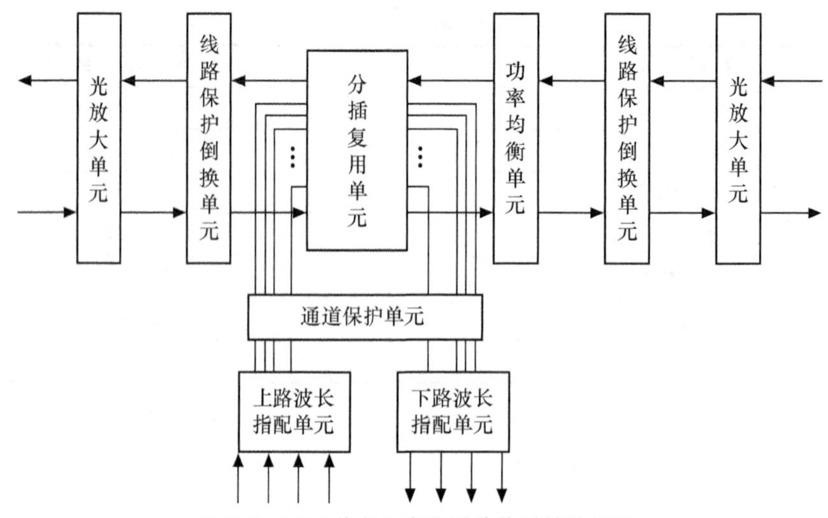

图 7-4 OADM 节点主光通道的体系结构框图

（2）OXC 的结构与功能

OXC 是一种光网络节点设备，它可在光层上进行交叉连接和灵活的上下话路操作，同时还提供网络监控和管理功能，它是实现可靠的网络保护与恢复以及自动配线和监控的重要手段。一般 OXC 组成结构图如图 7-5 所示。可见它是由输入接口、输出接口、光交叉连接矩阵和管理控制单元构成的。其中，输入、输出接口直接与光纤链路相连，负责信号的适配和放大功能。为了保证网络安全，在每个模块中均采用了主用和备用的结构，并在管理控制单元的控制下使 OXC 自动进行保护倒换操作。管理控制单元除通过编程对光交叉连接矩阵进行控制管理之外，还要负责对输入、输出接口模块进行检测与控制。OXC 的关键技术是光交叉连接矩阵，为了保证 OXC 的正常工作，因而要求其应具有无阻塞、低延迟、宽带和高可靠性的性能。

① 与 SDH 网络中的 DXC 设备的功能相比，它们在网络中的地位和作用相同，但功能上存在下列区别。

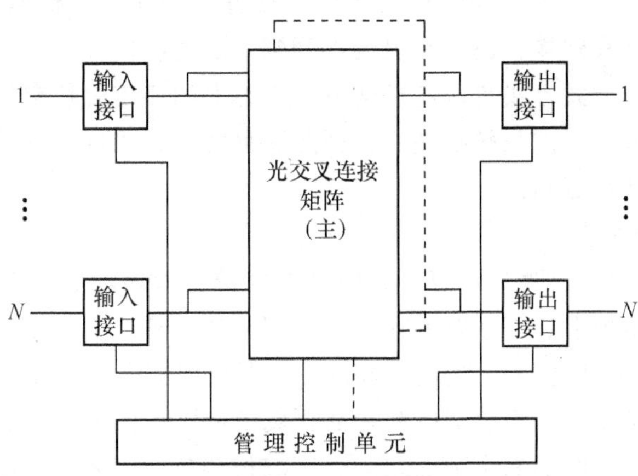

图 7-5 OXC 的一般结构

- OXC 是在光域完成交叉连接功能的，而 DXC 是在电层上进行交叉连接。
- OXC 可以对不同速率和采用任何传输格式的信号进行交叉连接操作，但 DXC 设备针对不同传输格式和不同传输速率的信号的处理方式不同，因此分为不同的型号，如 DXC4/4、DXC4/1 等，而且其监控维护也相对复杂。
- 由于 DXC 设备中的信号处理是在电层上进行的，因而 DXC 受电子速率的限制，交叉连接速率较低，到目前为止，交叉连接和接入速率最高只能到 622Mbit/s，交叉总容量只达 40Gbit/s；而 OXC 无论在交叉连接速率、接入速率以及总容量等方面，都优于 DXC。OXC 的接入速率范围可从 140Mbit/s 到 10Gbit/s，交叉总容量可达 1～10Tbit/s。
- OXC 中无需进行时钟信号同步与开销处理，便于网络升级（无需更换设备）；而 DXC 必须进行时钟信号同步与开销处理，在网络升级时必须更换设备。

尽管 OXC 与 DXC 在光网络中的作用相同，但两者的功能和实现方式上存在很大不同，因此各自的应用方式也不同。这样在一个光网络节点中可分为光层和数字层，一般光层的 OXC 和数字层的 DXC 是配合起来使用的，其中，OXC 直接与光纤链路接口相连接，而 DXC 则处于 OXC 与网络服务层之间。这与单独使用 DXC 情况相比，既可以减少 DXC 的容量，又可以便于进行更详细的网络配置与调度，这样可增加网络的灵活性和可靠性。

② OXC 的实现方式。

OXC 共有 3 种实现方式：光纤交叉连接、波长交叉连接和波长转换交叉连接。

光纤交叉连接方式是指以一根光纤中所传输的总容量为基础进行交叉连接的方式，如图 7-6（a）所示。其交叉容量大，但缺乏灵活性。

波长交叉连接方式是指可以将任何光纤上的任何波长交叉连接到使用相同波长的任何光纤上的实

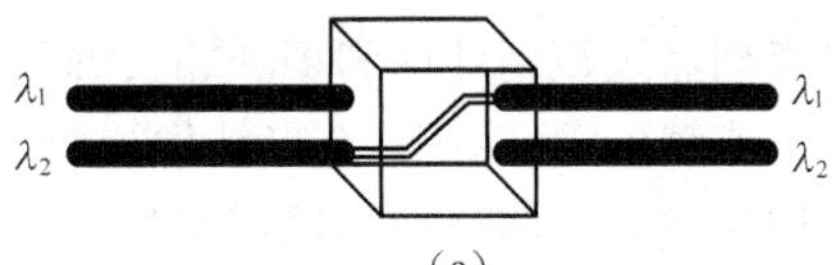

(a)

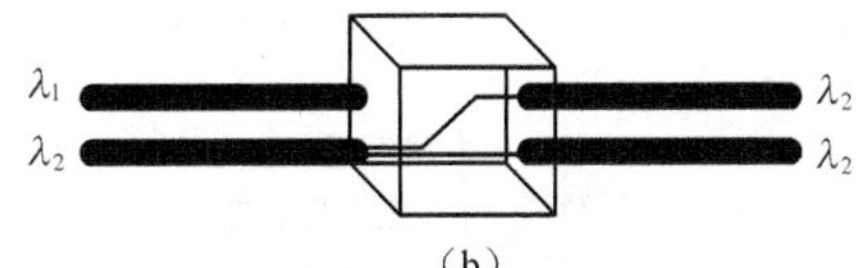

(b)

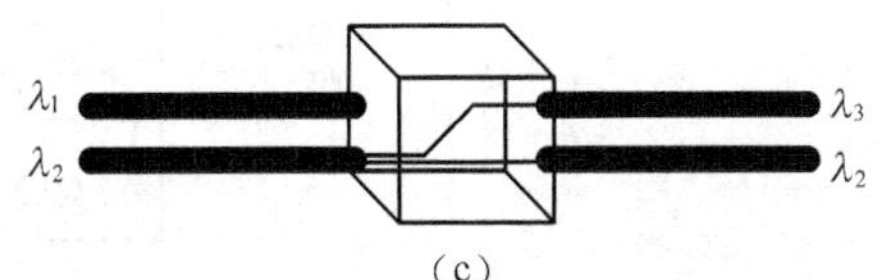

(c)

图 7-6 OXC 的实现方式

现方式，如图 7-6（b）所示。与光纤交叉连接实现方式相比，其优越性在于具有更大的灵活性。但由于其中无波长转换，因此其灵活性受到一定的影响。

波长转换交叉连接方式是指可以将任何输入光纤上的任何波长交叉连接到任何输出光纤上的实现方式。由于采用了波长转换技术，因此这种实现方式可以完成任意光纤之间的任意波长间的转换，其灵活性更高。

③ OXC 的主要功能。

OXC 可以在光纤和波长两个层面上为网络提供带宽管理，如动态重构光网络，提供光信道的交叉连接以及本地上、下话路操作，动态调节各个光纤中的流量分布等。同时在出现断纤故障时，OXC 还能提供 1+1 光复用段保护，即使用其中的光开关将原主用信道中所传输的信号倒换到备用信道上，而故障排除之后再倒换回主用信道，从而实现网络保护与恢复功能。如果在出现故障线路的两个节点之间启用波长转换，那么可通过波长路由重新选择功能来实现更复杂的网络恢复。

2. ROADM（可重构光分插复用器）

在骨干网中应用 OADM 主要是使用在点到点的 WDM 系统的中间节点，便于业务的上下操作。随着 WDM 系统的大规模商用化，会在大城市部署 OADM 节点，考虑到将来业务发展的不确定性和可扩展性，OADM 上下波长能力应在 WDM 系统容量的 50%。因此远端可动态配置的 ROADM 是发展的方向，目前可实现在一定波长范围内的指配，但灵活性不够，相信在不久的将来一定能够实现更大范围、更灵活的波长上下指配。

由于 OADM 作为节点设备插入到 WDM 系统中，会引入插入损耗和信道间的串扰，这将对上下光路和直通光路构成影响，特别是直通光路，OADM 的使用将会影响系统跨段的设计以及节点间距离。业务的上下处理也会对其他直通信道造成串扰，因此要求 OADM 应具有较好的隔离度，以保证各路信号的正常传输。

随着 IP 业务的迅猛发展，IP 网络的规模和容量也随之迅速增大，为了满足业务需求，基础承载网的建设也将逐渐采用以 ROADM 为标志的光层灵活组网技术，使 WDM 从简单的点到点过渡到环网和多环相交的拓扑结构，最终实现网状网。

典型的 ROADM 节点结构如图 7-7 所示，是由光波长交叉模块和电层子波长交叉模块共同构成的，不仅在光域可支持 10G/40Gbit/s 波长信号的直通和上下操作，还可以在上下路侧支持电层的 G. 709 帧结构处理、子波长交叉和客户信号适配等功能，具体功能如下。

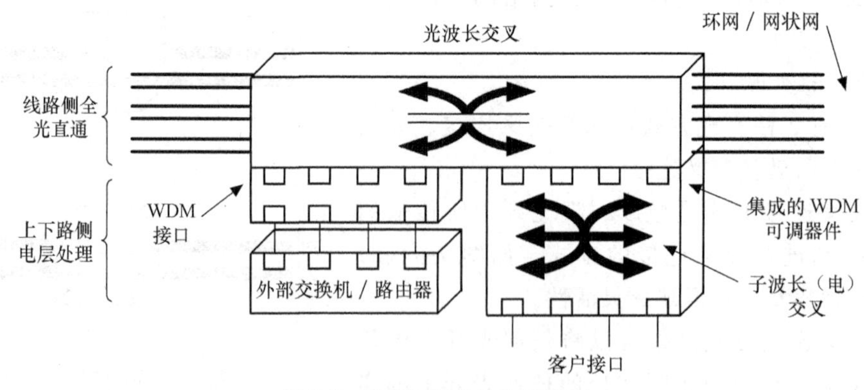

图 7-7　ROADM 节点结构示意图

- 实现波长资源的可重构和多方向的波长重构，且对所承载的业务协议、速率透明。
- 可支持无方向选择性的、无波长选择性的、无端口选择性的本地波长上下。
- 支持波长广播、多播（可选）。
- 波长的重构操作不会对其他已有波长信号构成影响，不产生误码。
- 可在本地或远端实现对上下波长的动态控制以及对本地上下波长和直通波长的功率控制。
- 在上游光纤出现故障时，不应影响本地向下游方向的上路业务。

7.2.4　WDM 系统设计中的工程问题

1. 基本要求

随着技术的不断发展，通信业务迅速增长，光纤通信网的发展与建设速度之快，在我国尤为突出。特别是在 1995 年之后，我国所有的干线网、大城市、地区的中继网以及接入网相继采用多个 2.5Gbit/s 或 10Gbit/s 系统。但通信网的实际需要仍不断突破原先的预测和计划的规模，使网络容量很快接近饱和，因此在考虑到其更新发展时间周期的情况下，具体选择方案时应遵循以下原则。

- 资源利用。应充分利用所埋设的光纤，以节约成本。
- 逐步扩容。按实际需求，避免一次投资过多，但要根据预测留有充沛的带宽余量。
- 符合标准。采用的设备、技术均满足相应的工业标准，利于生产制造、维护及互通。
- 技术成熟。确保升级更新不影响网络的正常服务质量。
- 可靠灵活。尽可能使网络的可靠性和灵活性得到增强，以提高网络的生存性和适应性。
- 组网简单。便于管理调度，易于升级，降低运算费用。

值得说明的是，光缆工程的投资成本中光缆成本费用大致要占 1/3，用于光缆敷设及市政工程的费用占 1/3，光电设备的成本占 1/3。通常已敷设的光缆至少 25 年，光电设备的设计寿命是 25 年。但是现今通信市场的周期约为 5～7 年，因此需考虑到，网络的增长和技术的发展会带来的系统性能和带宽方面的明显提升潜力，注意充分利用现有光缆。

2. 系统设计与性能

（1）激光器的稳频特性

激光器的发射频率（或波长）会随着工作条件（例如温度和电流）的变化而发生漂移，例如，在 InGaAsP 激光器中，注入电流每变化 1mA，波长便会改变 0.02nm，而温度每变化 1℃，则波长将会改变 0.1～0.5nm。因此，保持每个信道的载频的稳定是多信道光纤通信系统设计中的又一重要方面。只有采取有效措施来保持各载波频率的相对稳定性，才能使信道间隔恒定，从而保证系统正常工作。

（2）WDM 系统中的最小和最大光功率

在 WDM 系统中经常采用光放大器以提高其无电再生中继距离，因而在一个信道中，光功率最小值出现在光放大器的输入端。而其经功率放大后的输出功率则是系统中的最大光功率，该功率值的大小由光纤非线性效应的阈值决定。

① 最小光功率。

信道信噪比的最坏值出现在光放大器的输出端。由于信号是与噪声一起进入光放大器的，因而它们同时被放大，并引入新的噪声——ASE 自发辐射噪声。这样根据信噪比的定义，可获得光放大器输出端的信噪比。

$$OSNR=\frac{\text{输出信号功率}}{\text{输出噪声功率}}=\frac{P_{\text{Sout}}}{P_{\text{Nout}}}$$

由于对于放大器增益 $G\gg1$ 的情况，考虑到光源的 Δv（3dB 谱宽）很窄，所以光放大器的输出噪声与噪声系数 N_{F}、工作频率 v 可近似地用下式表示为：

$$P_{\text{Nout}}=N_{\text{F}}Ghv\Delta v \tag{7-2-1}$$

这样，如果通道中从光发送机至光接收机之间共有 N 个光放大器的话，那么在最后一个光放大器的输出端输出的 P_{Nout} 将增大 N 倍，因此其输出光信噪比为：

$$OSNR=\frac{P_{\text{Sout}}}{N_{\text{F}}Ghv\Delta v}=\frac{P_{\text{Sin}}}{N_{\text{F}}Nhv\Delta v} \tag{7-2-2}$$

由上式可导出最小接收光功率的大小（下式用分贝表示）：

$$P_{\text{Sin}}(\text{dBm})=OSNR(\text{dB})+N_{\text{F}}(\text{dB})+10\lg N+10\lg(hv\cdot\Delta v) \tag{7-2-3}$$

前一个 EDFA 的输出光功率（若两个 EDFA 之间的跨距损耗为 L_{α}）为：

$$P_{\text{Sout}}(\text{dBm})=L_{\alpha}(\text{dB})+OSNR(\text{dB})+N_{\text{F}}(\text{dB})+10\lg N+10\lg(hv\cdot\Delta v) \tag{7-2-4}$$

当光源谱宽为 0.1nm 时，可利用下式计算出最后一项（设波道的中心波长为 1 552.52nm，对应中心频率为 193.10THz）。

$$\Delta v=\frac{C}{\lambda^{2}}\Delta\lambda=\frac{3\times10^{8}}{(1552.52)^{2}}\times0.1\times10^{9}=1.245\times10^{10}=12.45(\text{GHz})$$

$$10\lg(hv\cdot\Delta v)=10\lg(6.626\times10^{-34}\times193.1\times10^{12}\times3.735\times10^{10}\times10^{3})=-58(\text{dBm})$$

如果取 $OSNR=7$（满足 $BER=10^{-12}$ 时），$N_{\text{F}}=5.5\text{dB}$，则由式（7-2-3）可得，$\Delta\lambda=0.1\text{nm}$ 时所要求的 EDFA 输入光功率 $P_{\text{Sin}}\geqslant-45.5+10\lg N$（dBm）。

若系统中使用 10 个 EDFA 构成 WDM 级联系统，那么要求 $P_{\text{Sin}}\geqslant-35.5$（dBm）。

② 最大光功率。

单信道的最大光功率大小由 SRS 非线性效应决定。为避免光纤工作在非线性工作状态之下，因而要求通道中的最大光功率不得大于 SRS 的门限值（1W）。在一个采用 EDFA 级联技术的 WDM 系统中，光功率的最大值一般出现在光放大器的输出端。根据 G.692 的规定，可用下式进行估算：

$$P_{\text{t0t}}=\sum P_{\text{out}}+N\cdot BW_{\text{eff}}\cdot h\cdot v\cdot10^{(N_{\text{F}}+L_{\alpha})/10} \tag{7-2-5}$$

式中，N_{F} 和 L_{α}（跨距损耗）以 dB 为单位，其他各量采用 UI 单位制。N 为复用路数，BW_{eff} 表示 ASE 有效带宽，其含义与（7-2-3）式中的 Δv 不同。对于使用单个光放大器的 WDM 系统而言，BW_{eff} 取 EDFA 的有效利用带宽。对于采用 EDFA 进行多级级联的 WDM 系统来说，BW_{eff} 将会随之减少。例如，在 WDM 系统中使用了 10 个 EDFA 级联的情况下，取 $BW_{\text{eff}}=15\text{nm}$。下面仍以上面给出的典型波长参数计算（7-2-5）式中的最后一项。取 $BW_{\text{eff}}=2.5\text{THz}$（约对应 20nm），假设 $N_{\text{F}}=6\text{dB}$，$L_{\alpha}=30\text{dB}$，则

$$\begin{aligned}N\cdot BW_{\text{eff}}\cdot h\cdot v\cdot10^{(N_{\text{F}}+L_{\alpha})/10}&=10\times2.5\times10^{12}\times6.626\times10^{-34}\times193.1\times10^{12}\times10^{(6+30)/10}\\&=20\times10^{-3}(\text{W})=20(\text{mW})\end{aligned}$$

SRS 门限对 P_{out} 的限制为

$$P_{out}=(1000-20)/16(\mathrm{mW})=17.87(\mathrm{dBm})$$

由此可见，对于 16 路 WDM 系统来说，17.87dBm 的最大输出功率不会对 SPM 色散补偿的应用构成限制。而在 32 路 WDM 系统中，$P_{out}=(1000-40)/32$（mW）$=14.77$（dBm）（因为是 32 路系统，因此（7-2-4）式中的最后一项，将比 16 路系统时增大一倍，即 40mW），它将对 SPM 的色散补偿应用有一定的限制。

（3）信噪比、通道间隔、总通道数对传输距离的影响

在 WDM 系统中，只要将光放大器的输出功率限制在非线性效应阈值之下，便可以减少光纤非线性的影响，同时又可以克服光纤损耗的影响。如果采用色散补偿光纤，则可以补偿单模光纤色散的影响，那么此时影响 WDM 系统传输距离的因素是 EDFA 的噪声和串扰、激光器的噪声和接收机的噪声。一个典型的 WDM 系统，其信噪比可表示为

$$SNR_S=10\lg\left[\frac{(S-R)^2}{N_{s-sp}+N_{sp-sp}+N_{r-sp}+N_{LD}+N_R}\right] \tag{7-2-6}$$

其中，N_{s-sp} 是所选通路信号与 EDFA 自发辐射拍频噪声；N_{sp-sp} 是自身自发辐射拍频噪声；N_{r-sp} 是所选通道信号与自发辐射拍频噪声；N_{LD} 代表激光器噪声，它包括相对强度噪声和相位噪声；N_R 代表接收机噪声，包括量子噪声和电路噪声。

在图 7-8 中给出了 WDM 系统中的 SNR 与 EDFA 级联数 k 和通路总数 i 之间的关系图。其中，实线表示 EDFA 的增益 $G=10\mathrm{dB}$，$i=64$，$k=81$ 和 $i=100$，$k=45$ 情况下，$SNR_S=21.6\mathrm{dB}$ 时的关系曲线；而虚线表示 EDFA 的增益 $G=20\mathrm{dB}$，$i=64$，$k=7$ 和 $i=100$，$k=4$ 情况下，$SNR_S=21.6\mathrm{dB}$（$BER=10^{-9}$）时的关系曲线。可见在信噪比一定的条件下，随着通道总数 i 的增加，系统所要求的 EDFA 级联数越小。

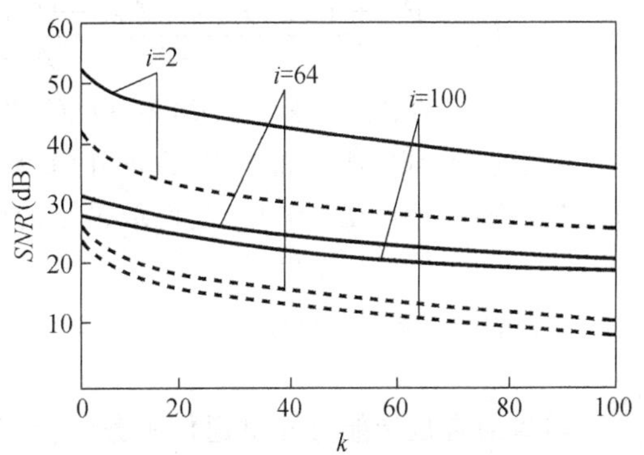

图 7-8　SNR 与 EDFA 级联数 k 的关系

经过优化分析可知，当 64 路多波长 WDM 系统中的每条波道速率 $Bi=10\mathrm{Gbit/s}$（即 $i=64$），$k=81$ 时，$SNR_S=21.6\mathrm{dB}$，相邻两个 EDFA 之间的 SMF＋DCF 的长度 $L=30\mathrm{km}$（利用式（7-2-3）及相关参数计算）时，很容易计算出最大无电再生中继距离为 $81\times30=2\ 430$（km），WDM 系统可获得最佳总传输容量 $B_TL_T=10\times10^{-9}\times64\times81\times30=1\ 555$（Tbit/s）（其中，$B_T$ 代表光纤中传输的总信号速率，L_T 代表最大无电再生中继距离）。可见在满足相同条件下，系统中所包含的总通道数越多，相应所要求的级联数 k 越小，最大无电再生中继距离也越小。目前大多数情况下所使用的 WDM 系统的波长数在 64 以内。

（4）信道串扰

所谓串扰是指一个信道的能量转移到另一个信道，因而当信道之间存在串扰时，会引起接收信号误码率的升高。串扰又分为线性串扰和非线性串扰。

线性串扰通常发生在解复用过程中和光开关中，它与信道间隔、解复用方式以及器件的性能有关。特别是在强度调制—直接检波的多路复用光纤通信系统中，常采用光滤波器作为

解复用器，因而串扰的大小取决于用于选择信道的光滤波器的特性。

当光纤处于非线性工作状态时，光纤中的几种非线性效应均可能在信道间构成串扰。具体来讲，就是一个信道的光强和相位将受到其他相邻信道的影响，从而形成串扰。由于是光纤非线性效应引起的，故这种串扰便称为非线性串扰。

串扰的主要来源还包括光放大器 ASE 噪声。

3. 最大中继距离的计算

在 WDM 系统中影响中继距离的因素有衰减、色散以及噪声和串扰等方面。随着 EDFA 的商用化，在实际工程中可以采用 EDFA 来补偿光纤衰减的限制，但同时 EDFA 给系统引入自发辐射噪声，特别是对于采用 EDFA 级联技术的系统，自发辐射噪声与有效信号一起放大，因而自发辐射噪声的影响是不容忽视的。可见在此系统中决定中继距离的主要因素是色散，但激光器的最大输出功率和接收机的灵敏度等参数仍由衰减关系确定。下面首先讨论衰减关系。

对于一个典型的 WDM 系统，如果考虑到链路中使用 OADM 或 OXC 的情况，它们会给系统引入插入损耗，因而在（4-3-1）的基础上，衰减受限情况下的中继距离计算公式可用下式表示：

$$L_{\alpha}=\frac{P_{\mathrm{T}}-P_{\mathrm{R}}-A_{\mathrm{CT}}-A_{\mathrm{CR}}-A_{\mathrm{OADM}}-A_{\mathrm{OXC}}-A_{\mathrm{C}}+G-N_{\mathrm{F}}-P_{\mathrm{P}}-M_{\mathrm{E}}}{A_{\mathrm{f}}+A_{\mathrm{S}}/L_{\mathrm{f}}+M_{\mathrm{C}}} \quad (7\text{-}2\text{-}7)$$

其中，A_{OADM} 和 A_{OXC} 是 OADM 和 OXC 的插入损耗。

由于多数 WDM 系统使用的是外调制技术，因此其色散受限情况下的中继距离可用（7-2-7）进行计算。L_{α} 与 L_{C} 之间取最小的作为系统最大中继距离。

7.3 光传送网（OTN）

网络通常是指能够提供通信服务的所有实体及其逻辑配置。可见从信息传递的角度来分析，传送网是完成信息传送功能的手段，它是网络逻辑功能的集合。它与传输网的概念存在着一定的区别。所谓传输网是以信息通过具体物理媒质传输的物理过程来描述的。它是由具体设备组成的网络。在某种意义下，传输网（或传送网）又都可泛指全部实体网和逻辑网。

7.3.1 WDM 光传送网的体系结构

由于在 WDM 系统中，多波长业务信号可以同时在一根光纤中进行传输，每个波长上的业务信号可以是 STM-16 或 STM-64，因此前面介绍的 SDH 传送网的分层结构是针对单一波长的。而用 WDM 技术所构成的网络则是光传送网。按照 G.805 建议的规定，从垂直方向上，光传送网分为光通道（OCH）层、光复用段（OMS）层和光传输段（OTS）层 3 个独立的层网络，它们之间的关系如图 7-9 所示。

① 光通道（OCh）层所接收的信号来自电通道层，在此光通道层将为其进行路由选择和波长分配，从而可灵活地安排光通道连接、光通道开销处理以及监控功能等。当网络出现故障时，能够按照系统所提供的保护功能重新建立路由或完成保护倒换操作（系统的保护方式不同，其所提供的保护功能不同）。

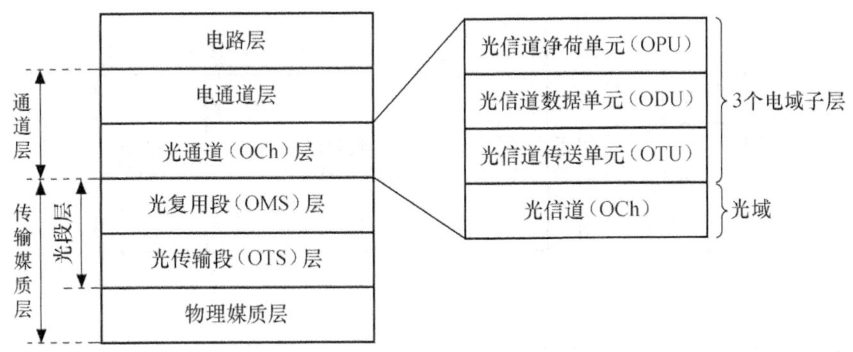

图 7-9　WDM 光传送网的功能分层模型图

光通道层所接收的信号来自电通道层，它是 OTN 的主要功能的载体，是由 OCh 传送单元（OTU*k*）、OCh 数据单元（ODU*k*）和 OCh 净负荷单元 3 个电域子层和光域的光信道 OCh 组成的。

② 光复用段层（OMS）主要负责为两个相邻波长复用器之间的多波长信号提供连接功能。具体功能包括光复用段开销处理和光复用段监控功能。光复用段开销处理功能是用来保证多波长复用段所传输信息的完整性的功能，而光复用段监控功能则是完成对光复用段进行操作、维护和管理操作的保障。

③ 光传输段（OTS）层为各种不同类型的光传输媒质（如 G.652、G.653、G.655 光纤）上所携带的光信号提供传输功能，包括光传输段开销处理功能和光传输段监控功能。光传输段开销处理功能是用来保证多波长复用段所传输信息的完整性的功能，而光传输段监控功能则是完成对光传输段进行操作、维护和管理操作的重要保障。

由于光通道层、光复用段层和光传输段层 3 层上所传输的信号均为光信号，因此也称它们为光层。其中，光层又包含了光通道层和光段层。如果我们将 WDM 传送网的功能分层模型与 SDH 传送网的功能分层模型进行比较，可以发现它们之间的区别在于在通道层中增加了一个新的子层——光通道层。这样，电通道层与光通道层共同构成通道层。整个光传输网是由物理媒质层网络来支持的，一般物理媒质层网络为光纤网。与光复用段层和光传输段层一同组成传输媒质层。正是由于引入了光通道层，可以直接在光域上实现插入与分接功能和高速数据流的选路功能。

7.3.2　OTN 帧结构和开销

在 OTN 中，FEC 功能以及开销功能是通过数据包封技术实现的，所谓数字包封技术实际上就是一种工作在随路方式的光段开销技术，在光通路层内部采用了 TDM 帧结构对客户层信号进行处理，并在客户净负荷的基础上又增加了用于光通道管理的开销和用于带外误码监测的前向纠错（FEC）字节。

OTN 中包括电层和光层，电层是由 OTU*k* 组成的，在 G.709 定义的 OTU*k* 基本帧结构如图 7-10 所示。可见数字包封的帧结构和帧长度均是固定的，并包含帧定位开销、OTU*k* 开销、OTU*k* 的前向纠错（FEC）开销和 OPU*k* 开销字节。

对于不同速率的 G.709（k=1，2，3）信号，即 OTU1、OTU2、OTU3 均具有相同的信息结构，即 4×4 080 字节，但每帧的周期不同。这与 SDH 中的 STM-*N* 帧不同，

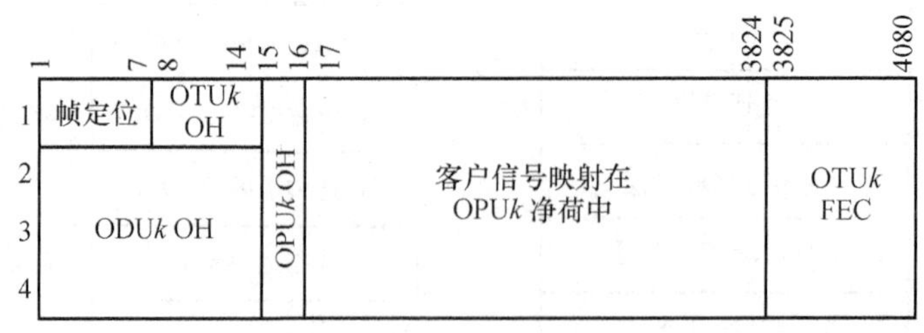

图 7-10 OTUk 帧结构

STM-N 具有相同的帧周期，均为 125μs，而在 OTN 中定义的 OTU1、OTU2、OTU3 则采用固定长度的帧结构，且不随客户信号的变化而变化。这样当客户信号速率较高时，相对缩短帧周期，加快帧频率，而每帧的数据没有增加。对于承载一帧 10Gbit/s 的 SDH 信号，需要每秒大约传送 11 个 OTU2 光通道帧，承载一帧 2.5Gbit/s 的 SDH 信号，需要每秒大约传送 2.5 个 OTU1 光通道帧。

在开销方面，OTN 所用的开销要远远小于传统的 SDH，而且因为取消了复杂的指针调整处理机制，降低了实现的难度，同时对客户层信号格式和速率无任何限制，具有良好的业务透明性。通过利用 FEC 以及所加的各类开销，提高了光链路的多重性能监控能力，也有利于实现光网络的端到端性能监控能力，进而增强了组网的灵活性。各类开销的内容及在系统中的作用如下。

- OTUk 层开销：包含了光通道传输功能的信息，用于在 3R 再生点之间提供传输性能检测功能。
- ODUk 开销：包含了光通道的维护和操作功能的信息。具体包括串联连接监测、通道监测、OTU 层的段监测、保护倒换协议、传送故障类型和故障定位等。
- OPUk 开销：支持客户信号适配相关的开销，如客户信号的类型。
- OTN 光层开销：包括 OTS/OMS/OCh 开销信号，用于光层维护，并由 OSC 承载。

需要指出的是，OTN 信号经过 OTN NNI 接口时，有些开销字节是透明的，有些开销字节需要终结和再生。

7.3.3 客户信号的映射和复用

1. OTN 层次结构及信息流之间的关系

G.709 定义的 OTN 层次结构及信息流之间的关系如图 7-11 所示。可见，OTN 中定义了两种客户信号适配进 OTN 的途径，分别是通过数据包适配进 ODU 和直接适配到 OCh。前者在 G.709 中有详细的定义。在采用后者适配方式的系统中，客户信号虽然可以无需封包到 OTU 中，并直接适配到光通道 OCh 上进行传送，但无法支持与 OTU 相关的 OAM 功能。

为了加以区别，G.709 定义两种光传送模块（OTM-n），分别为完全光传送模块（OTM-$n.m$）和简化功能传送模块（OTM-$nr.m$，OTM-$nr.m$）。这里（OTM-$n.m$）为 OTN 透明域内接口，而 OTM-$nr.m$ 为透明域间接口。其中，m 表示接口所能支持的信号速率类型或组合；n 表示传送系统所允许的最低传送速率信号时所能支持的最多波长数目。当 $n=0$ 是 OTM-$nr.m$ 则成 OTM-0.m，这时的物理接口为单个无特定频率的光波接口。

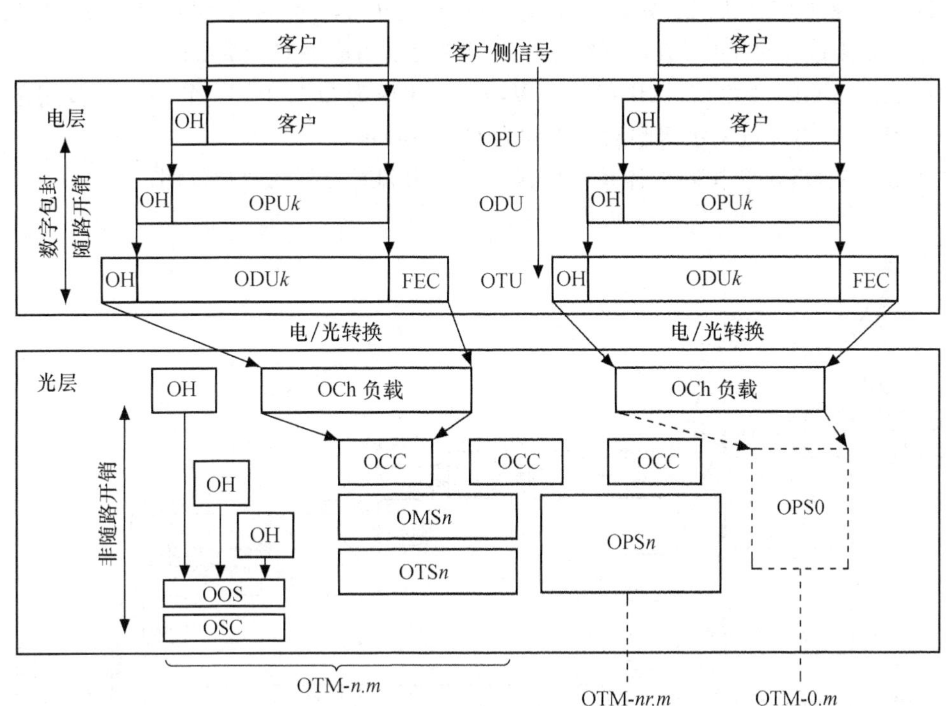

OPS—光物理段；OCC—光通路载波；OMS—光复用段；OOS—OTM（光传送模块）开销信号；OSC—光监控信道

图 7-11　OTN 层次结构及信息流之间的关系

由图 7-11 可以看出，OTN 网络中信息流的适配过程，首先是从客户业务适配到光通道层（OCh），信号的处理是在电域内进行的，包括业务负荷的映射复用、OTN 开销的插入，此间信号采用 TDM 处理方式；然后从光通道层（OCh）到光传输段（OTS），信号的处理也是在电域内完成的，包括光信号的复用、放大及光监控信道（OSC）的插入，其间信号采用波分复用处理方式。

2. OTN 客户信号的复用和映射结构

图 7-12 所示是 OTN 的复用和映射结构，它表明了各种信号结构元之间的关系。可见客户信号首先被映射进 OPU*k* 中的净负荷区，加上 OPU*k* 开销后便构成 OPU*k*，然后 OPU*k* 被映射到 ODU*k*，再映射到功能标准化光通路传送单元 OTU*k* [V]，OTU*k* [V] 映射到简化功能的光通道 OCh [*r*] 中，OCh [*r*] 再被调制到简化光通道载波（OCC [*r*]），最后成为 OTM-*n*.*m* 信号。

需要说明的是，OTN 客户信号共有 3 种，分别是 2.5Gbit/s、10Gbit/s 和 40Gbit/s，OTN 是通过一级一级复用映射而成的，在不同阶段均具有不同的速率。下面以一个 2.5Gbit/s 信号为例加以说明。首先信号被映射为 ODU1，经 FEC 编码，速率变为 2 498 775.126kbit/s，此后 ODU1 有 3 种映射复用途径。

- 途径一：直接映射到 OTU1，经过 FEC 编码，速率变为 2 666 057.143 kbit/s，OTU1 进一步映射为 OCh 和 OCC，在经过映射成为光载波群 OCG-*n*.*m*，最后构成 OTM-*n*.*m*。

- 途径二：在 ODU1 映射成 OTU1 前，ODU1 也可以经过复用成为 OPU2（4 个 ODU1 复用成 1 个 OPU2），再经过一级级映射复用成为 OTM-$n.m$。
- 途径三：在 ODU1 之后，ODU 也可以经过复用成为 OPU3（16 个 ODU1 复用称为 1 个 OPU3），再经过一级级映射复用称为 OTM-$n.m$。

由此可见，在 OTN 复用映射体系中包括波分复用和时分复用两种复用。

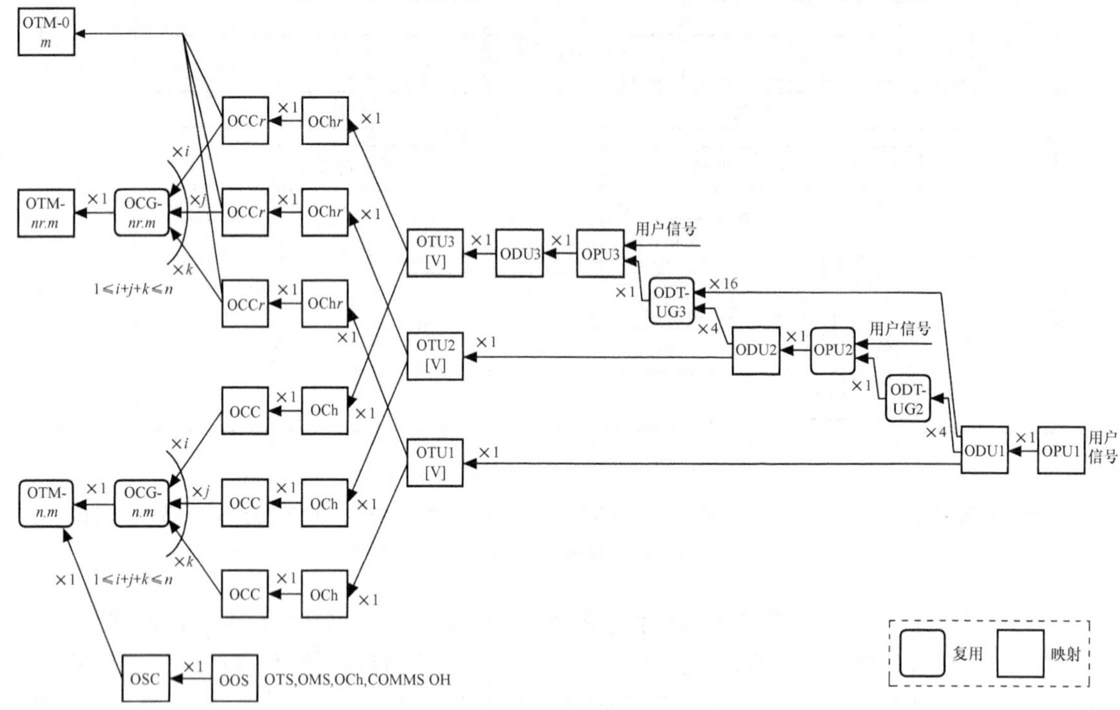

图 7-12 OTN 复用和映射结构

3. 通用映射规程（GMP）

OTN 技术是目前全光组网受到一些关键技术，如光存储、光定时再生、光数据性能监控等技术不成熟的限制情况下，基于现有光电技术的一种折中传送网解决方案。OTN 在子网内部进行全光处理。而在子网边缘则进行光电混合处理，因此 OTN 是向全光网络发展的过渡阶段，并非完美。最典型的不足之处就是不支持 2.5Gbit/s 以下颗粒业务的映射与调度，同时存在以太网透明传输不够或者传送颗粒速率不匹配等互通问题。目前 ITU-T SG15 组正在积极努力设法解决 OTN 目前存在的一些缺陷。其中定义的基于多种带宽颗粒的通用映射规程（GMP）就是为解决多业务的混合承载提出的有效适配方案。

GMP 能够根据客户信号速率和服务层传送通道的速率，自动计算每个服务帧中需要携带的客户信号数量，并分布式适配到服务帧中，以支持多业务的传送承载。

7.3.4 光通道网络

光通道网络是基于波长路由的网络，它是根据光波长来识别每一个光通道，并可以在光域上完成基于波长路由的光信号处理，这样可为不同速率和传输格式提供一个统一的光平台。由此可见，光平台应提供相应的功能。

1. 光通道层的逻辑功能

光通道层网络为不同速率和不同传输格式的用户信息提供透明的端到端的连接功能。因而光通道层网络应具有光通道连接的重组、光通道开销处理以及光通道监控等功能。它是由网络连接、链路接连、子网连接和路径等实体组成的，其逻辑功能模型如图 7-13 所示。

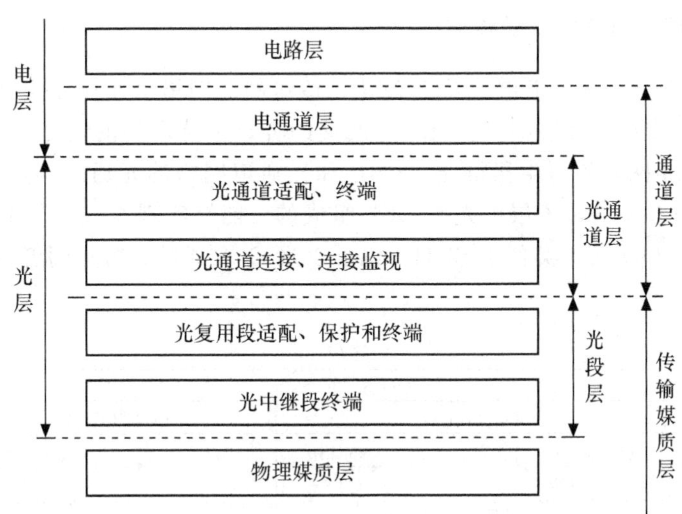

图 7-13　WDM 光传送网的逻辑功能模型

由图 7-13 可以看出，光通道层网络应完成光通道适配（OPA）、光通道终端（OPT）、光通道交叉连接和对光连接的监控功能。

光通道适配（包括 ODUk、OPUk）功能块负责提供串联连接监视（ODUkT）、端到端通路检测（ODUkP）、OPUk 的适配功能。这样可将电通道层送来的各种格式（SDH 传送网、ATM 网等）的信号适配成光通道层的信号格式。其中将根据光通道开销（OPOH）进行各种信息处理，例如波长分配也是在 OPA 中完成的。光通道终端功能块完成光通道的开始和终结功能，即它是光通道开销（OPOH）的源和宿。无论光通道适配功能块，还是光通道终端功能块，其功能都与电通道层所采用的信息格式有关。光通道交叉连接（OPC）功能负责将输入光通道和输出光通道连接起来。光连接监控（OCS）功能将根据光通道开销（OPOH）来进行光通道监视（OPOM）。其主要内容包括 OCS 之间和 OPT 与 OCS 之间的维护信息、告警指示以及光通道链路的性能参数。

光复用段层网络负责为多波长光信号提供网络连接功能，因而光复用段层网络应具有光复用段开销处理功能和光复用段监控功能，它是由网络连接、链路连接和路径等实体构成的。因而一个光复用段将包括光复用段适配功能块（OMSA）、光复用段保护功能块（OM-SP）和光复用段终端功能块（OMST）。

光复用段适配功能块负责将光通道层送来的信号适配成光复用段层的信号格式。其中还将根据光复用段开销（OMSOH）进行光的复接/分接、波长转换等处理。波长转换功能是可根据网络所采用的机制来进行选择，如在波长通路 WP 机制中（在后面将作介绍）就不需要进行波长转换。而在 VWP 虚波长通路机制中，波长转换功能可以在源 OMSA 和宿 OMSA 上完成。

在 OTU 层分别定义了 OTUk 及 OTUkV 两类可选的功能模块，两者之间的区别在于 OTUkV 对复帧、ODU 同步映射及 FEC 的支持是可选的，而在光层则分为完整功能和简化功能的两类，即 OCh/OTM-n 和 OChr/OTM-nr/OTM-0，它们之间的区别是简化功能不支持非结合开销。

2. 光传送网的网络单元连接模型

在图 7-14 中给出了一个能够支持 WDM 光传送网的网络单元连接模型。从中可以清楚地看出光通道网络中信息转移路径。其中，两端的客户系统之间的链路称为端到端的连接，它是由单波长 SDH 网络的再生段链路（RS）和光通道网络的光通道构成的。由图 7-13 可知，光通道层是由 3 个电域子层和光域 OCh 组成的。能够实现波长上下的两个节点设备之间的光链路可以是 ODUk，类似于 SDH，也可以是 OCh 通道，可见两者处于不同域，其中 OCh 位于光域。

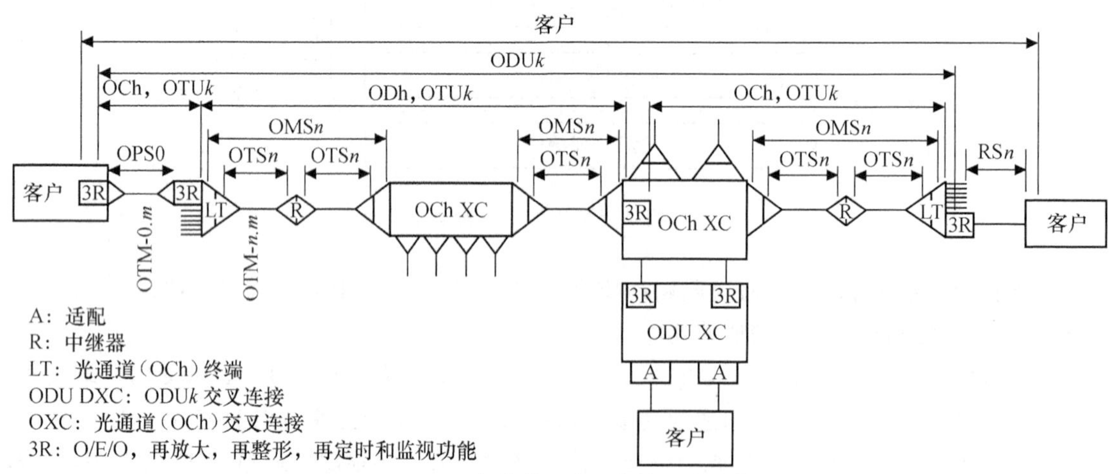

图 7-14 WDM 光传送网的网络单元连接模型

3. 波长路由机制

由前面介绍可知，光通道可以看作是光通道层上的端到端的连接，由此构成一个电通路层的虚连接。这样建立与释放一条光通道，表明在电通道层上增加或减少一条虚连接。因此，光通道层应具有光通道选路和波长分配功能，即在某节点，当一个电信号由此节点的接入设备接入时，被转换成光信号，使之能在一条光链路（包括光纤和多个 OXC 节点的交换连接建立起的一条光链路）上传输。现在问题的关键在于采用何种机制既能增强网络的通信容量和 OXC 的吞吐量，又能进一步简化网络恢复过程，提高网络的安全性。下面介绍两种最重要的通道机制：波长通道（WP）机制和虚波长通道（VWP）机制。

波长通道是指光通路上的 OXC 节点没有波长转换功能，因此某一光通道中的不同光复用段必须使用相同的波长。如图 7-15 中所示光通道 A-1-6-7-10-D，由于始终使用一个波长 λ_1，因而这是一条波长通道。这样当信号所要经过的链路中，如果无一条具有公共的空间波长的路由时，便会出现阻塞的现象。值得说明的是，在链路路径不重叠的光通道中，可以采用波长重复的策略。

虚波长通道是指光通道上的 OXC 节点具有波长转换功能，因此一个光通道中的各光复用段可以占用不同的波长。如图 7-15 中光通道 C-7-10-9-E，如果 A-1-6-7-10-D 占用 λ_1 波长的通道，因为节点 7 和 10 的 OTN 设备具有波长选择功能，因而在节点 7 进行波长转换使节点 7-10 之间的光复用段工作于 λ_2 波长，而其他节点间的复用段仍工作在 λ_1 波长，可见此时光通道 C-7-10-9-E 是一条虚波长通道。这样便可以在信号所需经过的链路中进行灵活的波长分配，从而提高波长的利用率。

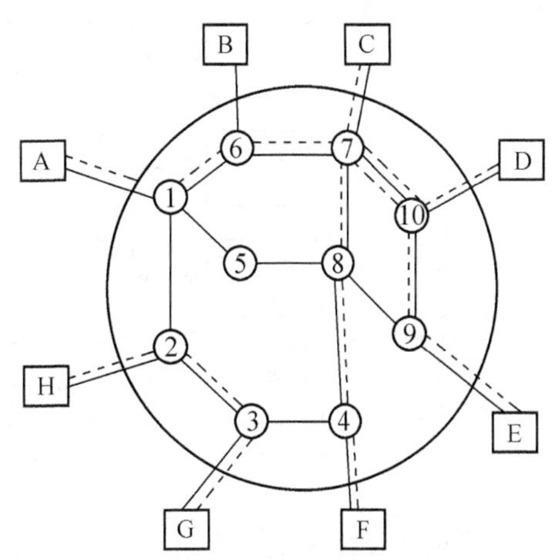

图 7-15　WDM 网络中的波长通路和虚波长通道

采用不同的路由机制可构成不同的网络，因此 WDM 网络又可分为波长选路网络和虚波长通道网络。在波长选路网络中，由于每一条光通道占用一条固定波长的通道，为了能对全网各复用段上波长的占用情况有所了解，因此必须采用集中控制方式，这样才能保证为新的呼叫请求选择一条适当的路由。而在虚波长通道网络中，由于每一个节点的 OXC 均具有波长转换功能，因而在一个光通道上的波长是按光复用段逐个进行分配的。可见波长的分配可以按分布方式进行，这样大大降低了光通道层选路的复杂性和减小了选路的时间。

7.3.5　OTN 关键设备

光传送网（OTN）是以光通路接入点作为边界、由 OTN 设备和网络设备构成的光传送网络，如图 7-16 所示。可从两个方面来界定，一是具有 OTN 物理接口，二是具备 ODU*k* 级别的交叉连接能力。归纳起来，在 OTN 网络中通常存在以下 3 种设备。

1. 具有 OTN 接口的 WDM 设备

支持将客户信号映射封装到 OTU*k* 接口的 OTM 或 ROADM 设备，如图 7-16 所示。通常 DWDM 产品都支持 OTN 接口，区别仅在于每个厂家采用的增强型 FEC 编码有所不同。

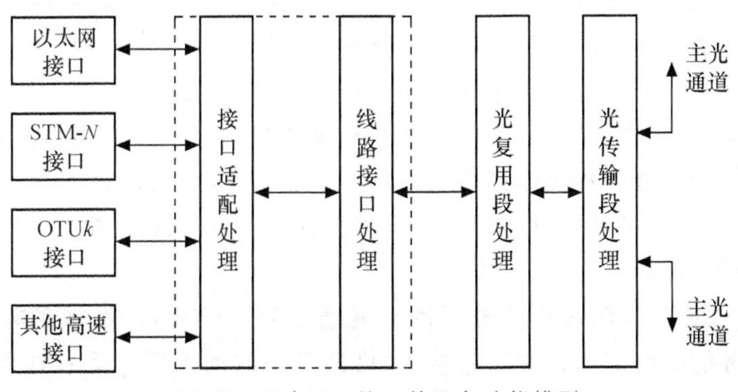

图 7-16　具有 OTN 接口的设备功能模型

2. 支持 ODU*k* 电交叉设备

与SDH交叉设备功能类似，OTU*k* 电交叉设备可完成ODU*k* 级别的电路交叉功能，其结构如图 7-17 所示。这种设备可以独立存在，类似 SDH 设备，对外提供各种业务接口和OTU*k* 接口；也可与具有 OTN 的 WDM 设备集成，以支持 WDM 传输。

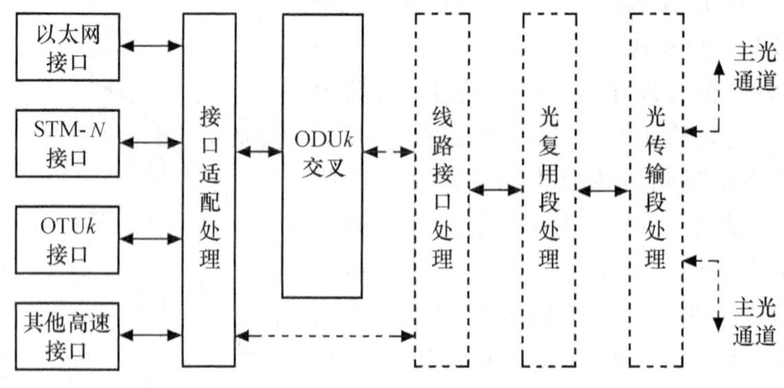

图 7-17 OTN 电交叉设备的功能模型

具有 OTN 电交叉功能设备的技术要求如下。

- 业务接入功能：提供 SDH、ATM、以太网、OTU*k* 等多种业务接入功能。
- 互联接口能力：提供标准的 OTN IrDI 接口，连接其他 WDM 设备。
- 交叉能力：支持一个或多个级别的 ODU*k* 电路的交叉。
- 保护能力：支持一个或多个级别的 ODU*k* 通道级别的保护，倒换时间在 50ms 以内。
- 管理能力：提供端到端的电路配置和性能/告警监视功能。
- 智能功能：支持 GMPLS 控制平面，实现电路自动建立、自动发现和保护恢复等功能。

3. 支持 ODU*k* 和光波长交叉的 OTN 设备

支持 ODU*k* 和光波长交叉的 OTN 设备的功能模型如图 7-18 所示。可见它是 OTN 电交叉设备与 OCh 交叉设备组成的，可同时提供 ODU*k* 电层和 OCh 光层调度能力。

支持 ODU*k* 和光波长交叉的 OTN 设备的技术要求如下。

- 接口能力：具备多种业务接口和 OTN IrDI 接口。
- OCh 调度能力：具有 ROADM 或者 OXC 功能，支持多方向的波长任意重构，支持任意方向的波长上下，支持无方向依赖性的波长上下。
- ODU*k* 调度能力：支持一个或多个级别的 ODU*k* 电路调度。
- 两层的协调能力：能够对电层和光层进行有效协调，在进行保护和恢复时不发生冲突。
- 管理能力：网管能够提供端到端的 ODU*k*、OCH 通道的配置和性能/告警监视功能。
- 智能功能：支持 GMPLS 控制平面，实现 ODU*k*、OCH 通道自动建立、自动发现和恢复等智能功能。

从图 7-18 可以看出，从客户业务适配到光通道层（OCh），需要在电域内进行信号处理，具体包括业务的映射复用、交叉连接、OTN 开销的插入等，信号处理属于 TDM 的范畴。从光通道层（OCh）到光复用段（OTS），信号的处理是在光域内进行的，包含光信号的复用、放大及光监控通道（OSC）的加入，信号处理属于 WDM 的范畴。

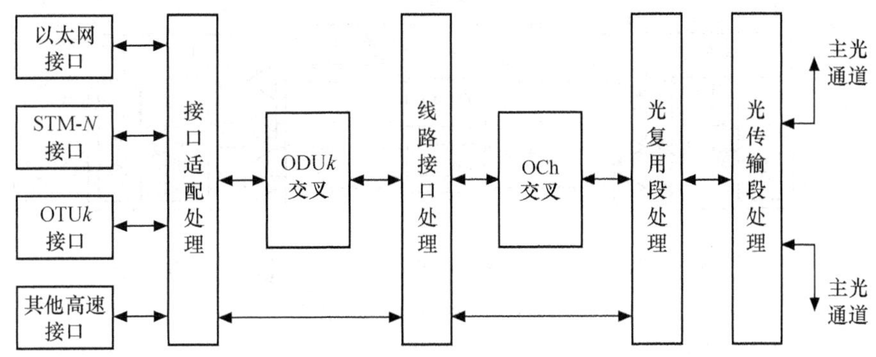

图 7-18 具有 OTN 光电交叉的设备

7.3.6 OTN 网络的保护方式

在 OTN 网络共定义了 3 种保护方式，即线性保护、子网连接保护（ODUk SNC）和共享保护环。下面分别进行讨论。

1. 线性保护

线性保护通常可分为基于光放段光缆线路保护（OLP）、基于光复用段层（OMSP）保护和基于单个波长的光通道保护（OCP）3 种。

通常线路保护是采用光保护单板（OP）的双发选收功能，在相邻的光放站或者光复用站间利用分离路由来实现对光纤或光通道的保护，倒换一般是在单端进行的，因此无需 APS 协议的支持。

3 种线路保护方式之间的区别在于保护的实现方式不同。

（1）光缆线路保护

光缆线路保护（OLP）是通过占用主用、备用光纤的方式来实现对线路的保护，具体操作可简述为双发选收、单端倒换，如图 7-19 所示。其中，OLA 为光线路放大设备。

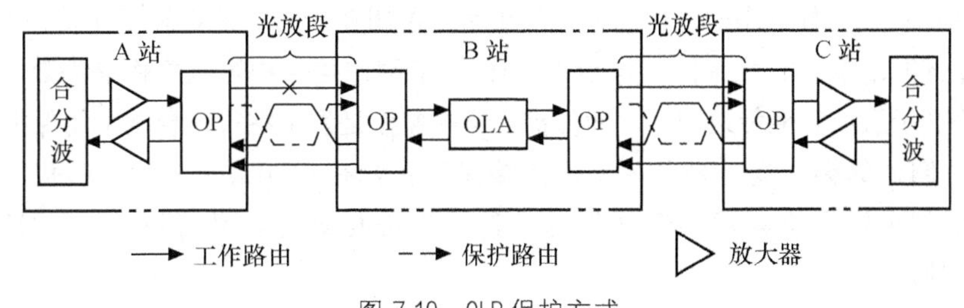

图 7-19 OLP 保护方式

（2）光复用段层（OMSP）

图 7-20 所示为 OMSP 保护方式示意图。在采用该方式的 OTN 系统中，是在光复用段的 OTM 节点间采用 1+1 保护。

其工作原理同样是双发选收，单端倒换，保护是针对两个 OTM 之间的 WDM 系统的所有波长同时进行的。

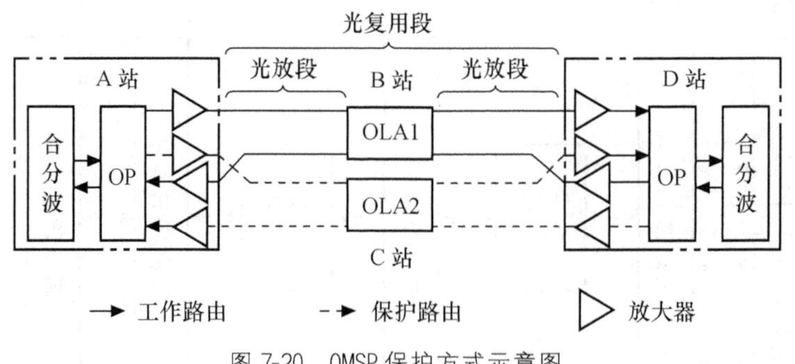

图 7-20 OMSP 保护方式示意图

(3) 光通道保护（OCP）

图 7-21 所示为 OCP 保护方式示意图。OCP 是基于单个波长的保护，可以在光通道上实施 1+1 或 1∶*N* 的保护。其工作原理是通过 OP 板将客户侧信号映射进不同 WDM 系统的 OTU 中，并通过并/发选收方式实现对客户测信号进行保护。

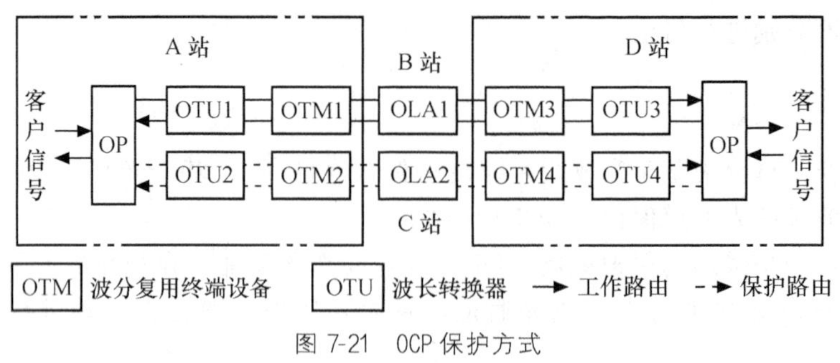

图 7-21 OCP 保护方式

需要说明的是，OCP 倒换一般应用在 OTU 和客户设备之间，这种方式尽管会在支路侧引入衰减，但不会对整个系统构成影响。

2. 子网连接保护

子网连接保护是一种专用的点倒点的保护机制，可用在任何一种物理拓扑结构的网络中，可以对部分或全部网络节点实行保护。与 SDH 类似，子网连接保护可以看作是失效条件下检测是在服务层网络、子层或其他传送网络，而保护倒换的操作是发生在客户层网络的保护方法。

根据保护倒换的类型进行划分，子网连接保护主要有 ODU*k* 1+1 保护和 ODU*k* *M*∶*N* 保护两种，但如果根据所获得的倒换信息的途径来进行划分，又可以分为 SNC/I、SNC/S 和 SNC/N 3 种。

- SNC/I：固有监视，触发条件为 SM（段监测）段开销状态，当不需要配置 ODU 端到端保护，也不需要配置 TCM（串联连接监控开销）子网应用时，选择 SNC/I。
- SNC/S：子层监视，触发条件为 SM、TCM 段开销状态。当不需要配置 ODU 端到端保护，但需要配置 TCM 子网应用时，选择 SNC/S。
- SNC/N：非接入监视，触发条件为 SM、TCM、PM（通道监测）段开销状态。当需要配置 ODU 的端到端保护时，选择 SNC/N。

说明：上述 3 种方式的区别在于它们的触发方式不同。

3. 共享保护

共享保护主要应用于环型网络中，根据保护原理的不同，共享保护可分为基于光波保护板实现的光波长共享保护环和利用 OTN 电交叉实现的 ODUk 环网保护。

(1) 光波长共享保护环

图 7-22 所示为光波长共享保护原理示意图。

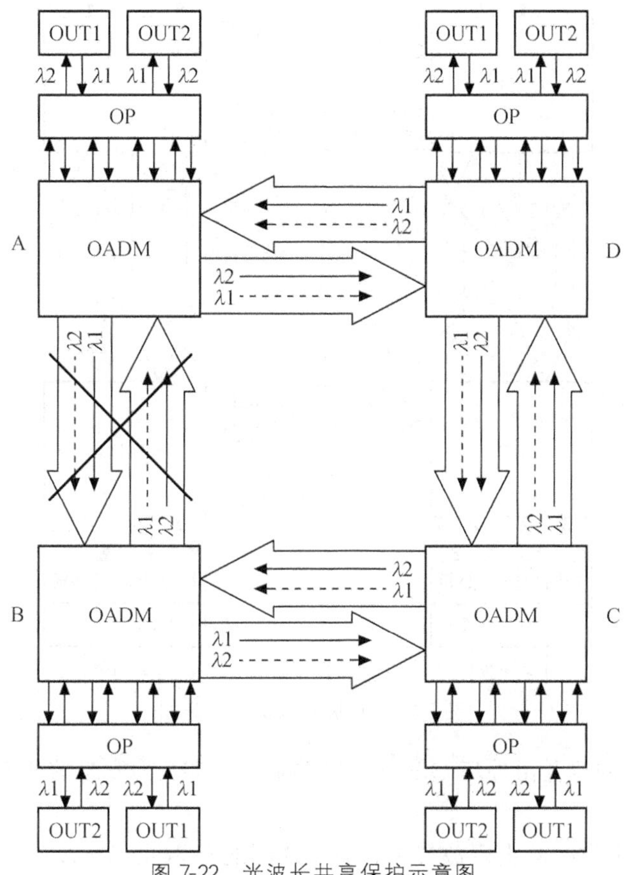

图 7-22 光波长共享保护示意图

在采用光波长共享保护环方式的网络中，不同站点间的业务保护可以使用相同的波长来实现，因此在进行光波长共享保护配置时，要求双向业务所使用的工作波长不同，以此达到节约波长资源的目的。其工作原理如下。

节点 A、B 之间的一对业务，A→B 的业务由外环波长 1 承载，B→A 的业务由内环波长 2 承载，这样波长 1、2 构成的工作波长可以在环网其他节点之间重复利用，而内环的波长 1 作为外环波长 1 的保护波长；同理，外环波长 2 作为内环波长 2 的保护波长，实现环网上多个业务的共享保护。

(2) ODUk 环网保护

图 7-23 所示为 ODUk 环网保护示意图。其中，节点设备均为 OADM，并且每个站均与相邻站有 1 路 ODU1 级别的业务。采用 ODUk 环网保护，每个站各配置了 2 块线路板、1 块支路

板，全环配置 2 个通道（ODU1 和 ODU2）由 4 个站点共享。外环、内环的工作路由均包括两个通道（ODU1-1 和 ODU1-2），其中，内环 ODU1-1 为工作通道，外环 ODU1-1 为其相应保护通道，同理外环 ODU1-2 为工作通道，而内环 ODU1-2 为其相应保护通道。其工作原理如下。

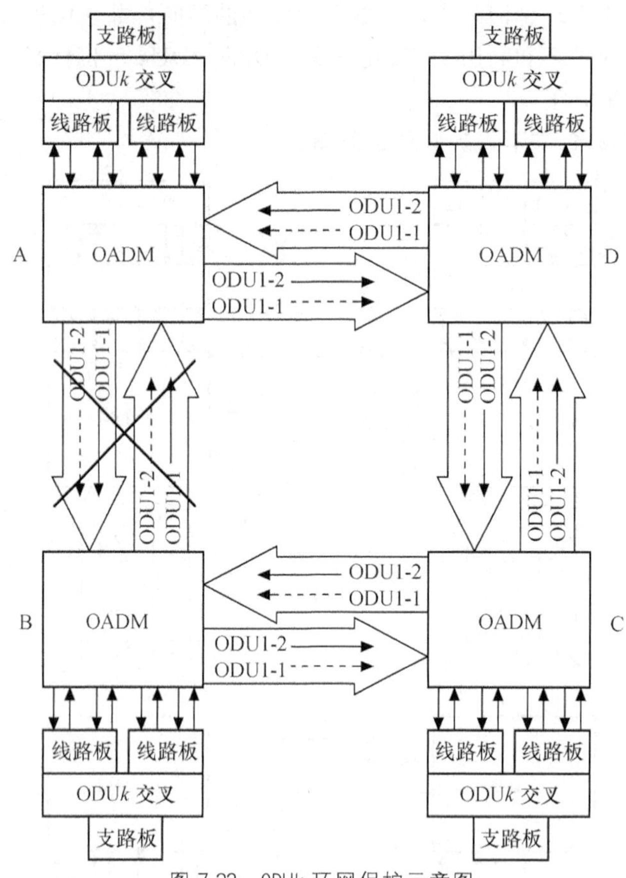

图 7-23　ODUk 环网保护示意图

正常时，A→B 的业务由外环 ODU1-2 工作通道携带，B→A 的业务由内环 ODU1-1 工作通道携带。

当 A-B 之间的工作路由出现故障时，A→B 的业务以及 B→A 的业务均需倒换到保护路由。

- 对于 A 到 B 的业务：A 站将外环业务切换到内环线路板，占用 ODU1-2 保护通道，经站点 B、C 将业务传送到 B 站。B 站的支路板相应地选择和接收来自 C 站的保护通道 ODU1-2 的业务。
- 对于 B 到 A 的业务：B 站将内环业务切换到外环线路板，占用 ODU1-1 保护通道，经站点 C、D 将业务传送到 A 站。A 站的支路板相应地选择和接收来自 D 站的保护通道 ODU1-1 的业务。

从上面的分析可以看出，ODU*k* 环网保护是一种适用于环网的保护倒换方式，需要网络保护倒换协议的支持，以实现双端收发同时倒换到保护通道。其与光波长共享保护的区别在于 ODU*k* 环网保护是通过电交叉将支路侧接入的信号并发到线路侧占用 2 个不同的 ODU*k* 通道实现对所有站点间多条分布式业务的保护。

7.4　分组光传送网（POTN）技术与应用

7.4.1　POTN 技术

1. 分组光传送网的产生及技术优势

近年来，由于物联网、云计算、大数据、移动互联网等技术的不断发展，数据流量呈几何增长态势。而传统的“PTN+OTN”多层网络架构进行系统扩容或叠加建设，以减缓带宽资源紧张的方案正逐步面临困境。一方面光传送网（OTN）需要提高速率、增大容量、降低单位比特成本；另一方面，汇聚层 PTN 10G/40G 的带宽明显不能满足大数据时代下的带宽要求，而且这种简单的堆叠建网方式不仅不能满足日益增长的大数据需求和投资压力，多层网络方式还加倍消耗了运营商的机房资源和电源，加剧了网络规划和维护的难度，成本昂贵。因此需要通过进一步的技术创新、简化网络层次、优化网络结构，建设高速、融合、智能化的网络来降低运营商的建设成本和运营成本，以满足日益增长的带宽需求、不同业务的承载需求，以及快速开通新业务的需求。

目前分组光传送网（POTN）解决方案正逐渐成为业界关注的焦点。POTN 是深度融合分组传送和光传送的一种传送网，它是基于统一分组交换平台。可同时支持 L2（Ethernet/MPLS-TP）和 L1 交换（OTN/SDH），具有对 TDM（ODU*k*）、分组（MPLS-TP 和以太网）的交换调度能力，并支持多层间的层间适配和映射复用，能实现对分组、OTN、SDH、波长等各类业务的统一和灵活传送功能，并具备 OAM、保护和管理功能，从而使得 POTN 在不同应用和不同网络场景下，能够灵活地进行功能的增减。

POTN 技术优势如下。

（1）POTN 具有超大的交换容量。由于采用信元交换，信号以信元方式在设备中进行处理和交叉调度，其处理速度达每秒数亿次，使之能够为 100Gbit/s 和超 100Gbit/s 速率系统提供了理想的传送平台。

（2）POTN 降低了运营商的建设成本和运维成本。因为在一个平台上能够同时提供 SDH、IP、OTN、FC、CPRI（通用公共无线接口）、PDH 和 ATM 等多种业务，不需要采用多种网络堆叠的背靠背结构，从而简化了网络层次，同时也节省了机房空间和电源，客观结果就是降低了运营商的建设成本和运维成本。

（3）POTN 具有强大的多业务承载能力。POTN 是以 OTN 的多业务映射复用和大管道传送调度为基础，引入 PTN 的以太网、MPLS-TP 的分组交换和处理功能，从而可高效灵活地承载电信级分组业务，同时兼备传统的 SDH 业务处理能力。可见，POTN 一方面具有物理隔离的 ODU*k* 刚性通道，能够提供高安全性、实时性强、带宽独享的高品质专线业务，以满足高端集团客户的要求。另一方面，POTN 还具有基于 MPLS-TP 的弹性通道，通过采用统计复用技术来实现业务的汇聚，能使对时延不敏感的一般宽带用户满足其对高带宽的需求。

2. POTN 的网络分层结构

POTN 是指具有光通道数据单元（ODU*k*）交叉、分组交换、虚容器（VC）交叉和光通路（OCH）交叉和光通路（OCH）交叉等处理能力，可实现对时分复用（TDM）、分组和波长等各类业务的统一和灵活传送，并具备传送特征的 OAM、保护和管理功能的网络。POTN 的网络分层架构如图 7-24 所示。

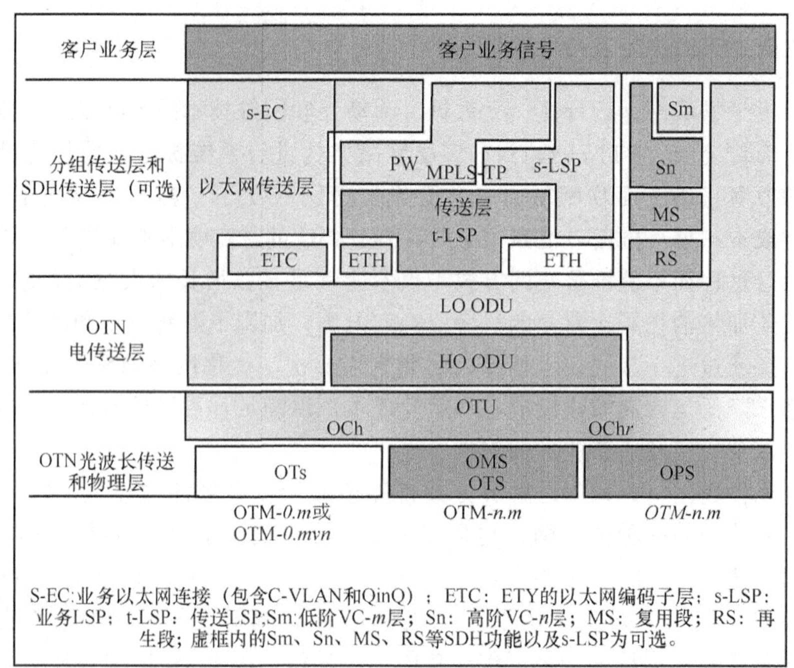

图 7-24　分组光传送网的层网络结构

POTN 的层网络结构是由客户业务层、分组传送层（包括以太网和/或 MPLS-TP）和 SDH 传送层（可选）、OTN 电传送层以及 OTN 光波长传送和物理层组成。

POTN 支持的客户层业务包括以太网、SDH、OTUk、IP/MPLS、光通道（可选）、通用公共射频接口（CPRI）（可选）等；SDH 传送层应能支持 SDH 再生段、复用段的告警和性能等开销处理功能，可选支持 VC 的调度、复用和 SDH 成帧功能。

分组传送层采用以太网和/或 MPLS-TP（PW、LPS）技术，通常不同的应用环境，适合采用不同的分层网络映射协议结构。

（1）MPLS-TP＋OTN 层协议结构：支持以太网、SDH、IP/MPLS 等业务封装到 MPLS-TP，再映射到低阶 ODUj/ODUflex，或进一步复用到高阶 ODUk，最后统一映射到 OCH 的协议映射路径，如图 7-25 所示。该协议栈模型主要适用于 POTN 与基于 MPLS-TP 的 PTN 融合组网的应用场景。

（2）Ethernet＋OTN 层协议结构：支持以太网和 L2 协议处理，以太业务可采用单层 VLAN 或 QinQ 封装，再映射到低阶 ODUk/ODUflex，然后再复用到高阶 OTUk 以及 OCH 的协议映射路径，如图 7-26 所示。该协议栈模型主要适用于 POTN 与以太网融合组网的环境。

从图 7-24 可以看出，分组传送层和 OTN 电传送层之间可不经过 ETC 层或经过 ETC 层实现信息互通。

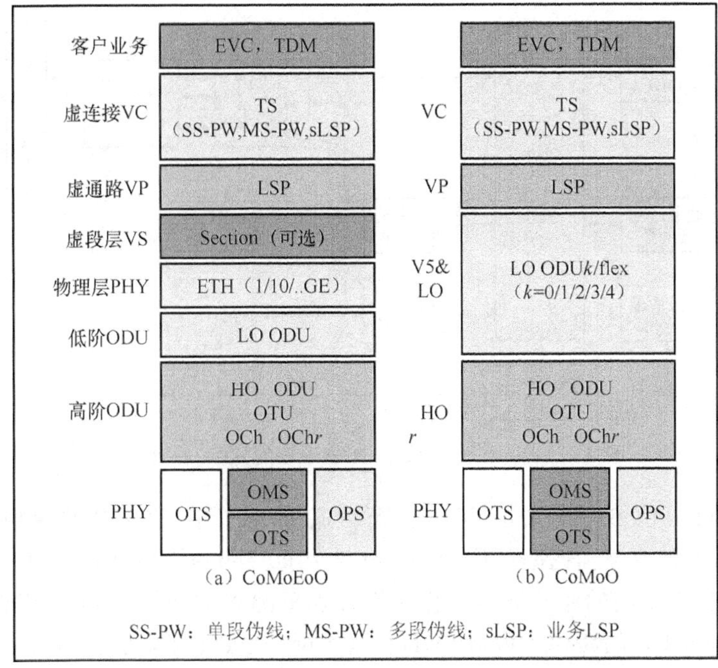

图 7-25　MPLS-TP+ OTN 逻辑网元的协议栈模型

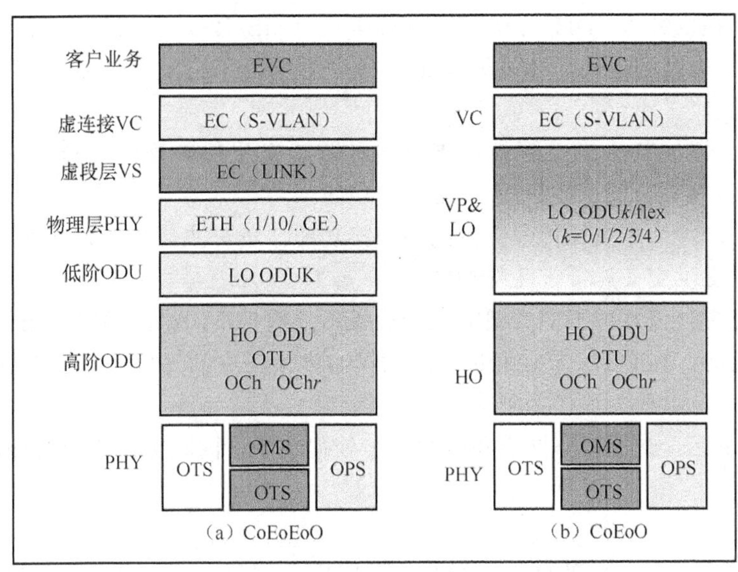

图 7-26　Ethernet+ OTN 逻辑网元的协议栈模型

通常认为 POTN 可采用 TDM＋分组交换双平面或者基于信元的统一交换技术来实现 TDM 和分组的交换与调度功能，但由于前者仅可以满足短期的融合型需求，而从长期网络业务的发展考虑，存在局限性，因此更倾向于使用基于信元的统一交换技术来实现 TDM 和分组的交换与调度。其功能模型如图 7-27 所示。可见基于信元的统一交换平台的 POTN 包括业务接口、业务适配、交换单元、线路适配、OCH 交换、光复用段处理、光传输段处理和时间/时钟单元等。

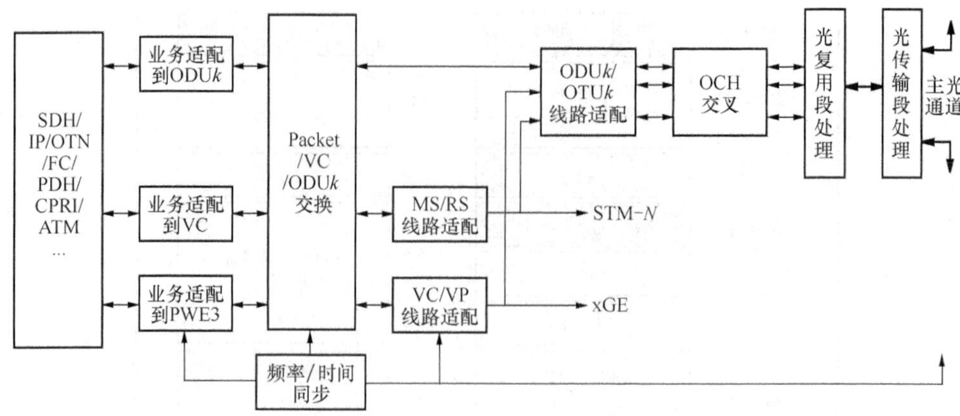

图 7-27　基于信元的统一交换平台的 POTN 功能模型

业务接口：可提供 SDH、IP、OTN、光纤通道（FC）、通用公共映射接口（CPRI）、PDH 和 ATM 等多种业务，速率可从 155Mbit/s～100Gbit/s，甚至超 100Gbit/s。

业务适配：根据不同的业务类型，将它们分别适配到 ODU*k*、VC、PWE3 等的不同路径，其中适配到 ODU*k* 的路径，可将 SDH、以太网、OTN 等多业务信号映射进 ODU*k* 通道，涉及到信号的封装、映射和复用功能。

交换单元：可提供分组、VC 和 ODU*k* 的交叉调度。

线路适配：提供针对 SDH 的复用段与再生段（MS/RS）之间的适配功能、针对 xGE 的虚通道/虚通路之间的适配、ODU*k* 通道信号的时分复用以及 ODU*k* 到 OTU*k* 线路接口的映射和复用功能。

OCH 交叉：以波长为交叉颗粒，支持多种基于光层保护恢复功能，交叉容量大。在 OTN 节点是采用 WDM 的 ROADM 设备来实现的。

光复用段处理：为多波长信号提供网络连接功能，负责波长转换和管理。通常采用光纤交换设备为该层提供交叉连接等联网功能。

光传输段处理：为各种不同类型的光传输媒质上携带不同格式的客户层信号的光通道提供端到端传输功能。在 OTN 节点通过传统的 WDM 设备中的光放大器件提供光传输段路径的物理载体。

时间/时钟单元：支持频率同步和时间同步处理功能，同时提供相应的外同步接口。

3. 关键技术

POTN 是融合了光层（WDM）、OTN 和 SDH（可选）以及分组传送网的网络功能，并在网络层次、承载效率、网络保护等方面进行了显著优化，使其具有对 TDM、分组交换调度能力，并支持多层间的层间适配和映射复用，可实现对分组、OTN、SDH（可选）等各种业务的统一和灵活传送功能，同时具备 OAM、保护和管理功能。可见，POTN 的关键技术主要涉及转发平面、光层、映射路径、OAM 与保护等方面。下面逐一进行介绍。

（1）统一信元交换技术

PTN 设备是采用分组交换方式，不具备对大颗粒 ODU*k* 进行调度的能力，而 OTN 设备通常是采用电路交换方式来实现对 ODU*k* 的调度，因此不具备分组交换能力。POTN 设备采用统一信元交换技术，使 PTN 和 OTN 在交换层面达成深度有机融合。

统一信元交换技术可实现与业务无关的无阻塞调度，分组业务和 OTN 子波长业务共享同一个交换矩阵，并且在任意调整分组和 TDM 业务比例的情况下，设备总的交换能力不变。这样使 POTN 设备既具备小颗粒分组业务交换能力，又具备大颗粒 ODU*k* 业务的交换能力，从而可实现大颗粒、小颗粒业务的统一承载。

（2）光层 PIC 技术

传统的 WDM 设备通常包含波分复用器/解复用器、ROADM、光放大器等光层模块，设备系统较复杂，而由此构建网络时所涉及的网络规划、运维方案更为复杂，需要综合考虑色散补偿、OSNR、光功率均衡等诸多因素，因此 POTN 的波分功能需要集成化，从而降低设备成本。

PIC（Photonics Integrated Circuit）是光子集成技术，一个 PIC 模块可视为一个简单的波分系统。POTN 采用 PIC 技术来提升线路侧光接口和系统的集成度，这样可在节省成本的同时，简化光层的规划与运维方案。由于 PIC 采用全电中继方式组网，无需 OCH 层调度，因此可实现更加灵活的网络应用，避免波长规划所带来的工程开局时间长和业务阻塞的问题。

（3）POTN 分组业务到 ODU*k* 映射路径的优化

在 POTN 设备中，PTN 分组业务是通过映射到 OTN 子波长上，由其携带分组业务来进行传送的。PTN 分组业务通过 OTN 实现传送，可以采用 2 种方式。第一种是将分组业务封装为以太网业务，再进行 GFP 封装，映射到 ODU*k*，即业务—MPLS-TP—Ethernet—GFP 封装—ODU*k*；另外一种方式是直接对带有 MPLS-TP 包头的分组业务进行封装，再映射到 ODU*k*，即业务—MPLS-TP—GFP 封装—ODU*k*。无论何种方式，POTN 的封装效率均比传统的 PTN 封装要有较大的提升。

（4）多层网络的 OAM 与保护协调机制

在 POTN 的层次化 OAM 中，相邻层之间（OTN 和分组）属于客户服务模型，一般通过 AIS 和 CSF 实现告警联动。OAM 处理机制通常由客户层触发相邻客户层，而告警性能消息也可供跨层使用，使 POTN 网络具有更加灵活高效的 OAM 能力。

POTN 设备作为 PTN 与 OTN 两种设备的深度融合，要求多层网络保护之间能够做到协调，在实际工程中，需要考虑以下 3 个因素：保证用户业务的端到端保护、具备抗多点失效能力和带宽使用最小化。通常用户业务的端到端保护，主要是由 PTN 的保护来实现的，而抗多点失效和减少带宽消耗，主要是由 OTN 层面的保护来实现的，并可对 OTN 业务分开保护。若客户业务是分组业务，可归并到 MPLS-TP，采用分组层面的保护；若客户业务是 TDM 或者满负荷的 PON 上联业务或者 OTN 接口业务，采用 OTN 层保护。传统的 PTN 和 OTN 组网时，是通过设置拖延时间（Holdoff Time）来完成两层之间网络保护机制的协调，而 POTN 中无需配置拖延时间，从而进一步缩短了层间保护协调的业务受阻时间。

7.4.2 城域传送网中引入 POTN 技术的组网应用

1. POTN 网络应用需求——核心层和汇聚层

POTN 主要定位于城域核心层和汇聚层应用，如图 7-28 所示。主要应用需求如下。

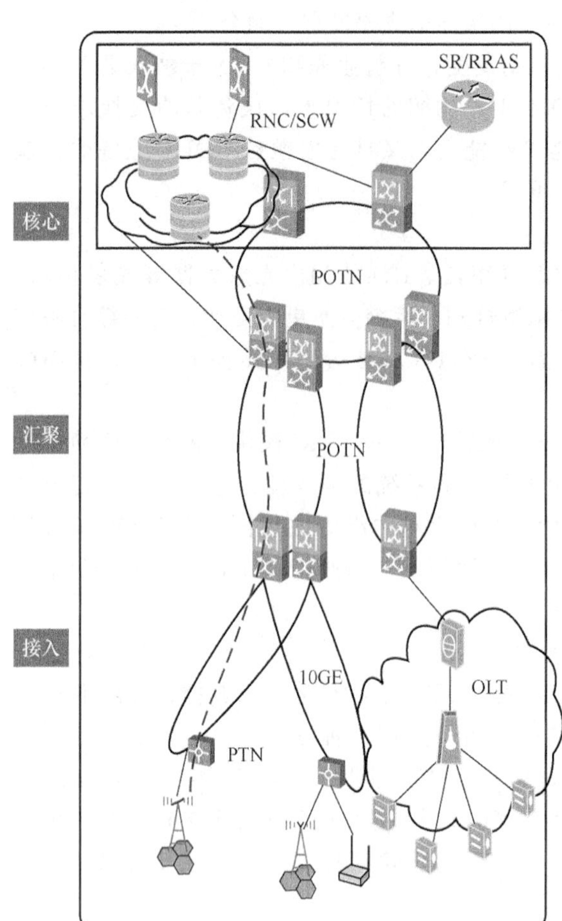

图 7-28 POTN 网络定位

（1）多业务承载

POTN 要求实现多业务的统一承载，这样各地的运营商可将原基于 PTN、MPLS-TP、WDM、OTN 等多张传输网传送的多种业务，利用一种兼具 PTN、OTN 和传统 SDH 的所有功能的 POTN 设备就可以轻松实现 LTE 回传、集团客户和基于 OLT 上行收敛的家庭宽带客户等多种业务的独立共网传送。可见，简化网络层次及网络复杂程度，减少网络运维工作量，降低网络建设成本和节约汇聚机房用地面积和电源配套装置。

（2）高速率和长距传输

随着各种多媒体应用的迅速普及，用户对传输带宽的要求越来越高，因此原 3G 基站的带宽要求过渡到 4G 阶段将达到几兆、几百兆，集客专线的带宽也升级到百兆甚至千兆，加之 OLT 上行高带宽承载的需求，要求传送网汇聚层能够提供更高的传输速率，以满足全业务的长距离、高速传输的需求。

（3）故障定位及维护

POTN 融合了光层和分组的 OAM 和保护方案，方便故障定位及维护。MPLS-TP 具备完备的层次化 OAM，但其链路误码的检测能力较弱，而在 OTN 接口中，尽管能够利用固有开销来进行误码检测，但由于固有检测与当前是否承载业务、业务流的大小无关，因此能够准确地反映链路的状况。POTN 作为 PTN 和 OTN 的融合设备，多层网络优化后同时兼备 PTN 和 OTN 保护技术，使 PTN 和 OTN 的优势互补，减少冗余，进而提高网络的可靠性。

（4）网络平滑演进能力

从 POTN 架构上分析，已经具备控制转发与应用的分离。若在此基础上增加控制器和 APP 应用，就可以实现 SDN（软件定义网络），从而进一步实现网络的开放和智能化。同时对外提供开放北向接口，就可以通过集中式网管和控制器实现网络管理智能化，从而简化多层网络的运维复杂程度，进而降低运维成本。并且运营商可通过集中式控制来实现向 SDN 的演进，以达到最大限度地保护现网资源、节省运维成本的目的。

2. POTN 组网及业务承载

随着互联网业务的迅猛发展，现有省干核心网以及城域汇聚网都出现 OTN＋PTN 背靠背设置的需求，特别是针对 LTE 业务承载的需求，网络容量与 IP 化能力均需同步提升。采用 POTN 设备构建的综合承载平台，既能满足移动 LTE 业务承载的要求，也能满足宽带和专线等多业务统一承载的要求。

（1）移动业务承载

为了满足 LTE 业务的承载需求，POTN 设备的引入建议分 3 个阶段进行。

首先根据移动网络的工作现状，2G/3G 的承载平台相对稳定，而 LTE 对承载网的带宽、L3 能力和可靠性方面均提出更高的要求。若继续采用现有 PTN 自组网的方式，如图 7-29（a）所示，其中骨干汇聚 PTN 自组网采用 10GE 叠加环网或者 40GE/100GE 环网来提高汇聚环容量以应对 LTE 业务的快速发展，骨干汇聚层采用 PTN over OTN 的方式，利用 OTN 所提供的波道，来解决光纤及高速端口传送距离的问题，使接入层提升到 10GE PTN 环。

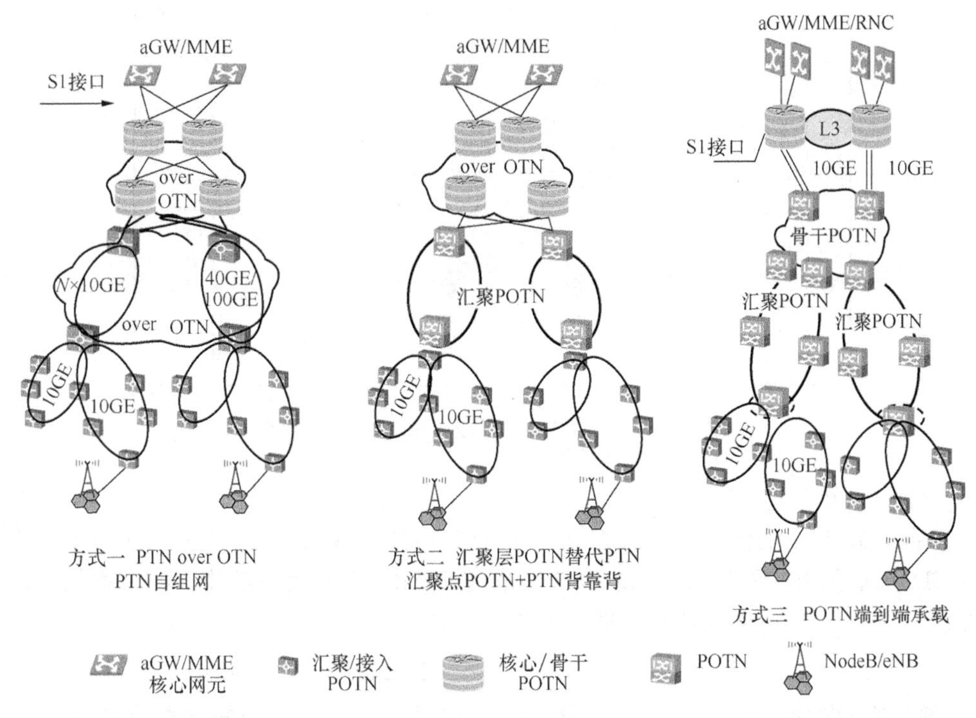

图 7-29　POTN 承载 LTE 业务的组网方案

从图 7-29（a）可以看出，这种网络构架方式延续现有网络架构，依赖现有 PTN 技术设备的升级改造，而目前 PTN 40GE/100GE 的端口成本相对较高，汇聚层以上均采用 PTN＋OTN 联合组网的方式，需要多套设备的叠加，并且对汇聚层的带宽提升有限、扩展能力差，因此可采用 POTN 设备代替汇聚层 PTN，如图 7-29（b）所示，由于取消了 PTN 汇聚环，使得 40GE 接口压力暂不明显。这种组网方案具备大容量、长距离、广覆盖的优势，减轻叠层组网对光纤资源消耗过快的压力，以及大量设备运营维护的压力，同时也兼顾了城域汇聚层 OLT 上行需求。

随着 POTN 设备的逐步完善其静态路由转发、L3 VPN、三层组播、安全等功能，POTN 将上延至核心骨干网，向下直接承载 PTN 接入环，如图 7-29（c）所示，从而实现

POTN 端到端的承载。通过启用 POTN 的带宽统计复用功能，从而进一步节约节点投资成本，同时通过全程启用 MPLS-TP 调度，满足 LTE 传送的 QoS 需求。

（2）宽带业务承载

随着全业务的发展，目前数据网 BRAS 以下仍然以 GE 为主，但随着数量的迅速增加，需要进行汇聚收敛，整合成 $N\times$GE 和 10GE 后上行，相对而言，减少了传输链路以及数据设备端口的配置，有利于降低网络的投资成本。如图 7-30 所示，可见 OLT 初期以 GE 捆绑的方式接入 POTN，后期可升级为 10GE 接入。在保护方式上，OLT 接入采用 LAG 保护，通过 POTN 上行到不同机房配置的 2 套 BRAS，POTN 配置采用 PW APS1：1 保护，BRAS 一般配置 1+1 备份保护。

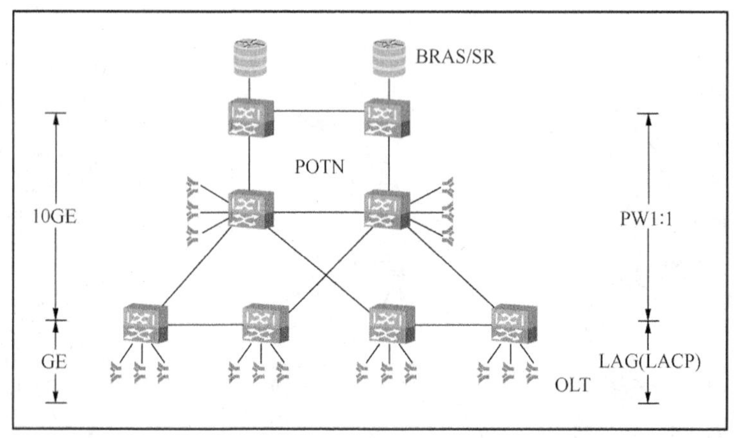

图 7-30 POTN 承载宽带业务的组网架构示意图

（3）专线业务承载

随着企业信息化的深入，一方面专线宽带增长迅速，颗粒变大，另一方面高端大客户仍然信任 SDH 通道传输质量，因而使 POTN 成为后 MSTP 时代的最佳选择。根据用户的需求，专线基于 POTN 网络的承载演进方案如图 7-31 所示。

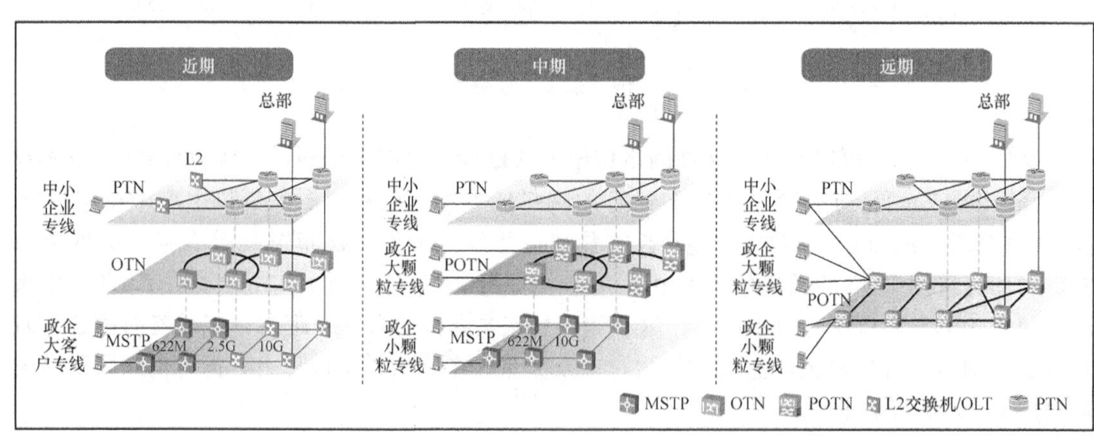

图 7-31 专线基于 POTN 网络的承载演进示意图

由于所部属的 MSTP/PTN 具有通道隔离、高安全性的特点，因此目前 MSTP/PTN 仍然是政府机关、金融单位和大型企业的主要所选择的承载方案，而中小企业客户对安全性的要求次之，可通过 L2 交换机或 PON 接入宽带承载网，城域核心/汇聚层则利用 OTN 来提供大带宽调度。如图 7-31（a）所示。

随着 POTN 在城域汇聚层的规模部署，政企大客户专线采用 POTN 来实现大颗粒传送，以满足客户对高带宽、高服务质量、高可靠性的追求。同时通过 MSTP/PTN 带宽的升级来满足政企小颗粒专线的传输需求，如图 7-31（b）所示。核心/汇聚层引入 POTN 设备构建 MESH 网络，进一步提升其安全性。

随着 POTN 设备的逐步完善，传输带宽得到提升，使 POTN 可进一步地延伸到接入层，从而简化了网络拓扑，如图 7-31（c）所示。这样，构建起专线统一承载平台，可实现全业务的传送。

小　结

1. 光传送网（OTN）是以波分复用（WDM）技术为基础、在光层组织网络的传送网，是新一代的骨干传送网。

2. OTN 的主要技术优势。

3. 光波分复用的基本概念及特点。

4. WDM、DWDM 和 CWDM 之间的区别。

5. WDM 对光纤、光器件的要求。

6. 波分复用系统结构：如图 7-3 所示。

7. WDM 系统的基本应用形式：单向和双向两种基本应用形式。

8. WDM 网络的关键设备：OTM、OADM 和 OXC。

9. 光传送网的功能分层模型。

10. OTN 复用和映射结构。

11. OTN 关键设备。

12. OTN 网络的保护方式。

13. 简述 POTN 的基本概念。

14. POTN 的关键技术主要涉及哪些方面，在实际系统中起到何种作用。

习　题

1. 简述波分复用的基本概念，并说明其与密集波分复用在概念上的区别。

2. 与传统光纤通信系统相比，WDM 系统中所使用的光源有哪里不同？

3. 请画出光传送网的分层结构图，并简单介绍各层的功能。

4. 什么是 OADM？其所具有的功能有哪些？

5. 简述光传送网的概念及特点。

6. 与 SDH 网络相比，OTN 网络中所采取的保护方式有何特点？它们之间的区别在哪里？

7. 简述分组光传送网的基本思想。

8. 已知某波分复用系统的信道间隔 $\Delta\nu$ 为 100GHz。请计算该系统中所使用光源谱宽的最大值是多少？（取 $f=193.10\times10^{12}$ Hz）

9. 如果某 WDM 系统中的技术参数如下：中心波长为 1552.52nm（对应中心频率为 193.10THz），$OSNR=7$（满足 $BER=10^{-12}$ 时），$N=10$，$N_F=5.5$dB，$\Delta\lambda=0.1$nm，$L_\alpha=15$dB，$BW_{eff}=2.5$THz。请算出实用 WDM 系统所要求的光放大器的输出光功率范围？

第8章 光纤通信新技术

光纤通信技术自问世以来，一直以提高通信系统容量和延长中继距离为其发展目标。随着各种多媒体业务的不断涌现，人们对传输容量的需求也随之增加，进而促进了光纤通信新技术的研发。本章主要介绍相干光通信、光孤子通信和量子通信等新技术。

8.1 相干光通信技术

8.1.1 相干光通信的基本概念及特点

传统的光纤通信系统主要采用的是强度调制直接检波（IM-DD）的通信方式，其主要优点是调制、解调简单，且成本低，但它是一种噪声载波通信系统，它的传输容量和中继距离都受到限制。随着各种多媒体应用和互联网的普及，对传输系统的通信容量和灵敏度等提出了更高的要求，而相干检测可以更充分地利用光纤的传输带宽，有效提高系统的传输容量。

相干光通信采用单一频率的相干光作为光源（载波），在发射端对光载波以幅度、频率或相位的方式调制到光载波上，在接收端采用零差检测或外差检测，这种检测方式被称为相干检测。与IM-DD系统相比，它具有以下特点。

① 接收灵敏度高。相干检测可使经相干混合后的输出光电流的大小和本振光功率的乘积成正比，由于本振功率远大于信号光功率，因此可大大提高接收机灵敏度。通常接收灵敏度比IM-DD方式高20dB，有利于增加光信号的传输距离。

② 频率选择性好。目前在采用相干光通信的系统中，可实现信道间隔小于1～10GHz的密集波分复用，这正是利用接收光信号与本振光信号信号之间的干涉性质来保持彼此之间的相位锁定，从而可以充分利用光纤的低损耗光谱区域，实现超高速容量信息的传输。

③ 具有一定的色散补偿效应。例如，在采用外差检测的相干光通信系统中，若使其中的中频滤波器的传输函数正好与光纤的传输函数相反，则可降低光纤色散对系统性能的影响。

④ 提供多种调制方式。在IM-DD系统中采用的是直接强度调制，而在相干光通信中，除了可对光载波进行幅度调制外，还可以进行频率调制或相位调制，因此可提供多种系统选择方案。

8.1.2 相干光通信的基本原理

在相干光通信系统传输的信号可以是模拟信号，也可以是数字信号。无论何种信号，其

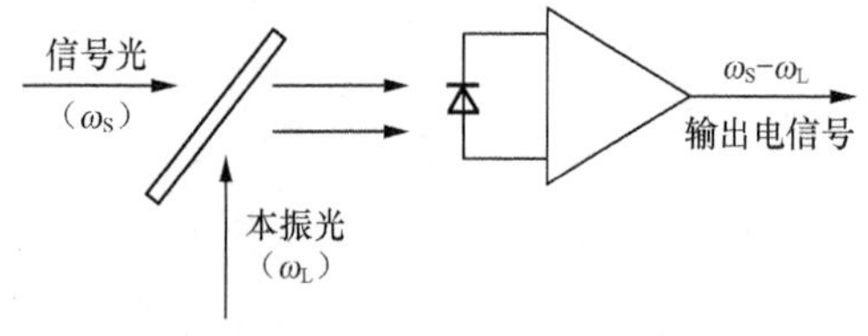

图 8-1 相干光检测原理图

工作原理均可以用图 8-1 来加以说明，图中的光信号是以调幅、调频或调相的方式被调制（设调制频率为 ω_s）到光载波上的。当该信号传输到接收端时，首先与频率为 ω_L 的本振光信号进行相干混合，然后由光电检测器进行检测，这样获得中频频率为 $\omega_{IF}=\omega_s-\omega_L$ 的输出电信号，因为 $\omega_{IF}\neq 0$，故称该检测为外差检测。而当输出信号的频率 $\omega_{IF}=0$ 时，则称为零差检测，此时在接收端可以直接产生基带信号。

根据平面波的传播理论，可以写出接收光信号 $E_s(t)$ 和本振光信号 $E_L(t)$ 的复数电场分布表达式

$$E_s(t)=E_s\exp[-j(\omega_s t+\varphi_s)] \tag{8-1-1}$$

$$E_L(t)=E_L\exp[-j(\omega_L t+\varphi_L)] \tag{8-1-2}$$

其中，E_s 与 E_L 分别是接收光信号和本振光信号的电场幅度值，φ_s 和 φ_L 分别是接收光信号和本振光信号的相位调制信息。当 $E_s(t)$ 和 $E_L(t)$ 相互平行，均匀地入射到光电检测器的表面上时，由于总入射光强 I 正比于 $[E_s(t)+E_L(t)]^2$，即

$$I=R(P_s+P_L)+2R\sqrt{P_s P_L}\cos(\omega_{If}t+\varphi_s-\varphi_L) \tag{8-1-3}$$

式中 R 为光电检测器的响应度，P_s 和 P_L 分别是接收光信号和本振光信号强度。通常 $P_L>>P_s$，这样上式可简化为

$$I\approx RP_L+2R\sqrt{P_s P_L}\cos(\omega_{If}t+\varphi_s-\varphi_L) \tag{8-1-4}$$

从上式可以看出，其中的第一项为与传输无关的直流项，因而经外差检测后的输出信号电流为（8-1-4）中的第二项，其中包含发射端所传输的信息

$$i_{out}(t)\approx 2R\sqrt{P_s P_L}\cos(\omega_{If}t+\varphi_s-\varphi_L) \tag{8-1-5}$$

对于零差检测 $\omega_{If}=0$，输出信号电流为

$$i_{out}(t)\approx 2R\sqrt{P_s P_L}\cos(\varphi_s-\varphi_L) \tag{8-1-6}$$

从式（8-1-5）和式（8-1-6）的比较，可以看出

① 即使接收光功率很小，但由于输出电流与 $\sqrt{P_L}$ 成正比，仍能够通过增加 P_L 来获得足够大的输出电流，这样本振光在输出检测中还起到了光放大的作用，从而提高了信号的接收灵敏度。

② 由于在相干检测中，要求 $\omega_s-\omega_L$ 随时保持常数（ω_{If} 或 0），因而要求系统中所使用的光源具有非常高的频率稳定性，非常窄的频谱宽度以及一定的频率调谐范围。

③ 无论外差检测，还是零差检测，其检测根据都是源于接收光纤信号与本振光信号之间的干涉，因而在系统中必须保持它们之间的相位锁定，或者说具有一定的偏振方向。

8.1.3 相干光通信系统

相干光通信系统由光发射机、光纤和光接收机组成，如图 8-2 所示。

在相干光通信系统中，光发射机的功能就是将所需传送的信号调制到光载波上去，使之适应光传输的要求，因而首先由光载波激光器发出的相干性很好的光载波通过调制器调制后，输出已调波将随调制信号的变化而变化，然后再经过光匹配器，这样使调制器输出的已

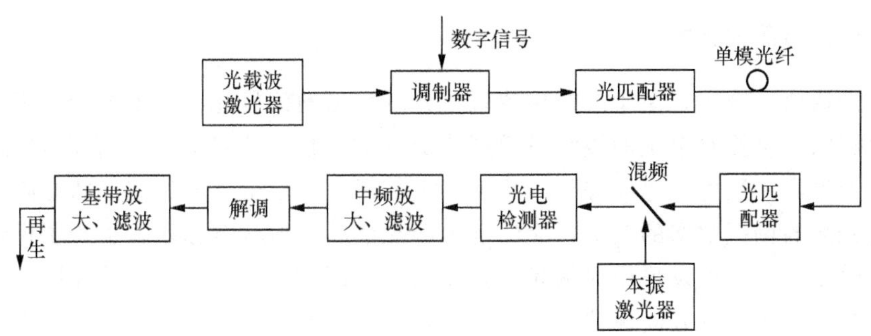

图 8-2　相干光通信系统结构

调波，无论在空间复数振幅分布上，还是偏振状态上，均与单模光纤的基模相匹配，便于已调光注入单模光纤。根据调制方式的不同，光发射机可采用幅移键控（ASK）、频移键控（FSK）和相移键控（PSK）3 种基本方式。

幅移键控（ASK）是利用光载波幅度的两个值之间的变化来表示数字信号的变化。频移键控（FSK）是利用光载波频率的不同来表示数字信号的变化。相移键控（PSK）则是利用光载波相位的不同来表示数字信号的变化。

由单模光纤输出的光信号首先经过光匹配器（该光匹配器的作用与发射端的相同），然后进入光混频器。光混频器负责将本振光波与接收光波进行混合，然后通过光电检测器进行检波、中频放大，从而获得放大的差频信号（$\omega_s-\omega_L$），最后根据发射端所采用的调制方式进行解调，从而获得基带信号。

8.1.4　相干光通信中的关键技术

相干光通信系统需要解决好以下几个关键技术问题。

1. 具备高频率稳定度和极窄光谱宽度的半导体激光器

通过对相干光通信系统基本原理的分析，可知系统中所采用的载波光频率与本振光的频率必须保持很高的稳定性，其光源的微小变化，将会对中频产生巨大的影响，使之存在相位噪声，因此需要对载波光源和本振光的稳定度做出规范。一般要求其稳定度高于 10^{-6}。

在相干光通信系统中，相位噪声对系统性能影响很大，因此只有保证极窄的光谱宽度才能克服半导体激光器量子调幅和调频噪声对接收机灵敏度的影响。

2. 外调制技术

当对激光器光波的某一参数进行直接调制时，总会附带对其他参数的寄生振荡，如 ASK 直接调制伴随着相位的变化，而且调制深度也会受到限制，还有会出现频率特性不平坦以及张驰振荡的问题。因此在相干光通信系统中，适合采用外调制方式。外光调制器主要包括三种类型，即利用电光效应制成的电光调制器、利用声光效应制成的声光调制器和利用磁光效应制成的磁光调制器。目前，对外光调制器进行了广泛的研究，如利用扩散 $LiNbO_3$ 马赫干涉仪或定向耦合式的调制器可实现 ASK 调制，利用量子阱半导体相位外调制器或 $LiNbO_3$ 相位调制器用于实现 PSK 调制。

3. 偏振控制与匹配技术

在相干光通信系统中，由于是在接收端将光纤输出的信号光波与本振光波进行混频，因而它们的偏振状态直接对系统的接收灵敏度构成影响，然而光波在一般单模光纤中传输时，由于受到诸如温度、压力、弯曲等外界环境因素的影响，使得光波的偏振状态随之变化，从而导致输出光波的偏振状态的波动，无法与本振光波的偏振状态相匹配。为了保证接收机具有较高的灵敏度，当然可以采用保偏光纤，以促使光纤中的传输光波的偏振状态保持不变。但这种方法并不实际，一方面保偏光纤非常昂贵；另一方面，它同时给系统中引入的损耗比一般普通单模光纤要大，因此一般使用普通单模光纤。在接收端采用偏振分集技术，信号光与本振光混合后，首先分成两路作为平衡接收，对两路平衡接收信号进行判决，选择较好的一路作为输出信号，此时的输出信号已与接收信号的偏振态无关，从而消除了信号在传输过程中偏振态的随机变化。

4. 非线性干扰控制技术

由于在相干光通信系统中常采用密集频分复用技术，因此光纤中的非线性效应可使相干光通信中的某一信道的信号强度和相位受到其他信道信号的影响而形成非线性串扰。可能产生的非线性效应包括受激拉曼散射（SRS）、受激布里渊散射（SBS）、非线性折射和四波混频。由于受激拉曼散射的拉曼增益谱很宽（约小于 10THz），因此当信道能量达到一定程度时，多信道复用相干光通信系统中必然出现高低频率信道之间的能量转移，从而形成信道间的串扰。受激布里渊散射的阈值较低（只有几毫瓦），且增益谱很窄，因此信号载频设计恰当时，一般不会产生 SBS 串扰影响。在入纤信号功率大于 10mW 的相干光通信系统中，非线性折射会通过自相位调制效应而引起的相位噪声，这就是非线性折射效应，因此需要考虑这种影响。若系统是多信道复用相干光通信系统，还需要格外注意四波混频对系统的影响。

8.2 光孤子通信

在 2.5 节中分析了光纤的传输特性，从中可知光纤的损耗和色散是制约传输系统中继距离的主要因素。特别是对于传输速率在 1Gbit/s 以上的传输系统，光纤固有色散的影响使得所接收的光信号中存在脉冲展宽现象，严重地限制了系统的传输距离。可见色散是高速光纤数字通信系统中的主要问题所在，因而人们设想是否能够采取某种新技术，使得在光纤中所传输的光信号能够保持其脉冲波形的稳定，从而提高系统的传输距离。这种技术是通过光孤子来实现的，因而称为光孤子通信技术。

8.2.1 光孤子的基本概念

从物理学的观点看，光孤立子是光非线性光学的一个特殊产物。孤立子又称为孤子、孤立波，它是一种可以长距离、无畸变传输的电磁波。

孤子的概念是 1844 年英国科学家约翰·斯各特·罗素在观察流体力学的现象时提出来的。他看到在狭小河道中快速行进的小船突然停下来时，在船头出现了一股形状不变、速度不变的水柱继续前进，经过一段时间后才消失。他称这个水柱为孤立波。

那么，人们就设想，光脉冲在光纤中传输时能否不产生畸变。光脉冲波就像一个一个孤子的粒子一样，因此称其为孤立子。

8.2.2　光孤立子的产生机理

在光强较弱的情况下，光纤介质的折射率 n 是常数，即 n 不随光强变化。但是，在强光作用下，由物理学中的晶体光学克尔效应可知，光纤的折射率不再是常数，折射率增量 $\Delta n(t)$ 正比于光场 $|E(t)|$ 的平方，即

$$\Delta n(t) \propto |E(t)|^2$$

由物理学知识知道，折射率 n 与相位 φ 之间存在确定的关系。这样，上面所述的光纤中的光强变化就会引起光纤中光信号的相位变化。由于相位与频率之间又是有确定关系的，故光纤中光强的变化将会使光信号的频率发生变化，而频率的变化又使得光信号传播速度变化。

将上面各种关系联系起来就会发现，一个光脉冲的前沿光强的增大将会引起光纤中光信号的相位增大，随之造成光信号的频率降低，进而使光纤中光脉冲信号的脉冲前沿传输速度降低。而脉冲的后沿光强是减小的，对照上面的分析可知，脉冲后沿的传播速度加快。这就是说，强光的一个光脉冲前沿传播得慢，后沿传播得快，两种作用联合起来，结果使光脉冲变窄了。这种变窄的作用，是强光作用下光纤的非线性影响产生的。

在讨论光纤色散时知道，色散将引起光脉冲信号在传输时展宽，因而影响了光纤中光脉冲信号的长距离、大容量的传输。现在，如果所传输信号是强的光脉冲，则光纤非线性效应使脉冲变窄的作用正好补偿了色散效应使脉冲展宽的影响。那么，可以想象这种光脉冲信号在光纤的传输过程中不会产生畸变，脉冲波就像一个一个孤立的粒子那样传输，故称孤立子(Solition)。

8.2.3　光孤子通信系统的基本组成及通信特点

光孤子通信是一种全光非线性通信方案。其基本原理是光纤折射率的非线性（自相位调制）效应所致的光脉冲压缩，足以平衡因群速色散而带来的光脉冲展宽，因而当光纤的反常色散区及脉冲光功率密度足够大时，光孤子能够长距离不变形状地在光纤中进行传输。从而克服了因光纤色散而带来的对传输速率和通信容量的限制。其通信容量比现有最好通信系统容量高出 1～2 数量级，而传输距离可达到几百千米，因此光孤子通信系统在长距离、高码速的通信中，显示出非常大的技术优势，被公认为是下一代最具发展潜力的传输方式之一。与现有线性光纤通信系统相比，全光式光孤子通信具有以下特点。

① 提供高速、大容量的通信，传输码速率一般可达 20Gbit/s，最高可达 100Gbit/s。

② 波形可保持不变，因而与普通光纤通信系统相比，系统的误码率低、抗干扰能力强，适用于远距离传输。

③ 可实现多通道波分复用光孤子通信。

④ 可实现全光传输，且稳定性好、分辨率高，大大提高传输质量。

图 8-3 表示出了光孤子通信系统的基本组成结构，它是由光孤子源、外调制器、光放大器、光孤子传输系统、光电检测器等主要部件构成。光孤子源所产生的光孤子是一种超短光脉冲序列，作为信息载体进入光调制器。由脉冲信号发生器输出的信号脉冲经外调制器加载

在光孤子流上，经过 EDFA 放大后送入光纤传输系统，在接收端，采用具有高速响应速度的光电检测器，经过光电转换进行光孤子波的接收。为了补偿光纤的损耗，一般经过一段距离使用一个光放大器，因此光纤传输通路上需要若干个光放大器来补偿能量的损失。

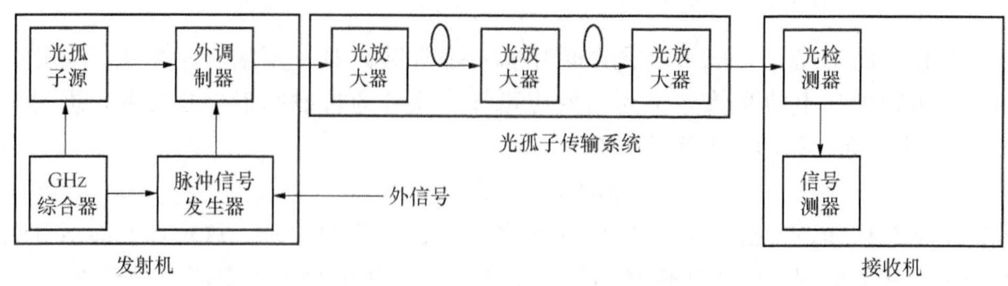

图 8-3 光孤子通信系统的基本组成框图

1. 光孤子源

可供光孤子源所采用的激光器有多种，如增益法布里—瑞罗腔（FP）激光器、分布反馈激光器、色心激光器、锁模激光器等。由光孤子传输原理可知，光孤子是一种理想的光脉冲，其脉冲宽度极窄，处于皮秒数量级 ps，即 10^{-12}s，因而产生光孤子需要较高的功率。可见要求光孤子源能够提供大功率输出，而且脉冲极窄。针对标准光纤而言，实现孤子传输（$N=1$）所需的实际功率大约几百毫瓦或更大，而常见的激光器是难以达到如此高的输出功率。

现在较为流行的光孤子源主要有锁模外腔半导体激光器（ML-EC-LD）、增益开关分布反馈半导体激光器（GS-DFB-LD）等。其中 ML-EC-LD 产生的脉冲波形较好且频率啁啾成分较低，但结构复杂，稳定性差；GS-DFB-LD 结合了去啁啾技术，结构简单，但仍有一定的残余频率啁啾，这样只要光脉冲的频率啁啾足够小，脉冲便可在光纤中演化为光孤子。而 ML-EC-LD 能够直接产生孤子，无啁啾，可自启动并易于与光纤实现耦合，且结构较简单。可见它们各有各的特点。

2. 外调制器

在超高速、长距离的光纤通信系统中，光纤的损耗已经基本降低到接近理论的水平，而色散则成为限制中继传输距离的主要因素。为了克服光源直接调制所带来的啁啾影响，因此一般采用外调制技术。目前多采用 $LiNbO_3$ 光调制器，其调制速率可达几十吉比特每秒。

3. 光孤子传输光纤

用于光孤子传输的光纤主要有两种，常规单模光纤和色散位移单模光纤。通常的工作窗口均选择在低损耗窗口，且处于负色散区。这样具有正啁啾的光脉冲通过光纤时，使光纤非线性引起的光脉冲压缩与光纤色散引起的光脉冲展宽恰好抵消，因而可保持光脉冲波形的不变，从而实现超高速、长距离的信息传输。

WDM 是一种扩大光孤子传输容量的有效方式。实验数据显示，现已成功地实现在 10000km 距离上传输 100Gbit/s（5×20Gbit/s）速率信号，和在 10000km 距离上传输 200Gbit/s

(10×20Gbit/s) 速率信号的传输实验。有效地证明了 WDM 技术适用于光孤子通信。

4. 光放大器

由于光纤损耗的存在，使光孤子在光纤中传输过程中呈现能量较少的现象，因此在光孤子通信系统中需要在光纤上每隔一定距离对光孤子进行放大。但中继放大器在对光孤子进行放大的同时，也为系统引入了自发辐射噪声（ASE)。为了保证光孤子的稳定传输，要求光脉冲无能量衰减，然而无论光源、光中继放大器以及传输线的非理想状态都会导致孤子能量的损失、脉冲展宽、传输容量的降低。可见光放大器在光孤子通信系统中起到能量补偿的作用。可实现光孤子放大的光放大器，主要有掺铒光纤放大器（EDFA)、分布式掺铒光纤放大器（D-EDFA）和拉曼光纤放大器等。

5. 光电检测器

由于光孤子通信系统适用于超高速、大容量的应用环境，因此与常规光通信系统相比，要求光电检测器能够具有快速响应的能力，即带宽大得多。

8.2.4　光孤子通信系统中的关键技术

1. 光孤子传输技术

影响光孤子传输系统的距离码速乘积上限的因素有多方面，包括光脉冲的占空比、光纤的有效截面、光纤非线性系数、光纤损耗、光纤色散、放大器自发辐射因子、放大器的距离等等。为了实现光孤子的长距离传输，必须合理地对上述参数进行合理的选择。

(1) 损耗对光孤子宽度的影响

当光孤子在光纤中传输时，由于光纤损耗的作用，使得光孤子峰值功率减少，从而消弱了抵消群色散所引起的非线性影响，图 8-4 给出了一阶（$N=1$）光孤子耦合进光纤时，在有损耗光纤中的光孤子展宽与传输距离之间的关系。图中 T_0 为输入光孤子宽度，L_D 是色散长度，$\Gamma=\frac{\alpha}{2}L_D$ 是与光纤衰减系数 α 有关的参数，现观察图 8-4 中曲线 2，它表示在 $\Gamma=0.035$ 条件下，一阶光孤子耦合进光纤时，展宽系数（即相对展宽）T_1/T_0（T_1 为光孤子宽度）与归一化距离 Z/L_D 之间的关系。图中还分别用曲线 1 和曲线 3 给出不考虑光纤损耗时和不存在非线性影响时的展宽系数与归一化距离之间的关系。从中可以看出，当光纤存在损耗时，随着传输距离的增加，脉冲相对宽度也随之加大；但由于存在光纤非线性效应，因此这种展宽并不严重。由此可见，即使光孤子存在展宽，但与不存在非线性效应影响的展宽相比，其展宽量要小的多，因此对于光纤通

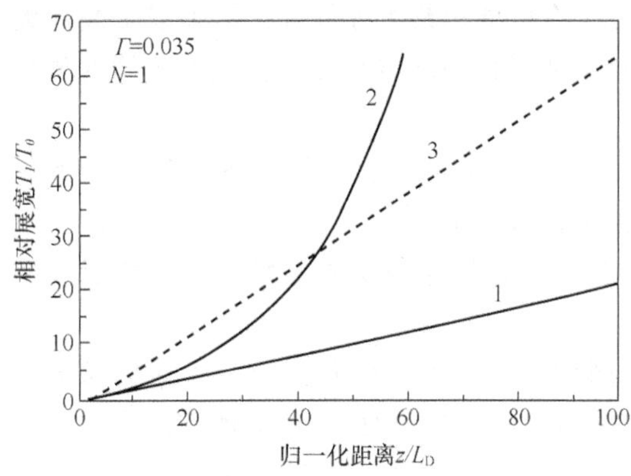

曲线1表示不考虑光纤损耗时的数值模拟结果；
曲线2表示微扰理论预见到的因光纤损耗使脉冲展宽随距离指数的增加；
曲线3表示假定不存在非线性影响情况下的脉冲展宽。

图 8-4　一阶（$N=1$）光孤子耦合进光纤时，有损耗光纤中的光孤子展宽

信系统而言，是从非线性效应中获益。

(2) 光放大器对长距离传输的影响

为了补偿光纤损耗而带来的能量损失，通常在光孤子通信系统中每隔一定距离采用光放大器来补偿所损失的能量，因此放大器的间距是一个非常重要的设计参数。从设计成本来说，间距越大越好，然而这与所采用的放大器类型有关。

EDFA 具有高增益、低噪声、宽频带、高输出功率、低泵浦功率等特点，适用于高速长距离通信应用。早在 1989 年首先成功地使用 EDFA 实现了 20GHz 的孤子稳定通信。但由于孤子的能量、宽度和幅度会受到诸多因素的影响，为了防止发生较大的变化，一般间距只有几十公里。

分布式掺铒光纤放大器（D-EDFA）采用掺低浓度 Er3，且增益系数低、截止波长长、数值孔径大、负色散区宽的掺饵光纤，并使用 1480nm 双泵浦技术，以减少损耗和降低沿线能量起伏。一般可达到约 100km 的光放大器间隔。

分布式拉曼光纤放大技术，即沿光纤每隔一定的距离向光纤注入泵浦光。这种利用受激拉曼散射效应的激光器是以光纤自身成为放大介质，使孤子沿整个光纤都具有拉曼增益以抵消光纤损耗。拉曼放大器具有波动小、稳定性好的特点，但拉曼放大需要高功率的激光器作为泵浦源。利用此方案曾实现 4000km 孤子的稳定传输。

(3) 预加重措施对传输距离的影响

光孤子传输系统中，无论采用色散位移单模光纤，还是采用 EDFA 来增加传输距离。为保证脉冲稳定的传输，均需要使用预加重措施。预加重是指采用增大孤子幅度的方法来增加放大器的距离。但在使用预加重措施之后，当传输距离过大时，又会使脉冲失去孤子特性。为此在进行光孤子通信系统设计时，应考虑放大器间距的限制。放大器间距与系统中很多参数，如光纤损耗、色散、脉冲宽度、预加重因子等有关。从实际应用的立场出发，放大器间距越大，进而可大大地降低工程投资成本，但从光孤子系统性能的角度看，放大器间距越小，放大特性越接近分布放大，越有利于孤子的稳定传输。目前光孤子通信系统中，一般放大器的间距为几十千米。在进行孤子系统设计时，一旦放大间距确定，色散距离 L_D 会随脉宽与色散的变化而变化，归一化放大器距离 Z/L_D 有可能出现远小于 1、约等于 1 或远大于 1 等多种情况，与此相应的有平均孤子传输、动态孤子传输和绝热孤子传输等不同的传输方式。

① 平均孤子传输。随着功率的变化，使加重后孤子脉冲的路径平均功率等于不考虑光纤损耗时的基态孤子功率，故该方案被称为平均孤子传输方案。

② 动态孤子传输。随着功率的变化，预加重功率引起的脉冲变窄正好补偿损耗引起的脉冲展宽，这种方案就是动态孤子传输方案。

③ 绝热孤子传输。当放大器间距远小于孤子周期时，孤子传输非常稳定。绝热孤子传输方案正是利用两个放大器间的传输绝热特性，其加重因子比平均孤子传输所需的大，且不如平均孤子传输情况稳定。

2. 光孤子能量补偿技术

光孤子在光纤的传播过程中，存在着一定的功率损耗，从而消弱了抵消群速度色散所引起的非线性影响，这样光孤子能量的减少直接导致了光孤子的展宽。为了克服光纤损耗的影响，需要周期性地进行光孤子放大，以便恢复其最初的宽度和峰值功率。图 8-5 分别表示了集中放大和分布放大两种光孤子放大示意图，下面逐一进行介绍。

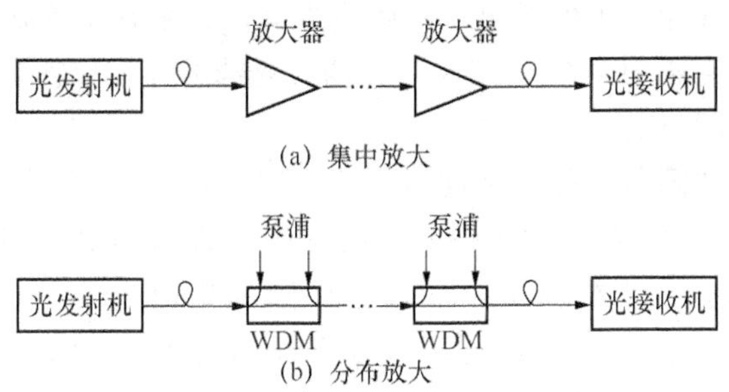

图 8-5　光孤子光通信系统中能量补偿

（1）集中光孤子放大

从图 8-5（a）可以看出，它与非光孤子通信系统相同，将光放大器周期性地插入光纤光路中，通过调整其增益来补偿两个光放大器之间的光纤损耗，从而使光纤非线性效应所产生的脉冲压缩恰恰能够补偿光纤群色散所带来的影响，以保持光孤子的宽度不变。

从所周知，在普通的光纤通信系统中，中继距离一般为 50～120km。其具体长度由系统中多使用的光缆和光器件的实际工作参数决定。而在光孤子通信系统中，为了防止孤子在能量、宽度和幅度上发生较大的变化，光放大器的间距一般只有几十公里。通常比普通光纤通信系统中的中继距离小，因此需要每隔一段距离插入一个光纤放大器。尽管光放大器能够对光孤子进行放大，使其能量恢复到初始值，而被放大的光孤子仍会在接下去的传输光纤上动态地调整其宽度，加之整个调整过程中还存在色散因素的影响，因此如果放大器的级数过多，将会造成色散的积累，这样只能通过减小放大器之间的距离来限制该段线路上的孤子脉冲所受到的干扰。

（2）分布放大

分布放大是指光孤子在沿整个光纤的传输过程中得以放大的技术。如图 8-5（b）所示，通过向光纤注入泵浦光，从而产生拉曼效应。这样尽管光纤存在损耗，但光孤子在整个光传输过程中都具有拉曼增益，如果在光纤内每一点的拉曼增益都正好与光纤损耗相抵消，则孤子将会维持在任意长的距离上。但这仅仅是理论上的分析，实际上根本无法保证光纤各处的泵浦光功率都一样，因而只能没隔一段距离注入泵浦光，以对拉曼放大器提供能量。泵浦距离的大小取决于光纤对光孤子和泵浦光的损耗以及孤子能量被允许偏离初始值的程度。

3. 光孤子通信控制技术

由于光纤中的群色散使脉冲在光纤传输过程中不断展宽，而光纤的非线性效应可使脉冲压缩。这样当光纤色散与非线性效应相互作用达到平衡时，脉冲的展宽和压缩恰好抵消，使得孤子在传输过程中始终保持不变，从而实现长距离传输。可见色散管理与非线性控制在光孤子通信中起着重要的作用。

（1）噪声控制

EDFA 引入光孤子通信系统尽管克服了光纤损耗的影响，但 EDFA 引入的放大的自发辐射噪声（AES），又限制了光孤子通信系统中可能达到的最大通信能力，即存在 Gordon-Haus 极限问题。因此能否控制系统噪声，增大放大器间距则成为光孤子通信技术能否走向商用的关键。针对这一问题，人们提出多种解决方案，频域滤波控制是其中之一。该方案是在周期性集中放大孤子系统中每个 EDFA 后面插入光滤波器，以滤除 EDFA 产生的 ASE 噪声。从而达到噪声控制的目的。

（2）同步幅度调制和同步相位调制控制

同步幅度调制方案是在孤子传输线上，周期性地提取时钟脉冲，控制接入线路的电光幅度调制器，对通过调制器的孤子脉冲进行整形和定时处理，以达到抑制孤子时间抖动的目的。同步相位调制控制方案是利用从光孤子传输系统中提取的时钟脉冲，实现对光子中心频率的调整，使之能够抑制孤子时间抖动。需要说明的是，通过采用时域和频域控制方案，可以有效地扼制自发辐射噪声（ASE）和 Gordon-Haus 效应，提高光孤子通信系统的容量。

（3）光孤子相互作用控制

在采用时域控制的光孤子通信系统中，周期性地提取时钟信号，控制接入线路的电光调制器，从而实现抑制孤子到达时间抖动程度。这种时域控制方案不仅能有效地克服 Gordon-Haus 效应，还能抑制光孤子之间的相互作用。在相邻孤子发生碰撞之前，插入一个窄带滤波器，可消除孤子幅值和脉宽的随机起伏，使光孤子脉冲传输稳定，实现无差错的长距离传输。另外，也可以采用带宽放大方法，即在补偿孤子能量的每一个 EDFA 之后，利用一个带宽滤波器来克服孤子相互作用。需要说明的是，需要 EDFA 的附加增益和滤波器的频率响应特性进行专门设定，这样才能最大限度地降低光孤子相互作用的影响。

（4）非线性增益控制

因每段放大器间距初始所输入的初始峰值功率一般较大，光纤非线性压缩效应使得脉宽变窄，但在随后的光孤子传输过程中，经过损耗光纤在光纤色散的作用下，脉宽逐渐变宽，当脉冲宽度恢复到与入射脉冲宽度大致相等的距离时，再利用 EDFA 放大以恢复到原来的功率。可见，非线性增益控制是利用系统增益特性随光强非线性变化的控制机制，使强光的透射率高，弱光的透射率低，以达到对受扰的孤子脉冲进行整形和消除线性色散波的目的，从而保证光孤子脉冲在动态起伏变化中稳定地传输更长的距离。

（5）色散补偿与色散管理控制

色散补偿技术是指在孤子通信系统中接入正常色散光纤，以控制因系统噪声引起的孤子到达时间抖动引起的积累。尽管在实际系统中可以采用集中补偿，也可以采用分布补偿方案，但因接入的正常色散光纤较短（小于 1km），易引入较多的色散波，从而降低系统的信噪比。为此，人们提出色散管理孤子（DMS）控制技术。所谓 DMS 就是非线性系统中的周期色散补偿，通过周期配置正负色散光纤，从而使传输线上的平均 GVD 很小，这就大大地简化了对传输光纤性能参数的特殊要求，并可在已有的光纤线路上周期地配置大的正色散补偿光纤（DCF）或每隔一定距离使用啁啾光纤或光纤光栅实现较低的路径平均 GVD。正是由于光孤子在正负色散光纤中交替传输，孤子经历了剧烈的动态演变过程，使得脉冲周期性地展宽和压缩，因此通过合理系统统计可以得到较小的平均色散、较大的色散长度、较小的时间抖动积累，使孤子在传输中呈现周期性的压缩和展宽。

8.3　量子通信

8.3.1　量子通信的概念及特点

量子通信是以光量子作为信息载体的一种先进的通信手段，即量子通信的信息载体是光量子，其运动、传输及相互作用应遵循量子电动力学原理，因此量子通信是指利用量子纠缠效应进行信息通信的一种新型通信方式。

光量子也具有波粒二重性，因而量子通信是利用光的微观世界中的粒子特性，使用光量子来携带数字信息，实现信息通信。从物理学的角度分析，量子是不可分的最小能量单位。在量子力学中，这种微观粒子的运动状态，被称为量子态。量子纠缠是指微观世界里有共同来源的 2 个微观粒子之间存在着纠缠关系，这 2 个处于纠缠状态关系的粒子无论相距多远，都能感应对方状态，即随着远方状态而变化。可见量子通信就是在这种物理极限下，利用这种量子效应，实现的高性能通信方式。按所传输的信息是经典还是量子而分为两类，一类主要用于量子密钥的传输，另一类则是用于光量子隐形传送与纠缠态的分发。

量子通信的信息安全基于量子密码学，是以量子状态作为密钥，突破了传统加密方法的束缚，具有不可窃听，不可复制性和理论上的绝对安全性。任何截取或测量量子密钥的操作都会使量子的状态发生改变，从而确保两地之间通信的绝对安全。因此量子通信比传统的光通信具有更为可靠和保密的特性。所谓隐形传送是指脱离信息载体实物的一种“完全”的信息传送。然而从物理学角度，隐形传送过程可以被解释为：首先提取原物体的所有信息，并将这些信息发送至接收端，接收者依据这些信息，提取与原物体完全相同的基本信息，进而进行原物体恢复。但基于量子力学的不确定性理论，即测不准原理，是不允许精确地提取原物体的全部信息，因此所恢复出的原物体并不可能完美。

量子通信所采用的硬件也与传统的光通信系统中所使用的器件有明显的差别，其关键技术包括量子计数技术、量子破坏测量技术以及亚泊松态激光器等。另外量子通信中光子所携带的信息能量可提供给极多接受者同时使用。技术涉及量子密码通信、量子远程状态和量子密集编码等技术。

量子通信具有容量大、传输速率快速和通信保密性极强的特点，理论上可传输无限大容量的信息，因此现有光通信技术相比具有以下特点和优势。

① 量子通信的信息传输容量大，可呈多量级地超过光速传输。特别适用于将来宇宙星际间的通信。因此对现有光通信将面临量子通信的挑战。

② 量子通信具有极好的安全保密性。量子通信有无法被破译的密钥，并且采用了一次一密钥的加密方式，这样在两个人的通话过程中，密钥机每秒都在产生密码，从而保证语音信息的安全传输。一旦通话结束，这串密码将立即失效，且下次通话绝不会被使用。

③ 量子通信可实现超光速通信。依据量子力学理论，量子超光速通信线路的时延可以是零，因而可实现更快速地通信，并且在量子信息传递的过程中不会有任何障碍的阻隔。量子超光速通信完全环保，不存在任何电磁污染。

④ 量子通信可用于海涵宇宙中的超长距离通信。已有科学实验成果验证了量子隐形传态过程中穿越大气层的可能性，为未来基于卫星量子中继的全球化量子通信网络的构建奠定了基础。

8.3.2　量子信息基础理论

现有的经典信息以比特作为信息单元，从物理角度分析，存在两种状态，比特可以处于两个可识别状态中的一个，如是或非，0 或 1。在数字计算机中，电容器平板之间的电压可表示信息比特，有电荷代表 1，无电荷代表 0，量子信息单元称为量子比特，它是两个逻辑态的叠加，$|\phi\rangle=c_0|0\rangle+c_1|1\rangle$，$|c_0|^2+|c_1|^2=1$。经典比特可以看成量子比特的特例，即 $c_0=0$ 或 $c_1=0$ 时，是用量子态来表示信息的，因此信息的演变需遵从薛定谔方程，信息传输就是量子态在量子通信中的传送，信息处理（计算）是量子态的幺正变换，信息提取便是对量子系统实行量子测量。可见信息一旦量子化，量子力学的特性便成为量子信息的物理基础，主要包括量子纠缠与量子隐形传态、量子的不可克隆和量子叠加性和相干性等。

1. 量子纠缠与量子隐形传态

量子纠缠态（Quantum Entangled States）是指两个粒子或多个粒子系统叠加而形成量子态，需要说明的是，该量子态不能写成两个或多个量子态的直接乘积。可见量子纠缠是一种非常奇特的现象，纠缠的实质就是指相互关联，即使没有物理直接接触，两个或两个以上的粒子的命运也连在一起，这样“纠缠粒子对”无论传输多远的距离，他们之间的相关和纠缠关系一直存在，对一个光子的控制和测量会决定另一个光子的状态，因此这一特性在信息科学中得到极大的关注，具有潜在的应用前景。

量子隐形传态（Quantum State Teleportation）也称为“量子远距传态”。它是一种量子通信的新方式。最早是由 C. H. Bennett 等科学家从理论上做出的预言。若观察者 A 欲将被传送的光子的未知量子态传给一个接收者 B，先将纠缠态光子对的一个光子传给观察者 A，另一个光子则传给接收者 B，A 对未知量子态和传给他的纠缠态光子进行联合测量，并将测量结果通过经典通道传给 B，于是 B 就可以将他收到的纠缠态通过幺正变换成未知量子态，这样就实现了未知量子态的远程传送，而观察者 A 处的位置量子态则被破坏。

2. 量子信息特性

(1) 非正交量子态的不可区分性

如果将信息“0”和“1”编码在两个量子态 $|\phi\rangle$ 和 $|\Psi\rangle$ 上，通过无噪声信道传输后，接收方能否获知编码的信息？这是由 $|\phi\rangle$ 和 $|\Psi\rangle$ 之间的关系决定的。若 $|\phi\rangle$ 和 $|\Psi\rangle$ 之间的内积 $\langle\phi|\Psi\rangle=0$，则称这两个量子态正交；若 $\langle\phi|\Psi\rangle\neq0$ 则称这两个量子态非正交。根据量子力学理论，如果彼此正交的两个量子态，可通过量子测量进行成功概率为 1 的准确区分。而如果两个量子态是非正交的，则无法通过量子测量进行成功概率为 1 的准确区分。

(2) 量子态的不可克隆性

克隆（Clone）是遗传学上的术语，是指来自同一个祖先、经过无性繁殖所产生相同的分子（DNA、RNA）、细胞的群体或遗产学上相同生物个体。人们将克隆的概念引入量子信息理论，观察能否克隆出一个与未知量子比特完全相同的新量子比特，且同时不破坏原有的量子比特。1982 年 Wootters 和 Zurek 在《Nature》上发表题为“单量子态不可克隆”的论文，提出了著名的量子不可克隆定理，并指出量子力学的线性特性禁止对任意量子态实行精确的复制。

(3) 量子测量的不确定性

从量子力学角度研究物理量的测量原理，表明粒子的位置与动量不可同时被确定。它反映了微观客体的特征。该原理是由德国的物理学家沃纳卡尔·海森堡于 1927 年提出的。根据该原理，微观客体的任何一对互为共轭的物理量，如坐标和动量，都不可能同时对它们具有确定值，即不可能对它们的测量结果同时做出准确的预言。量子不可克隆定理和不确定性原理构成了量子密码技术的物理基础。

(4) 量子叠加性和相干性

量子比特可以处于两个本征态的叠加态上，在对量子比特的操作过程中，两本征态的叠加振幅可以相互干涉，这就是所谓的量子相干性。

8.3.3　量子通信系统

与一般的光纤通信系统类似，量子通信系统也是由发射端、信息传输通道和接收端组成。如图 8-6 所示。其基本组成部件包括量子态发生器、量子通道和量子测量装置等。尤其是在接收端所使用的量子无破坏测量技术，无需从发射信息吸取信息能量，也就是说，在量子通信系统中光子所携带的信息能量可以供极多的接收者使用。

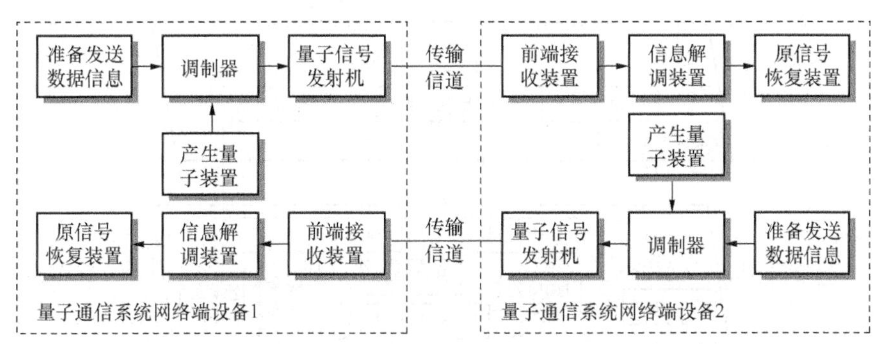

图 8-6　量子通信系统的简单原理图

发射装置的主要功能包括 3 个部分。

- 产生信息载体的量子流装置
- 将所需传送的信息加载到量子流中的调制装置。
- 将已调制好的量子流通过量子通信信道进行信息传送。

接收装置的主要功能包括 3 个部分。

- 量子信息流前端接收装置。接收来自量子信道的已调量子流，并去掉其传输中所带来的干扰和衰落，恢复到原来发射端装置发送时的调制量子流。
- 量子通信的解调装置。从所接收的调制量子流中将信号解调出来。
- 原信号恢复装置。对解调出的信号进行整形放大恢复其在发送端信号的原貌。

需要说明的是，量子通信所采用的传输介质可包括光纤、空气、海水，甚至于外层空间。

8.3.4 量子通信关键技术

量子通信的关键技术涉及量子密钥分配（QKD）、量子计算、量子无破坏测量和量子器件等。下面分别进行简单介绍。

1. QKD 协议

在量子密码学中，采用单光子进行量子通信，通信双方的保密通信是通过量子信道和经典信道分配的密钥实现的。其通信的绝对保密性和安全性是由量子力学中不确定性原理和量子态不可克隆定理来保证的。

量子密钥分配协议是收发双方在建立量子通信信道过程中经协商共同建立的。需要说明的是，在量子密钥分发完成之前，收发双方均不知道密钥的内容。可见量子密钥并不用于传送密文，而是用于建立和传输密码本。量子密码技术不能防止窃听者对密钥的窃听行为，但能够及时发现存在窃听者。一旦发现有窃听者存在，则通信双方会立即重新建立另一套密钥取而代之，以此保证量子密钥本的安全性，从而确保量子通信密码（密文）内容的保密性。

因为量子通信可以应用于陆地和自由空间不同环境，所以相应的量子密钥分配协议也有两类。用于陆地点到点的量子密钥分配协议 QKD 协议有 BB84 协议、B92 协议和 E92 协议等，QKD 协议关系图如图 8-7 所示。

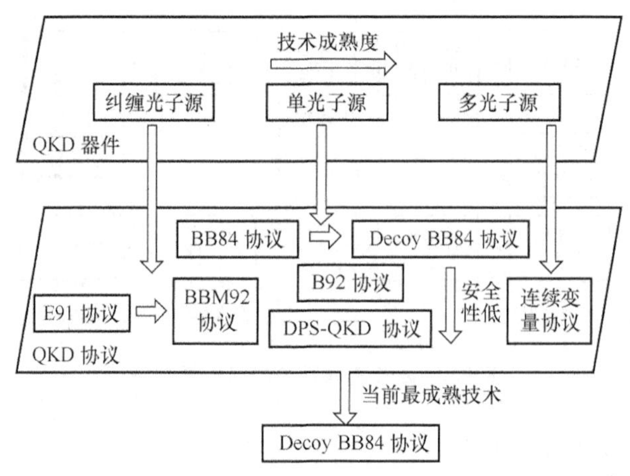

图 8-7 QKD 协议关系图

BB84 协议是在 1984 年由 Bennett 和 Brassard 提出的，它是迄今为止最为成熟、应用最广的量子通信技术。它是利用单光子的一组光子偏振态编码（两个偏振态彼此正交）作为信息的载体，接收方选择其中一种偏振态对其所接收的量子态进行测量，若收到的已编码的光子未受到干扰，则可知此编码光子未被窃听，此时收发双方可以进行量子通信，在信道上可以传输载有信息的密码。BB84 协议的安全性保证在于窃听者的窃听行为会影响接收方的量子态，一旦发现被干扰，收发双方会立即放弃这套密钥，建立另一套新的密钥。

BB84 协议的缺点在于目前真正的单光子源技术还不够成熟，基本上是利用弱相干光源或预报单光子源来近似代替单光子脉冲，使系统中会存在光子数分离（PNS）攻击。为了克服这种影响，提出了诱骗态方案（decoy BB84）。方案中采用多光子脉冲（诱骗态）来替代部分信号脉冲，这样接收方可通过比较诱骗态脉冲的通过率和信源脉冲的通过率来判断是否存在 PNS。

1992 年 Bennett 在 BB84 协议的基础上提出基于两个非正交量子态的一种量子密钥分配协议，即 B92 协议。其技术优势在于对实验设备的要求比 BB84 方案低，量子信号的制备也要比 BB84 要简单一些，但其效率低、可靠性差。

1991 年 A. Ekert 提出了基于 EPR（Einstein，Padolsky 和 Rosen 三个人名字的缩写）佯谬的双量子纠缠态的一种量子密钥协议，即 E91 协议。但现阶段 EPR 光子对的产生、传输、量子存储和 Bell 不等式（该不等式指出任何基于隐变量和定域实在论的理论都满足这一不等式，）测量都不够成熟，因此 EPR 协议的实用性不如 BB84 协议。

BBM92 QKD 协议是 Bennett、Brassard 和 Mermin 于 1992 年在 E91 协议的基础上，通过舍弃了用 Bell 不等式分析来判断安全性的方法，采用与 BB84 协议一样的安全分析方法，使测量更加简单，但与 EPR 协议一样需要 EPR 光子对，实现难度大。

2. 量子无破坏测量技术

测不准关系是量子力学中的最重要原理，它表现为粒子的位置与动量不能同时得到精确的确定。光场环境下，这种测不准关系则表现为光子数与相位之间或者其振动的正弦与余弦成分之间不能同时确定的关系。这就是所谓的量子无破坏测量的理论基础。

图 8-8 给出信道中通过设置若干量子无破坏测量装置实现信息接收的情况。其中是以量子无破坏测量装置取代分路器，接收者能够获得所需的信息，同时无需从入射光子中吸取能量，因此理论上说系统中的接收者的数目可以达到无穷。需要说明的是，量子无破坏测量不是不破坏“状态”的测量，而是不破坏“物理量”的测量，具体地说就是要找出测定的物理量与物理量探针之间的量子力学关系。

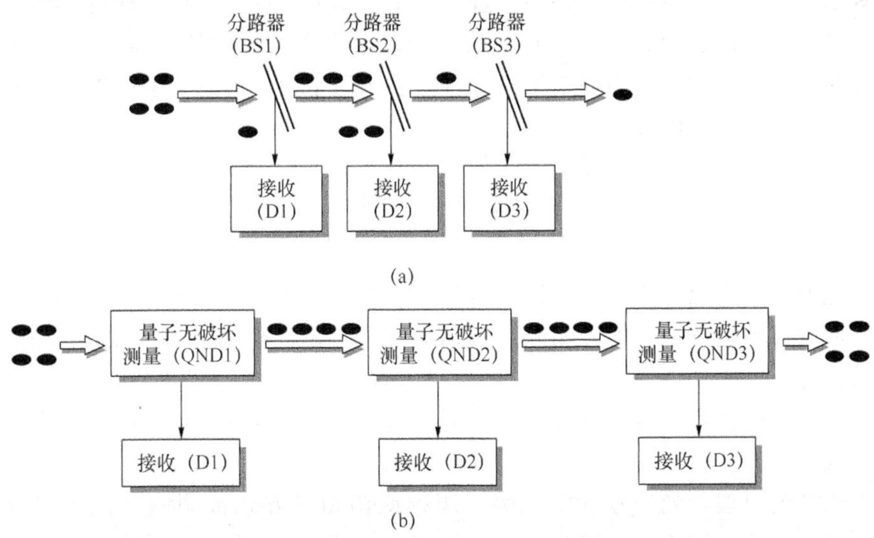

图 8-8　接收终端通过设置若干量子无破坏测量装置的信道接收信息

3. 量子器件研究与技术进展

总体来说，目前量子存储和量子中继技术均尚不成熟，基本处于试验研究阶段。相对而言，较为成熟的量子器件技术是单光子源及其探测器，但在搭建 QKD 网络中真正的单光子源存在技术难题，通常采用弱脉冲激光器代替。探测器侧多采用 InGaAs/InP 半导体单光子探测器。

4. 量子计算技术

量子计算（Quantum Computation）是一种依据量子力学理论进行的新型计算。其基本原理：量子的重叠与牵连原理产生巨大的计算能力，为在计算速度上超越图灵机模型提供了可能。

（1）量子重叠原理

根据量子理论，基本粒子的旋转可能出于与其磁场一致，称为上旋状态，或者与磁场相反，则称为下旋状态。通过提供脉冲能量可使其旋转从一种状态变为“重叠”的两种状态。量子微粒进入重叠状态，此时每一个量子位呈现 0 和 1 的重叠状态。

（2）量子牵连原理

相互作用的基本粒子（如光子、电子）之间具有某种关系，能够使之成对地纠缠在一起，这一过程被称为“相关性”。如果知道纠缠在一起的一个粒子的状态，就可以知道与其纠缠在一起的另一个粒子的状态。由于存在层叠现象，因此被测定的粒子没有单独的旋转方向，而是同时成对地处于上旋和下旋状态。被测粒子的旋转状态由测量时间和与其相关的粒子决定，并且与其相关的粒子是处于与其相反的旋转方向。量子牵连就是指无论来自同一系统的粒子之间有多远的距离都不受到光速的限制，同时相互作用地纠缠在一起，直至被分开。

（3）量子计算

在常规的计算机中，信息单元是用二进制数来表示的。这样 2 位寄存器在某一时间能够存储 4 个二进制数（00、01、10、11）中的一个，而量子计算中的 2 量子位（qubit）寄存器可同时存储着这 4 个数，因为每个量子比特可表示两个值。可见若采用更多量子比特，量子计算能力将按指数量级增长。

小　　结

1. 相干光通信的概念：相干光通信采用单一频率的相干光作为光源（载波），在发射端对光载波以幅度、频率或相位的方式调制到光载波上，在接收端采用零差检测或外差检测，恢复出原始信息。

2. 相干光通信的特点：接收灵敏度高、频率选择性好、具有一定的色散补偿效应、提供多种调制方式。

3. 相干光检测原理：光信号是以调幅、调频或调相的方式被调制（设调制频率为 ω_s）到光载波上的。当该信号传输到接收端时，首先与频率为 ω_L 的本振光信号进行相干混合，然后由光电检测器进行检测，这样获得中频频率为 $\omega_{IF}=\omega_s-\omega_L$ 的输出电信号，因为

$\omega_{IF} \neq 0$，故称该检测为外差检测。而当输出信号的频率 $\omega_{IF}=0$ 时，则称为零差检测，此时在接收端可以直接产生基带信号。

4. 相干光通信系统由光发射机、光纤和光接收机组成。

5. 孤子的概念是 1844 年英国科学家约翰·斯各特·罗素在观察流体力学的现象时提出来的。他看到在狭小河道中快速行进的小船突然停下来时，在船头出现了一股形状不变、速度不变的水柱继续前进，经过一段时间后才消失。他称这个水柱为孤立波。

6. 全光式光孤子通信的特点。

7. 量子通信是以光量子作为信息载体的一种先进的通信手段，即量子通信的信息载体是光量子，其运动、传输及相互作用应遵循量子电动力学原理，因此量子通信是指利用量子纠缠效应进行信息通信的一种新型通信方式。

8. 量子通信具有容量大、传输速率快速和通信保密性极强的特点。

9. 量子密钥分配协议是收发双方在建立量子通信信道过程中经协商共同建立的。

10. 测不准关系是量子力学中的最重要原理，它表现为粒子的位置与动量不能同时得到精确的确定。

习　　题

1. 简述相干光通信的基本概念。
2. 简述相干光通信的基本原理。
3. 画出相干光通信系统的结构图，并说明其各部分的功能。
4. 简述光孤子的概念，并说明其产生的机理。
5. 画出光孤子通信系统的基本组成结构图，并说明各部分的功能。
6. 简述量子通信的基本概念。
7. 简述量子通信的技术优势。
8. 简述量子纠缠和量子隐形传态的概念。
9. 简单介绍量子测量的不确定性原理。
10. 简单介绍量子密钥分配协议。

第9章 光网络及其发展

传送网的智能化将会给传送网的运营、操作维护和管理等方面带来一系列的变革，进而影响着网络的规划和建设等方面。其直接结果就是使网络的通信质量进一步提高，同时又可获得良好的经济效益。本章首先介绍光网络的概念，然后在此基础上介绍智能光网络技术以及全光网络。

9.1 光网络技术综述

9.1.1 光网络的概念

光网络是光纤通信网络的简称，它是指以光纤为基础传输链路所组成的一种通信体系结构。换句话说，光网络就是一种基于光纤的电信网。它兼顾“光”和“网络”两层含义，即可通过光纤提供大容量、长距离、高可靠的链路传输手段，同时在上述媒质基础上，可利用先进的电子或光子交换技术，并引入控制和管理机制，实现多节点间的联网以及基于资源和业务需求的灵活配置功能。

一般来说，光网络是由光传输系统和在光域内进行交换/选路的光节点构成，并且光传输系统的传输容量和光节点的处理能力非常大，电层面的处理通常是在边缘网络中进行的，边缘节点是通过光通道实现与光网络的直接连通。光网络常使用的设备有 OTM（光终端复用器）、OADM（光分插复用器）和 OXC（光数字交叉连接器）。在图 9-1 中给出的是一种基于 WDM 光互联网技术的多波长光网络总体结构图。

可见这是一种用 WDM 技术来实现的光网络。一根光纤中可同时存在多个波长，它是以一个波长为一个通道的网络。通过可重构选路节点而建立起端到端的“虚波长”通道（利用虚波长路由策略建立的光通道），从而实现源节点与目的节点之间的光连接，即进行全光路由选择，以此达到通道间的灵活调度和转换的目的。但目前其管理、控制、交换、保护与恢复等方面仍停留在电层面，目前各厂商和运营商普遍将其目光集中在智能光网络上。

9.1.2 光网络的组网技术现状

我国光纤网的建设是从 1985 年开始，由于其具有信息传输容量大、传输距离长的特点，

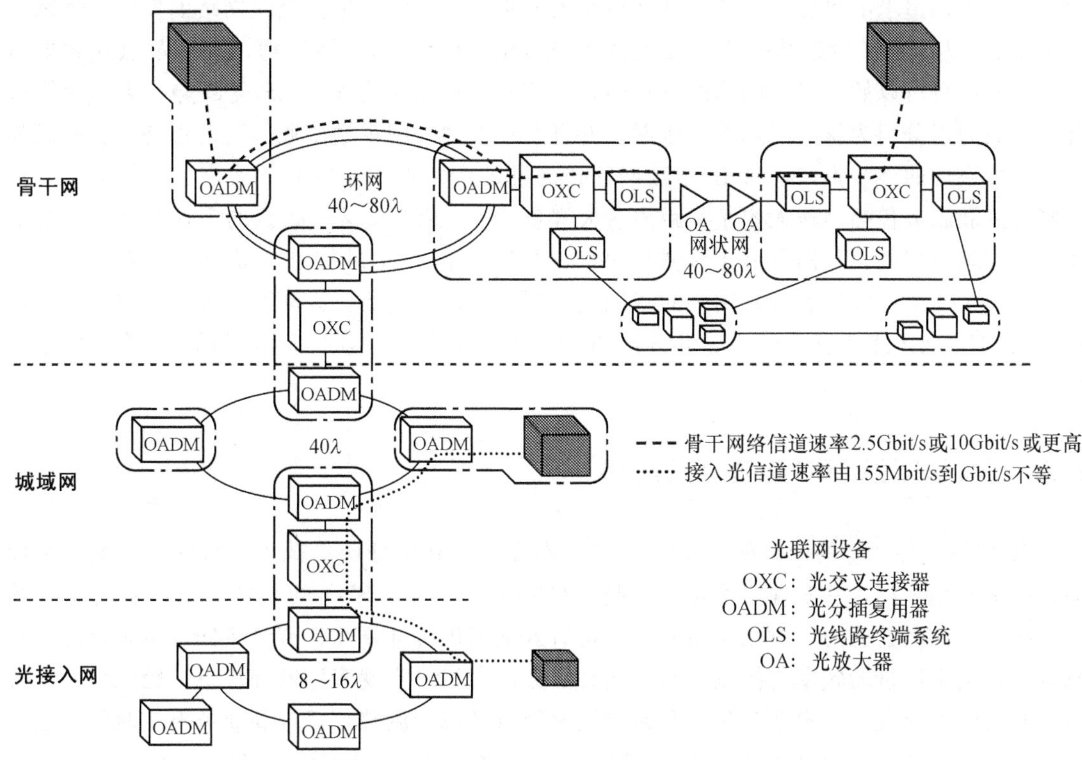

图 9-1　基于 WDM 光互联网技术的多波长光网络总体结构示意图

当时 34Mbit/s、140Mbit/s PDH 系统迅速得到商用。20 世纪 90 年代初 SDH 系统得到商用后，大多数干线部署 2.5Gbit/s 或 10Gbit/s SDH 系统。

目前我国核心网光传输系统主要采用 2.5Gbit/s 以上的系统，部分干线采用 32×10Gbit/s DWDM 系统，其结构基本上是点到点的系统，部分考虑了 SDH 层面上的保护。而新建设的 DWDM 系统大多采用 OADM 环网方案。接入网中已大量采用光纤接入方式，包括采用有源光接入 DLC 和无源光网络（PON）的光纤接入方式，实现 FTTC（光纤到路边）、FTTB（光纤到大楼）、FTTH（光纤到户）接入，以满足大数据背景下对网络带宽增长的需求。

2012 年网络技术已经从 10Gbit/s 速率技术发展状态直接进入 100Gbit/s 速率技术全面应用时期，100Gbit/s 速率系统产品已经取代了 40G 的产品，并得到运营商的高度认可。2013 年中国移动首先成功建设当时全球最大的 100Gbit/s 干线网络，并在此基础上引入 ASON 技术，以提高传送网的资源保护效率和资源利用率。

从广义的角度看，光网络应该覆盖城域网和接入网，由于这两种网络在网络中位置不同，各自的技术特征也不同，因此可根据需求选择不同的技术。通常城域骨干网中可供选择的技术有 SDH、DWDM、OTN、MSTP、ASON 等，接入网中常使用的技术包括 SDH、CWDM、MSTP、EPON、GPON、PTN 等。

9.1.3　光纤通信网络的发展趋势

随着各种多媒体业务的不断涌现，对光纤通信而言，超高速度、超大容量和超长距离传输一直是人们追求的目标，而全光网络也是人们不懈追求的目标。全光网络的发展总体来说是由 OTN 为骨干的网络结构逐步发展成为 ASON 为主体的网络结构，以光节点代替电节点，这样信息可以始终以光的形式进行传输与交换。随着业务的全 IP 化趋势，未来网络最终发展成为以分组为核心的承载传送网，并且呈现出“一网承送多业务”的形态。特别是随着云计算应用的逐步推广，对 IP 承载网和传送网的带宽提出了更高的要求。具体而言，传送网的发展趋势包括高速大容量长距离、大容量 OTN 光电交叉、融合的多业务传送、智能化网络管理与控制。从网管静态配置向基于 GMPLS 和 ASON 控制的动态配置发展，实现对 SDH、OTN、PTN 和全光网络的智能化控制和管理，满足业务动态调配的需求，后期通过引入 PCE 技术来完善 ASON，并逐渐向 SDN 演进，进而逐步向最终目标——全光网络通信迈进。

9.2 光传送网的 SDN 化趋势及影响

SDN 是一种新型的网络架构。SDN 的基本理念是利用分层的概念，将网络的数据平面与控制平面相分离，并实现可编程的控制。在传送网中引入 SDN 可较为显著的提升资源的利用率和运维网管能力。对于基站而言，可有效地实现统计复用、流量感知、带宽资源的动态调配，实现流量的转发与控制。对于集客业务而言，可实现多厂家环境下，跨地市、跨省专线互联协调配置；实现业务扩容和路径调整等自动规划调整，以提高业务响应时间，强化网络-用户交互界面，提升用户对网络资源的直接使用感知。对于家宽带业务而言，可实现集中业务发放，从而提高业务发放效率，进一步缩短业务受理/开通时间，感知用户接入需求。

9.2.1 SDN 体系结构

随着网络的快速发展，传统互联网出现了传统网络配置复杂度高等问题，为此人们对可编程网络进行了一系列的相关研究，为 SDN 的产生提供了充分的理论依据。在 SDN 中借鉴计算机系统的抽象结构，即未来网络将具有转发抽象、分布状态抽象和配置抽象 3 类虚拟化概念。其中转发抽象剥离了传统交换机的控制功能，将控制功能交由控制层来完成，并在数据层和控制层之间提供标准的接口，以保证交换机能够完成数据转发任务，这样，控制层需要将设备分布状态抽象成全网视图，以便众多应用能够通过全网信息进行网络的统一配置，正是配置的抽象，可进一步简化网络模型，用户仅需要通过控制层提供的应用接口对网络进行简单配置，便可自动完成沿途转发设备的自动统一部署，因此网络抽象成为数据与控制分离且接口统一架构（SDN）的决定因素。

SDN 结构最先是由开放网络基金会（Open Networking Foundation，ONF）组织提出的，并已成为学术界和产业界普遍认同的架构。此外，欧洲电信标准化组织（European Telecommunications Standards Institute，ETSI）提出了针对运营商网络的网络功能虚拟化（Network Function Virtualization，NFV）架构，并得到业界的普遍支持。而由各大设备厂商和软件公司共同提出的 OpenDaylight，旨在实现具体的 SDN 框架，以便于实现 SDN 的部署

图 9-2 给出了 SDN 体系结构。从中可以看出，SDN 是由数据平面、控制平面和应用平

面组成。数据平面和控制平面之间利用 SDN 控制数据平面接口（Control Data Plane Interface，CDPI）进行通信，因此要求 CDPI 具有统一的通信标准。目前主要采用 OpenFlow 协议，控制平面与应用平面之间由 SDN 北向接口（Northbound Interface，NBI）负责通信，NBI 允许用户按实际需求定制开发。

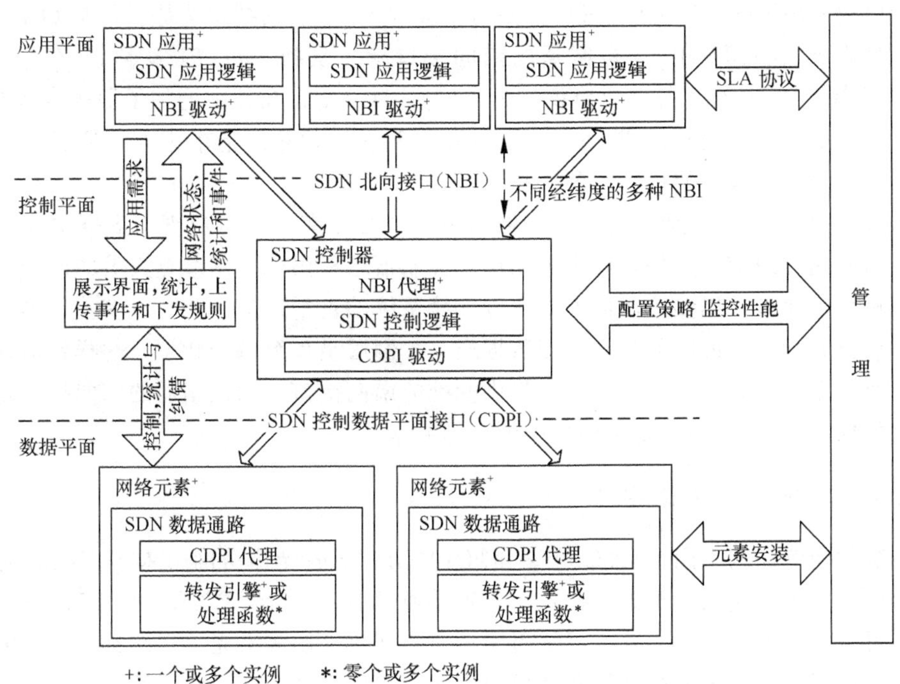

图 9-2　SDN 体系结构

数据平面是由交换机等网络单元组成的，各网络单元之间又是由按照不同规则形成的 SDN 网络数据通路构成的链接。控制平面包括负责运行控制逻辑策略的控制器，以实现对全网视图的维护。具体工作过程是，控制器将全网视图抽象成网络服务，通过访问 CDPI 代理来调用相应的网络数据通路，并为运营商、科技人员和第三方等提供可供使用的 NBI，方便这些人员制定私有化应用，实现对网络的逻辑管理。应用平面包含了各种基于 SDN 的网络应用，用户无需关心底层设备的技术细节，仅通过简单的编程就能实现新应用的快速部署。其中 CDPI 负责将转发规则从网络操作系统发送到网络设备，它要求能够匹配不同厂商和型号的设备，而并不影响控制层及以上的逻辑 NBI 允许第三方开发个人网络管理软件和应用，为管理人员提供更好的选择，网络抽象特性允许用户可以根据需要选择不同的网络操作系统，而并不影响网络设备的正常运行。

NFV 是针对运营商网络呈现的问题提出的 SDN 解决方案。特别是随着各种新型网络服务的出现，网络运营商所部署的设备功能越来越复杂，造成管理成本和能耗的增加。针对上述问题，NFV 将传统网络的软件和硬件相分离，使网络功能独立于其硬件设备，因此在 NFV 架构中采用了资源虚拟化方式，在硬件设备中增加了一个网络虚拟层，负责硬件资源虚拟化的任务，具体包括虚拟计算资源、虚拟存储资源和虚拟网络资源等，这样运营商可以通过软件来管理这些虚拟资源。因为网络中采用通用设备，使得 NFV 能够降低设备成本，减少能耗，从而缩短了新网络的部署周期，使之适应运营商的发展需求。在接口方面，

NFV 既支持非 OpenFlow 协议，又能与 OpenFlow 协同工作，同时还能支持多种传统接口协议，以实现与不同网络之间的互通。

OpenDaylight 架构的目标是通过 SDN 的开源开发，力求推进部署方案的实施。因此该结构是由设备厂商提出的，并得到广大软件供应商的认同，考虑到兼容性的问题，OpenDaylight 架构采用了 SDN 的架构形成，同时也吸取了 NFV 的技术优势。但与 ONF 的 SDN 的不同之处在于 OpenDaylight 控制器的南向接口除了支持 OpenFlow 协议之外，还支持 NETCONF 等配置和 BGP 等路由协议。为此 OpenDaylight 在其中增加了服务抽象层 SAL，这样可将不同的底层协议转换成 OpenDaylight 控制层所理解的请求服务，从而保持底层协议的透明性，同时使整体架构的扩展性更好。

在 SDN 中接口具有开放性，以控制器为逻辑中心，南向接口负责与数据层通信，北向接口负责与应用层通信。另外，由于采用单一控制器容易出现控制节点失效的问题，严重影响通信质量，因此可采用多控制器方式，以保障系统的正常通信。此时，多控制器之间采用东西向通信方式。需要说明的是，由于数据层与控制层呈现解耦合状态，这样针对这两层的改进是相对独立的，只需在层与层之间提供标准的南向接口。而控制器的南向接口是数据与控制分离的核心，因此它是 SDN 架构中的关键元素。

9.2.2 软件定义传送平面

与传统的光传送网不同，100Gbit/s 和超 100Gbit/s 的光传送网引入了多载波光传输技术、灵活栅格技术和超强相干处理技术，特别是通过引入 SDN 使之成为可编程的光传送网，这样网络可根据需求而改变，并将可编程能力向上开放，使整个光传送网具有更强的软件定义特征，从而提升整个光网络性能和资源利用率，支持更多的光网络应用。

软件定义传送平面包括灵活栅格光层调度（Felx ROADM）、灵活调制光电转换（Flex TRx）和灵活封装电层处理（Flex OTN）三大核心技术。

1. 灵活栅格技术

灵活可变栅格（Flex Grid）可以根据不同谱宽和级联数量选择不同栅格宽度和滤波形状，这样 ROADM 能够在光层实现波长通道的交叉连接和上下操作。随着 100Gbit/s、1Tbit/s 系统的出现，为了能够提高系统的资源利用率，进而打破原有的固定通道间隔，允许波道中心频率为 $193.1+n\times0.00625$THz，允许波道间隔（Flex Grid）$12.5\times m$GHz。可见发展软件可编程的光路交叉连接技术，构建具有方向无关、波长无关、冲突无关和栅格无关特性的高度可重构交叉连接节点（即 ROADM）结构，可通过采用高性能的可编程波长选择滤波集成组件，支持网状网中不同的间隔和码型信号的灵活调度处理。

2. 灵活可配置光收发端机

灵活配置的光收发端机是软件定义光传送网的重要组成部分。传统的光收发端机由于硬件结构单一，不同的应用场景需要使用不同的调制方式、线路速率的光模块。随着软件定义光学技术的发展，光收发端机的波长、输入输出功率、子载波调制格式、信号速率、信号损伤补偿算法等参数均可实现在线调节。使光路成为物理性能可感知、可调节的动态系统，即可以根据对线路侧的带宽、距离和复杂度的权衡，灵活调制光电转换模块以实现最佳的频谱利用率，更好地适应网络业务及应用场景的变化。

3. 灵活多业务接入技术

传统的 OTN 是通过 GMP（通用映射规程）来实现 TDM/IP 等多业务的封装与承载，但随着业务速率不断提高，基于固定速率的 OTUk 接口的映射、封装和成帧等处理速度越来越不能满足实际对超宽带和灵活可配置带宽的要求。为此引入灵活封装电层处理技术来调整传送容器的大小，可根据业务需求灵活映射封装，使网络具有灵活的 OTN 接口处理能力，以满足对光频谱带宽资源的精细化运营需求。

9.2.3 软件定义控制平面

控制器是控制层的核心组件，通过控制器，用户可以逻辑上以某种方式控制节点设备，实现数据的快速转发，便于安全地管理网络，提升网络的整体性能。但不同规模的网络适合采用不同控制机制。

对于中等规模的网络来说，一般采用一个控制器，通过采用多线程方式，便能完成相应的控制功能，不会对性能产生明显影响，然而对于大规模的网络而言，仅依据多线程处理方式将无法保证网络性能。特别是随着网络规模的不断扩大，信号传输时延将随之加大，严重时将影响网络处理能力。另外，采用单一集中控制方式，一旦出现单节点失效时，会造成网络瘫痪。为了解决上述问题，采用了分布式控制器。这样智能控制便从基于网管统一调度发展到基于分布式节点调度，再到基于集中式的路径计算服务，可见光网络的智能化经历了从集中到分布再到集中与分布相结合的发展历程。可以预见，为了解决大规模网络组网过程中所面临的网络控制复杂与资源利用率低的问题，光网络控制体系将需要完成从封闭到开放的根本性转变，从而构成以开放式灵活控制为主要特征的软件定义控制平面。具有有三种实现方式。

① 路由计算单元（PCE）可被视为一个独立的 SDN 控制器，利用其控制机制，由 PCE 统一实现信令等分布式控制功能，其中在南向接口使用路径计算单元协议 PCEP。

② SDN/OpenFlow 结构完全取代 ASON/GMPLS 和 PCE 结构，尽管采用集中式控制模式，但其中改进了域间域内所有控制技术和相关协议。

③ SDN/OpenFlow 架构兼容 ASON/GMPLS 和 PCE 架构的相关功能，利用 ASON/GMPLS 和 PCE 的现有成果，使其部分模块或者功能能够作为 SDN 控制器的组件或应用，进而可平滑地向 SDN 架构演进。

可编程的 OTN 控制器作为整个软件定义控制平面的核心，主要包含两层，物理网络控制层与南向接口、抽象网络控制层与北向接口。通过南向接口物理网络控制层从网络中收集并维护拓扑信息以及 TE（流量工程）信息，并对物理传送网络进行连接的建立、删除、光层性能监控与调测等配置，同时对网络中已建立的连接加以维护。抽象网络控制层可以对传送网络资源进行抽象，对应用层隐藏传送网络的内部细节，同时向应用层提供开放接口，使应用层可根据应用需求来调用传送网资源。在抽象网络控制层中，运营商可根据不同的应用场景，在传送网控制器上开发和安装相应的控制插件，这样可针对不同应用进行网络适配来满足不同应用的要求。典型的网络插件有 PCE 插件和虚拟化控制插件。

9.2.4 SDN在光传送网中的应用

对于传送而言，SDN是一种架构，OpenFlow可以作为实现SDN架构的协议之一，而PCE可以实现SDN架构的部分协议族。PCE是ASON中的集中路由计算控制单元，分别部署在各独立服务器上，为网管和网元提供在线计算控制服务。由于PCE能提供在线业务发放、在线割接模拟、网优评估、多层多域路径计算等功能，是一种基于集中式PCE的路由技术，因此针对多域问题，各厂家能够较为容易地按照技术标准进行产品开发，这样后续互联难度较小，使SDN架构应该能够较好地兼容现有的网络设备，并可基于SDN可实现统一控制多厂家设备。图9-3表示光传送网SDN基本结构。可见，SDN控制层包括3种接口：北向API（应用程序接口）、南向API和东向接口。

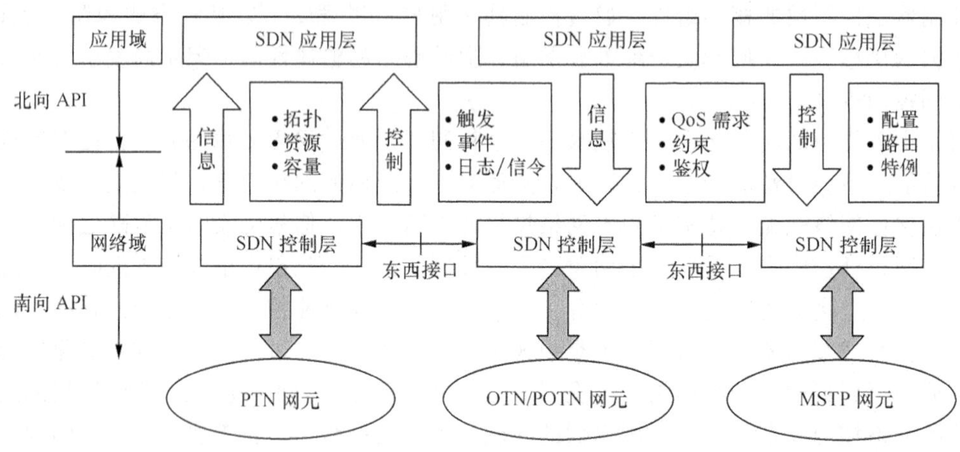

图9-3 光传送网SDN基本架构

北向API接口是一种应用接口，在应用层与控制层之间交互网络资源信息和控制信息，是当前标准制定研究的重点；南向API属于控制接口，用于实现对各种传输设备的配置和控制，可以采用OpenFlow技术，也可以采用现有的PCE、SNMP等技术；SDN控制层之间扩展增加了东向接口，实现不同厂家、不同类型设备之间协同路由计算，用于跨多厂家多域的端到端连接控制。

由于SDN控制器具有全局全网视野，可掌控全网信息，如拓扑和网络状态等，从而缩短用于网络动态调整时的收敛时间以及信息传送时延，有效地提升基于SDN光传送网的网络性能，确保系统路由和性能的可预测。目前，OpenFlow协议已经在向光传送网领域扩展，增加了对时隙、端口、标签、波长等粒度的支持以及对功率、衰减、非线性代价、色散代价等网络物理层参数的规范。并将上述内容抽象为数字模型输入SDN控制器，由控制器实现对全网参数的管理和控制，具体如下。

① 自动检测线路衰耗和光信噪比（OSNR），判断链路是否异常，并排除异常链路。

② 自动发送检测光对无光路的链路进行监测，这样可根据反馈的测量结果进行网络维护。

③ 自动获取链路上的所有链路性能，评估重路由的影响。

④ 发根据业务类型配置适当保护或不保护，减少过度保护。

⑤ 采用可编程软件、自定义速率/码型的光模块，实现单板硬件归一化，进而减少备件数量，加快各种类型业务的开通和部署速度。

⑥ 根据传输的实际需求，所有的分合波器件需要进行动态带宽分配，波长资源的分配不再根据固定栅格，而是根据传输的需要可进行灵活配置。

⑦ 根据光传输通道长度和跨段数量，选取适当的调制格式以及频谱资源，选择跨段数少、传输距离短的光路，达到在低 OSNR 要求下能够有效利用线路频谱资源的目的。

9.2.5　SDN 在 IP 层与光融合中的应用

随着我国大颗粒业务的快速发展，使得骨干传输网络流量呈现爆炸式增长的态势，其中 IP 数据流量增长的贡献最大。预计，在未来 5 年对骨干 IP 宽带的需求量会以 40%～50%的速度增长。长期以来，运营商的承载网一直划分为由路由组成的相互独立的 IP/MPLS 承载网（IP）和光传送网（光层）两个层面。由于光层为 IP 层提供静态配置的物理链路，所以两者很难实现联合组网。尤其是传统的 WDM 系统仅能实现点到点、大容量、长距离传输的功能，并无法实现光层灵活组网、调度和快速保护功能，因此面对 IP 层业务的新需求，需要选用更为有效的技术来实现对 IP 业务的支撑。因此 SDN 的出现为解决上述问题提供了一种行之有效的实现方案。

将 SDN 引入光层的主要目的仍然是将控制与转发分离，即将 IP 层与光层设备中的控制平面抽离出来，形成统一的或各自独立的控制器，通过控制器来实现两层间的流量调度、路径计算、保护协作等功能，旨在就全网范围对两层进行优化。具体协同优化内容包括流量协同、保护协同和 OAM 协同优化。

1. 基于 SDN 的 IP 与光融合架构

根据控制器所处位置，基于 SDN 的 IP 与光融合可采用统一、独立且对等、独立且垂直的 SDN 控制器等架构。

（1）IP 层与光层采用统一的 SDN 控制器

IP 层与光层采用统一的 SDN 控制器进行管理，其架构如图 9-4 所示。可见统一控制器是通过控制接口与 IP 和光设备连接，统一收集 IP 和光网络拓扑、利用率，统一获取用户流

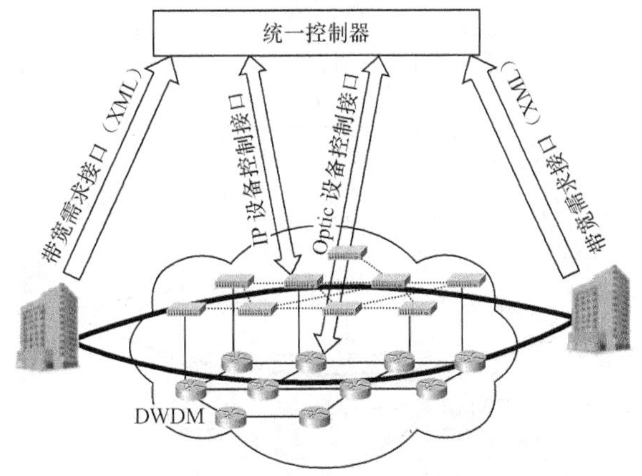

图 9-4　IP 层与光层采用统一的 SDN 控制器

量的分配与路径。该结构对 IP 层与光层设备进行无差别管理，是最为理想的控制手段，但其实现难度较大。

（2）IP 层与光层控制器独立且对等

IP 层与光层控制器独立且对等进行分别控制，在其架构如图 9-5 所示。可见在此框架下，业务层可同时对 IP 层控制器和光层控制器进行控制。其中 IP 层控制器负责收集 IP 网络拓扑、利用率等信息，并向下进行流量调度、向上提供资源调度接口；光层控制器负责采集 IP 网络全局拓扑、利用率信息，向下进行流量调度、向上提供资源调度接口。尽管采用该框架的控制方式应该较易实现，但目前控制器件的东西向接口尚无标准可循，需进行有针对性的开发。

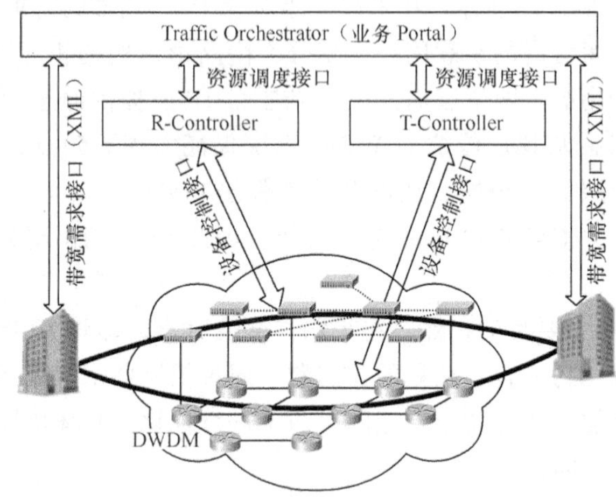

图 9-5 IP 层与光层控制器独立且对等的 SDN 控制器

（3）IP 层与光层控制器独立且垂直

IP 层与光层各有一个控制器，并采用叠加模式，其结构如图 9-6 所示。在此架构下，光层作为 IP 层的承载，而 IP 层则直接面向业务，其中 IP 层控制器负责收集 IP 网络拓扑、利用率信息以及接收业务流量需求，然后综合现有流量并计算新增流量，并在此基础上更新全

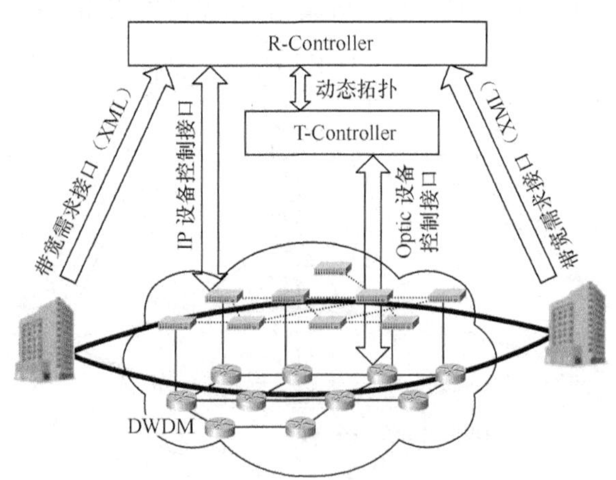

图 9-6 IP 层与光层控制器独立且垂直

局流量和拓扑；光层控制器负责采集光网络拓扑、利用率信息，并向下进行流量调度、向上提供资源调度接口。需要说明的是，该框架并未改变两层通信方式，虽最易实现控制器协同工作，但由于 IP 层和光层是各自工作的，因此用于协同的资源较少，使得 IP 层能够获取光层信息能力有限。

2. 基于 SDN 的 IP 与光融合演进

尽管 SDN 可以较为显著的提升网络资源的利用率、运维管理能力，并得到业务广泛关注，但因需要对现有网络的改动较大，因此将 SDN 引入运营商网路中需要逐步演进。

首先在 IP 层与光层间加载 GMPLS-UNI。这样业务可从 IP 层发起，并建立 IP 层与光层标签交换路径（LSP)。通过 GMPLS-UNI 与路由器配合，实现多层网络协同保护。通过 GMPLS 可实现邻居自动发现、连接自动建立功能和根据流量变化动态调整链路带宽等功能。第二阶段，是在 IP 层和光层分别引入 PCE 技术。通过 PCE 掌握 IP 层和光层相关信息，如全网拓扑、全网业务、路由策略等，这样可根据算法来计算最佳路径。在第二阶段的基础上，可逐步引入 IP 层和光层的 SDN 控制器，并将 PCE 融合到 SDN 控制器中，使之成为 SDN 控制的一个功能模块，实现全网资源规划、流量策略等功能。引入 SDN 后 IP 层与光层协同架构如图 9-7 所示。

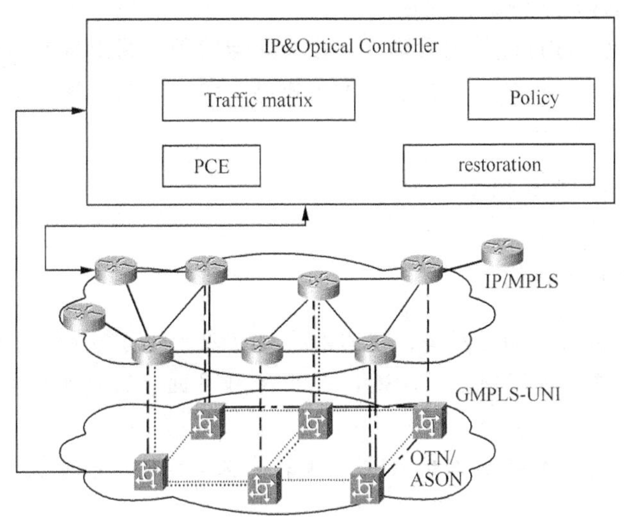

图 9-7　引入 SDN 控制器的 IP 层和光层组网架构

9.3 智能光网络

9.3.1 智能光网络的概念、特点及功能

智能光网络也称为自动交换光网络（ASON)。它是一种具有灵活性、高可扩展性的，能够在光层上按用户请求自动进行光路连接的光网络基础设施。它不仅能够为客户提供更快、更灵活的组网方式和对新业务的支持能力，还能够提供多厂家、多运营商的互操作环境和网络保护与智能管理能力，所有这些能力都是利用控制平面来完成的。

ASON 包括传送平面、控制平面和管理平面。控制平面是 ASON 的核心。与现有的光传送网络相比，ASON 具有下列特点。

① 实现光层的动态业务分配。缩短了业务提供时间，提高了网络资源的利用率，可根据业务需要提供带宽，可实现实时的流量工程控制，网络可根据用户的需要实时动态地调整网络的逻辑拓扑结构以避免拥塞现象，从而实现网络资源的优化配置。可见它是一种面向业务的网络。

② 具有端到端的网络监控保护、恢复能力。使网络可根据客户层信号的业务等级（Cos）来决定所需要的保护等级，同时还支持各种带宽业务的交换与管理。可见它的可靠性高。

③ 具有分布式处理能力。实现了控制平台与传送平台的独立，使所传送的客户信号的速率和采用的协议彼此独立，这样可支持多种客户层信号。使网元具有智能化的特性，而且与所采用的技术无关。

由此可见，ASON 应具有下列功能。

① 能够为用户提供波长批发、波长出租、带宽运营、光 VPN、光拨号、基于 SLA（服务品质协议）的业务和按使用量计费业务。

② 能够通过传送网络（如网状网、环形或点到点保护功能），也可通过 ASON 的控制平台（如动态路由选择）来保证其生存性。

③ 对所进入的业务进行优先级管理、流量控制与管理、路由选择和链路管理。

④ 应拥有用于建立连接的信令机制、发现机制（包括邻居发现、拓扑发现和业务发现）和业务检索及命名转换机制。

9.3.2 ASON 的网络体系结构

1. ASON 的网络体系结构

ASON 是一种具有智能的光网络，其体系结构应满足自动交换传送网络（ASTN）对光传送网的要求。从功能上进行划分，ASON 是由控制平面、管理平面和传送平面构成，如图 9-8 所示。

其中控制平面为完成交换式连接（SC）和软永久（SPC）连接提供所需的信令和路由功能。

传送平面负责实现用户数据的传输功能，而管理平面则负责管理控制平面和传送平面。正是在这三个平面的共同支持下，使 ASON 具有对光层业务进行自动交换的能力。为了更好地描述它们之间的工作协作关系，ASON 定义了几个逻辑接口，包括 UNI 用户网络接口、内部网络节点接口（I-NNI）、外部网络节点接口（E-NNI）、CCI 连接控制接口、NMI 网络管理接口和物理接口（PI）。它们在 ASON 网络中的位置如图 9-9 所示，可见 UNI 是用户网络与 ASON 网络控制平面之间的接口，客户设备通过该接口动态地请求获取、撤销、修改具有一定特性的光带宽连接资源，资源的多样性要求光层接口也具有多样性的特点，并能支持多种类型的网元，包括自动交换网元，即应支持业务发现、邻居发现等自动发现功能以及呼叫控制、连接控制和连接选择功能。而 C/NI 则是用户网络与 ASON 传送平面之间的接口。E-NNI 是 ASON 网络中不同管理域之间的外部节点接口，

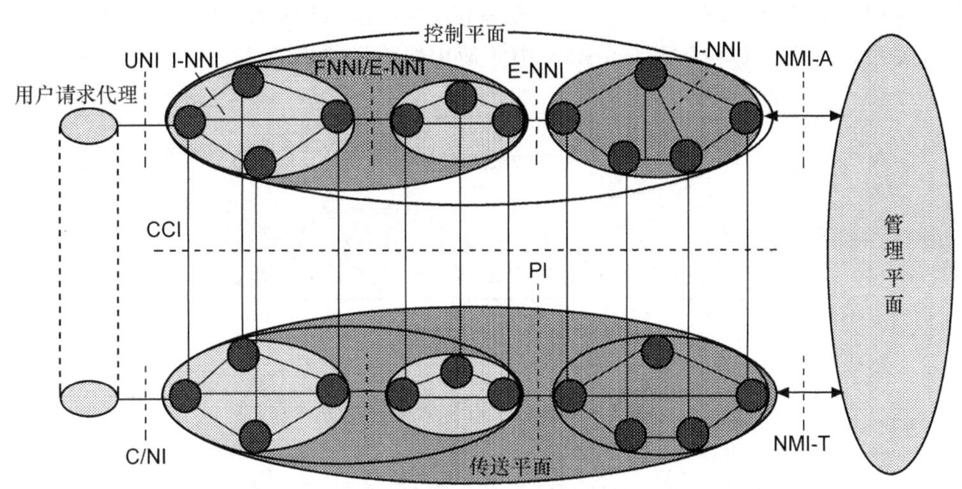

图 9-8　智能光网络中各平面之间的逻辑关系

E-NNI 上交互的信息包含网络可达性、网络地址概要、认证信息和策略功能信息等，而不是完整的网络拓扑/路由信息。I-NNI 则是指 ASON 网络中同一管理域中的内部双向信令节点接口，它负责提供连接建立与控制功能。E-NNI 与 I-NNI 的区别在于 E-NNI 可以使用在同一运营商的不同 I-NNI 区域的边界处，也可以使用在不同运营商网络的边界处，而 I-NNI 是用于同一厂商设备组成的子网内部，因此大部分厂家实现的 NNI 接口都是 I-NNI 接口。E-NNI 与 I-NNI 的另一个区别是路由协议，由于 I-NNI 是同一管理域中的内部节点接口，而同一管理域中的设备又都是同一厂家的设备，因此 I-NNI 可以使用任何私有路由协议，无需标准化。而在 E-NNI 处要实现不同厂商设备互通，因此必须定义合适的路由协议。为了实现自动连接建立，NNI 需支持资源发现、连接控制、连接选择和连接路由寻径等功能。

ASON 三大平面之间分别通过连接控制 CCI 接口、NMI-A 接口和 NMI-T 接口实现信息的交互。控制平面是 ASON 网络的核心，它能支持交换连接和软永久连接。ASON 网络是在其信令网络的控制下，在传送网中实现用户信号的端到端的连接，而传送网中的快速建立连接或重新（更改）建立连接以及保护恢复等操作又都是在控制平面的支配下进行的。

2. ASON 与 SDH、OTN（光传输网）的关系

由前面的分析可知，ASON 网络由传送平面、控制平面和管理平面三部分构成。传送平面由传送网网元组成，它们是实现交换、建立/拆除连接和传送功能的物理平面。控制平面的引入是 ASON 有别于传统光传送网的根本点。控制平面是由一系列用于实时控制的信令和协议组成，从而使 ASON 具有连接建立/拆除控制及监控、维护等功能。可见控制平面将在信令网络的支持下工作。既可以通过传送平面来控制 OTN（光传送网），也能够控制 SDH 网络，在图 9-9 中指出了 ASON，SDH 和 OTN 三者之间的关系。

从图 9-9 中可以清楚地看出，单独的 SDH/OTN 是无法构成具有智能特性的 ASON。要构成一个 ASON 网络，除了应具备 SDH/OTN 网络之外，还应引入控制平面和用于对控制平面和传送平面进行管理的管理平面。三者缺一不可，可见 ASON 与 SDH、OTN 之间并无包含关系，SDH、OTN 只是 ASON 中所使用的传送平面技术。

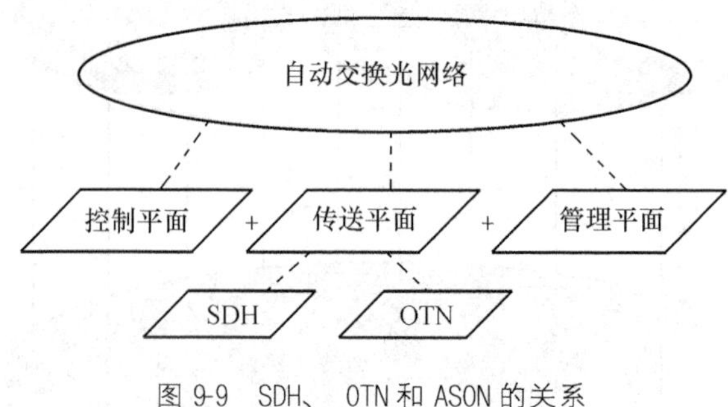

图 9-9 SDH、OTN 和 ASON 的关系

9.3.3 ASON 控制平面及其核心技术

1. 引入控制平面的原因

IP over WDM 实现了分组技术与光网络技术的融合，使其既具有 IP 层的功能，又具有光传送层的功能，但在 IP over WDM 中，它是将 IP 和光传送层分别由不同的层面控制。准确地说，IP 层是由控制面来控制，而光传送层则仅仅受管理面控制，可见 IP 选路与光域选路是分别进行的。此时路由器并不了解光域的拓扑结构，这种方式称为重叠模型（Overlay Model）。这种结构不仅使管理复杂化，而且使光传送层的配置与业务基本脱节，它是通过光传送网的网管来实现大容量 VC 或波长的调配，其耗时较长（可长达几小时，甚至数天），无法满足突发性业务的要求，特别是要求光层具有快速特性的 OVPN（光虚拟专用网）业务的要求。很明显当该网络出现故障时，如果仅依靠 IP 层进行恢复，其费时过多，若利用光传送层进行恢复，虽然恢复时间较快，但网络要求提供必要的保护通道，可见要求预留较多的网络资源。为了能够充分利用网络资源，因而人们提出将 IP 层与光传送层置于同一控制平面下管辖的思路，这样从传送平面来看，IP 层与光传送层仍保持上下关系，既 IP 层为光传送层提供服务内容，光传送层为 IP 层提供服务支持，而从控制平面来看，IP 层设备又与光传送层的设备处于同等地位，即处于对等的关系。我们称这种方式为对等模型（Peer Model）。采用这种方式不仅能够减少管理上的复杂性，而且有助于提高网络资源的利用率，同时也为实现全网控制提供了可行的手段。这样可为网络的运营者，甚至用户提供动态带宽分配，快速业务调配操作，并在网络中出现故障情况下，能够自动调整网络资源达到快速保护与恢复的目的。

从上面的分析可以看出，正是由于引入了控制平面，才使 ASON 能够有根据用户要求提供适当光通信的能力。

2. ASON 控制平面的功能结构

（1）控制平面的基本功能

控制平面具有下列功能。

① 资源发现：提供网络可用资源信息（包括端口、带宽和复用能力等）。

② 路由控制：提供路由能力、拓扑发现和流量工程等功能。

③ 连接管理：通过上述管理实现端到端的业务配置，具体包括连接建立、连接删除、连接修改和连接查询等功能。

④ 连接恢复：提供额外的网络保护能力。

(2) ASON 控制平面的结构

ASON 控制平面实际上就是一个能对下层传送网进行控制的 IP 网络如图 7-61 所示，因此也采用层次结构。控制平面可以分为若干个管理域，每个管理域可以进一步划分为多个子域（也包括一个管理域只包括一个子域的情况），每个子域又包含了多个子网。

① 相关接口。同一管理域中的不同子域之间利用内部网络节点接口 I-NNI 进行信息互通，因而该接口的规范主要涉及信令和选路，具体地说就是通过 I-NNI 参考点的信息流应该至少支持资源发现、连接控制、连接选择和连接选路等四项基本功能。

不同管理域之间是利用外部网络节点接口 E-NNI 进行信息互联的，从功能角度分析，跨越 E-NNI 参考点的信息流应该至少支持呼叫控制、资源发现、连接控制、连接选择和连接选路等五项功能。这样才能将 ASON 进一步划分为多个子网，其中每个子网又能独立地进行管理，并且能够跨跃多个管理域建立端到端的连接。

② 结构元件。控制平面可以划分成若干个与网络管理域相匹配的区域，每个区域又可进一步细分为若干子域，子域又可分为若干子网，每个子网是由控制元件构成。在参考结构中存在的元件共五种，如图 9-10 所示。下面分别进行讨论。

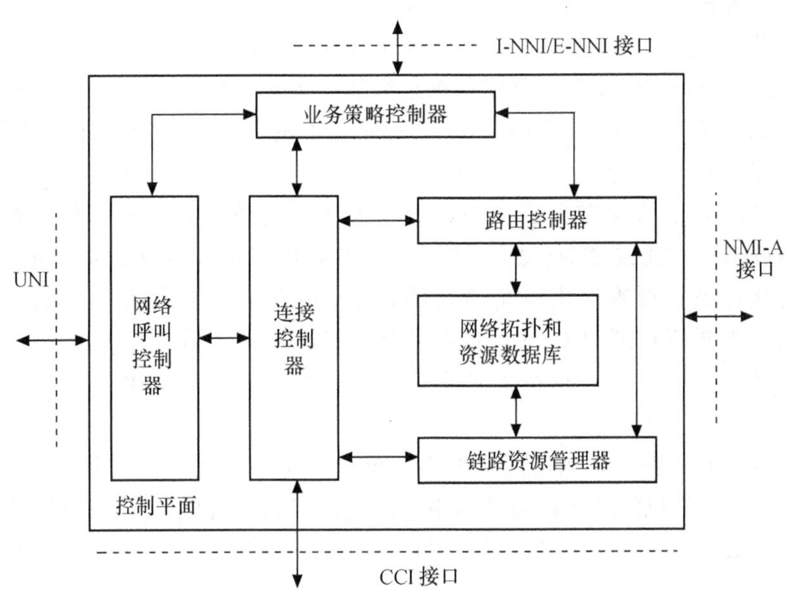

图 9-10　ASON 控制平面的功能结构图

a. 连接控制器。连接控制器（CC）负责链路资源管理器、路由控制器以及对等的或下一级的连接控制器之间的协调工作，从而实现对连接建立、连接释放以及修改现有连接参数等操作进行管理和监控。

CCI 是连接控制器所提供的一个传送平面与控制子网之间的连接控制接口，通过该接口可指示子网进行连接建立、拆除和修改等操作。

b. 路由控制器。路由控制器负责对连接控制器所提出的用于对连接建立请求（选路信息）给予响应，响应信息包括拓扑信息和路由信息。拓扑信息包括提供指定层的所有终端系统地址、子网端点（SNP）地址及状态信息和同一层其他子网信息。路由信息包括可到达性和拓扑结构。

c. 链路资源管理器（LRM）主要负责本地资源的发现和邻接关系的发现以及对子网端点库（SNPP）链路进行管理，管理内容包括 SNP 链路连接建立与拆除信息、拓扑和状态信息。

d. 业务量策略控制器。业务量策略控制器负责检查输入用户连接是否按照协议约定的参数发送数据。当出现差错时，业务量策略（TP）则采取必要的措施来进行纠正。但在连续码流的传送网中，由于业务量是按预先分配的通道传送的，不会出现上述情况，因而也无需使用流量监管功能。

e. 呼叫控制器。呼叫控制器的功能是实现呼叫控制，它包括主叫/被叫呼叫控制器和网络控制器。

主叫/被叫呼叫控制器与呼叫结束无关，它既可以作为主叫呼叫控制器也可以作为被叫控制器。网络控制器也具有双重身份，既支持主叫，也支持被叫。

f. 网络拓扑和资源数据库。网络拓扑和资源数据库是用于存放现有网络拓扑和资源占用信息的数据库。

（3）控制平面服务

引入控制平面的光网络能够在多厂商环境下提供传统网络所难以提供的服务，这些服务包括端到端连接、自动流量工程、网络保护与恢复以及光虚拟专用网（OVPN）业务。

其中端到端连接是一种由控制平面提供的最基本的服务。正是由于引入了控制平面，从而大大减少了连接建立时间（少至几秒），同时还能自动地进行可用端口或时隙搜索和交叉连接设备的配置，而无需人工参与，操作人员只需确定连接所需的参数，并通过图形用户接口（GUI）方式或命令行的方式把这些参数传到输入节点中去。输入节点将根据所接收到的连接参数自动确定出一条通路的路径，然后再利用信令协议自动建立起一条端到端的通路。如果用户通过 GUI 接口向光网络提出的连接请求是一个实时性连接请求，那么所需提供的服务应该是一种按需带宽请求，这种请求适用于具有业务突发性特点的 IP 网络。

OVPN 同样也是一种能够满足用户灵活性要求的服务，此时用户既可以参与对自己的网络的管理，同时网络也能屏蔽掉有关网络实际运行情况的信息，从而在保证网络安全性的条件下，大大降低运行维护和管理的复杂性。可见 OVPN 将是一种具有良好应用前景的服务。

3. ASON 控制平面中的核心技术

ASON 控制平面中的核心技术包括信令协议、路由协议和链路资源管理协议。其中信令协议负责对分布式连接的建立，保持和拆除等进行管理。路由协议负责实现选路功能。链路资源管理则是包括对控制信道和传送链路的验证和维护在内的链路管理。它们是利用通用多协议标签交换（GMPLS）技术来实现的。因此首先介绍 GMPLS。

（1）GMPLS

在介绍 GMPLS 时，很容易使人们想起 MPLS。尽管 GMPLS 是在 MPLS 的基础上发展起来的。但它们的应用环境不同，GMPLS 主要应用于控制平面中，而 MPLS 则适用于数据平面之中。下面我们首先从功能上讨论它们之间的区别。

MPLS 是为分组交换网络设计的。在 MPLS 网络中能够提供传统网络所不能提供的流量工程和更强的传送能力。为了能够统一光控制平面，实现光网络的智能化，因而 GMPLS 在 MPLS 流量工程的基础上进行了相应的扩展和加强，使包交换设备（如路由器、交换机）、时域交换设备（如 SDH ADM）、波长交换设备和光交换设备能够在一个基于 IP 通用控制平面的控制下，使处于各层的交换机能够在相同信令支配下完成对用户平面的控制。即实现了控制平面的统一，但用户平面仍然保持多样化的特点，因此 GMPLS 主要是用于完成包交换接口和非包交换接口数据平面的连接管理功能，其中不具备包交换能力的接口又可分为具有时分复用（TDM）能力的接口、分组交换（PSC）能力的接口、波长交换（LSC）能力的接口和光纤交换（FSC）能力的接口。以上是 GMPLS 与 MPLS 在功能上的区别。

此外，GMPLS 与 MPLS 之间的另一个区别在于 GMPLS 进一步扩展了标签交换路径（LSP）的概念，使原 MPLS 网络中需要在两端路由器之间建立 LSP，在 GMPLS 中可以在任何类型相似的两端标签交换路由器（LSR）之间建立 LSP，也就是说在 GMPLS 中把 LSP 端点设备的范围从路由器扩展到多种标记交换器。例如，可以在两个 SDH ADM 之间建立一条时分复用的 LSP。也可以在两个波长交换器之间建立一条 LSC 的 LSP，甚至还可以在两个光纤交换系统（FSC）之间形成一条 FSC 的 LSP。另外 GMPLS 中还允许一条 LSP 嵌套在另外一条 LSP 中，进而在同一环境中可进一步加强系统的可扩展性。例如，PSC LSP 可以嵌套在某个 TDM LSP 之中，TDM LSP 和 PSC LSP 又可以同时嵌入某条 LSC LSP，以此形成 LSP 的层次结构。

值得说明的是，GMPLS 是一套协议而不是一个协议，它是 IETF 关于 MPLS 用于 IP 网络流量工程相关工作的扩展。由于 GMPLS 对 MPLS 的信令协议进行了扩展，从而可以同时控制光交换和分组交换。GMPLS 协议包括用于邻居发现的链路管理协议、用于链路状态分发的路由协议和用于通道管理和控制的资源预留协议（信令协议）。下面分别进行介绍。

（2）基于 GMPLS 的信令协议

在光网络中引入控制平面，在控制平面中的路由和信令控制下完成自动交换连接功能，这样使光网络具有智能化和灵活性。具体地说就是一条能够完成快速的、端到端恢复功能的和通过灵活光网络的光通道。要完成上述操作的途径就是使用路由技术和信令协议，而且具体的路由操作以及网络拓扑资源发现，还有根据传送的信息进行最佳通路选择等操作都将依靠信令协议来完成，可见信令协议是智能光网络控制平面中的核心。目前在 ITU-T ASON 的协议体系中，有三个信令协议引起专家们的关注，这就是基于 PNNI 的 G. 7713. 1、基于 RSVP 的 G. 7713. 2 和基于 CR-LDP 的 G. 7713. 3。

CR-LDP 和 RSVP-TE 信令协议都是支持基于强制性的约束路由标签交换通路。在 GMPLS 中将它们进行扩展以支持 ASON 中建立光通路的信令操作。需要说明的是 GMPLS-RSVP-TE 和 GMPLS-CR-LDP 是功能相同的两个协议，而且两个协议彼此是不互通的，因此运营商将根据情况作出具体的选择。

GMPLS 的 LDP 与 MPLS 的 LDP 的信令工作过程相同，都是首先由上游节点发起“标签请求信息”，当目的节点收到此信息后，便返回一个“标签映射信息”。与 MPLS 中的情况不同，此时所发送的“标签请求信息”中包含了对所建立的 LSP 的说明，如 LSP 的类型（PSC，TDM，LSC 或 FSC）、载荷类型和链路保护方式等。另外由于网络的路径通常都是双向的，因而 LSP 两端点都有权建立 LSP。在 GMPLS 中建议采用比较双方节点 ID（识别符）大小的方式以避免这一冲突，因而在各交换节点应配置节点 ID。下面就着重介绍这两种协议。

① CR-LDP

CR-LDP 称为基于约束路由的标签分发协议，它是指在 LSP 对等网元之间使用 TCP 协议来传递标签分发信息以保证其可靠传输。其工作过程如图 9-11 所示。

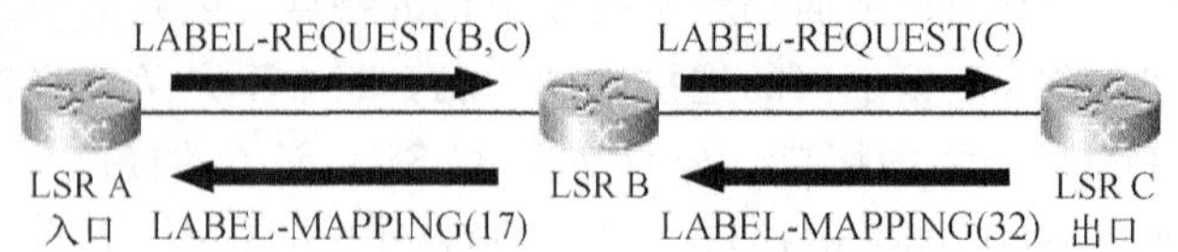

图 9-11　CR-LDP LSP 建立过程

a. 当 LSR A 接到建立一个到达 LSR C 的新 LSP 请求时，LSR A 首先通过一些流量参数或网络管理信息，判断出所需建立的 LSP 应该通过 LSR B。因而 LSR A 向 LSR B 发出一个 LABEL-REQUEST 请求，同时 LSR A 为新的 LSP 预留一定的资源。

b. 当 LSR B 接到来自 LSR A 的 LABEL-REQUEST 信息，同时为其预留所需资源和修改 LABEL-REQUEST 消息中的显示路径，并向 LSR C 发送。如果消息中的参数是可以协商的，那么 LSR B 可以根据具体情况减少预留资源。

c. 当 LSR C 接到来自 LSR B 的 LABEL-REQUEST 请求消息，判断出本节点为 LSP 的出口，并做最后的协商，然后预留一定的资源，同时进行标签分配，最后利用 LABEL-MAPPING 消息将标签分发给 LSR B。

d. 当 LSR B 接收到 LABEL-MAPPING 消息时，通过 LABEL-REQUEST 和 LABEL-MAPPING 消息中所包含的 LSP ID 使之达到匹配，然后再为其分发标签，建立转发表，并继续通过 LABEL-MAPPING 消息将新的标签传递给 LSR A。

e. LSR A 中的信息处理与 LSR B 相似，但不需要分配标签并转发到上游节点，因为它是 LSP 的入口 LSR。

② RSVP-TE

RSVP 是一种 IP 层协议，它无需使用 TCP 会话，而是使用 IP 格式在对等网元之间进行独立地通信，但在这个过程中必须对控制信息丢失问题进行处理，具体工作过程如图 9-12 所示。

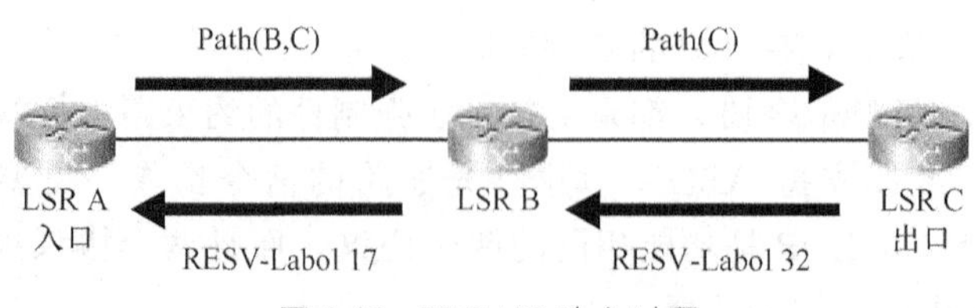

图 9-12　RSVP LSP 建立过程

a. 当 LSR A 接到需求建立一个到达 LSR C 的新的 LSP 请求时，LSR A 便通过一些流量参数或网络管理信息，LSR A 判断出 LSP 需经过 LSR B，因而 LSA 建立一个路径（Path）信息，并以 IP 数据包格式把 Path 信息转发给 LSR B。

b. LSR B 接收来自 LSR A 的 Path 请求，判断出本节点不是 LSP 的出口，然后修改 Path 消息中的显示路径，并将该消息按其规定的路径转发给 LSR C。

c. 当 LSR C 接收来自 LSR B 的 Path 请求，判断出本节点为 LSP 的出口，然后根据请求的流量参数判断所需要预留的带宽，并进行带宽分配，同时为 LSP 选择一个标签，并通过 Resv 消息将此标签分发给 LSR B。

d. LSR B 接收来自 LSR C 的 Resv 信息，通过 Resv 信息决定需要预留的资源。然后为 LSP 分配标签，并由 Resv 消息将标签转发给 LSR A。在此过程中通过 Path 和 Resv 消息中所包含的 LSP ID 达到相互匹配。

e. LSR A 接收来自 LSR B 的信息后，所进行的处理与 LSR B 相同，只是由于 LSR A 为入口，因而无需进行标签分配和转发操作。

③ 两种协议比较

a. 分发标签的方式不同。在网络边缘 UDP 处，RSVP 使用无连接的 IP 协议，而 CR-LDP 使用 UDP 发现 MPLS 对等网元，并使用 TCP 会话来分发标签。

b. 网络安全效果不同。由于 CR-LDP 协议中使用了 TCP 会话来分发标签。在受到外来攻击时，TCP 的性能可能会受到损伤，因此在 IETF 草案中对 IP 层上所传输的数据包提出授权和加密处理建立。而 RSVP 本身使用授权和公共控制来保证系统的安全性。它是在入口 LSR 处进行 Path 消息处理，而中间的 LSR 是无法获得 Path 消息中的相应信息。

c. 支持多播方式。支持点到点工作方式。其中在中间节点上允许进行分解/合并操作。这样可共享下游资源，同时也减少了系统中所需的标签数目，但不支持多播 IP 业务。RSVP 也不支持多播 IP 业务，但在 RSVP 协议设计中曾考虑了 IP 多播时所要求的预留资源问题，经过扩展可能能够支持多播方式。

d. 可扩展性。从网络流量方面来看，在使用 RSVP 协议的系统中，由于 RSVP 使用 IP 数据包格式来传输控制信息，可能会出现因控制信息丢失而造成连接失败，因此必须周期性地更新邻居节点间每个 LSP 的状态，使得 RSVP 能够自动的跟踪路由树的变化。相反，由于 CR-LDP 使用 TCP 来传输控制信息，它可以提供可靠的传输特性，因而不需要 LSP 更新每条 LSP 信息，或者说不会增加额外的带宽消耗。

从数据存储要求方面来看，对于 RSVP 而言，由于每个 LSR 的状态信息需实时地进行更新，这就要求所携带的信息应包括流量参数、资源预留和显式路由信息，因此每个 LSP 应能提供大约 500 个字节的存储能力。由于 CR-LDP 要求入口和出口 LSR 支持具有相同数据量的状态信息（包括流量参数和显式路由等），因此 CR-LDP 的端点也应具有 500 个字节的存储能力，而可以减少对中间节点的存储要求。

总之，GMPLS 对两种协议都做出了扩展，它们都能满足网络业务量工程的要求，故没有规定必须使用哪一种，可根据具体情况，经过综合比较后作出选择。

④ PNNI

NNI 有 PNNI（Private Network-Node Interface）和 Public Network-Node Interface 两

种。在 PNNI 协议中将网络分为多个同级组（Peer Group），从而减少网络中过多的信息交换造成的路由时延。为了保证网络的 QoS 要求，因此 PNNI 要求源路由协议的支持。

（3）基于 GMPLS 的路由协议

路由协议是为连接的建立提供选路服务，在此我们首先介绍 ASON 中常见的连接类型，然后着重讨论 ASON 路由技术体系结构和相关路由协议。

① 连接类型

在 ASON 中所建立的连接有三种：永久连接（PC）、交换连接（SC）和软永久连接（SPC）。这三种连接分别对应三种不同的连接建立方式，即配置方式、信令方式和混合方式。

配置方式是利用网管系统或人为干予的形式来实现端到端的固定连接的配置。在初次建立连接时，首先将通过与数据库相连接的网管系统选出适当的路由，其次由网管系统发出连接建立配置指令。可见这种连接方式是由网络运营者负责的，所建立的连接是一种永久连接（PC）。

信令方式是由控制平面内的通信端点发起的，并通过控制平面内的信令单元间的动态互换信令协议消息按需建立连接的方式，在建立连接的过程中，需使用命令和寻址机制以及控制平面协议。由此可知这种连接方式的发起者可以是运营者，也可以是用户，所建立的连接被称为交换连接（SC）。

混合方式是一种上述配置方式和信令方式的综合，即在网络边缘（用户与网络之间）利用网管系统来实现 PC 配置，而在网络内部则采用信令方式来建立 SC，我们把按这种方式建立起来的连接称为软永久连接（SPC）。

这里值得说明的是上述连接适用于单向或双向点到点链路系统中。另外在 ASON 控制平面中的链路管理协议应能够满足用户建立多归属和路由分集连接的要求。所谓多归属是指为了连接的生存性和负载平衡，用户与网络之间通过建立一条以上的链路，这些链路可能属于同一运营商，也可能属于不同的运营商。为了能够满足多归属连接应用的要求，因而链路管理协议中应考虑寻址结构和地址分配所有权等问题，同时还需要控制平面内信令和选路功能的支持，才能实现多路由选择。

② ASON 路由体系结构

我们知道在网络中各路由器之间的 IP 信息的传送是以路由表为依据进行的，而路由表是在通信发起时，根据全网拓扑和流量分布情况，利用路由协议所计算出的。路由协议可分为距离矢量协议和链路状态协议。它们可以支持 G.8080 定义的不同路由方式，如分级路由、逐跳路由和源路由。

a. 路由功能结构。图 9-13 给出了路由功能结构的示意图。

路由控制器（RC）负责与对端 RC 进行路由信息交换，它与协议无关。图中 RC_A，RC_B，RC_C 分别代表处于不同层网络中的路由控制器。路由信息交换数据库（RDB）主要负责存储本地拓扑、网络拓扑、可达性配置信息和其他路由信息交换获得的信息。它也与协议无关。另外由于 RDB 可以包含多个路由域的路由信息（即可能是多层网络），因此接入 RDB 的 RC 可以共享路由信息。

链路资源管理器（LRM）主要负责向 RC 提供所有 SNPP 链路信息，同时它所控制的链路资源状态发生变化时，将及时通知 RC。

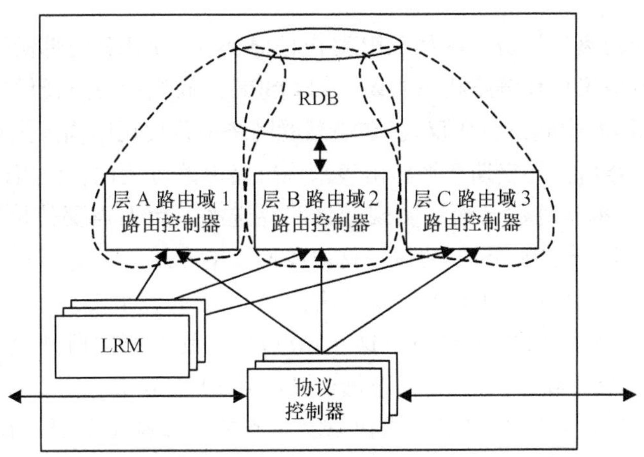

图 9-13　路由功能结构的示意图

协议控制器（PC）负责将路由原语转换成指定路由协议信息，并对用于信息交换的控制信息进行处理，值得说明的是 PC 与协议相关。

b. 路由域的分级。在 ASON 的路由体系结构中采用了“域”的概念，即按地理、管理范围或技术将网络划分为多个路由域。每个路由域提供了路由信息的抽象。一般同一路由域中所有 OCC（光连接控制设备）拥有相同的域号。“路由域 0”的权利最高，负责沟通各个域之间的业务。在图 9-14 中给出了一个路由域分级的示意图。

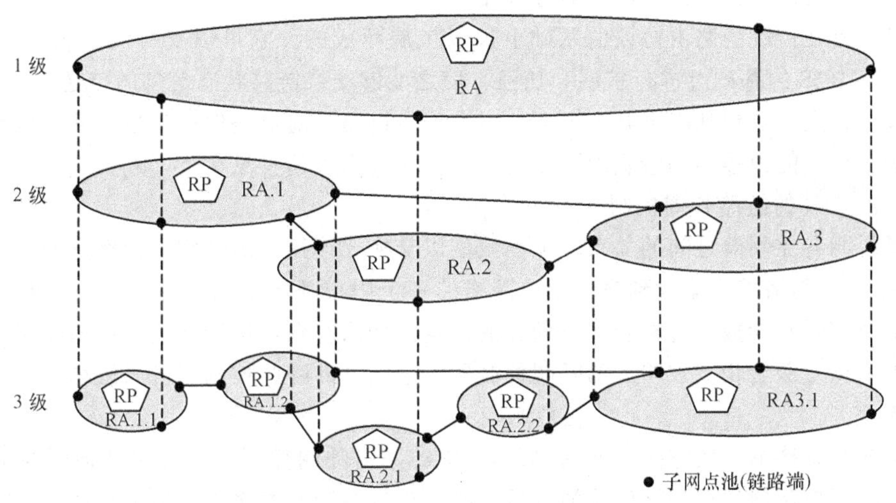

图 9-14　一个路由域分级举例

RA 是最高路由域，它是由 RA1，RA2 和 RA3 三个低层路由域组成，而 RA. 1 和 RA. 2 又包含路由域 RA. 1. x 和 RA. 2. x。路由域是通过路由执行器（RP）来提供服务的，而路由执行器是由路由控制器（RC）组成。每个 RP 负责一个路由域，并以路由信息库所提供的信息为依据，为其所负责的路由域提供通道计算。在 RC 中定义了路由服务接口，通过该接口 RC 完成路由信息的协议与分发。

③ 路由协议

路由协议可分为距离矢量协议（如 RIP 路由信息协议，IGRP 内部网络路由协议，EIGRP 增强型内部网关路由协议）和链路状态协议（如 OSPF 开放式最短路径优先协议，BGP 边界网关协议，IS-IS 中间系统-中间系统协议）。在小型的网络中常使用距离矢量协议，如 RIP，它是利用最少跳数来选择路由，并定期交换路由表来维持路由的可达性。但当这种路由协议运用于 WAM（广域网）时，单靠跳数已无法实现最佳路径选择，因而需要使用链路状态路由协议。由于目前大多数厂家推荐使用 OSPF 协议，这里我们简单介绍一下 OSTF 协议。

在 OSTF 中定义了“域”的概念，协议认为网络是由一个个较小的“域”构成，并且同一域中的 OCC 设备采用相同的 LSA，这与 ASON 控制平面中所划分的子网管理域相似，其中核心网配置了一个“域 0”，它负责进行全网的 LSA 交换和业务交换。

OIF（光互联网论坛）NNI 要求路由协议至少支持 4 级路由等级。在同一路由层面的不同路由域，可以使用不同的路由协议，路径计算都只在某个特定层面上进行，可以是分级路由、逐跳路由和源路由，而且 E-NNI 与 I-NNI 路由协议的选择相互独立。可见 ASON 定义了这样一个路由模型，即允许不同路由协议通过平行的信令关系，在同一个或相互重叠的网络中共存，而且互不影响。

由于 OSTF 和 IS-IS 都是域内路由协议，其定义的域不同 G. 7715 定义的域，而且 OSTF 和 IS-IS 均支持分级路由等级，这也不满足 G. 7715 的要求。根据 ITU-T G. 8080 和 G. 7715，OIF E-NNI 的参考模型采用三层运行路由协议，即运营商间的 E-NNI、运营商内的 E-NNI 和 I-NNI。外部边界网关协议是运营商间 E-NNI 主要使用的路由协议。I-NNI 可以使用任何私有的路由协议，故无需标准化。

MPLS 是在传统的路由协议的基础上加以扩展而成的。它可以支持流量工程，而 GMPLS 是在 MPLS 的基础上进行扩展和加强，使之能够支持链路状态信息的传送。GMPLS 对路由协议的扩展主要包括以下几个方面：对未编号链路、对链路保护类型、共享风险链路组信息、接口交换能力描述和带宽编码等的支持。相关内容请参见文献［5］。

（4）ASON 的链路管理机制

为了说明各控制器之间的关系，下面我们以交换式连接、源端路由为例进行介绍。当通过 UNI 接口，网络控制器收到来自用户网络的一个用户呼叫请求信息时，先判断该用户的呼叫请求及其呼叫参数是否符合双方预先的约定。如果符合，则接纳该用户的呼叫，并将该呼叫请求消息发送给相应被叫方的呼叫控制器，被叫方的呼叫控制器可以接纳，也可以拒绝此次呼叫。

一旦被叫方接纳此次呼叫，便向 ASON 中的网络呼叫控制器发送接纳该呼叫的确认消息。网络呼叫控制器在得到该确认消息后，将向连接控制器发送连接请求消息。连接控制器在接收到该消息后，将判断现在的网络拓扑和资源是否能建立这样一个连接。如果无空闲资源则返回一个阻塞信息，否则将向路由控制器发出连接请求。路由控制器所接收的路由信息中仅包括链路信息，而没有特定的 SNP（子网节点）链路连接（或波长分配）信息。

链路控制器将根据所接收的路由信息，向本地链路资源管理器请求 SNP 链路连接。链路资源管理器返回 SNP 链路连接消息后，将通过连接控制接口（CCI），将该 SNP 链路连接配置消息发送给相应节点中的交叉单元控制器，由其实现交叉连接，并向连接控制器返回一个确认信息，然后再向该路由上的下一个节点发送连接建立请求消息，以此下去，从而完成本次连接建立，最后向源节点的连接控制器返回一个连接建立确认信息。源节点的连接控制器收到该确认消息后，将向用户网络发送连接建立成功的确认信息。这样用户网络可以通过传送平面传送用户数据。

由此可见，链路管理模块（控制器）一旦收到服务要求，就会通过信令实时探测链路，并将收集到的各种参数和服务请求信息通知给路由模块和信令模块。可见链路管理模块是控制平面最基础的部分，也是最重要的部分，对实现 ASON 的自动交换功能起着重要的作用。

在互联网工作组（IETF）的链路管理协议（LMP）草案中，详细论述了链路管理的具体方法，主要内容如下。

检测进入 TE（流量工程）链路的数据链路，要求其中两个终端的链路属性一致；由这些链路属性构成一个内部网关协议（IGP）模块，利用该模块，向网络中的其他节点通告这些属性，使信令模块在 TE 链路和控制信道之间映射以完成控制信道管理、链路属性相关、链路连接证实和故障管理。它们之间的关系如图 9-15 所示。

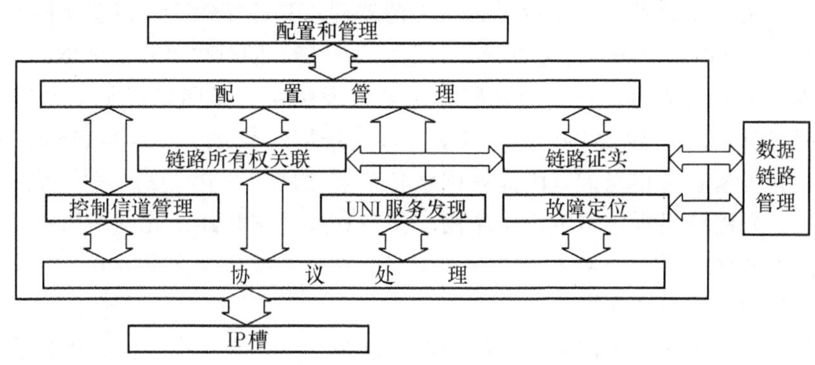

图 9-15　链路管理各进程间的关系

OIF 则在 IETF 所提出的链路管理方案的基础之上，着重对 UNI 和 NNI 实现功能方面进行扩展。将 UNI 中的接口分为 UNI 用户端接口和 UNI 网络端接口。二者相互配合共同完成链路管理功能，如图 9-16（a）所示。所完成的功能包括自动资源发现和自动服务发现功能。它借鉴了 IETF 的方案，与链路管理协议的实现方法相同。NNI 是在 UNI 接口基础上增加了选路功能。目前具体协议仍在研究之中。但在 NNI 中有可能是在光交换节点（PXC）、光交叉连接节点（OXC）和 WDM 设备三种器件中配置链路管理功能。

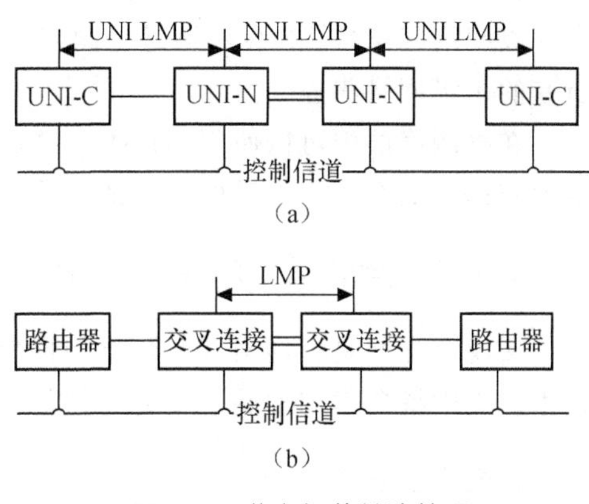

图 9-16　节点间的链路管理

9.4　全光网

9.4.1　全光网的概念、结构及其特点

全光网是指网络中用户与用户之间的信号传输与交换全部采用光波技术，即端到端保持

全光路，中间没有光电转换器。这样数据从源节点到目的节点的传输都在光域内完成，而在网络中各节点上使用的是具有高可靠性、大容量和高度灵活的光交叉连设备（OXC）来实现各网络节点间信息的交换。

由此可见，全光网应具有透明性、可扩展性、可重构性和可靠性的特点，原因如下。

① 透明性：在全光网中，由于没有电信号参与处理，所以可以使用各种不同的协议和编码形式，使信号具有透明性的特点。

② 可扩展性：全光网的传输容量相当大，因而要求它不仅与现有网络兼容，而且还应支持各种新的宽带综合业务数字网络及网络的升级。

③ 可重构性：当新的节点接入到网络中来或旧的节点从网络拓扑结构中删除时，不会影响原有网络和原有设备的正常工作，因此网络能够随时实现对用户、容量、种类的扩展。另外还可以根据通信容量的要求，能够通过建立、恢复、拆除波长连接来达到动态地调整网络拓扑结构的目的。这种网络非常适应突发业务的连接要求。

④ 可靠性：由于光网络层中使用了许多无源器件，其可靠性高，便于对网络中的设备配置、波长分配、协议控制、网络性能进行实时监控与管理。同时也可降低网络的维护费用。

全光网也采用分层结构，它分为光网络层和电网络层。光网络层是指光链路相连的部分。由于光网络层采用了 WDM 技术能够使一根光纤同时传送多个不同波长的携带调制信号的光载波。其传输容量相当大，因此在网络各节点之间应采用 OXC 来实现多个光载波信号的交叉连接。光网络层直接与宽带网络用户接口和局域网相连。光网络层的拓扑结构可以采用环形、星形和网孔形。交换方式可以采用空分时分或波分光交换方式。目前国际上实验的全光网主要集中在波长光交换。

利用波长复用的全光网采用了 3 级结构的光网络。0 级是由若干局域网构成。每个局域网中包含多个光终端（OT）。每个局域网内部都可以采用一套波长，当然在每个 0 级网络中多波长是可供重复使用的。1 级网络是由许多城域网构成。通过波长路由器 1 级网络与若干个 0 级网络相连接。2 级网络是全国或国际骨干网，通过波长转换器或交换机，2 级网络与所有的 1 级网络相连。

在电网络层中可以使用 ADM，DXC 和各种交换设备（程控交换、ATM 交换或未来的某种交换，如图像、多媒体信号的交换）

9.4.2　全光网中的关键技术

要使全光网具有透明性、可重构性传输和可管理性的特性，它的进展完全取决于光交换技术、光中继技术的发展、全光器件的开发以及网络管理的实现等。

1. 光交换技术

从交换方式上来划分，光交换技术可以分为电路交换和分组交换。电路交换方式又分为三种交换网络，即空分光交换、时分光交换和波分/频分光交换网络以及由这些光交换网络混合而成的结合型网络。不同的网络其特点不同，其工作原理也有所差别。

（1）空分光交换

空分光交换是由开关矩阵实现的，而开关矩阵节点可由机械、电或光来进行控制，实现任一输入信道与任一输出信道之间按要求建立的物理通道的连接，完成信息交换。如图 9-17

所示，图中给出了一个 3×3 光开关矩阵结构原理，3 个输入端和 3 个输出端构成 9 个交叉控制点，通过控制交叉点的开关状态，实现信息交换。

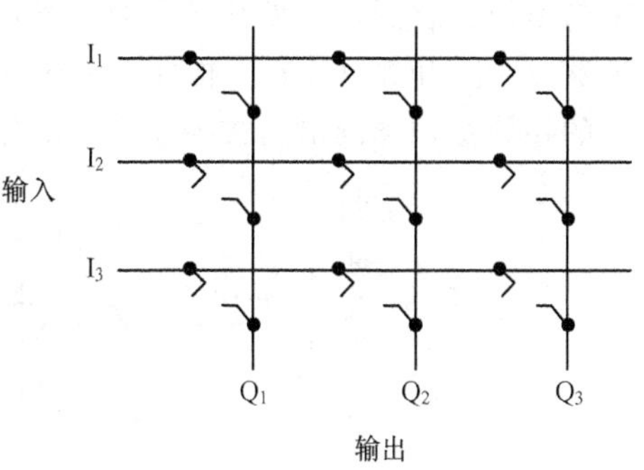

图 9-17　空分光交换原理示意图

另外，按矩阵开关所使用的技术，又分成为波导空分和自由空分光交换。在波导空分中，由于光学通道是由光学波导构成的，因而所构成的交换网络容量有限，同时平面波导构成的光开关节点是一种定向耦合开关节点，没有逻辑处理功能，无法实现自寻址路由控制，因而难以适应 ATM 交换的要求。而在自由空分光交换中，采用了自由空间光传输技术，无干涉地控制光的路径，以达到光交换的目的。又由于光波作为载波在自由空间传输的带宽大约为 100THz，为了充分利用这一优势，各国科学家正在加紧对自由空间光交换网络的研究、开发。

（2）时分光交换

时分复用有电时分复用和光时分复用。在现有的 PDH 和 SDH 传输网中所使用的时分复用技术，均属于电时分复用和时隙交换的范畴。即将时间划分成若干等间隔的片段（每片段为一帧），再将每一片段（帧）划分成 N 个等间隔的时间片段，这就是时隙。这样可以将这些时隙轮流分配给各路原始信号，如图 9-18 所示。由于在此过程中时隙的编号是与各路原始信号一一对应，因此接收端很容易从中分离出各自的原始信号。

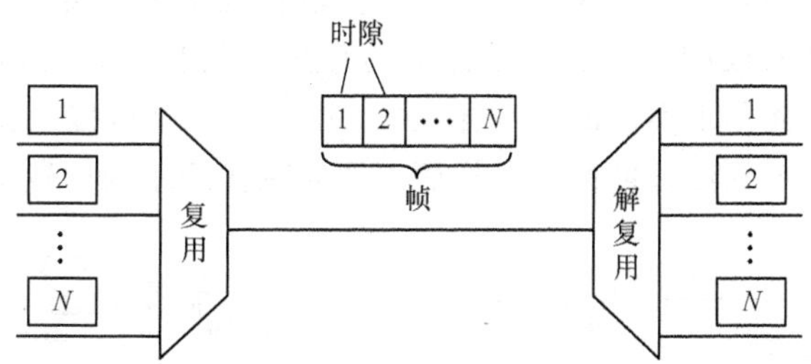

图 9-18　时分复用原理图

时分交换是基于时隙互换的基础上得以实现的，具体过程如图 9-19 所示，从中可以看出是通过 N 路原始信号与 N 条出线的一种不同的连接，从而完成 N 路时分复用信号中各个时隙信号互换位置的操作。这其中最核心的工作是要能将时分复用信号顺序地存入存储器，同时又能将经过时隙互换操作后形成的另一时隙阵列顺序地取出。

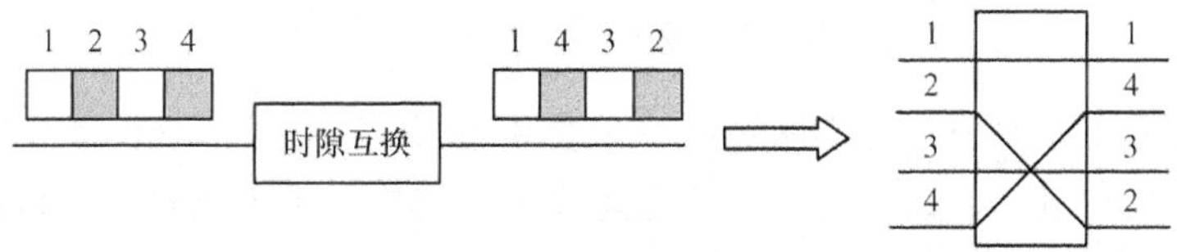

图 9-19　时隙互换原理示意图

在时分光交换方式中，采用了光器件或光电器件作为时隙交换器。这样可以由光读/写门和光存储器组成时隙交换网络。在图 9-20 中给出了 STS（空—时—空）结构的光时分交换网络的示意图，可见它是由时分复用器/解复用器、时分复用的空间开关（SS）和时隙互换器（时间开关（IS））构成。其中光写入门可以将时分复用信号中的各路分开，并分别相应的存储器，光读出门按控制命令顺序逐比特读出，从而合成一路输出，达到交换的目的。

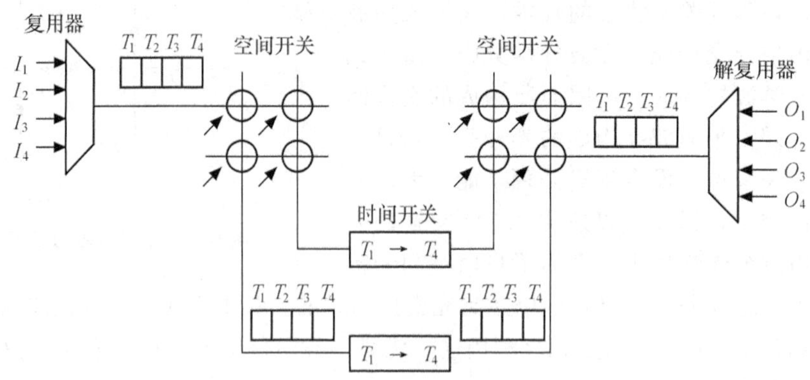

图 9-20 光时分交换网络示意图

时分光交换的关键是光开关和光存储器，通常光读/写门可以由定向耦合器来完成，而光存储器则可使用光延时线、双稳态激光二极管来实现。

（3）波分/频分光交换

在时分复用系统中，是采用时隙互换来实现交换；而在波分/频分光交换中，则是以波长交换来完成交换功能，如图 9-21（a）所示。即通过波长开关从波分复用信号中检出所需波长的信号，并把它调制到另一波长上去，从而使波长互换得以实现。其中可以利用具有波长选择功能的 F-P 滤波器或相干检测器来完成检出信号的任务，而信号载波频率的变换则是通过可调谐半导体激光器来实现的，这样在图 9-21（b）中可以根据具体要求通过对 F-P 滤波器进行控制，选出不同波长的信号，从而不同时刻实现不同的连接。

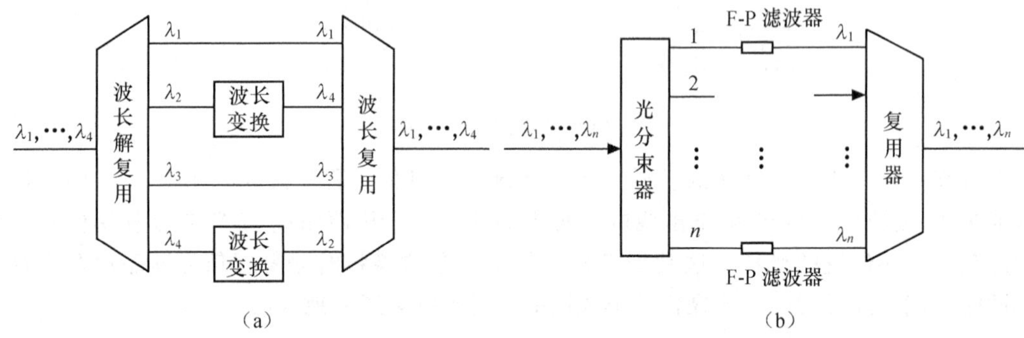

图 9-21 波分/频分光交换原理

由上述分析可知，波分光交换网络由波长复用器/解复用器、波长选择空间开关和波长互换器（波长开关）组成，其中波长开关是完成波长交换的关键器件，可调波长滤波器和波长变换器是构成波分光交换的基础元件。

（4）ATM 光交换

在 ATM 网络中，ATM 信元是传输、交换的基本单元，因而 ATM 光交换技术是一种用于 ATM 信元之间进行交换的技术，通常 ATM 光交换采用波分复用、电或光缓冲技术，如图 9-22 所示。可见 ATM 光交换网络是由信元选择器和光缓冲存储器构成。特别关注的是在各输入接口模块（IIM）中，可根据信元的虚通路识别器（VCI）识别到达人口端的信元，并将各信元波长转换成适合出口端的波长。这样当以信元的波长作为选路由信息时，便可以依照其波长，对每个到达入口端的信元进行路由选择，使其存入相应的出口端的光缓冲存储器中，然后将经路由选择后到同一出口端的信元存储于一公用输出端的光缓冲存储器里，从而完成信元选路（即交换）。

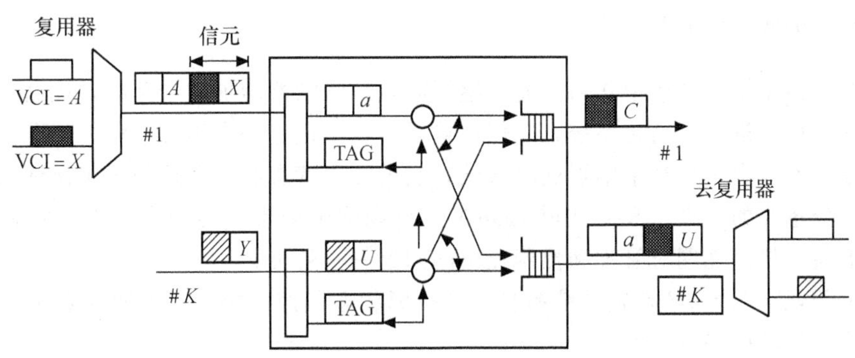

图 9-22　ATM 光交换原理示意图

近来在光交换技术方面取得了很大的进展。早在 1996 便制成了世界上第一台采用光纤延时线和 4×4 铌酸锂光开关的 32Mbit/s 时分光复用光交换系统。近几年来交换速度提高得很快，几乎是以每年提高一倍的速度发展。最近日本开发了两种空分光交换系统。一种是多媒体交换系统，另一种是模块光互连器。在这两种系统中均采用了 8×8 二氧化硅光开关。多媒体交换系统能够支持 G4 传真、10Mbit/s 局域网和 400Mnit/s 的高清晰度电视。

由于波分交换能够充分利用光纤的带宽，而且不需要进行高速率交换，因此便于技术实现。在 1997 年就研制出采用高速 MI 波长转换器的 20Gbit/s 波分复用光交换系统。目前已经生产出采用极短脉冲的超高速 ATM 光交换机，其交换容量可达 64Gbit/s。

2. 全光中继技术

实现点对点全光通信的关键之一是要以光放大器作为全光中继器取代传统的光—电—光中继器，它一方面起到了克服光/电、电/光转换中继器造成的“电子瓶颈”问题之外，还能使传输线路对所传送的信号“透明”，即与信号的传输速率和调制方式无关，由此可知。

(1) 系统易于实现升级。比如提高线路的传输速率，只需通过变换光端机便可实现。

(2) 系统易于实现波分复用。例如传送 N 路波分复用信号。

(3) 提高系统的发射光功率和提高光接收机灵敏度的作用。

随着 EDFA 的商用化，迅速地取代经电再生的光中继器，从而大大简化了整个光网络，也促使光网络的传输速率的不断提升，但随之 EDFA 的局限性也开始显现。由于 EDFA 的可用带宽只有 30nm，同时为了提高光纤的带宽利用率，因而使每个信道间的距离非常小，一般 0.8～1.6nm，可用于 100 信道以上的 DWDM 系统，这使相邻信道间的串话的影响不容忽视。由此可见 EDFA 的带宽限制了 DWDM 系统的容量。

近来的的研究成果显示，1590nm 宽波段光纤放大器能够把 DWDM 的工作窗口进一步扩展到1600nm以上。贝尔实验室等研究人员已经研制出可供实验性的DBFA。这是一种基于二氧化硅和饵的双波段光纤放大器。它是由两个单独的子带放大器组成。其中一个是传统的1550nm EDFA（1530～1560nm），而另一个是1590nm的扩展波段光纤放大器EBFA（工作波长1570～1605nm）。正是由于EDFA和EBFA结合起来工作，使DWDM系统的使用带宽增加一倍以上（75nm），从而为系统带宽提供了更大的范围，这样在相同通信容量的条件下可减少甚至消除了串扰。

3. 全光网的管理控制与操作

当光放大器用于光通信中作为全光中继器时，虽然它能增加中继距离，提高光信号的传输的透明性，而且进一步简化系统，减低传输成本，但还有一个不容忽略的问题，即全光中继器的监控技术。由于全光中继器远离端站，它的工作状态和状态控制对于保证系统的正常工作具体十分重要的意义。我们知道EDFA是全光网中最常使用的光器件，它具有一定普遍意义。下面就将全光网对管理和控制提出的问题一一列出。

（1）由于现有的SDH传输系统有自己的故障状态监控的协议，因此要求全光网中的光网络层必须与传输层保持一致。

（2）在全光网中由于无法从透明的光网络中提取出现有的表示网络运行状态信息的数据信号，所以存在着必须使用新的监控方法的问题。

（3）由于不同的传输系统对故障处理的方法不同，而且与系统的结构有关，例如环形SDH系统具有自愈功能，但对于点到点的链路，则可采用保护倒换的方式来保证系统的生存性。在透明的全光网中不同的传输系统是可以共享相同的传输媒质，因此目前在以WDM网为主构成的全光网中，网络的控制和管理的实现要比网络传输技术的实现更具挑战，网络的控制和管理的具体内容包括网络的配置管理、波长的分配管理、管理控制协议和网络的性能测试等。如果不能很好地解决这些技术，就无法获得一个有效的网络管理系统，这就是目前全光网还无法达到商用的原因。

4. 全光器件

由前面的分析可知，包括集成光开关矩阵、滤波器、波长变换器、OADM和OXC在内的等关键器件和光纤一起构成了全光网的物质基础，因此全光器件的开发与研制直接制约着全光网的发展。特别是涉及高速光传输、复用器、高性能的探测器和可调激光器阵列以及集成阵列波导器件的研究是我们将要着重解决的问题。下面对近来全光器件的发展状况做一个简单的介绍。

光开关是全光网络的关键器件之一，而且有许多实现技术，其中MEMS（Micro-electromechanical System）技术可在极小的晶体上排列大规模的机械矩阵，随着技术的不断完善，MEMS开关的响应速度和可靠性得到大大的提高，从而解决了OXC发展中的瓶颈问题。因此利用MEMS设计的OXC是目前的主要发展方向。

可调激光器是另一个发展方向。在DWDM系统中，在一根光纤中可以传输多个光载波，如果采用一个可调激光器，便可以取代多个固定波长的激光器，从而简化了系统结构。目前一种基于布拉格反射系统的可调激光器的连续波调谐范围都大于40nm，最大可达100nm。就目前的技术而言，可调激光器的技术还不够成熟，仅处于研究阶段。但它在未来全光网中的应用主要集中在动态波长分配方面。利用可调激光器与可调滤波器组合，可实现基于波长的通道分配。具资料显示，对于小于 16 个节点的光网络，利用可调激光器可提供简单可靠的光网络，而对于更大的网络来说，可结合使用 OXC 器件。

可调滤波器的发展有助于解决光层面的网络监控与管理的实现。目前若欲实现对光信号的监控，首先对光信号进行取样，然后转换成电信号，这样才能对信号进行监控和路由控制。可见这种方式既增加了线路系统和设备的复杂性，也增加了成本，而且也不利于管理。利用可调滤波器，则无需针对每一个波长分别设立光电转换及监测设备，只需将要处理的波长筛选出来即可，因此可以大大简化光监控与管理系统的结构。目前可调滤波器所采用的技术有声光可调滤波、微机械式（MEMS）、阵列波导式（AWG）及布拉格光纤光栅式（FBG）等。这些技术有助于实现可调式 OADM 和 OXC，换句话说使 OADM 或 OXC 可以将要下载的波长顺利筛选出来。但由于技术还不很成熟，因此可调滤波器的价格相当昂贵，这是无法实现商用化的主要原因。

OXC 和 OADM 与光纤构成了一个全光网，因此 OXC 和 OADM 是全光网中的核心部件。由于 OXC 中交换的是全光信号，在光节点上，可对指定的波长进行互联，从而能够有效地利用网络中的波长资源，实现波长重用。而 OADM 在光域上实现了 SDH 中的分插复用器在时域上所完成的功能，而且具有透明性，可以处理各种格式和速率的信号。一旦出现光缆中断或业务失效，它们能够自动完成故障隔离、重新选择路由和网络重新配置等操作，而不使业务中断，从而提高网络的可靠性。

全光路由器的研究与开发还只处理探索阶段。由于全光网络要求对单独的数据包进行读取和寻址以及处理与交换操作。因此其中的关键技术是“全光标签交换（AOLS)，它要求能够在 IP 数据包的信头前加一个标签，这样一个 IP 包群靠这个标签组合在一起。在此过程中首先需要缓冲器或 DRAM 进行数据包的存储。但目前光子的存储只能依靠光纤延时线来完成，这样欲延时数据包中的光脉冲所需的光存储元件的体积非常大，无法与集成电路存储器相比。因此目前实验室的研究中仍部分使用电子器件。

光存储器是时分光交换系统的关键器件，它可实现光信号的存储和进行光信号的时隙交换。常用的光存储器有双稳态激光器和光纤延迟线，其工作原理、应用范围和优缺点如表 9-1 所示。

表 9-1　　光存储器比较

类型	原理	优缺点	应用
双稳态 激光二极管	偏置放大 稳态响应保持	光电反馈型有源存储 可整形 有放大作用 增益高、信噪比高 速度快	时分、频分、光交换
光纤延迟线	光信号在光纤中传播时存在时延	无源存储器件 实现简单易行 存储速度无限制 可连续存储 存储时间不可变、缺乏灵活性	时分、频分、ATM 光交换

小　结

1. 光网络的概念：光网络是指以光纤为基础传输链路所组成的一种通信体系网络结构。

2. SDN 的基本理念是利用分层的概念，将网络的数据平面与控制平面相分离，并实现可编程的控制。

3. SDN 体系结构：SDN 是由数据平面、控制平面和应用平面组成。

4. 软件定义传送平面包括：灵活栅格光层调度（Felx ROADM）、灵活调制光电转换（Flex TRx）和灵活封装电层处理（Flex OTN）三大核心技术。

5. 软件定义控制平面：控制器是控制层的核心组件，通过控制器，用户可以逻辑上以某种方式控制节点设备，实现数据的快速转发，便于安全地管理网络，提升网络的整体性能。

6. 智能光网络的概念、特点及功能。智能光网络 ASON 是一种具有灵活性、高可扩展性的，能够在光层上按用户请求自动进行光路连接的光网络基础设施。

ASON 包括传送平面、控制平面和管理平面。控制平面是 ASON 的核心。

7. ASON 的网络体系结构。ASON 控制平面的功能结构、ASON 控制平面的结构

ASON 控制平面中的核心技术：ASON 控制平面中的核心技术包括信令协议、路由协议和链路资源管理协议。

8. 全光网的概念、结构及其特点。全光网是指网络中用户与用户之间的信号传输与交换全部采用光波技术，即端到端保持全光路，中间没有光电转换器。

全光网的结构及其特点。

9. 全光网中的关键技术：包括光交换技术、光中继技术的发展、全光器件的开发以及网络管理的实现等。

光交换技术可以分为电路交换和分组交换。电路交换方式又分为三种交换网络，即空分光交换、时分光交换和波分/频分光交换网络以及由这些光交换网络混合而成的结合型网络。

全光中继技术、全光网的管理控制与操作、全光器件。

习　题

1. 简述光网络的概念。
2. 画出 SDN 的体系结构，并说明各平面之间的关系。
3. 画出 ASON 控制平面的功能结构。
4. 简述全光网的概念，并说明实现全光网络过程中所存在的难点在哪里？

附录A 双曲正割型折射指数分布光纤可以获得自聚焦的证明

将书中式（2-2-21）代入子午线的轨迹方程式（2-2-18）：

$$Z=\int\frac{n_0N_0}{\sqrt{\dfrac{n^2(0)}{\mathrm{ch}^2Ar}-n_0^2N_0^2}}\mathrm{d}r+c$$

$$=\int\frac{n_0N_0}{\sqrt{\dfrac{n^2(0)-n_0^2N_0^2\mathrm{ch}^2Ar}{\mathrm{ch}^2Ar}}}\mathrm{d}r+c$$

$$=\int\frac{n_0N_0\mathrm{ch}\,Ar}{\sqrt{n^2(0)-n_0^2N_0^2(1+\mathrm{sh}^2Ar)}}\mathrm{d}r+c$$

$$=\int\frac{n_0N_0\mathrm{ch}\,Ar}{n_0N_0\sqrt{\dfrac{n^2(0)-n_0^2N_0^2-n_0^2N_0^2\mathrm{sh}^2Ar}{n_0^2N_0^2}}}\mathrm{d}r+c$$

$$=\int\frac{\mathrm{ch}Ar}{\sqrt{\dfrac{n^2(0)-n_0^2N_0^2}{n_0^2N_0^2}-\mathrm{sh}^2Ar}}\mathrm{d}r+c$$

令 $x=\mathrm{sh}Ar$，则 $\mathrm{d}x=A\,\mathrm{ch}Ar\cdot\mathrm{d}r$

即

$$\mathrm{ch}Ar\,\mathrm{d}r=\frac{\mathrm{d}x}{A}$$

将上面关系式代入积分式中，得

$$Z=\int\frac{\dfrac{1}{A}\mathrm{d}x}{\sqrt{\dfrac{n^2(0)-n_0^2N_0^2}{n_0^2N_0^2}-x^2}}+c$$

$$=\frac{1}{A}\sin^{-1}\frac{x}{\sqrt{\dfrac{n^2(0)-n_0^2N_0^2}{n_0^2N_0^2}}}+c$$

$$=\frac{1}{A}\sin^{-1}\frac{n_0N_0\,\text{sh}\,Ar}{\sqrt{n^2(0)-n_0^2N_0^2}}+c \tag{A-1}$$

式（A-1）即为折射指数按双曲正割型分布的光纤中，子午线的轨迹方程。也可写成另一种形式：

$$\sin A(z-c)=\frac{n_0N_0\,\text{sh}Ar}{\sqrt{n^2(0)-n_0^2N_0^2}} \tag{A-2}$$

由于光纤中的不同子午线，只要它们的空间周期长度 L 相同时，这些子午线就可以在光纤内获得自聚焦。

从图 2-12 中可以看出，在一个空间周期 L 上，相应变化是 2π。因此，从式（A-2）中可得出

$$A(Z-C)=2\pi$$

由于 $(Z-C)$ 相当于空间周期 L，即 $Z-C=L$，故可得出空间周期长度为

$$L=\frac{2\pi}{A}$$

式中，A 是与射线起始条件无关的常数，因此可得出结论：当光纤的折射指数按双曲正割型分布时，不同起始条件的子午线可具有相同的空间周期长度，即有相同的轴向速度，因而才可获得自聚焦。

附录B 标量场方程解的推导

根据选定的坐标，用标量近似解法，求解其场方程，具体步骤如下。

1. 横向电场 E_y 的表示式

(1) E_y 的亥姆霍兹方程

在书中已求出 E_y 的亥姆霍兹方程为

$$\nabla^2 E_y + k_0^2 n^2 E_y = 0 \tag{B-1}$$

(2) E_y 解的形式

将式（B-1）在圆柱坐标中展开为

$$\frac{\partial^2 E_y}{\partial r^2} + \frac{1}{r}\frac{\partial E_y}{\partial r} + \frac{1}{r^2}\frac{\partial^2 E_y}{\partial \theta^2} + \frac{\partial^2 E_y}{\partial z^2} + k_0^2 n^2 E_y = 0 \tag{B-2}$$

此式为二阶三维偏微分方程，一般要用分离变量法求解。可把它写成 3 个函数积的形式：

$$E_y = AR(r)\Theta(\theta)Z(z) \tag{B-3}$$

式中，A 是常数；$R(r)$，$\Theta(\theta)$，$Z(z)$ 分别是 r，θ，z 的函数，表示 E_y 沿这 3 个方向变化的情况。

根据物理概念可写出

$$\Theta(\theta) = \begin{cases} \sin m\theta \\ \cos m\theta \end{cases} \qquad m = 0，1，2\cdots \tag{B-4}$$

$$Z(z) = \mathrm{e}^{-\mathrm{j}\beta z} \tag{B-5}$$

将式（B-4）和式（B-5）代入式（B-3）

$$E_y = AR(r)\cos m\theta \mathrm{e}^{-\mathrm{j}\beta z} \tag{B-6}$$

再将式（B-6）代入式（B-2）中的各项，则分别得出

$$\frac{\partial E_y}{\partial r} = \frac{\partial R(r)}{\partial r} A\cos m\theta \mathrm{e}^{-\mathrm{j}\beta z}$$

$$= \frac{\partial R(r)}{\partial r} \cdot \frac{E_y}{R(r)}$$

$$\frac{\partial^2 E_y}{\partial r^2} = \frac{\partial^2 R_{(r)}}{\partial r^2} \cdot \frac{E_y}{R(r)}$$

$$\frac{\partial^2 E_y}{\partial \theta^2} = -m^2 AR(r)\cos m\theta \cdot e^{-j\beta z} = -m^2 E_y$$

$$\frac{\partial^2 E_y}{\partial z^2} = -\beta^2 AR(r)\cos m\theta \cdot e^{-j\beta z} = -\beta^2 E_y$$

将上面各项代入式（B-2），得

$$\frac{E_y}{R(r)}\left[\frac{d^2R(r)}{dr^2} + \frac{1}{r}\frac{dR(r)}{dr}\right] = -k_0^2 n^2 E_y + \frac{m^2}{r^2}E_y + \beta^2 E_y$$

将等式两边消去 E_y，并各项均乘以 $r^2R(r)$，得

$$r^2\frac{d^2R(r)}{dr^2} + r\frac{dR(r)}{dr} + [r^2(k_0^2n^2 - \beta^2) - m^2]R(r) = 0 \quad \text{(B-7)}$$

此方程为只含变量 r 的贝塞尔方程，解此方程，即可得到 $R(r)$，从而可求出 E_y。

如设纤芯和包层中的折射指数各为 n_1 和 n_2，而且 $n_1 > n_2$，由于 $k_1 n_2 < \beta < k_0 n_1$，所以，在纤芯中：

$$k_0^2 n_1^2 - \beta^2 > 0$$

在包层中：

$$k_0^2 n_2^2 - \beta^2 < 0$$

将此关系代入式（B-7），则可得出纤芯中的场方程和包层中的场方程为

$$r^2 - \frac{d^2R(r)}{dr^2} + r\frac{dR(r)}{dr} + [r^2(k_0^2n_1^2 - \beta^2) - m^2]R(r) = 0 \qquad r \leqslant a \quad \text{(B-8)}$$

$$r^2\frac{d^2R(r)}{dr^2} + r\frac{dR(r)}{dr} - [r^2(\beta^2 - k_0^2n_2^2) - m^2]R(r) = 0 \qquad r \geqslant a \quad \text{(B-9)}$$

式（B-8）为贝塞尔方程，其解为

$$R(r) = J_m(\sqrt{k_0^2n_1^2 - \beta^2} \cdot r)$$

式（B-9）为虚宗量的贝塞尔方程，考虑到在包层中，场应随 r 的增加而减小，是衰减解，因而，其解应取第二类修正的贝塞尔函数，为

$$R(r) = K_m(\sqrt{\beta^2 - k_0^2n_2^2} \cdot r)$$

将上面两个解答式代入式（B-6），则可得出 E_y 的解为

$$E_y = e^{-j\beta z} \cdot \cos m\theta \begin{cases} A_1 J_m(\sqrt{k_0^2n_1^2 - \beta^2} \cdot r) & r \leqslant a \\ A_2 K_m(\sqrt{\beta^2 - k_0^2n_2^2} \cdot r) & r \geqslant a \end{cases}$$

如令

$$U = \sqrt{k_0^2n_1^2 - \beta^2} \cdot a$$

$$W = \sqrt{\beta^2 - k_0^2n_2^2} \cdot a$$

$$V = \sqrt{U^2 + W^2} = \sqrt{2\Delta} n_1 a k_0$$

则 E_y 解的表示式可写为

$$E_y = e^{-j\beta z} \cdot \cos m\theta \begin{cases} A_1 J_m\left(\frac{U}{a}r\right) & r \leqslant a \\ A_2 K_m\left(\frac{W}{a}r\right) & r \geqslant a \end{cases} \quad \text{(B-10)}$$

在式（B-10）中，含有常数 A_1 和 A_2，分别表示纤芯和包层中场的幅度。实际上，它们之间是由边界条件联系着，可利用边界条件找出它们之间的关系。

边界条件之一，$E_{\theta 1} = E_{\theta 2}$，从图 2-13 中可知，$E_\theta = E_y\cos\theta$，则在 $r=a$ 的边界上

$$E_{\theta 1}=A_1 J_m(U)\mathrm{e}^{-\mathrm{j}\beta z}\cdot\cos m\theta\cdot\cos\theta$$
$$E_{\theta 2}=A_2 K_m(W)\mathrm{e}^{-\mathrm{j}\beta z}\cdot\cos m\theta\cdot\cos\theta$$

因为　$E_{\theta 1}=E_{\theta 2}$

所示　$A_1\mathrm{J}_m(U)=A_2\mathrm{K}_m(W)=A$

$$A_1=\frac{A}{\mathrm{J}_m(U)};\qquad A_2=\frac{A}{\mathrm{K}_m(W)}$$

将 A_1，A_2 代入式（B-10），则得出

$$E_y=A\cdot\cos m\theta\cdot\mathrm{e}^{-\mathrm{j}\beta z}\begin{cases}\dfrac{\mathrm{J}_m\left(\dfrac{U}{a}r\right)}{\mathrm{J}_m(U)} & r\leqslant a\\[2ex]\dfrac{\mathrm{K}_m\left(\dfrac{W}{a}r\right)}{\mathrm{K}_m(W)} & r\geqslant a\end{cases}\tag{B-11}$$

此式即为横向场 E_y 的解答式，和书中式（2-3-11）相同。

2. 横向磁场 $\boldsymbol{H}_z$ 的表示式

$$H_z=-\frac{E_y}{Z}=-\frac{E_y n}{z_0}=-\frac{\cos m\theta\cdot\mathrm{e}^{-\mathrm{j}\beta z}}{z_0}\begin{cases}An_1\dfrac{\mathrm{J}_m\left(\dfrac{U}{a}r\right)}{\mathrm{J}_m(U)} & r\leqslant a\\[2ex]An_2\dfrac{\mathrm{K}_m\left(\dfrac{W}{a}r\right)}{\mathrm{K}_m(W)} & r\geqslant a\end{cases}\tag{B-12}$$

如果省略 $\mathrm{e}^{-\mathrm{j}\beta z}$ 因子，则即为书中式（2-3-12）。

3. 轴向电场 $\boldsymbol{E}_z$ 和轴向磁场 $\boldsymbol{H}_z$ 的表示式

由麦氏方程可求出

$$\begin{aligned}E_z&=\frac{1}{\mathrm{j}\omega\varepsilon}\left(\frac{\partial H_y}{\partial x}-\frac{\partial H_x}{\partial y}\right)\\&=\frac{\mathrm{j}}{\omega\varepsilon}\cdot\frac{\mathrm{d}H_x}{\mathrm{d}y}\\&=\frac{\mathrm{j}z_0}{k_0 n}\cdot\frac{\mathrm{d}H_x}{\mathrm{d}y}\end{aligned}$$

下面分别求出纤芯中的轴向场分量和包层中的轴向场分量。

（1）纤芯中的轴向场分量

$$E_{z1}=\frac{\mathrm{j}z_0}{k_0 n_1}\left[\frac{\partial H_z}{\partial r}\cdot\frac{\partial r}{\partial y}+\frac{\partial H_z}{\partial\theta}\cdot\frac{\partial\theta}{\partial y}\right]$$

需要求出 $\dfrac{\partial r}{\partial y}$ 和 $\dfrac{\partial\theta}{\partial y}$，由书中图 2-13 可以看出

$$r=(x^2+y^2)^{1/2};\qquad \tan\theta=\frac{y}{x}$$

则

$$\frac{\partial r}{\partial y}=\sin\theta; \qquad \frac{\partial\theta}{\partial y}=\frac{1}{r}\cos\theta$$

所以

$$E_{z1}=\frac{\mathrm{j}z_0}{k_0n_1}\left[\frac{\partial H_z}{\partial r}\cdot\sin\theta+\frac{\partial H_z}{\partial\theta}\cdot\frac{1}{r}\cos\theta\right]$$

将式（B-12）中，纤芯部分（即 $r\leqslant a$）的场量代入

$$\begin{aligned}E_{z1}&=-\frac{\mathrm{j}A}{k_0n_1}\cdot\frac{1}{\mathrm{J}_m(U)}\left[\frac{U}{a}J_m{}'\left(\frac{U}{a}r\right)\cos m\theta\cdot\sin\theta-\frac{m}{r}\mathrm{J}_m\left(\frac{U}{a}r\right)\sin m\theta\cdot\cos\theta\right]\\&=\frac{-\mathrm{j}AU}{2k_0n_1a\mathrm{J}_m(U)}\left\{\mathrm{J}_m{}'\left(\frac{U}{a}r\right)[\sin(m+1)\theta-\sin(m-1)\theta]-\frac{m}{\frac{Ur}{a}}\mathrm{J}_m\left(\frac{U}{a}r\right)[\sin(m+1)\theta+\sin(m-1)\theta]\right\}\\&=\frac{-\mathrm{j}AU}{2k_0n_1a\mathrm{J}_m(U)}\left\{\left[\mathrm{J}_m{}'\left(\frac{U}{a}r\right)-\frac{m}{\frac{Ur}{a}}\mathrm{J}_m\left(\frac{U}{a}r\right)\right]\sin(m+1)\theta-\left[\mathrm{J}_m{}'\left(\frac{U}{a}r\right)+\frac{m}{\frac{Ur}{a}}\mathrm{J}_m\left(\frac{U}{a}r\right)\right]\sin(m-1)\theta\right\}\\&=\frac{\mathrm{j}AU}{2k_0n_1a\mathrm{J}_m(U)}\left[\mathrm{J}_{m+1}\left(\frac{U}{a}r\right)\sin(m+1)\theta+\mathrm{J}_{m-1}\left(\frac{U}{a}r\right)\sin(m-1)\theta\right]\quad r\leqslant a\end{aligned}\tag{B-13}$$

式（B-13）即为纤芯中的轴向电场分量表示式，用类似的推导方法可得出纤芯中的轴向磁场分量表示式为

$$H_{z1}=\frac{-\mathrm{j}AU}{2k_0az_0\mathrm{J}_m(U)}\left[\mathrm{J}_{m+1}\left(\frac{U}{a}r\right)\cos(m+1)\theta-\mathrm{J}_{m-1}\left(\frac{U}{a}r\right)\cos(m-1)\theta\right]\quad r\leqslant a\tag{B-14}$$

（2）包层中的轴向场分量

同理可得出

$$E_{z2}=\frac{\mathrm{j}AW}{2k_0n_2a\mathrm{K}_m(W)}\left[\mathrm{K}_{m+1}\left(\frac{W}{a}r\right)\sin(m+1)\theta-\mathrm{K}_{m-1}\left(\frac{W}{a}r\right)\sin(m-1)\theta\right]\quad r\geqslant a\tag{B-15}$$

$$H_{z2}=\frac{-\mathrm{j}AW}{2k_0az_0\mathrm{K}_m(W)}\left[\mathrm{K}_{m+1}\left(\frac{W}{a}r\right)\cos(m+1)\theta+\mathrm{K}_{m-1}\left(\frac{W}{a}r\right)\cos(m-1)\theta\right]\quad r\geqslant a\tag{B-16}$$

上面求出的式（B-13）和式（B-15），即为书中式（2-3-13a）和式（2-3-13c），式（B-14）和式（B-16）即为书中式（2-3-13b）和式（2-3-13d）。

附录C 标量亥姆霍兹方程解的推导

渐变型光纤标量的亥姆霍兹方程，在直角坐标系中的展开式为

$$\frac{\partial^2\psi}{\partial x^2}+\frac{\partial^2\psi}{\partial y^2}+\frac{\partial^2\psi}{\partial z^2}+k_0^2n^2(0)[1-Ax^2-Ay^2]\psi=0 \tag{C-1}$$

对于这样的三维二阶变系数的偏微分方程，用分离变量法求解。

1. 进行变量分离，化为常微分方程

令

$$\psi=\psi(x)\psi(y)\mathrm{e}^{-\mathrm{j}\beta z}$$

则

$$\frac{\partial^2\psi}{\partial x^2}=\frac{\mathrm{d}^2\psi(x)}{\mathrm{d}x^2}\psi(y)\mathrm{e}^{-\mathrm{j}\beta z}$$

$$=\frac{\psi}{\psi(x)}\cdot\frac{\mathrm{d}^2\psi(x)}{\mathrm{d}x^2}$$

$$\frac{\partial^2\psi}{\partial y^2}=\frac{\psi}{\psi(y)}\cdot\frac{\mathrm{d}^2\psi(y)}{\mathrm{d}y^2}$$

$$\frac{\partial^2\psi}{\partial z^2}=-\beta^2\psi$$

将上面3项代入式（C-1），并各项均除以 ψ，得

$$\frac{1}{\psi(x)}\frac{\mathrm{d}^2\psi(x)}{\mathrm{d}x^2}+\frac{1}{\psi(y)}\frac{\mathrm{d}^2\psi(y)}{\mathrm{d}y^2}-k_0^2n^2(0)A^2x^2-k_0^2n^2(0)A^2y^2=-k_0^2n^2(0)+\beta^2 \tag{C-2}$$

令

$$\frac{1}{\psi(x)}\frac{\mathrm{d}^2\psi(x)}{\mathrm{d}x^2}-k_0^2n^2(0)A^2x^2=-r^2 \tag{C-3}$$

$$\frac{1}{\psi(y)}\frac{\mathrm{d}^2\psi(y)}{\mathrm{d}y^2}-k_0^2n^2(0)A^2y^2=-\eta^2 \tag{C-4}$$

则式（C-2）变为

$$r^2+\eta^2=k_0^2n^2(0)-\beta^2 \tag{C-5}$$

令

$$k_0^2 n^2(0)A^2=\frac{1}{S_0^4}$$

则

$$S_0=\left[\frac{1}{k_0^2 n^2(0)A^2}\right]^{1/4}=\left[\frac{a}{k_0 n(0)\sqrt{2\Delta}}\right]^{1/2}\qquad\left(其中，A=\frac{\sqrt{2\Delta}}{a}\right)$$

将 S_0 式代入式（C-3）、式（C-4），并各式分别乘以 ψ（x），ψ（y），则得到

$$\frac{d^2\psi(x)}{dx^2}+\left(r^2-\frac{x^2}{S_0^4}\right)\psi(x)=0 \tag{C-6}$$

$$\frac{d^2\psi(y)}{dy^2}+\left(\eta^2-\frac{y^2}{S_0^4}\right)\psi(y)=0 \tag{C-7}$$

2. 求出 ψ（x）、ψ（y）的解

方程式（C-3）和式（C-4）的形式相同，只解出其中之一即可。下面求解 ψ（x）。将式（C-3）化为韦伯尔方程的形式。

令

$$X=\frac{x}{S_0}$$

则

$$\frac{d\psi(x)}{dx}=\frac{d\psi(x)}{dX}\cdot\frac{dX}{dx}=\frac{d\psi(x)}{dX}\cdot\frac{1}{S_0}$$

$$\frac{d^2\psi(x)}{dx^2}=\frac{d^2\psi(x)}{dX^2}\cdot\frac{1}{S_0^2}$$

将此关系代入式（C-6），并各项乘以 S_0^2，得

$$\frac{d^2\psi(x)}{dX^2}+(r^2S_0^2-X^2)\psi(x)=0$$

令

$$r_0^2S_0^2=2m+1$$

则

$$\frac{d^2\psi(x)}{dX^2}+(2m+1-X^2)\psi(x)=0 \tag{C-8}$$

式（C-8）即为韦伯尔方程形式的 $\psi(x)$ 方程。其解为

$$\psi(x)=C_m e^{-\frac{X^2}{2}}H_m(X)$$
$$=C_m e^{-\frac{x^2}{2S_0^2}}H_m\left(\frac{x}{S_0}\right)$$

同理可得出 $\psi(y)$ 的解为

$$\psi(y)=C_n e^{-\frac{Y^2}{2}}H_n(Y)$$
$$=C_n e^{-\frac{y^2}{2S_0^2}}H_n\left(\frac{y}{S_0}\right)\qquad\left(其中，Y=\frac{y}{S_0}\right)$$

3. ψ 的解

由于

$$\psi=\psi(x)\psi(y)\mathrm{e}^{-\mathrm{j}\beta z}$$

将上面已求出的 $\psi(x)$， $\psi(y)$ 的解代入，则得出

$$\begin{aligned}\psi&=A_{mn}\mathrm{e}^{-\frac{x^2+y^2}{2S_0^2}}\mathrm{H}_m\left(\frac{x}{S_0}\right)\mathrm{H}_n\left(\frac{y}{S_0}\right)\mathrm{e}^{-\mathrm{j}\beta z}\\&=A_{mn}\mathrm{e}^{-\frac{r^2}{2S_0^2}}\mathrm{H}_m\left(\frac{x}{S_0}\right)\mathrm{H}_n\left(\frac{y}{S_0}\right)\mathrm{e}^{-\mathrm{j}\beta z}\end{aligned}\qquad\text{(C-9)}$$

式（C-9）即为标量亥姆霍兹方程解的表达式。

附录 D 缩略语英汉对照表

A

ADM（Add Drop Multiplexer）：上/下复用器，插/分复用器
ADM（ADD-Drop Multiplexer）：分插复用器
AGC（Automatic Gain Control）：自动增益控制
AOLS（All Optical Label Switching）：全光标签交换
AON（Active Optical Network）：有源光网络
APD（Avalanche Photo Diode）：雪崩光电二极管
APON（ATM PON）：ATM 无源光网络
APS（Automatic Protection Switched）：自动保护倒换
ASE（Amplified Spontaneous Emission）：自发辐射噪声
ASON（Automatic Switched Optical Network）：自动交换光网络
ASTN（Switch Transport Network）：自动交换传送网络
ATC（Automatic Temperature Control）：自动温度控制
ATM（Asynchronous Transfer Mode）：异步转移模式
AU（Administrative Unit）：管理单元
AWG（Array Waveguide Grating）：阵列波导式

B

BBER（Background Bit Error Ratio）：背景误块秒比
BCP（Burst Control Packet）：突发包控制分组
BER（Bit Error Ratio）：误码率
B-ISDN（Broadband Integrated Services Digital Network）：宽带综合数字信息网

C

C（Container）：容器
CATV（Cable Antenna Television）：有线电视

CC（Connection Controller）：连接控制器
Cos（Class of Service）：业务等级
CRC（Cyclic Redundancy Code）：循环冗余编码
CSMA（Carrier Sense Multiple Access）：载波检测多址
CSMA/CD（Carrier Sense Multiple Access/Collision Detected）：载波侦听多路访问/冲突检测
CWDM（Coarse Wavelength Division Multiplexing）：粗波分复用

D

DBA（Dynamic Bandwidth Assignment）：动态带宽分配
DBR（Distributed Bragg Reflector）：分布布喇格反射
DCF（Dispersion Compensation Fiber）：色散补偿光纤
DD（Direct-Detection）：直接检波
DDN（Digit Data Network）：数字数据网
DFB（Distributed Feedback）：分布式反馈
DFF（Dispersion-Flat Fiber）：色散平坦光纤
Diff-Serv（Differentiated Service）：区分服务体系结构
DLC（Digital Loop Carrier）：数字环路载波系统
DSF（Dispersion-Shifted Fiber）：色散位移光纤
DWDM（Dense Wavelength-Division Multiplexing）：密集波分复用
DXC（Digital Cross Connect Equipment）：数字交叉连接设备

E

EAM（Electro-Absorption Modulator）：电吸收调制器
EB（Errored Block）：误块
EBFA（Extended Band Fiber Amplifier）：扩展波段光纤放大器
EDC（Electronic Dispersion Conpensation）电域色散补偿
EDFA（Erbium-Doped Optical Fiber Amplifier）：掺铒光纤放大器
EDSL（Ethernet Digital Subscriber Line）：以太数字用户线
EPON（Ethernet Passive Optical Network）：以太网无源光网络
ESCON（Enterprise Systems Connection）：企业系统连接接口
ESR（Errored Second Ratio）：误块秒比

F

FGB（Fiber Bragg Grating）光纤布鲁格光栅
FDL（Fiber Delay Line）：光纤延迟线
FEC（Forward Error Correction）：前向纠错编码
FET（Field Effect Transistor）：场效应管
FRR（Fast ReRoute）：快速重路由

FICON（Fiber Connector）：光纤连接器
FSR（Free Spectrum Region）：自由谱域
FTTB（Fiber To The Building）：光纤到大楼
FTTC（Fiber To The Curb）：光纤到路边
FTTH（Fiber To The Home）：光纤到户
FWM（Four Wave Mixing）：四波混频

G

GE（Gigabit Ethernet）：吉比特以太网
GFP（Generic Framing Procedure）：通用成帧
GFP-F（Frame mapped GFP）：成帧映射 GFP
GFP-T（Transparent GFP）：透明通用成帧规程
GMPLS（Generalized MPLS）：通用多协议标签交换
GPON（Gigabit-Capable PON）：吉比特无源光网络
GPS（Global Positioning System）：全球定位系统
GUI（Graphical User Interface）：图形用户接口

H

HEC（Hybrid Error Control）：混合差错控制
HFC（Hybrid Fiber Coaxial）：混合光纤同轴电缆网
HPA（Higher Order Path Adaptation）：高阶通道适配功能
HPC（Higher Order Path Connection）：高阶通道连接功能
HPT（Higher Order Path Termination）：高阶通道终端

I

IETF（Internet Engineering Task Force）：因特网工程部
IGP（Interior Gateway Protocol）：内部网关协议
IM（Intensity Modulation）：强度调制
IP（Internet Protocol）：网络之间互连的协议

L

LAG（Link Aggregation）：链路聚合
LAN（Local Area Network）：局域网
LCAS（Link Capacity Adjustment Scheme）：链路容量调整方案
LD（Laser Diode）：半导体激光器
LED（Light Emitting Diode）：发光二极管
LER（Label Edge Router）：边缘路由器
LLC（Logical Link Control）：逻辑链路控制
LMDS（Local Multipoint Distribution Services）：本地多点分配业务

LMSP（Linear Multiplex Section Protection）：线性复用段保护
LPA（Lower Order Path Adaptation）：低阶通道适配功能
LPC（Lower Order Path Connection）：低阶通道连接功能
LPT（Lower Order Path Termination）：低阶通道终端
LRM（Link Resource Manager）链路资源管理器
LSP（Label Switched Path）：标签交换路径
LSR（Label Switch Router）：波长交换路由器

M

MAC（Medium Access Control）：媒质接入控制层
MAN（Metropolitan Area Network）：城域网
MEMS（Micro-Electro-Mechanical System）：微机电系统
MFI（Multiple Frame Indicator）：复帧指示符
MII（Media Independent Interface）：媒体无关接口
MLM（Multi-Longitudinal Mode laser）：多纵模激光器
MPCP（Multi-Point Control Protocol）：多点控制协议
MPEG（Moving Picture Expert Group）：活动图像专家组
MPLmS（Multiprotocol Lambda/Label Switching）：多协议波长标签交换
MPLS（Multiprotocol Label Switching）：多协议标签交换
MRU（Maximum Receive Unit）：最大接收单元
MSA（Multiplex Section Adaptation）：复用段适配功能
MSOH（Multiplex Section OverHead）：复用段开销
MSP（Multiplex Section Protection）：复用段保护
MST（Multiplex Section Termination）：复用段终端
MSTP（Multi-Service Transmission Platform）：多业务传输平台

N

NAS（Network-Attached Storage）：网络存储服务器
NE（Network Element）：网元
NFV（Network Function Virtualization）网络功能虚拟化
NGN（Next Generation Network）：下一代网络
NNI（Network Node Interface）：网络节点接口
NRZ（None- Return-to-Zero）：不归零
NZDF（Non Zero Dispersion Fiber）：非零色散光纤

O

OADM（Optical Add and Drop Multiplexer）：光分插复用器
OAM（Operation，Administration and Maintenance）：功能和操作管理与维护
OAN（Optical Access Network）：光接入网

OBD（Optical Branching Device）：光分路器
OCDMA（Optical CDMA）：光码分多址
OCh（Optical Channel）：光通道
OCS（Optical Connection Supervise）：光连接监控
ODN（Optical Distribution Network）：光配线网
ODU*k*（Optical channel Data Unit）：光通道数据单元
OFDM（Orthogonal Frequency Division Multiplexing）正交频分复用
OFS（Optical packet Flow Switching）：光分组流交换
OLT（Optical Line Termination）：光线路终端
OMSA（Optical Multiplex Section Adaptation）：光复用段适配功能
OMSOH（Optical Multiplex Section OverHead）：光复用段开销
OMSP（Optical Multiplex Section Protection）：光复用段保护功能块
OMST（Optical Multiplex Section Termination）：光复用段终端功能块
ONN（Optical Network Node）光网络节点
ONU（Optical Network Unit）：光网络单元
OPA（Optical Path Adaptation）：光通道适配
OPC（Optical Path Connection）：光通道连接
OPOH（Optical POH）：光通道开销
OPT（Optical Path Termination）：光通道终端
OPU（Optical Pickup Unit）：光学读取头
OSNR（Optical SNR）：光信噪比
OSPF（Open Shortest Path First Protocol）：开放式最短路径优先协议
OTDM（Optical Time Division Multiplexing）光时分复用
OTDMA（Optical TDMA）：光时分多址
OTH（Optical Transmission Hierarchy）：光传送体系
OTN（Optical Transport Network）：光传送网
OTM（Optical Termination Module）光终端复用器
OTU（Optical Channel Transport Unit）：光波长转换器
OVPN（Optical VPN）：光虚拟专用网
OWDMA（Optical WDMA）：光波分多址
OXC（Optical Cross Connect Equipment）：光交叉连接器

P

PBB-TE（Provider Backbone Bridge-Traffic Engineering）：运营商骨干桥接－流量工程
PBT（Provider Backbone Transport）：运营商骨干传输
PEC（Path Computation Element）路由计算单元
PCM（Pulse Code Modulation）：脉冲编码调制
PDH（Plesiochronous Digital Hierarchy）：准同步数字系列
PDU（Protocol Data Unit）：协议数据单元

PHP（Penultimate Hop Popping）：最后一跳弹出
PIN（Photo junction Diode）：光电二极管
PDL（Polarization Dependent Loss）偏振相关损耗
PLC（Planar Lightwave Circuit）平面光回路
PLSB（ Provider Link State Bridging）：运营商链路状态桥接
PMD（Polarization Mode Dispersion）：偏振模色散
POH（Path Overhead）：通道开销
PON（Passive Optical Network）：无源光网络
POS（Passive Optical Splitter）：无源分光器
PSTN（Public Switch Telephone Network）：公共交换电话网

Q

QoS（Quality of Service）：服务质量

R

RAN（Radio Access Network）无线接入网
RAPD（Reach-through Avalanche Photo Diode）：拉通型雪崩光电二极管
REG（Regenerative Repeater）：再生中继器
RFA（Raman Fiber Amplifier）：拉曼放大器
RNC（Radio Network Controller）：无线网络控制器
ROADM（Reconfigurable Optical Add-Drop Multiplexer）：可重构光分插复用器
RPR（Resilient Packet Ring）：弹性分组环
RS（Reconciliation Sublayer）：协调子层
RSOH（Regenerator Section OverHead）：再生段开销
RST（Regenerator Section Termination）：再生段终端
RSVP（Resource Reservation Protocol）：资源预留协议
RWA（Routing and Wavelength Assignment）：路由波长分配
RZ（Return-to-Zero）：归零

S

SAN（Storage-Area Network）：存储域网
SBS（Stimulated Brillouin Scattering）：受激布里渊散射
SC（Switched Connection）：交换式连接
SCP（Supply Chain Planning）：供应链计划
SDN（Software Defined Network）软件定义网络
SDH（Synchronous Digital Hierarchy）：同步数字体系
SDXC（Synchronous Digital Cross-Connection Equipment）：同步数字交叉连接设备
SESR（Severely Errored Second Ratio）：严重差错秒比
SLA（Service Level Agreement）：服务等级协议

SLA（Service Level Agreement）：客户业务等级协议
SLM（Single Longitudinal Mode Laser）：单纵模激光器
SMF（Single-Mode Fiber）：单模光纤
SNI（Service Node Interface）：业务节点接口
SNP（Subnetwork Termination Point）：子网端点
SNPP（Subnetwork Termination Point Pool）：子网端点库
SNR（Signal Noise Ratio）：信噪比
SOA（Semiconductor Optical Amplifier）：半导体光放大器
SPC（Soft Permanent Connection）：软永久连接
SPM（Self-Phase Modulation）：自相位调制
SRS（Stimulated Raman Scattering）：受激拉曼散射
STM（Synchronous Transport Module）：同步传输模块
STP（Spanning Tree Protocol）：生成树协议

T

TDM（Time Division Multiplex）：时分复用
TD-SCDMA（Time Division-Synchronous Code Division Multiple Access）：时分同步码分多址接入
TM（Terminal Multiplexer）：终端复用器
TMC（T-MPLS Channel）：T-MPLS 通路
TMN（Telecommunication Management Network）：电信管理网络
T-MPLS（Transport MPLS）：传送多协议标签交换
TU（Tributary Unit）：支路单元
TMP（T-MPLS Path）：T-MPLS 通路
TMS（T-MPLS Section）：T-MPLS 段层
TPS（Tributary Protect Switch）：支路保护倒换
TUG（Tributary Unit Group）：支路单元组

U

UPI（User Payload Identifier）：用户净荷标识
UTRAN（UMTS Terrestrial Radio Access Network）：UMTS 陆地无线接入网

V

VC（Virtual Container）：虚容器
VDSL（Very-high-bit-rate Digital Subscriber Loop）：高速数字用户环路
VPN（Virtual Private Network）：虚拟专用网
VWP（Virtual Wavelength path）：虚波长远道

W

WAN（Wide Area Network）：广域网
WAP（Wireless Application Protocol）：无线应用协议
WB（Wavelength Blocker）波长阻断器
WDM（Wavelength-division Multiplexing）：波分复用
WiMax（Worldwide Interoperability for Microwave Access）：全球微波互联接入
WP（Wavelength Path）：波长通道
WSS（Wavelength Selection Switch）波长选择开关

X

XPM（Cross Phase Modulation）：交叉相位调制

参 考 文 献

[1] 马丽华，李云霞，蒙文，康晓燕，王豆豆等. 光纤通信系统（第 2 版）. 北京：北京邮电大学出版社，2015.

[2] 何一心，文杰斌，王韵，林燕等. 光传输网络技术——SDH 与 DWDM（第 2 版）. 北京：人民邮电出版社，2013.

[3] 袁建国，叶文伟等. 光纤通信新技术. 北京：电子工业出版社，2014.

[4] 王键，魏贤虎，易准等. 光传送网 OTN 技术、设备及工程应用. 北京：人民邮电出版社，2016.

[5] 谭志，智能光网络路由域生存性技术. 北京：机械工业出版社，2010.

[6] 李慧敏. 文化等. PTN 技术. 北京：人民邮电出版社，2014.

[7] 张成良，李俊杰，马亦然，荆瑞泉等. 光网络新技术解析与应用. 北京：人民邮电出版社，2016.

[8] 王延尧. 量子通信技术与应用远景展望. 北京：国防工业出版社，2013.